高职高专“十三五”规划教材
高级绘图员资格认证培训教材

AutoCAD 2014 中文版建筑制图教程

杨雨松　魏玉书　等编著

化学工业出版社
·北京·

本书根据高职高专的培养目标，以使用 AutoCAD 软件进行建筑制图为主旨构建教程体系。从 AutoCAD 2014 的基本知识和操作开始，由浅入深，结合工程制图和 AutoCAD 的特点，使读者全面掌握 AutoCAD 在建筑行业中的应用，目的是使学生能够在全面掌握软件功能的同时，灵活快捷地应用软件进行建筑工程图形的绘制，更好地为实际工作服务。本书具有完整的知识体系，信息量大，特色鲜明，对 AutoCAD 2014 进行了全面详细的讲解，在讲解基本知识点后，精心设计了“小实例”以呼应前面的知识点和操作，每章后所提出的思考题主要是为了搞清基本概念和方法。练习题难度适中，读者可以轻松上机进行实际操作。

在教程编写过程中参考了全国计算机信息高新技术考试、计算机辅助设计（AutoCAD 平台）高级绘图员级技能考试的考题，并将其中的主要内容融入书中，以满足高级绘图员职业技能培训的要求。

本书按 60～80 学时编写，既可作为高职高专土建类专业的教材，又可作为 AutoCAD 技能培训教材，还可供成人教育和工程技术人员使用和参考。

图书在版编目（CIP）数据

AutoCAD 2014 中文版建筑制图教程/杨雨松等编著. 北京：化学工业出版社，2016.3

高职高专“十三五”规划教材　高级绘图员资格认证培训教材

ISBN 978-7-122-26240-0

Ⅰ.①A…　Ⅱ.①杨…　Ⅲ.①建筑制图-计算机辅助设计-AutoCAD 软件-高等职业教育-教材　Ⅳ.①TU204

中国版本图书馆 CIP 数据核字（2016）第 024580 号

责任编辑：高　钰　　　文字编辑：陈　喆

责任校对：宋　玮　　　装帧设计：刘丽华

出版发行：化学工业出版社（北京市东城区青年湖南街 13 号　邮政编码 100011）

印　　装：三河市延风印装有限公司

787mm×1092mm　1/16　印张 18¾　字数 487 千字　2016 年 6 月北京第 1 版第 1 次印刷

购书咨询：010-64518888（传真：010-64519686）　售后服务：010-64518899

网　　址：http://www.cip.com.cn

凡购买本书，如有缺损质量问题，本社销售中心负责调换。

定　　价：38.00 元

前 言

本书是在《AutoCAD 2006 中文版实用教程》和《AutoCAD 2008 中文版建筑制图教程》的基础上，根据最新的 AutoCAD 2014 软件编著出版。2009 年 1 月，《AutoCAD 2006 中文版实用教程》获中国石油和化学工业协会第九届优秀教材一等奖。

本书根据教育部《高职高专教育专门课程基本要求》和《高职高专专业人才培养目标及规格》的要求，从高等职业技术教育的教学特点出发，以 AutoCAD 软件在建筑制图方面的应用为主旨构建教程体系。目的是使学生能够在全面掌握软件功能的同时，灵活快捷地应用软件进行建筑工程制图，更好地为实际工作服务。

本书具有如下一些特点：

① 本书具有完整的知识体系，信息量大，特色鲜明，对 AutoCAD 2014 进行了全面详细的讲解，在讲解基本知识点后，针对建筑制图的特点，精心设计了“小实例”以呼应前面的知识点和操作，每章后所提出的思考题主要是为了搞清基本概念和命令使用方法。练习题难度适中，读者可以轻松上机进行实际操作。

② 在本书编写过程中，参考了全国计算机信息高新技术考试、计算机辅助设计（AutoCAD 平台）中高级绘图员技能考试的考题，并将其中的主要内容融入书中，每章后的练习题类型和难度与计算机辅助设计（AutoCAD 平台）高级绘图员级技能考证相当，以满足高级绘图员职业技能培训考证的要求。

③ 突出应用实例讲解，本书第 9～13 章专门设计了具有代表性的综合实例，对每一个综合实例都进行详细的讲解，引导学生轻松上机，使学生能够通过本书的学习，能灵活应用 AutoCAD 2014 解决实际问题。

④ 本书是集体智慧的结晶。本书的编著者都是长期从事高职高专 AutoCAD 教学和研究工作的一线教师和建筑专业的专业教师，他们把多年的教学和科研经验都融入到了本书中，学生学完本书后，既能掌握软件的基本操作技能，又能综合运用各项功能解决实际问题。

⑤ 本书的内容已制作成用于多媒体教学的 PPT 课件，并将免费提供给采用本书作为教材的院校使用。如有需要，请发电子邮件至 cipedu@163.com 获取，或登陆 www.cipedu.com.cn 免费下载。

参加本书编写的有：杨雨松编著第1、2、3、9章及附录，魏玉书编著第4、5、6、12、13、14章，吴迪编著第10、11章，王帅编著第7、8章。全书由杨雨松负责统稿。本书由李晓东教授担任主审。本书编著过程中得到了许多同志的帮助，在此一并表示感谢！

本书按60～80学时编写，既可作为高职高专土建类专业的教材，又可作为从事AutoCAD建筑工程绘图中、高级人员的参考书。

由于水平所限，对于书中的不足之处，欢迎广大读者和任课教师提出批评意见和建议，并及时反馈给我们。

编著者

2016年1月

目录

第1章 AutoCAD 2014 中文版快速入门

第2章 AutoCAD 2014 操作基础

第3章 辅助工具的使用

第 4 章 绘图环境的设置

第 5 章 AutoCAD 2014 常用建筑绘图命令

第6章 AutoCAD 2014建筑绘图常用编辑命令

第7章 AutoCAD 2014文字与表格编辑工具

第8章 AutoCAD尺寸标注工具

第9章 AutoCAD 2014绘制建筑立体常用工具

第 10 章 绘制建筑总平面图

第 11 章 绘制建筑平面图

第 12 章 绘制建筑立面图

第 13 章 绘制建筑断面图

第 14 章 输出图形

第 1 章

AutoCAD 2014 中文版快速入门

本章提要

AutoCAD 2014 是 Autodesk 公司 AutoCAD 软件的最新版本。通过它可绘制二维图形和三维图形、标注尺寸、渲染图形以及打印输出图纸等，其有易掌握、使用方便、体系结构开放等优点，广泛应用于机械、建筑、电子、航空等领域。本章重点介绍 AutoCAD 2014 中文版界面、运行 AutoCAD 2014 中文版、新建、打开、保存和关闭文件等内容。

通过本章学习，应达到如下基本要求。

① 掌握 AutoCAD 2014 最基本的操作方法。

② 全面认识 AutoCAD 2014 中文版的基础知识。

③ 熟练进行文件的新建、打开、保存和关闭操作。

1.1 概述

1.1.1 AutoCAD 发展概况

AutoCAD 是美国 Autodesk 公司于 1982 年推出的一种通用的计算机辅助绘图和设计软件。随着技术的不断更新，AutoCAD 也在日益创新，从 1982 年开始的 AutoCAD1.0 版到 2014 年 AutoCAD 2014 版的推出，共经历了 28 种版本的演变，由个人设计到协同设计、共享资源的转变。其功能逐步增强、日趋完善，从简易的二维图形绘制，发展成集三维设计、真实感显示及通用数据库管理于一体的软件包，并进一步朝人性化、自动化方向发展。

1.1.2 学习 AutoCAD 2014 的方法

AutoCAD 2014 绘图软件具有本身的特点，如果要学好它，就必须了解其特点。

（1）学习 AutoCAD 就是学习绘图命令。如果人想让计算机绘图，就必须向计算机发出指令，完成一个任务后，继续向它发出指令，最后绘制出完美图形。在 AutoCAD 中，无论是选择了某个菜单项，还是单击了某个工具按钮，都相当于执行了一个命令。学习过程中应尽量掌握每个命令的英文全称或缩写，例如，“写块”命令的英文全称为 WBLOCK，其缩写为“W”，表示直接按【W】键即可执行 WBLOCK 命令。

（2）学会观察命令行。在 AutoCAD 中，不管以何种方式输入命令，命令行中都会提示我们下一步该怎样操作，此时，操作者一定要观察命令行所提示的操作方法，对每个命令的功能和用途做到心中有数，按命令行的提示进行操作，这样通过连续不断的人机对话，在实际绘图时才能具体问题具体分析，进行正确操作。

（3）学会使用动态输入功能（DYN）。动态输入是自 2006 版开始增加的新功能，使用它可以直观地进行角度和直线长度显示，对于绘制角度和判断直线的长度有很大的帮助。

（4）学会使用 AutoCAD 帮助功能。AutoCAD 为我们提供了强大的帮助功能，它就好比是一本教材，不管当前执行什么样的操作，按【F1】键，AutoCAD 就会显示该命令的具体定义和操作过程等内容。

（5）讲练结合，多进行上机操作。按照教材所讲述的知识，熟悉使用 AutoCAD 绘图的特点与规律，与使用菜单和工具相比，使用快捷键效率更高，在上机中快速掌握各种命令的用法。

1.2 AutoCAD 2014 的安装、启动与退出

正确安装软件是使用软件前一个必要的工作，安装前必须确保系统配置能达到软件的要求，安装的过程也必须确保无误。

1.2.1 AutoCAD 2014 的系统要求

（1）32 位 AutoCAD 2014 的系统要求。

- 操作系统：WindowsXP 专业版或家庭版（SP3 或更高）、Windows7。
- CPU：Intel Pentium 4 处理器双核，AMD Athlon3.0GHz 双核或更高，采用 SSE2 技术。
- 内存：2GB（建议使用 4GB）。
- 显示器分辨率：1024×768（建议使用 1600×1050 或更高）真彩色。
- 磁盘空间：6.0GB。
- 光驱：DVD。
- 浏览器：Lnternet Explorerk 7.0 或更高。
- NET Framework：NET Framework 版本 4.0。

（2）64 位 AutoCAD 2014 的系统要求。

- 操作系统：WindowsXP 专业版或家庭版（SP3 或更高）、Windows7。
- CPU：AMD Athlon64（采用 SSE2 技术），AMD Opteron（采用 SSE2 技术），Intel Xeon（具有 Intel EM64T 支持和 SSE2），Intel Pentium 4（具有 Intel EM64T 支持并采用 SSE2 技术）。
- 内存：2GB（建议使用 4GB）。
- 显示器分辨率：1024×768（建议使用 1600×1050 或更高）真彩色。
- 磁盘空间：6.0GB。
- 光驱：DVD。
- 浏览器：Lnternet Explorerk 7.0 或更高。
- NET Framework：NET Framework 版本 4.0。启动 AutoCAD 2014。

1.2.2 AutoCAD 2014 的安装

中文版在各种操作系统下的安装过程基本一致，下面以 Windows XP 为例介绍其基本安装过程。

① 将 AutoCAD 2014 安装光盘放到光驱内，打开 AutoCAD 2014 的安装文件夹。

② 双击 Setup 安装程序文件，运行安装程序。

③ 安装程序首先检测计算机的配置是否符合安装要求，如图 1-1 所示。

④ 在弹出的 AutoCAD 2014 安装向导对话框中单击【安装】按钮，如图 1-2 所示。

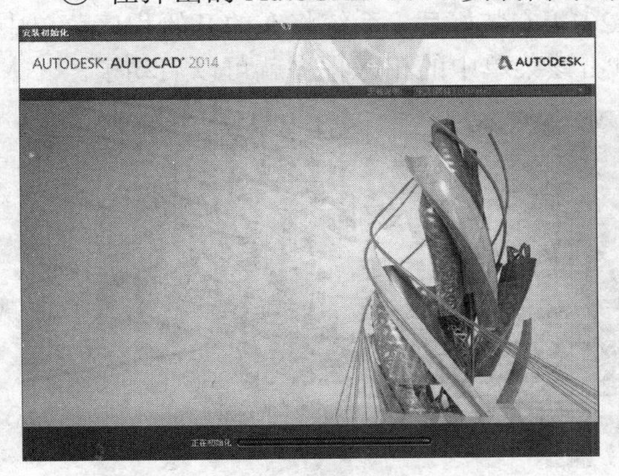

图 1-1　检测配置

图 1-2　选择安装

⑤ 安装程序弹出“许可及服务协议”对话框，选择【我接受】单选按钮，然后单击【下一步】按钮，如图 1-3 所示。

⑥ 安装程序弹出“安装配置”对话框，提示用户选择安装路径，单击【浏览】按钮可指定所需的安装路径，然后单击【安装】按钮开始安装，如图 1-4 所示。

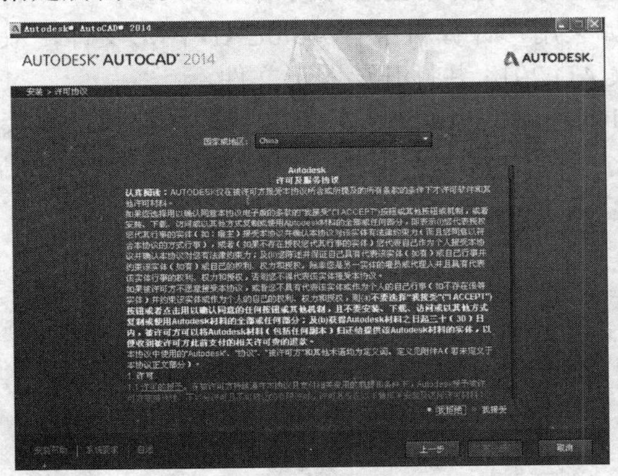

图 1-3　“许可及服务协议”对话框

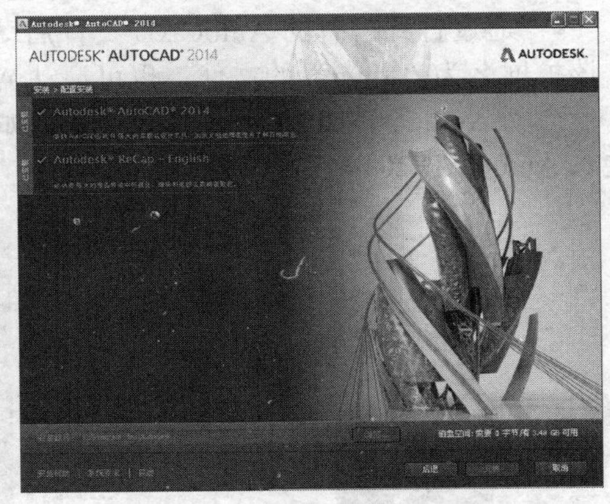

图 1-4　“安装配置”对话框

⑦ 安装完成后弹出【安装完成】对话框，单击【完成】按钮，完成安装。

学习提示： 首次启动 AutoCAD 2014，系统会弹出如图 1-5 所示的欢迎界面，取消勾选界面左下角的【启动时显示】复选框，在下次打开 AutoCAD 时将不显示欢迎界面。

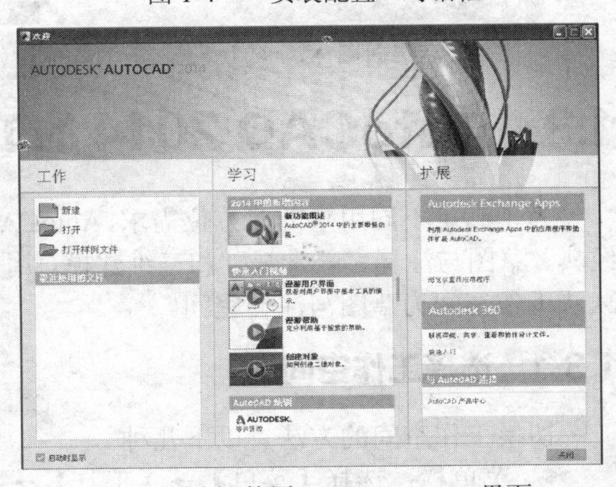

图 1-5　欢迎使用 AutoCAD 2014 界面

1.2.3 AutoCAD 2014 的启动

与其他软件相似，AutocAD2014 也提供了几种启动方法，下面分别进行介绍。

- 通过“开始”程序菜单启动：AutoCAD 2014 安装好后，系统将在的开始程序菜单中创建 AutoCAD 2014 程序组。如图 1-6 所示，单击该菜单中的相应程序就可以启动了。

图 1-6 通过桌面上“开始”菜单启动 AutoCAD 2014

- 通过桌面快捷方式启动：方法为双击桌面上的 AutoCAD 2014 图标，如图 1-7 所示。
- 通过打开已有的 AutoCAD 文件启动：如果用户计算机中有 AutoCAD 图形文件，双击该扩展名为“.dwg”的文件，也可启动 AutoCAD 2014 并打开该图形文件。

启动 AutoCAD 2014 后，系统将显示如图 1-8 所示的 AutoCAD 2014 启动图标后，直接进入 AutoCAD 2014 工作界面。

图 1-7 桌面图标

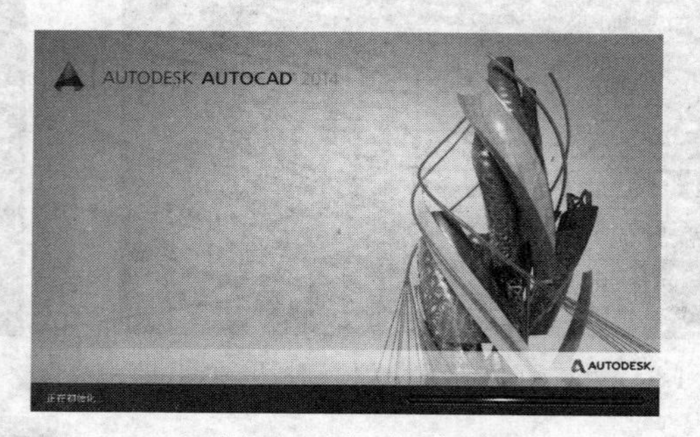

图 1-8 启动图标

1.3 AutoCAD 2014 的工作空间

为了满足不同用户的多方位需求，AutoCAD 2014 提供了 4 种不同的工作空间：AutoCAD 经典、草图与注释、三维基础和三维建模。用户可以根据工作需要随时进行切换，AutoCAD 默认工作空间为草图与注释空间。

1.3.1 选择工作空间

切换工作空间的方法有以下几种。

- 菜单栏：选择【菜单】→【工具】→【工作空间】命令，在子菜单中选择相应的工作空间，如图 1-9 所示。

- 状态栏：直接单击状态栏上【工作空间设置】按钮，在弹出的子菜单中选择相应的空间类型，如图 1-10 所示。
- 快速访问工具栏：单击【快速访问】工具栏上的按钮，在弹出的下拉列表中选择所需工作空间，如图 1-11 所示。

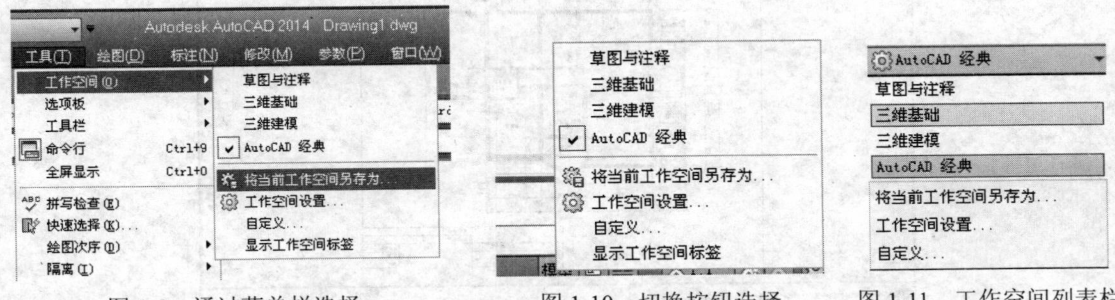

图 1-9　通过菜单栏选择　　图 1-10　切换按钮选择　　图 1-11　工作空间列表栏

1.3.2 AutoCAD 经典空间

对于习惯 AutoCAD 传统界面的用户来说，可以采用【AutoCAD 经典】工作空间，以沿用以前的绘图习惯和操作方式。该工作界面的主要特点是显示菜单和工具栏，用户可以通过选择菜单栏中的命令，或者单击工具栏中的工具按钮，以调用所需的命令，如图 1-12 所示。

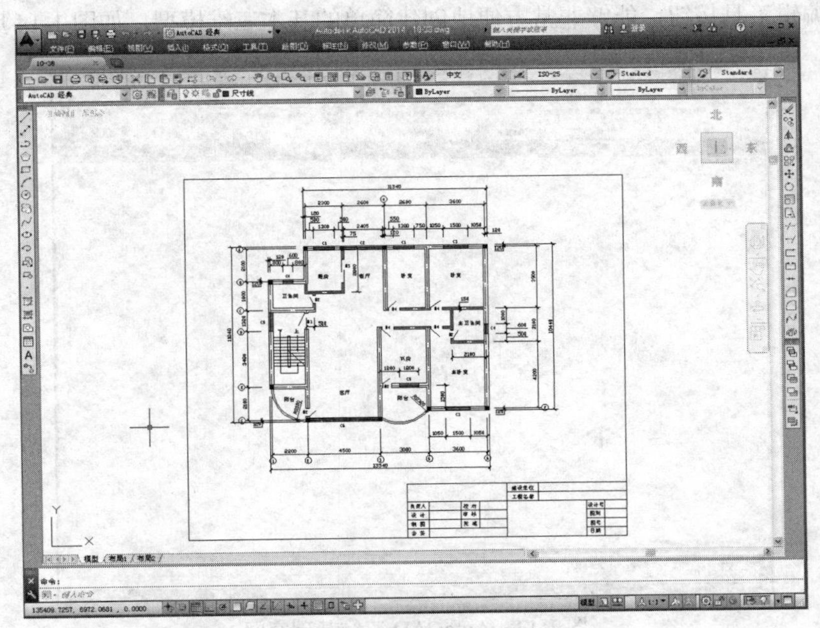

图 1-12　AutoCAD 2014 经典空间

1.3.3 草图与注释空间

【草图与注释空间】是 AutoCAD 2014 默认工作空间，该空间用功能区替代了工具栏和菜单栏，这也是目前比较流行的一种界面形式。它的工作空间功能区，包含的是最常用的二维图形的绘制、编辑和标注命令，因此非常适合绘制和编辑二维图形时使用，如图 1-13 所示。

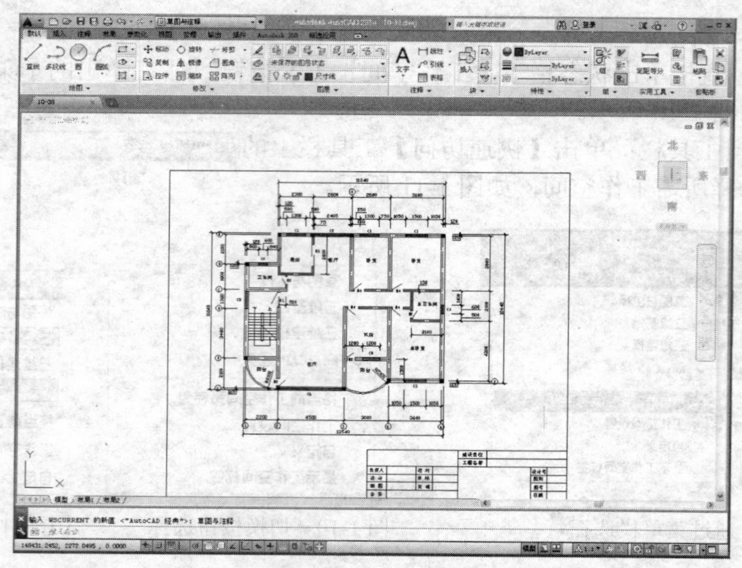

图 1-13　AutoCAD 2014 草图与注释空间

1.3.4　三维基础空间

【三维基础】空间与【草图与注释】工作空间类似，主要以单击功能区面板按钮的方式使用命令。但【三维基础】空间功能区包含的是基本三维建模工具，如各种常用三维建模、布尔运算以及三维编辑工具按钮，能够非常方便地创建简单的基本三维模型，如图 1-14 所示。

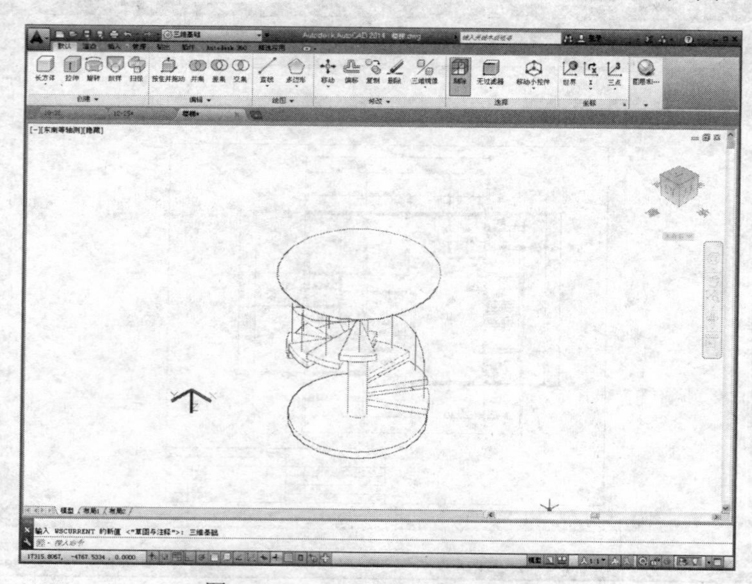

图 1-14　AutoCAD 三维基础空间

1.3.5　三维建模空间

【三维建模】工作空间适合创建、编辑复杂的三维模型，其功能区集成了【三维建模】、【视觉样式】、【光源】、【材质】、【渲染】和【导航】等面板，为绘制和观察三维图形、附加材质、创建动画和设置光源等操作提供了非常便利的环境，如图 1-15 所示。

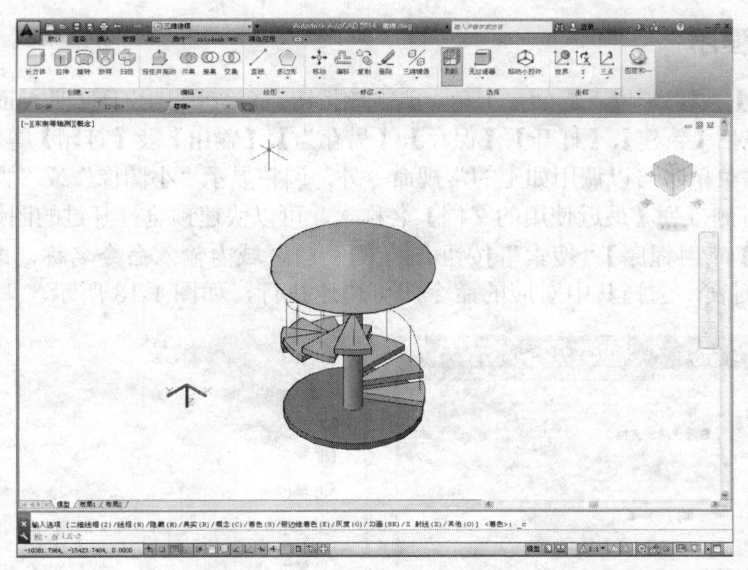

图 1-15　AutoCAD 三维建模空间

1.4　AutoCAD 2014 工作界面介绍

AutoCAD 2014 中文版窗口中大部分元素的用法和功能与其他 Windows 软件一样，而一部分则是它所特有的。如图 1-16 所示，AutoCAD 2014 中文版工作界面主要包括标题栏、菜单栏、工具栏、功能区、绘图区、光标、坐标系、命令行、状态栏、布局标签、命令窗口、窗口按钮和滚条等。

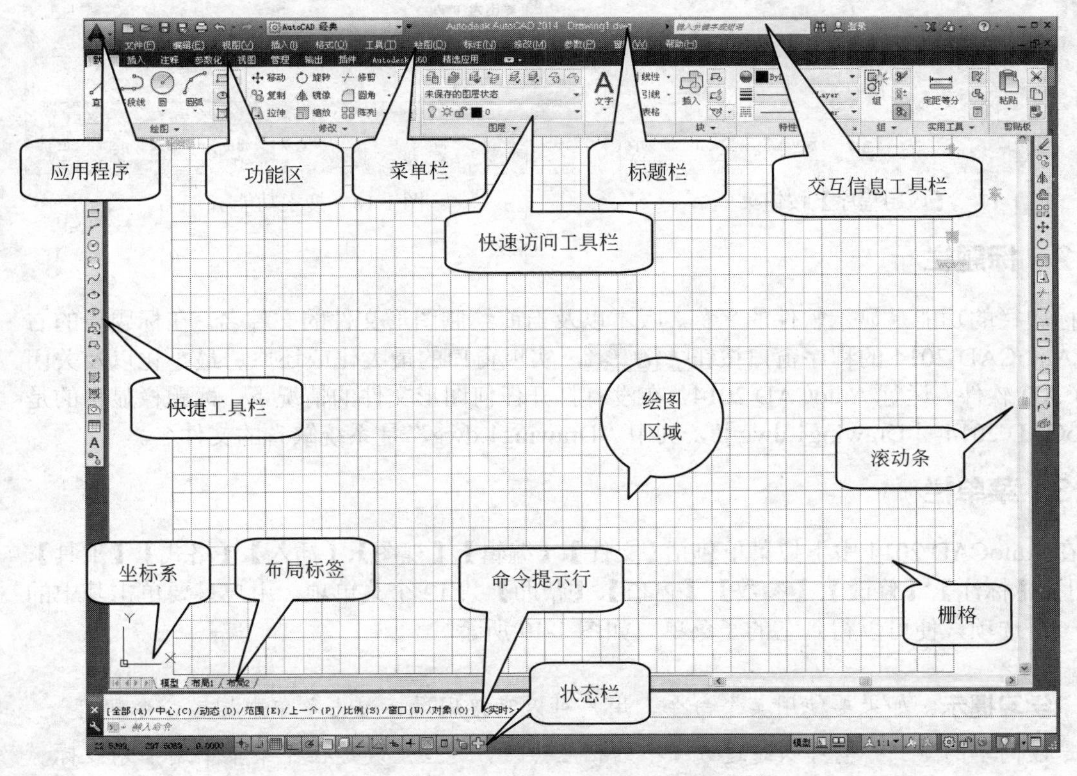

图 1-16　AutoCAD 2014 工作界面

1.4.1 应用程序

【应用程序】按钮位于界面左上角。单击该按钮，系统弹出用于管理 AutoCAD 图形文件的命令列表，包括【新建】、【打开】、【保存】、【另存为】、【输出】及【打印】等命令，如图 1-17 所示。应用程序菜单除可以调用如上的常规命令外，调整显示“小图像”或“大图像”，然后将光标置于菜单右侧排列【最近使用的文档】名称上，可以快速预览打开过的图像文件内容。

此外，在【应用程序】“搜索”按钮左侧空白区域内输入命令名称，即会弹出与之相关的各种命令列表，选择其中对应的命令即可快速执行，如图 1-18 所示。

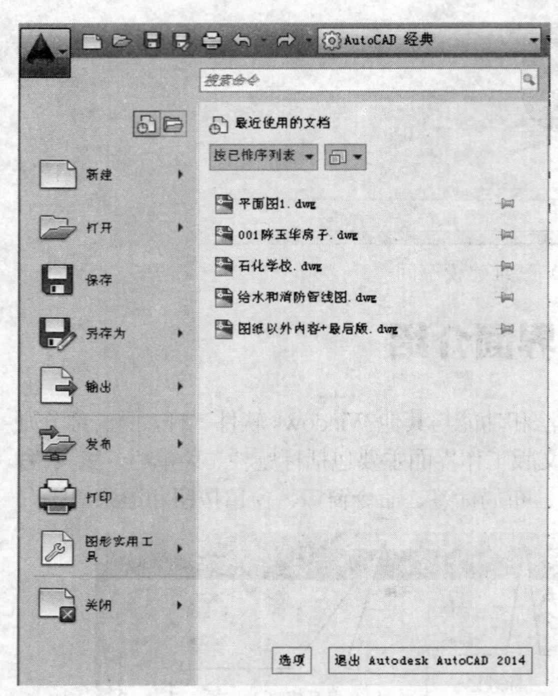

图 1-17　【应用程序】按钮菜单

图 1-18　搜索功能

1.4.2 标题栏

标题栏的功能是显示软件的名称、版本以及当前绘制图形文件的文件名。在标题栏的右边为 AutoCAD 2014 的程序窗口按钮，实现窗口的最大化或还原、最小化以及关闭 AutoCAD 软件。运行 AutoCAD 2014，在没有打开任何图形文件的情况下，标题栏显示的是“AutoCAD 2014-［Drawing1.dwg］”，其中“Drawing1.dwg”是系统缺省的文件名。

1.4.3 菜单栏

在 AutoCAD 2014 中下拉菜单包括【文件】、【编辑】、【视图】、【插入】、【格式】、【工具】、【绘图】、【标注】、【修改】、【参数】、【窗口】、【帮助】共 12 个菜单项。用户只要单击其中的任何一个选项，便可以得到它的子菜单。如图 1-19 所示。

学习提示：如果要使用某个命令，用户可以直接用鼠标单击菜单中相应命令即可，这是最简单的方式。也可以通过选项中的相应热键，这些热键是在子菜单中用下划线标出的。AutoCAD 2014 为常用的命令设置了相应快捷键，这样可以提高用户的工作效率。快捷键标在子菜单命令行的右侧，如图 1-20 所示。例如，绘图过程中经常要进行剪切、复制、粘贴命令，用户可以先选中对象，然后直接按下【Ctrl+X】(剪切)、【Ctrl+C】(复制)、【Ctrl+V】(粘贴)。

另外，在菜单命令中还会出现以下情况。

- 菜单命令后出现“…”符号时，系统将弹出相应的子对话框，让用户进一步设置与选择。
- 菜单命令后出现“►”符号时，系统将显示下一级子菜单。
- 菜单命令以灰色显示时，表明该命令当前状态下不可选用。
- 命令窗口、工具栏、状态栏、标题栏都设置了快捷菜单。分别在相应处鼠标右击，就可以设置所需要的命令。

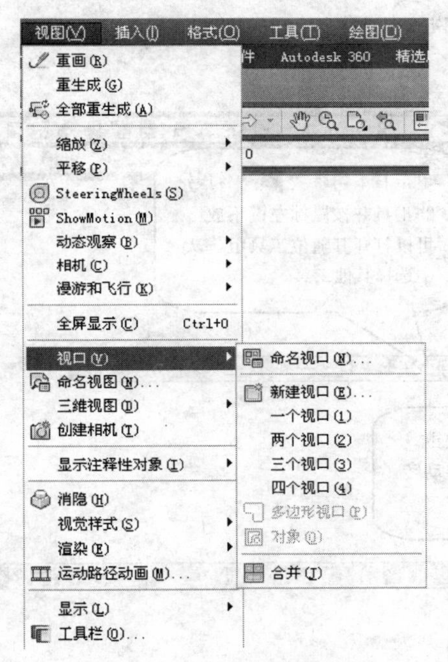

图 1-19 下拉菜单的子菜单

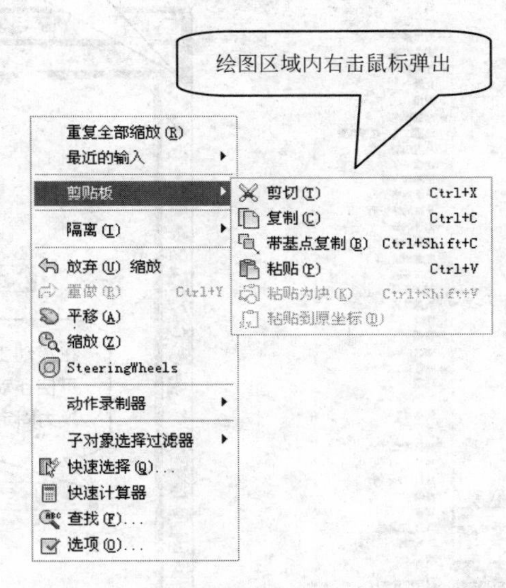

图 1-20 快捷键

1.4.4 【快速访问】工具栏

【快速访问】工具栏位于标题栏的左上角，它包含最常用的快捷按钮，以方便用户的使用。默认状态下，它由 7 个快捷按钮组成，依次为【新建】、【打开】、【保存】、【另存为】、【打印】、【重做】和【放弃】，如图 1-21 所示。

图 1-21 【快速访问】工具栏

1.4.5 工具栏

工具栏是代替命令的简便工具，使用它们可以完成绝大部分的绘图工作。在 AutoCAD 2014 中，系统提供了 50 多个已命名的工具栏。

在“AutoCAD 经典”工作空间下，“绘图”和“修改”工具栏处于打开状态。如果要显示其他工具栏，可在任一打开的工具栏中单击鼠标右键，这时将打开一个工具栏快捷菜单，利用它可以选择需要打开的工具栏，如图 1-22 所示。

工具栏有两种状态：一种是固定状态，此时工具栏位于屏幕绘图区的左侧、右侧或上方；一种是浮动状态，此时可将工具栏移至任意位置。当工具栏处于浮动状态时，用户还可通过单击其边界并且拖动改变其形状。如果某个工具的右下角带有一个三角符号，表明该工具为带有附加工具的随位工具，如图 1-23 所示。

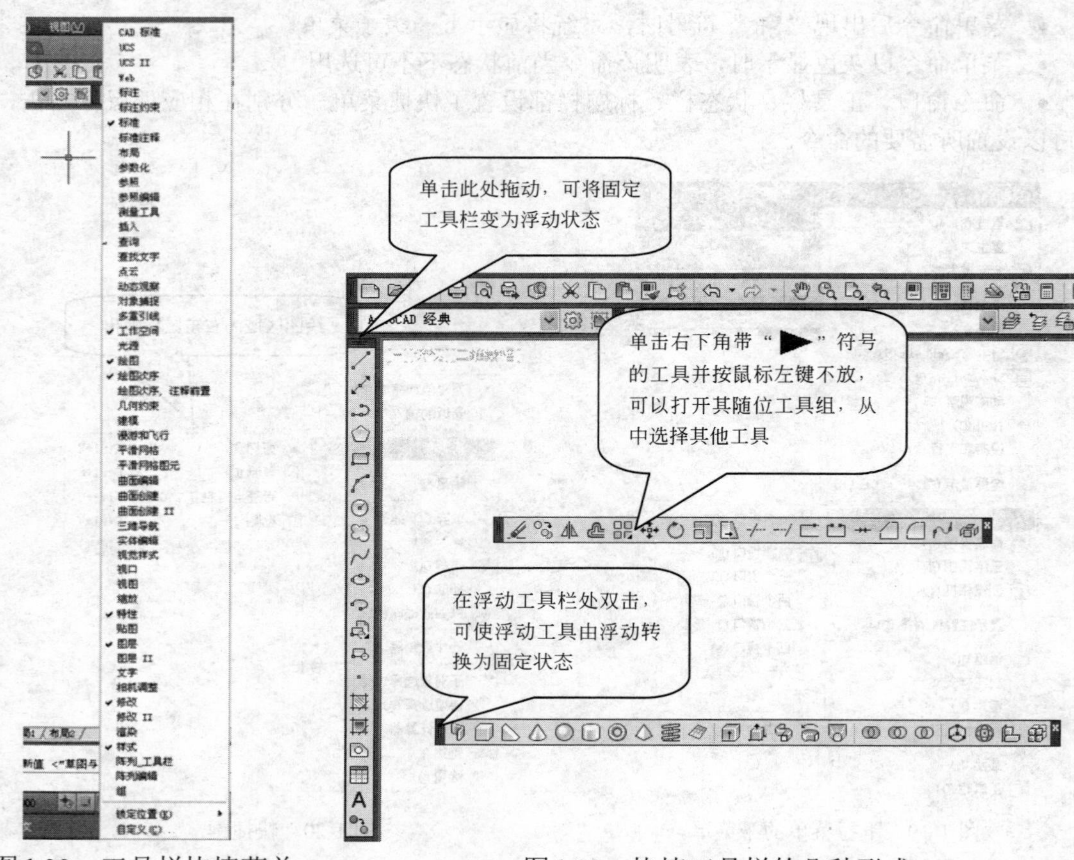

图 1-22 工具栏快捷菜单　　图 1-23 快捷工具栏的几种形式

1.4.6 功能区

功能区是一种智能的人机交互界面，它用于显示与绘图任务相关的按钮和控件，存在于【草图与注释】、【三维建模】和【三维基础】空间中。【草图与注释】空间的【功能区】选项板包含【默认】、【插入】、【注释】、【布局】、【参数化】、【视图】、【管理】、【输出】、【插件】、【Autodesk360】等选项卡，如图 1-24 所示。每个选项卡包含若干个面板，每个面板又包含许多由图标表示的命令按钮。系统默认的是【默认】选项卡。

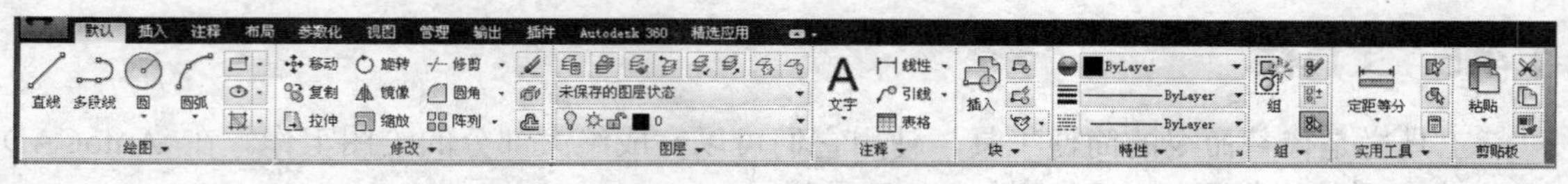

图 1-24 功能区

（1）【默认】功能选项卡。

【默认】功能选项卡从左至右依次为【绘图】、【修改】、【图层】、【注释】、【块】、【特性】、【组】、【实用工具】及【剪贴板】九大功能面板，如图 1-25 所示。

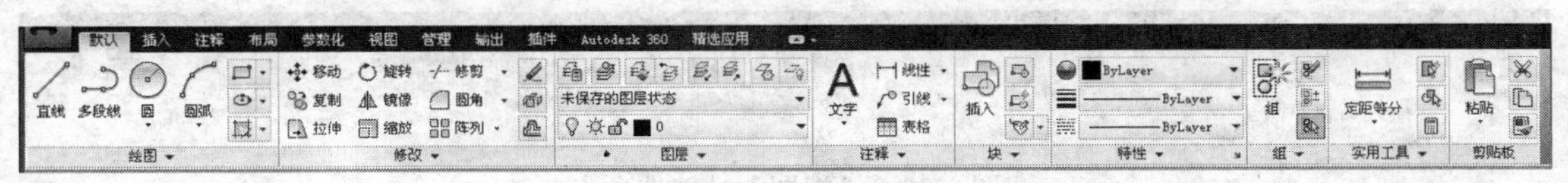

图 1-25　【默认】功能选项卡

（2）【插入】功能选项卡。

【插入】功能选项卡从左至右依次为【块】、【块定义】、【参照】、【点云】、【输入】、【数据】、【链接和提取】和【位置】八大功能面板，如图 1-26 所示。

图 1-26　【插入】功能选项卡

（3）【注释】功能选项卡。

【注释】功能选项卡从左至右依次为【文字】、【标注】、【引线】、【表格】、【标记】、【注释缩放】六大功能面板，如图 1-27 所示。

图 1-27　【注释】功能选项卡

（4）【布局】功能选项卡。

【布局】功能选项卡从左至右依次为【布局】、【布局视口】、【创建视图】、【修改视图】、【更新】、【样式和标准】六大功能面板，如图 1-28 所示。

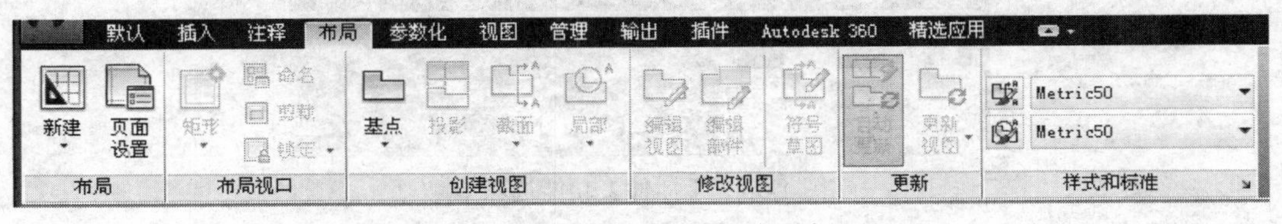

图 1-28　【布局】功能选项卡

（5）【参数化】功能选项卡。

【参数化】功能选项卡从左至右依次为【几何】、【标注】、【管理】三大功能面板，如图 1-29 所示。

图 1-29　【参数化】功能选项卡

（6）【视图】功能选项卡。

【视图】功能选项卡从左至右依次为【二维导航】、【视图】、【视觉样式】、【模型视口】、【选项板】、【用户界面】六大功能面板，如图 1-30 所示。

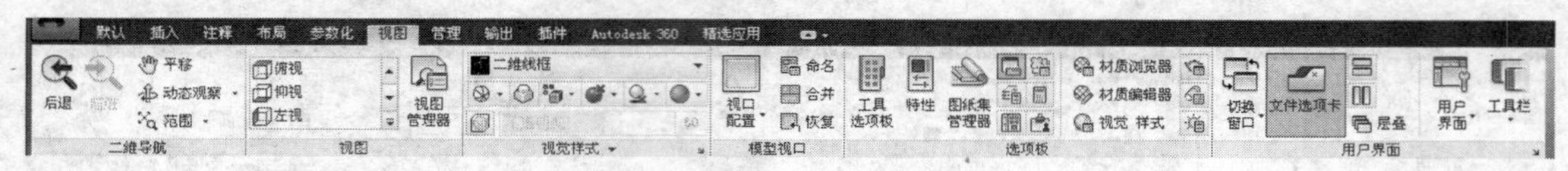

图 1-30 【视图】功能选项卡

（7）【管理】功能选项卡。

【管理】功能选项卡从左至右依次为【动作录制器】、【自定义设置】、【应用程序】、【CAD 标准】四大功能面板，如图 1-31 所示。

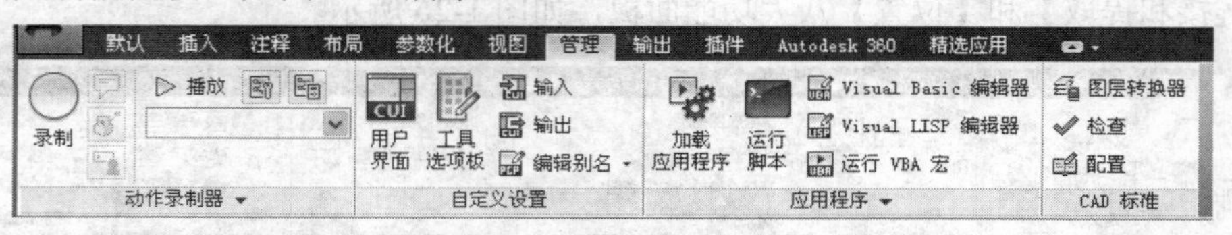

图 1-31 【管理】功能选项卡。

（8）【输出】功能选项卡。

【输出】功能选项卡从左至右依次为【打印】、【输出为 DWF/PDF】两大功能面板，如图 1-32 所示。

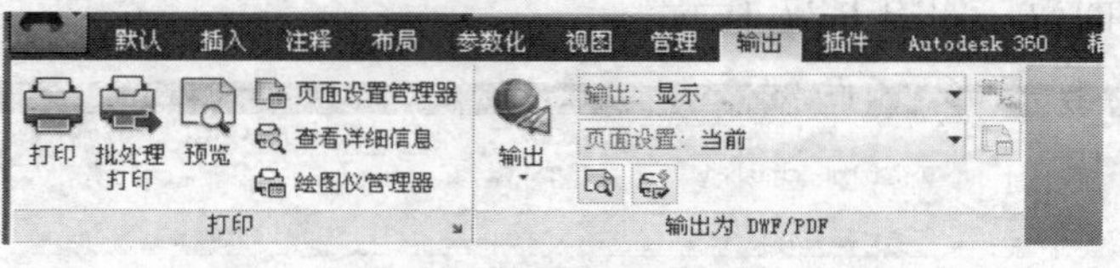

图 1-32 【输出】功能选项卡

（9）【插件】功能选项卡。

【插件】功能选项卡有【内容】、【App Manager】和【输入 SKP】三大功能面板，如图 1-33 所示。

图 1-33 【插件】功能选项卡

（10）【Autodesk360】等选项卡。

【Autodesk360】选项卡从左至右依次为【访问】、【自定义同步】、【共享与协作】三大功能面板，如图 1-34 所示。

图 1-34 【Autodesk360】功能选项卡

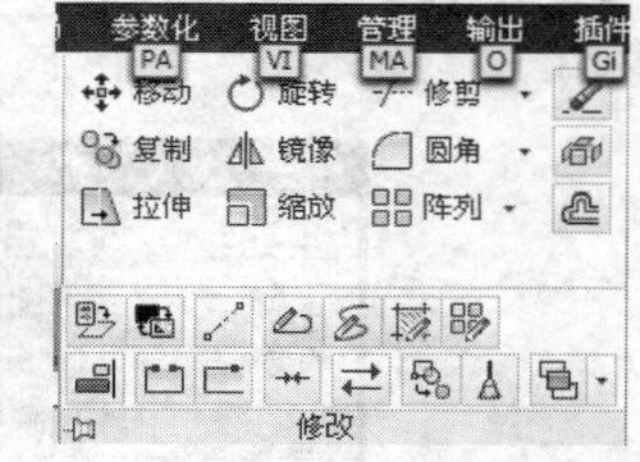

图 1-35 修改扩展面板

> **学习提示：**在功能区选项卡中，有些面板按钮右下角有箭头，表示有扩展菜单，单击箭头，扩展菜单会列出更多的工具按钮，如图 1-35 所示的【修改】面板。

1.4.7 绘图区

标题栏下方的大片空白区域为绘图区，是用户进行绘图的主要工作区域，如图 1-36 所示。绘图区实际上是无限大的，用户可以通过缩放、平移等命令来观察绘图区的图形。有时为了增大绘图空间，可以根据需要关闭其他界面元素，例如工具栏和选项板等。

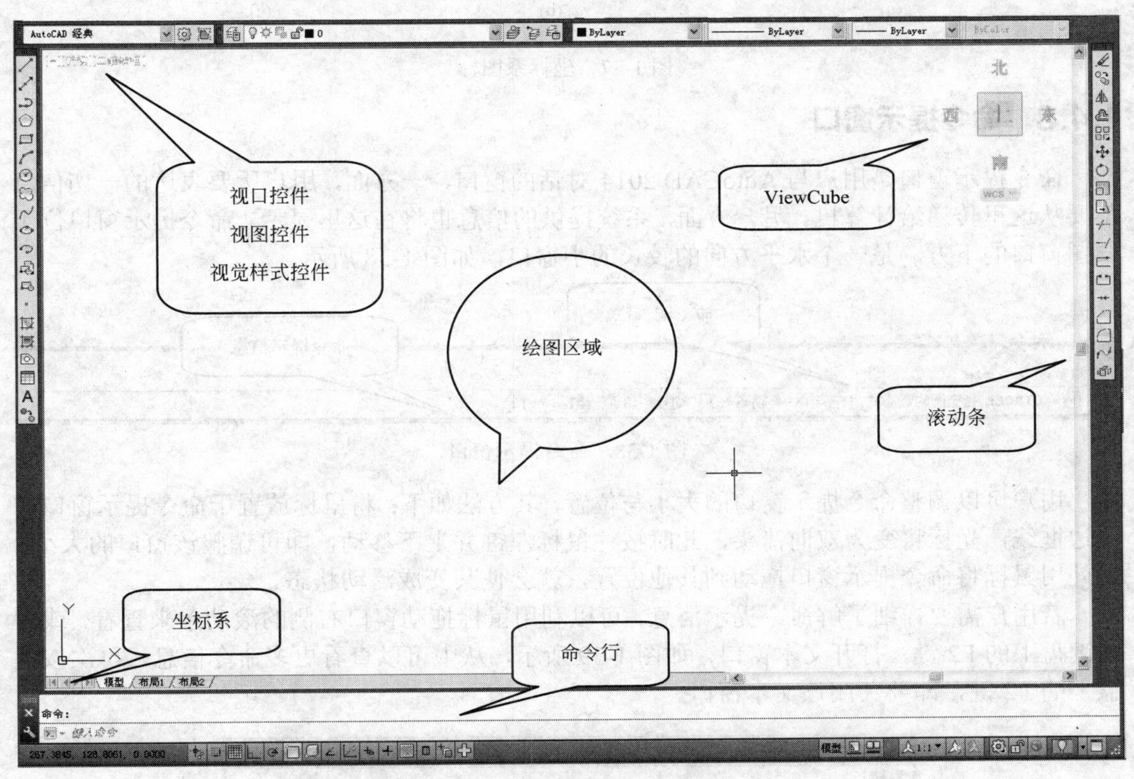

图 1-36　绘图区域

通过绘图窗口左上角的三个快捷功能控件，可快速地修改图形的视图方向和视觉样式。

绘图窗口右侧显示 ViewCube 工具和导航栏，用于切换视图方向和控制视图。

绘图窗口的左下方显示了坐标系的图标，该图标指示了绘图时的正方位，其中“X”和“Y”分别表示 X 轴和 Y 轴，而箭头指示着 X 轴和 Y 轴的正方向。默认情况下，坐标系为世界坐标系（WCS）。如果重新设置了坐标系原点或调整了坐标轴的方向，这时坐标系就变成用户坐标系（UCS），如图 1-37 所示。

> **知识要点：**绘制二维图形时，X、Y 平面与屏幕平行，而 Z 轴垂直于屏幕（方向向外），因此看不到 Z 轴。

绘图窗口中包含两种绘图环境，分别为模型空间和图纸空间，系统在窗口的左下角为其提供了 3 个切换选项卡，缺省情况下，模型选项卡被选中，也就是我们通常情况下在模型空间绘制图形。若单击布局 1 或布局 2 选项卡，即可切换到图纸空间，也就是我们通常情况在图纸空间输出图形。

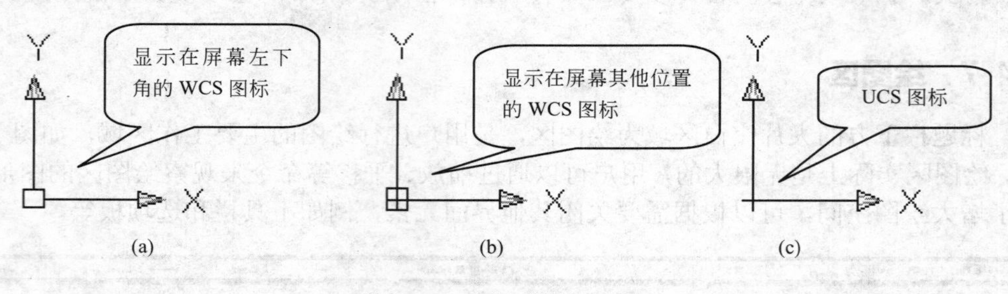

图 1-37　坐标系图标

1.4.8　命令提示窗口

命令提示窗口是用户与 AutoCAD 2014 对话的窗口，一方面，用户所要表达的一切信息都要从这里传递给计算机。另一方面，系统提供的信息也将在这里显示。命令提示窗口位于绘图窗口的下方，是一个水平方向的较长的小窗口，如图 1-38 所示。

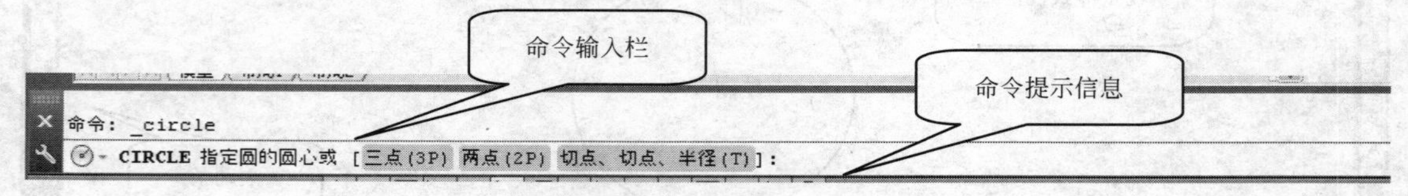

图 1-38　命令提示窗口

用户可以调整命令提示窗口的大小与位置，其方法如下：将鼠标放置于命令提示窗口的上边框线，光标将变为双向箭头，此时按住鼠标左键并上下移动，即可调整该窗口的大小；另外用鼠标将命令提示窗口拖动到其他位置，就会使其变成浮动状态。

若用户需要详细了解命令提示信息，可以利用鼠标拖动窗口右侧的滚动条来查看，或者按键盘上的 F2 键，打开文本窗口，如图 1-39 所示，从中可以查看更多命令信息，再次按键盘上的 F2 键，即要关闭该文本窗口。

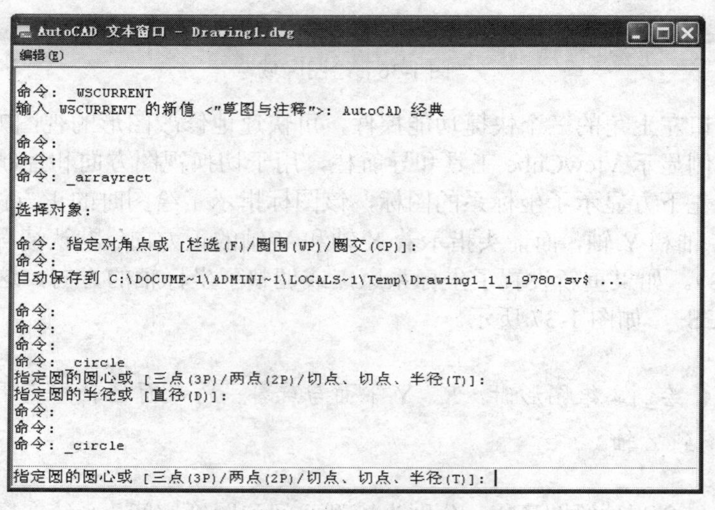

图 1-39　文本窗口

1.4.9 滚动条

在绘图窗口的下面和右侧有两个滚动条，可利用这两个滚动条上下移动来观察图形。滚动条的使用会方便广大用户观察图形。

1.4.10 状态栏

状态栏位于绘图最底部，主要用来显示当前工作状态与相关信息。当光标出现在绘图窗口时，状态栏左边的坐标显示区将显示当前光标所在位置的坐标值，如图 1-40 所示。状态栏中间的按钮用于控制相应的工作状态，其功能如下。

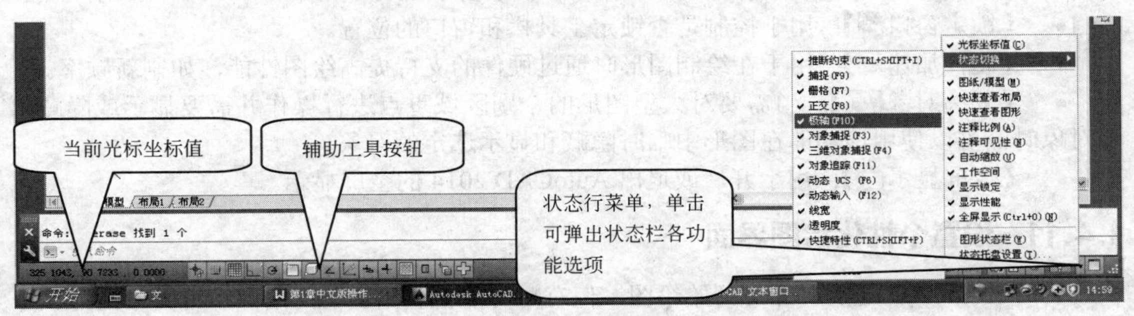

图 1-40　状态栏

（1）光标区。

- 【坐标区 325.1043, 90.7933 , 0.0000 】：显示当前光标在绘图窗口内的所在位置。

（2）绘图辅助工具。

- 【推断约束】：该按钮用于开启或者关闭推断约束。推断约束即自动在正创建或编辑的对象与对象捕捉的关联对象或点之间应用约束，如平行、垂直等。
- 【捕捉模式】：该按钮用于开启或者关闭捕捉。捕捉模式可以使光标很容易抓取到每一个栅格上的点。
- 【栅格显示】：该按钮用于开启或者关闭栅格显示。设置栅格及图幅的显示范围。
- 【正交模式】：该按钮用于开启或者关闭正交模式。正交即光标只能走与 x 轴或 y 轴平行的方向，不能画斜线。
- 【极轴追踪】：该按钮用于开启或者关闭极轴追踪模式。用于捕捉和绘制与起点水平线成一定角度的线段。
- 【对象捕捉】：该按钮用于开启或者关闭对象捕捉。对象捕捉即光标在接近某些特殊点的时候能够自动指引到那些特殊的点，如中点、端点等。
- 【三维对象捕捉】：该按钮用于开启或者关闭三维对象捕捉。
- 【对象捕捉追踪】：该按钮用于开启或者关闭对象捕捉追踪。该功能和对象捕捉功能一起使用，用于追踪捕捉点在线性方向上与其他对象的特殊交点。
- 【允许/禁止 UCS】：用于切换允许和禁止动态 UCS。
- 【动态输入】：动态输入的开启或者关闭。
- 【显示/隐藏线宽】：该按钮控制线宽的显示或者隐藏。
- 【快捷特性】：控制“快捷特性面板”的禁用或者开启。

（3）快速查看工具。

- 【模型 模型】：用于模式与图纸空间的转换。
- 【快速查看布局】：快速查看绘制图形图幅布局。

- 【快速查看图形】：快速查看图形。

（4）注释工具。

- 【注释比例】：注释时可通过此按钮调整注释的比例。
- 【注释可见性】：单击该按钮，可选择仅显示当前比例的注释或是显示所有比例的注释。
- 【自动添加注释比例】：注释比例更改时，通过该按钮可以自动将比例添加至注释对象。

（5）工作空间工具。

- 【切换工作空间】：切换绘图空间，可通过此按钮切换 AutoCAD 2014 的工作空间。
- 【锁定窗口】：用于控制是否锁定工具栏和窗口的位置。
- 【硬件加速】：用于在绘制图形时通过硬件的支持提高绘图性能，如刷新频率。
- 【隔离对象】：当需要对大型图形的个别区域重点进行操作并需要显示或隐藏部分对象时，可以使用该功能在图形中临时隐藏和显示选定的对象。
- 【全屏显示】：用于开启或退出 AutoCAD 2014 的全屏显示。

1.4.11 设置个性化绘图界面

启动 AutoCAD 之后，即可开始绘图，但有时可能会感到当前的绘图环境并不是那么令人满意，这时可依绘图者的个性化要求进行绘图界面的设置。例如，如果希望将绘图窗口的底色设置为白色，则具体设置步骤如下。

（1）选择【工具】→【选项】菜单，打开“选项”对话框，然后单击【显示】选项卡，如图 1-41 所示。

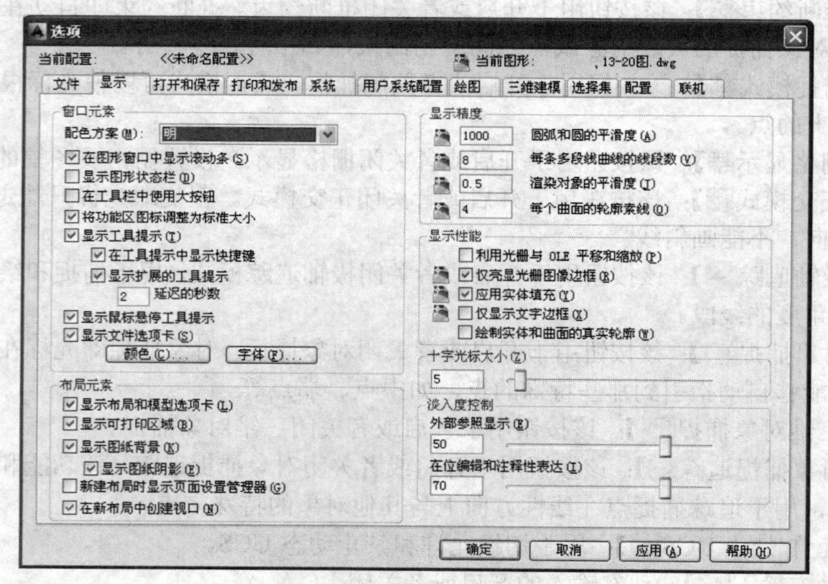

图 1-41 “选项”对话框

（2）单击“窗口元素”区域内的 颜色(C)... 按钮，打开“图形窗口颜色”对话框，见图 1-42。

（3）在“上下文”列表框中单击“二维模型空间”，在“界面元素”列表框中单击“统一背景”，在“颜色”下拉列表框中选择“白”，此时在“预览”框中将显示选择的背景颜色，供用户观看，如图 1-42 所示。

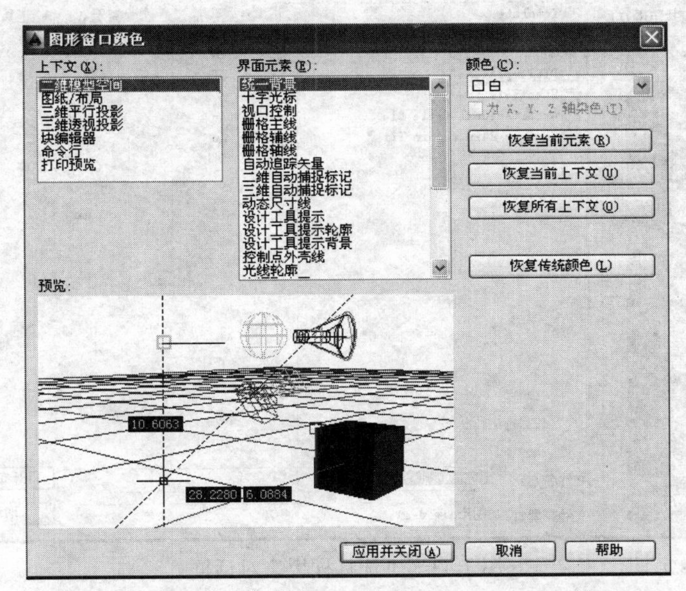

图 1-42　“图形窗口颜色”对话框

（4）单击 应用并关闭(A) 按钮，此时绘图窗口的底色即被设置为白色。

1.5　文件操作命令

文件的管理一般包括创建新文件，打开已有的图形文件，输入、保存文件及输出、关闭文件等。在运用 AutoCAD 2014 进行设计和绘图时，必须熟练运用这些操作，这样才能管理好图形文件的创建、制作及保存问题，明确文件的位置，方便用户查找、修改及统计。

1.5.1　创建新的图形文件

在应用 AutoCAD 2014 进行绘图时，首先应该做的工作就是创建一个图形文件。

（1）启用命令的方法。

启用“新建”命令有三种方法。

- 选择【文件】→【新建】菜单命令。
- 单击标准工具栏中的“新建”按钮。
- 输入命令：New。

通过以上任一种方法启用“新建”命令后，系统将弹出如图 1-43 所示“选择样板”对话框，利用“选择样板”对话框创建新文件的步骤如下。

① 在“选择样板”对话框中，系统在列表框中列出了许多标准的样板文件，用户从中选取合适的一种样板文件即可。

② 单出打开按钮，将选中的样板文件打开，此时用户即可在该样板文件上创建图形。用户直接双击列表框中的样板文件，也可将该文件打开。

（2）利用空白文件创建新的图形文件。

系统在“选择样板”对话框中，还提供了两个空白文件，分别是“acad”与“acadiso”。当用户需要从空白文件开始绘图时，就可以按此种方式进行。

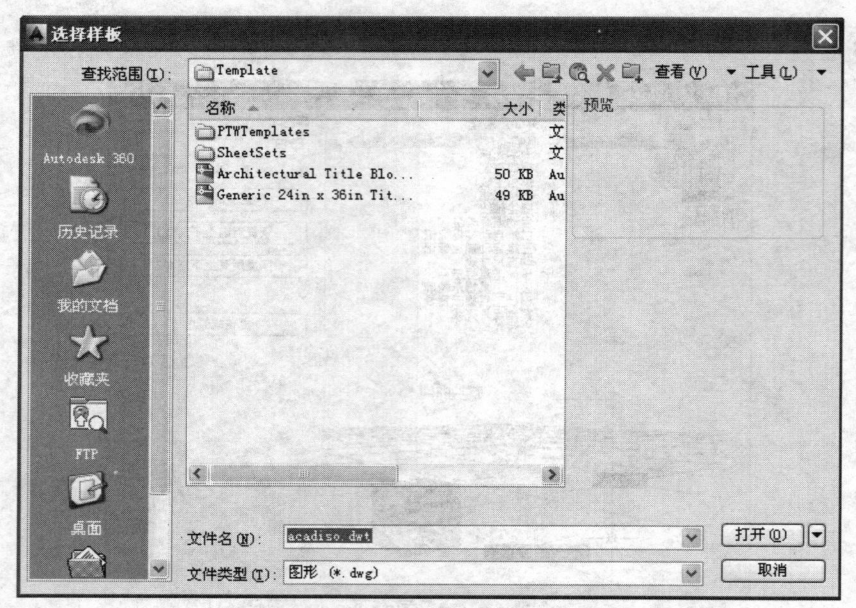

图 1-43 “选择样板”对话框

学习提示：“acad”为英制，其绘图界限为 12in × 9in；“acadiso”为公制，其绘图界限为 420mm × 297mm。

图 1-44 创建空白文件

用户还可以单击“选择样板”对话框中左下端中的【打开】按钮右侧的按钮，弹出如图 1-44 所示下拉菜单，选取其中的无样板打开-公制选项，即可创建空白文件。

经验之谈：启动运行 AutoCAD 2014 中文版后，系统直接进入 AutoCAD 绘图工作界面，在 AutoCAD 2014 中，系统没有提供符合我国要求的样板。因此，我们必须自己来绘制图框和标题栏。另外，通过后面的学习，用户也可以创建自己的样板文件，从而提高绘图的效率。

1.5.2 打开图形文件

当用户要对原有文件进行修改或是进行打印输出时，就要利用【打开】命令将其打开，从而可以进行浏览或编辑。

启用“打开”图形文件命令有三种方法。

- 选择【文件】→【打开】菜单命令。
- 单击标准工具栏中的“打开”按钮。
- 输入命令：OPEN。

利用以上任意一种方法，系统将弹出如图 1-45 所示“选择文件”对话框。打开图形的方法有两种：一是用鼠标在要打开的图形文件上双击；另一种方法是，先选中图形文件，然后再按对话框右下角的按钮打开(O)。

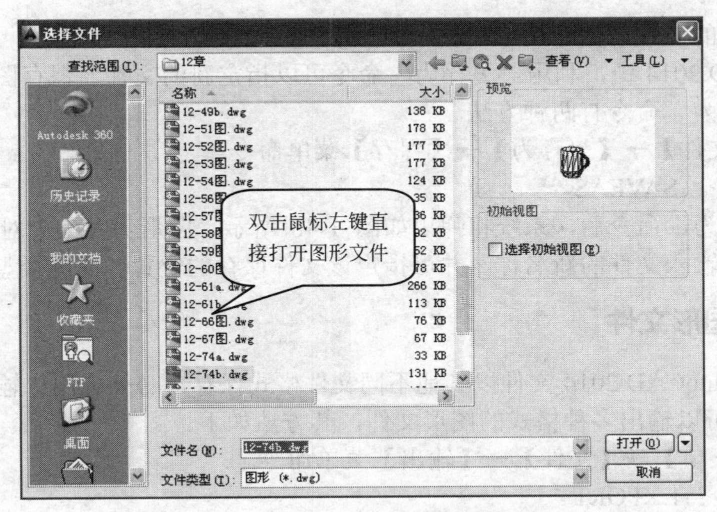

图 1-45　“选择文件”对话框

1.5.3　保存图形文件

AutoCAD 2014 的图形文件的扩展名为“dwg”，保存图形文件有两种方式。

（1）以当前文件名保存图形。

启用“保存”图形文件命令有三种方法。

- 选择【文件】→【保存】菜单命令。
- 单击标准工具栏中的“保存”按钮。
- 输入命令：QSAVE。

利用以上任意一种方法“保存”图形文件，系统将当前图形文件以原文件名直接保存到原来的位置，即原文件覆盖。

学习提示：如果是第一次保存图形文件，AutoCAD 将弹出如图 1-46 所示“图形另存为”对话框，从中可以输入文件名称，并指定其保存的位置和文件类型。

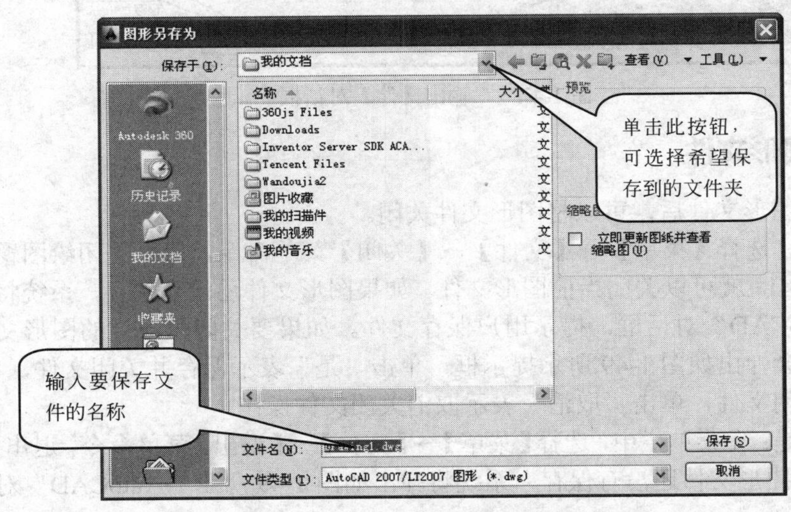

图 1-46　“图形另存为”对话框

（2）指定新的文件名保存图形。

在 AutoCAD 2014 中，利用“另存为”命令可以指定新的文件名保存图形。

启用“另存为”命令有两种方法。

- 选择【文件】→【另存为】→【保存】菜单命令。
- 输入命令：SAVEAS。

启用“另存为”命令后，系统将弹出如图 1-46 所示“图形另存为”对话框，此时用户可以在文件名栏输入文件的新名称，并可指定该文件保存的位置和文件类型。

1.5.4 输出图形文件

如果要将 AutoCAD 2014 文件以其他不同文件格式保存，必须应用“输出图形”文件。AutoCAD 2014 可以输出多种格式的图形文件，其方法如下。

- 选择【菜单】→【文件】→【输出】菜单命令。
- 输入命令：EXPORT

利用以上任意一种方法启用“图形输出”命令后，系统将弹出如图 1-47 所示“输出数据”对话框，在对话框中的【文件类型】下拉列表中可以选择输出图形文件的格式。

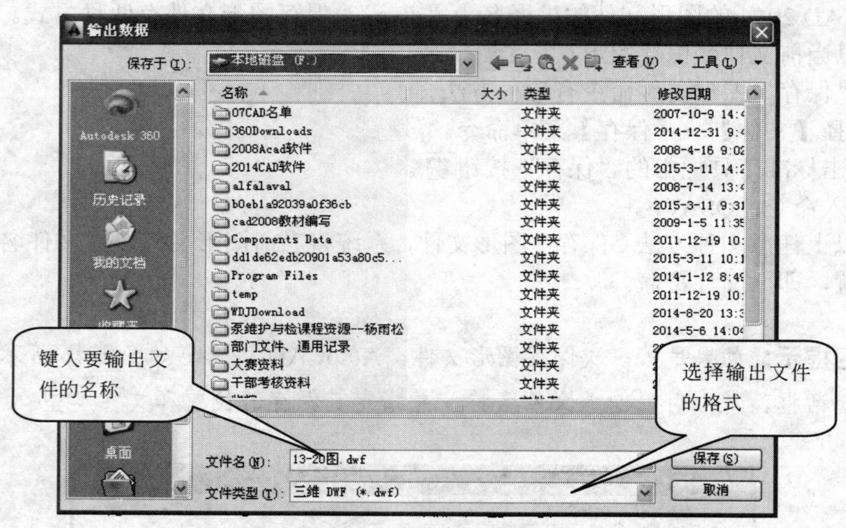

图 1-47 “输出文件”对话框

1.5.5 关闭图形文件

当用户保存图形文件后，可以将图形文件关闭。

在菜单栏中，选择【菜单】→【文件】→【关闭】菜单命令，或是关闭绘图窗口右上角的“关闭”按钮☒，就可以关闭当前图形文件。如果图形文件还没有保存，系统将弹出如图 1-48 所示“AutoCAD”对话框，提示用户保存文件。如果要关闭修改过的图形文件，图形尚未保存，系统会弹出如图 1-49 所示提示框，单击“是”表示保存并关闭文件，单击“否”表示不保存并关闭文件，单击“取消”表示取消关闭文件操作。

另一种方法是：在菜单栏中，选择【菜单】→【文件】→【退出】菜单命令，退出 AutoCAD 2014 系统。如果图形文件还没有保存，系统将弹出如图 1-49 所示“AutoCAD”对话框，提示用户保存文件。

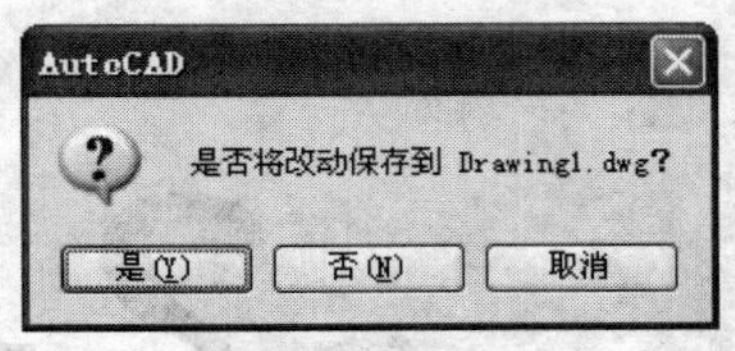

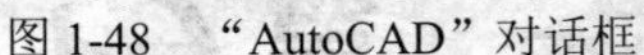
图 1-48 “AutoCAD”对话框

图 1-49 保存文件提示对话框

学习提示： 用户在绘制复杂的工程图样时，不用每次都进行文字样式、绘图单位、尺寸样式、标注样式等参数进行设定。样板图的运用给绘制图样带来很大方便。样板图可以从以下两种方法获得。第一种方法，将已绘制好的图形作为样板图。打开一个已经设定好的图形文件，将文件中的实体删除，选择文件中的【另存为】命令，将图形文件保存为“.dwt”格式的样板文件。这样图形文件中的绘图环境就保存下来，这个文件就是样板文件，在以后绘图时可以重复调用此文件，直接使用它的各种环境设置，从而大大节省绘图时间。第二种方法，设定新的样板文件。如果是第一次使用 AutoCAD 2014 绘制专业图样，需要对图形进行各种环境设置，为了能在下次绘图时还使用这种环境设置，将此设置保存为“.dwt”格式的样板文件。

思考题

1. 利用 AutoCAD 2014 绘制图形时，可以通过哪几种方式创建新的图形文件？
2. AutoCAD 提供哪些工具栏，如何打开和关闭它们？
3. AutoCAD 2014 工作界面主要包括哪几个部分？
4. AutoCAD 2014 有几种工作空间，各有什么特点？
5. 怎样打开已有图形文件？
6. 用“缺省设置”、“使用样板”、“使用向导”三种方式创建新的图形，哪一种方式更好？
7. 执行“文件/新建”命令，能否创建多个新的图形文件？

操作题

1. 练习调出绘图界面没有的工具栏，然后调整其形状和位置。
2. 练习打开和关闭工具选项板，将其分别置于浮动状态和固定状态。
3. 练习改变绘图界面的颜色。
4. 练习创建文件，保存文件，打开文件。

第2章

AutoCAD 2014 操作基础

本章提要

本章是 AutoCAD 2014 基础内容。主要介绍 AutoCAD 命令的类型、启用方式、鼠标的使用、AutoCAD 2014 设计中心以及帮助和教程的使用。

通过本章学习，应达到如下基本要求。

① 熟练进行鼠标的三个键的操作。
② 掌握 AutoCAD 命令的类型、启用方式。
③ 了解 AutoCAD 2014 设计中心的作用和使用方法。
④ 熟练使用系统本身的帮助和教程。

2.1 命令的类型、启用方式与鼠标的使用

在 AutoCAD 2014 中，命令是系统的核心，用户执行的每一个操作都需要启用相应的命令。因此，用户在学习本软件之前，首先应该了解命令的类型与启用方法。

2.1.1 命令的类型

在 AutoCAD 2014 中的命令可分为两类，一类是普通命令，另一类是透明命令。普通命令只能单独作用，AutoCAD 2014 的大部分命令均为普通命令。透明命令是指在运行其他命令的过程中也可以输入执行的命令，即系统在收到透明命令后，将自动终止当前正在执行的命令先去执行该透明命令，其执行方式是在当前命令提示上输入“ '”+透明命令。

【例 2-1】利用透明命令绘制长度为 120 的直线。

```
命令：_line 指定第一点：0，0          //选择直线工具，输入线段的起点坐标（0，0）
指定下一点或[放弃(U)]：'cal          //输入透明命令“ 'cal”
>>>> 表达式:3*40                    //输入表达式“3＊40”，按【Enter】键
正在恢复 Line 命令                   //透明命令执行完毕，恢复执行直线命令
指定下点或[放弃(U)]:120              //自动输入的终点极坐标距离值(120)，方向为鼠标与原点的延长线上
```

学习提示： 在命令行中，系统在透明命令的提示信息前用 4 个大于号（“>>>>”）表示正在处于透明执行状态，当透明命令执行完毕之后，系统会自动恢复被终止命令。

2.1.2 命令的启用方式

通常情况下，在 AutoCAD 2014 工作界面中，用户选择菜单中的某个命令或单击工具栏中的某个按钮，其实质就是在启用某一个命令，从而达到进行某一个操作的目的。在 AutoCAD 2014 工作界面中，启用命令有以下 4 种方法。

（1）菜单命令方式。在菜单栏中选择菜单中的选项命令。

（2）工具按钮方式。直接单击工具栏中的工具按钮。

（3）命令提示窗口的命令行方式。在命令行提示窗口中输入某一命令的名称，然后按【Enter】键。

（4）光标菜单中的选项方式。有时用户在绘图窗口中鼠标右击，此时系统将弹出相应的光标菜单，用户即可从中选择合适的命令。

经验之谈： 前三种方式是启用命令时经常采用的方式，为了减少单击鼠标的次数，减少用户的工作，在输入某一命令时最好采用工具按钮来启用命令。用命令行方式时常用命令可以输入缩写名称。例如：要进行写块操作时命令的名称为“Wblock”，可输入其缩写名称“W”。这样可以提高工作效率。

2.1.3 鼠标的使用

在 AutoCAD 2014 中，鼠标的三个按钮具有不同的功能。

（1）左键。左键是绘图过程中使用的最多的键，主要为拾取功能，用于单击工具栏按钮、选取菜单选项以发出命令，也可以在绘图过程中选择点、图形对象等。

（2）右键。右键默认设置用于显示光标菜单，单击右键可以弹出光标菜单。

经验之谈： 鼠标右键根据用户自己的需要可以自定义进行设置。其方法为选择【菜单】→【工具】→【选项】→【用户系统配置】选项卡，并单击【自定义右键单击】按钮，弹出如图 2-1 所示对话框，用户可以在其中设置右键的功能。

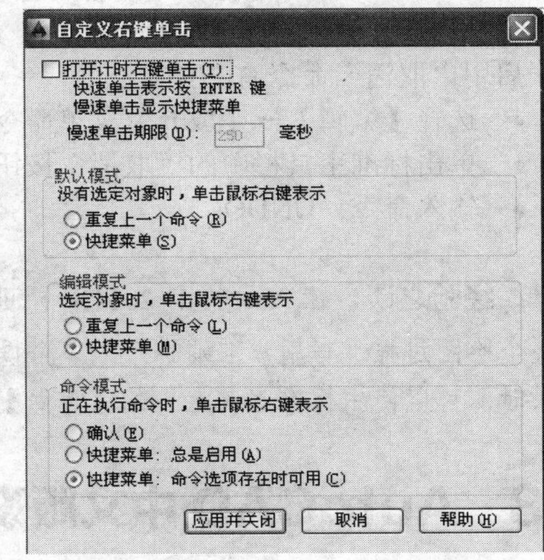

图 2-1 “自定义鼠标右键”对话框

（3）中键。中键的功能主要是用于快速浏览图形。在绘图过程中单击中键，光标将变为适时平移状态（形状为✋），此时移动光标即可快速移动图形；双击中键，在绘图窗口中将显示全部图形对象。当鼠标的中键为滚动轮时，将光标放置于绘图窗口中，然后直接向下滚动滚轮，则图形即可缩小；直接向上转动滚轮，则图形即可放大。

2.1.4 设置系统变量

在 AutoCAD 2014 中，系统变量用于控制某些功能、绘图环境以及命令的工作方式。设置系统变量即可设置相应绘图功能、环境和命令的缺省值。

设置系统变量有两种方法。

① 直接输入系统变量名。当用户确切知道某个系统变量并能写出该变量的名称时，可以直接在命令窗口的命令行中输入该系统变量的名称并按【Enter】键，然后输入新的系统变量值，并按【Enter】键即可。

② 启用系统变量命令。这种方法是选择【菜单】→【工具】→【查询】→【设置变量】选项。也可以直接输入命令：SETVAR。利用以上任意一种方法启用【设置变量】命令后，命令行将出现“输入变量名或[？]：”，此时用户可以直接输入系统变量的名称并按【Enter】键，然后修改该系统变量的值。

2.2 撤消、重复与取消命令

2.2.1 撤消与重复命令

在 AutoCAD 2014 中，当用户想终止某一个命令时，可以随时按键盘上的【ESC】键撤消当前正在执行的命令。当用户需要重复执行某个命令时，可以直接按【Enter】或空格键，也可以在绘图区域内，用鼠标右击，弹出光标菜单中选择【重复选项…（R）】选项，这为用户提供了快捷的操作方式。

2.2.2 取消已执行命令

在 AutoCAD 绘图过程中，当用户想取消一些错误的命令时，需要取消前面执行的一个或多个操作，此时用户可以使用“取消”命令。

启用“取消”命令有三种方法。

- 选择【编辑】→【放弃】菜单命令。
- 单击标准工具栏中的“取消”按钮。
- 输入命令：UNDO。

经验之谈： 在 AutoCAD 2014 中，可以无限进行取消操作，这样用户可以观察自己的整个绘图过程。当用户取消一个或多个操作后，又想重做这些操作，将图形恢复原来的效果时，可以使用标准工具栏中的【重做】按钮。这样用户可以回到想要的界面中。

2.3 AutoCAD 中文版设计中心

AutoCAD 2014 中文版的设计中心，为用户提供了一种直观、有效的操作界面。用户通过它可以很容易地查找和组织本地计算机或者网络上存储的图形文件。它的主要功能有以下几种：

浏览在本地磁盘、网络或 Internet 上的图形文件。

预览某个图形文件中的块、图层、文本样本等，并可以将这些定义插入、添加或复制到当前图形文件中使用。

快速查找存储在计算机或者网络中的图样、图块、文字样式、标注样式、图层等。并把这些图形加载到设计中心或者当前图形文件中。

2.3.1 打开 AutoCAD 设计中心

启用 AutoCAD 设计中心有以下三种方法。

- 选择【工具】→【选项板】→【设计中心】菜单命令。
- 按快捷键【Ctrl+2】。
- 输入命令：ADC。

利用上述任意方法启用“设计中心”命令后，系统将弹出如图 2-2 所示“设计中心”对话框，对话框中包含【文件夹】、【打开的图形】、【历史记录】三个选项卡。

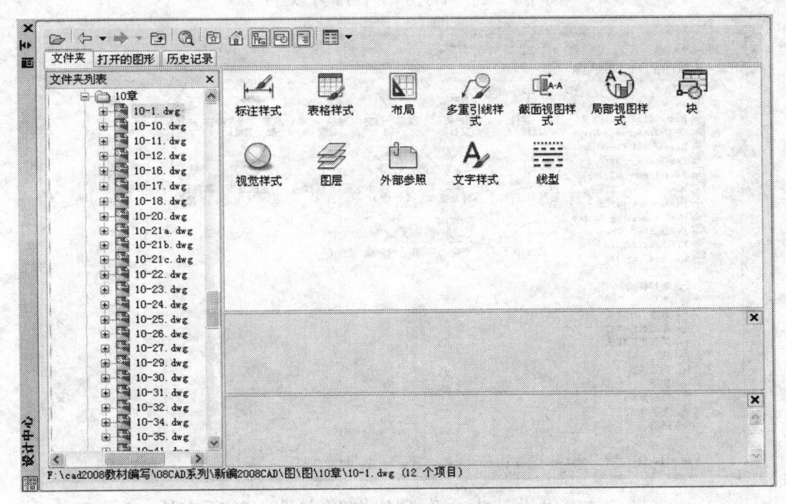

图 2-2 “设计中心”对话框

- 【文件夹】下拉菜单:显示本地磁盘和网上邻居的信息资源。
- 【打开的图形】下拉菜单:显示当前 AutoCAD 2014 所有打开的图形文件。双击文件或者单击文件名前面的“+”图标，列出该文件所包含的块、图层、文字样式等项目。
- 【历史记录】下拉菜单:以完整的路径显示最近打开过的图形文件。

2.3.2 浏览及使用图形

（1）打开图形文件。在“设计中心”对话框中，右键单击选中所需图形文件的图标，在弹出的光标菜单中选择在应用程序中打开命令，在窗口中打开此文件，如图 2-3 所示。

（2）插入图形文件中的块、图层、文字样式等项目。

利用“设计中心”插入图形文件中的块、图层、文字样式等对象。

操作步骤如下。

① 查找 AutoCAD 2014 中的【Sample】文件夹，选择需要的文件。设计中心右侧窗口中将列出文件的布局、块、图层、文字样式等项目。

② 双击需要插入的项目，设计中心将列出此项目的内容。例如双击“块”项目，列出图形文件中的所有块，如图 2-4 所示。

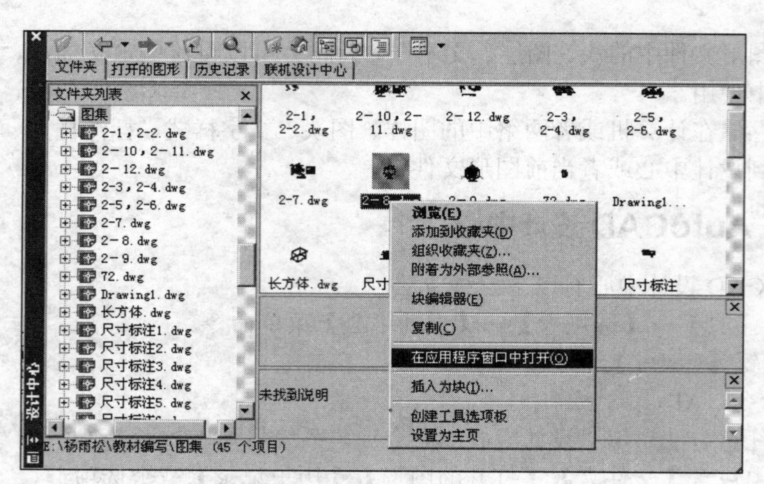

图 2-3　在窗口中打开文件

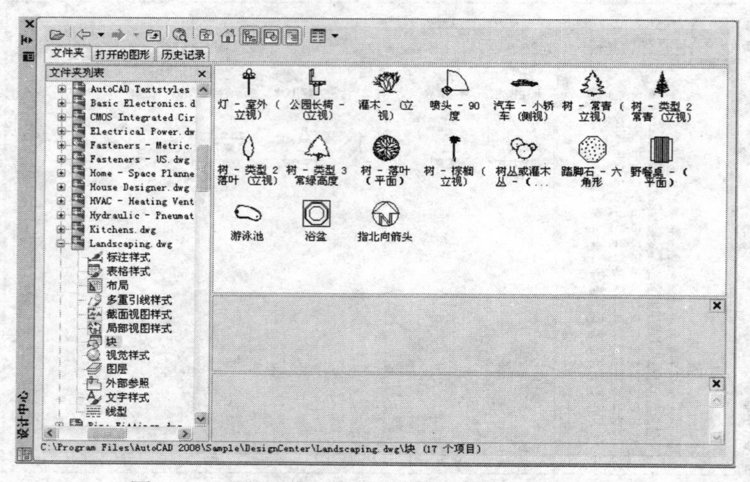

图 2-4　“设计中心”列出图形文件中的所有块

③ 在需要插入图块上单击鼠标右键，在弹出的光标菜单中选择【插入块】命令，弹出【插入】对话框，单击确定按钮，并在窗口界面中要插入图块的图形文件窗口中的适当位置单击，图块被插入到图形文件中。

2.4　使用帮助和教程

AutoCAD 2014 提供了大量详细的帮助信息。掌握如何有效地使用帮助系统，将会给用户解决疑难问题带来很大的帮助。

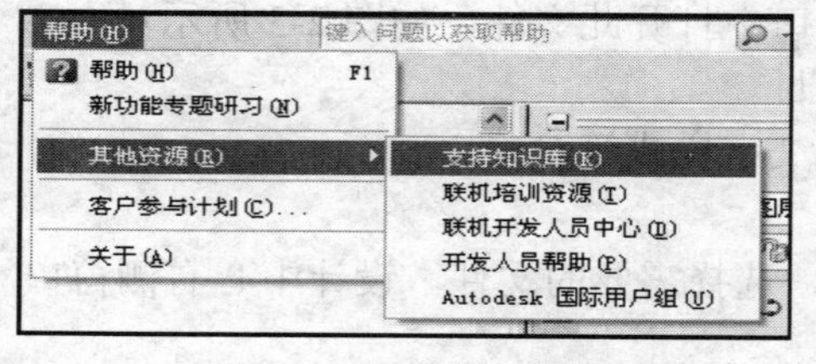

图 2-5　【帮助】菜单

AutoCAD 2014 的帮助信息几乎全部集中在菜单栏的【帮助】菜单中，如图 2-5 所示。

下面简要介绍【帮助】菜单的各个选项命令的功能。

- 【帮助】选项:该选项提供了 AutoCAD 的完整信息。单击【帮助】命令，系统将弹出如图 2-6 所示“AutoCAD 2014 帮助”用户文档对话框，该对话框汇集了 AutoCAD 2014 中的各种问题，其左侧窗口上方的选项卡提供了多种查看所需主题的方法，用户可在左侧的窗口中查找信息，其右侧窗口将显示所选主题的信息，供用户查阅。

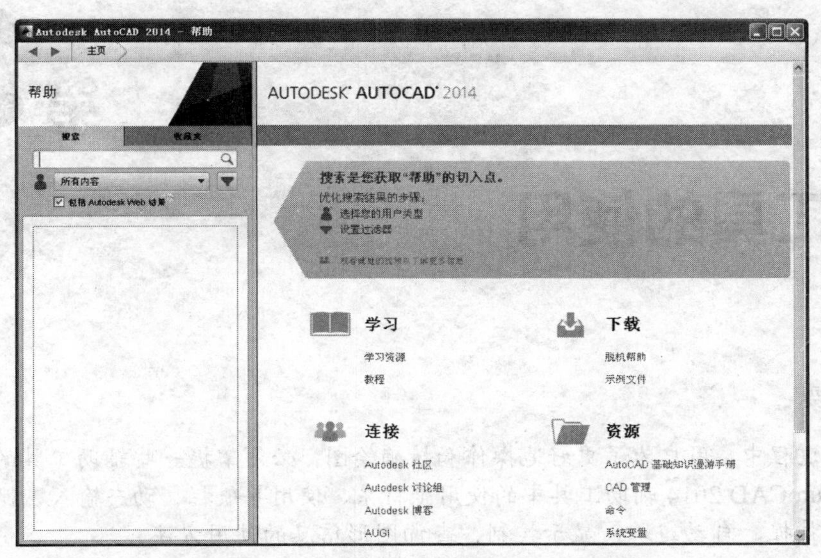

图 2-6　“AutoCAD 2014 帮助”用户文档对话框

学习提示： 直接按键盘上的【F1】键，也可以打开“AutoCAD 2014 帮助：用户文档”对话框。

- 【关于】选项：该选项提供了 AutoCAD 2014 软件的相关信息，如版权、产品信息等。

思考题

1. 在 AutoCAD 2014 中，命令有几种类型?怎样启用这些命令?
2. 在使用 AutoCAD 2014 绘图过程中，鼠标有什么作用?
3. 怎样运用 AutoCAD 2014 设计中心来帮助用户提高绘图效率?
4. 怎样使用 AutoCAD 2014 帮助和教程功能?

第3章

辅助工具的使用

本章提要

在绘图过程中，用户为了更好地操作和精确绘图，必须掌握一些辅助工具的使用，本章重点讲解 AutoCAD 2014 辅助工具中的使用坐标系、使用导航栏、动态输入、栅格、捕捉和正交、对象捕捉、自动追踪、显示控制、查询图形信息的使用方法。

通过本章学习，应达到如下基本要求。

① 熟练掌握坐标变换方法、导航栏的使用、动态输入、捕捉和正交、对象捕捉、自动追踪在绘图中具体应用。

② 掌握显示控制的使用方法，特别是窗口缩放和全部缩放的运用。

③ 了解查询信息等辅助工具的使用方法，并能在实际绘图中得到应用。

3.1 设置坐标系

AutoCAD 2014 默认的坐标系是世界坐标系（WCS），它以绘图界限的左下角为原点 O（0，0）包含 X、Y 和 Z 坐标轴。其中 X 轴是水平的，且正方向水平向右；Y 轴是垂直的，且正方向垂直向上；Z 轴是垂直于 XY 平面的，且正方向垂直于屏幕指向用户，如图 3-1 所示。

在 Aut0CAD2014 中，坐标系是定位图形的基本手段。如果用户没有另外设定 Z 坐标值，所绘图形只能是 XY 平面的二维图形，其原点是图形左下角 X 轴和 Y 轴的相交点（0，0）。图 3-2 所示是坐标值为“48，45”的点在坐标系中的位置。

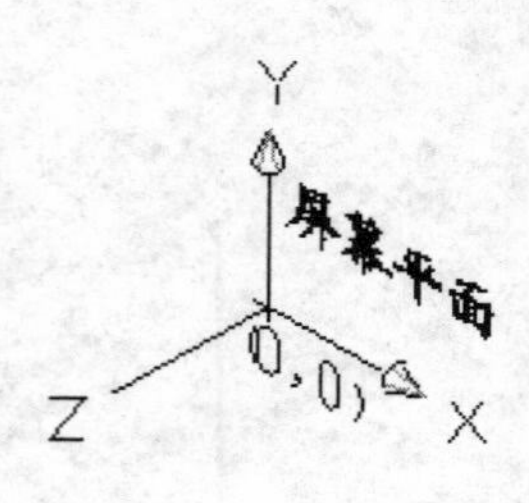

图 3-1　WCS 坐标系

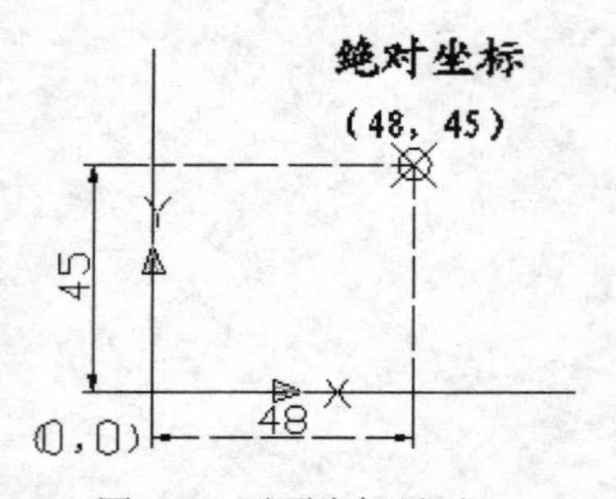

图 3-2　平面坐标显示

3.1.1 直角坐标与极坐标

AutoCAD 2014 中使用最频繁的是直角坐标。直角坐标主要有两种坐标，即绝对坐标和相对坐标，另外还有一种特殊坐标——极坐标。下面分别讲解各坐标。

- 绝对坐标：指某一个点以原点（0，0）为参照点，分别在 X 轴和 Y 轴（如果是三维坐标，则还包含 Z 轴）方向上指出与原点的距离的一种表示方式。绝对坐标中任何一点的坐标值与其他点都没有关系，如图 3-2 所示。
- 相对坐标：指某点以另外一个坐标点（原点除外）为参照点，分别在 X 轴和 Y 轴（如果是三维坐标，则还包含 Z 轴）方向上指出与参照点的距离的一种表示方式。相对坐标中任何一点的坐标值与原点的距离都没有关系，仅仅参照当前的参照点，如图 3-3 所示。
- 极坐标：极坐标较为特殊，它是使用点与原点的直线距离和直线角度进行定位的。其格式为“距离<角度”。图 3-4 所示为与原点距离为 100mm，角度为 30° 的点。极坐标也可以采用相对坐标方式输入，格式为“@距离<角度”。

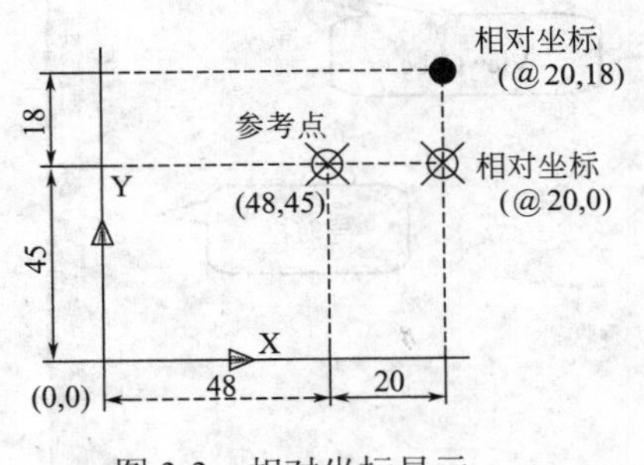

图 3-3　相对坐标显示

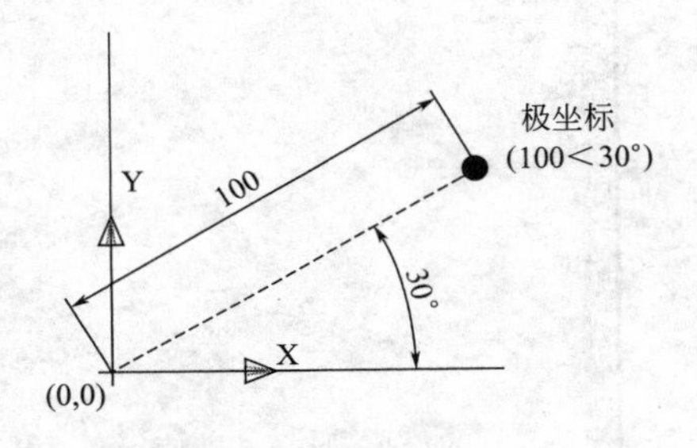

图 3-4　极坐标显示

学习提示： 绝对坐标的表示方法与几何学中坐标的表示方法相同，格式都是“X，Y”“X，Y，Z”。相对坐标的表示格式为“@X，Y 或@X，Y，Z”，以@符号开头。如图 3-3 所示的点到参考点的水平距离为 20mm，垂直距离为 0，因此其绝对坐标为“68，45”，但相对坐标为“@20，0”。另一点水平距离为 20mm，垂直距离为 18mm，其绝对坐标为“68，63”，但相对坐标为“@20，18”。

3.1.2 控制坐标值的显示

状态栏的左侧用于显示当前光标的坐标值，而单击该坐标值可以开启或关闭坐标值的显示。图 3-5 所示为开启坐标值的显示，图 3-6 所示为关闭坐标值的显示。

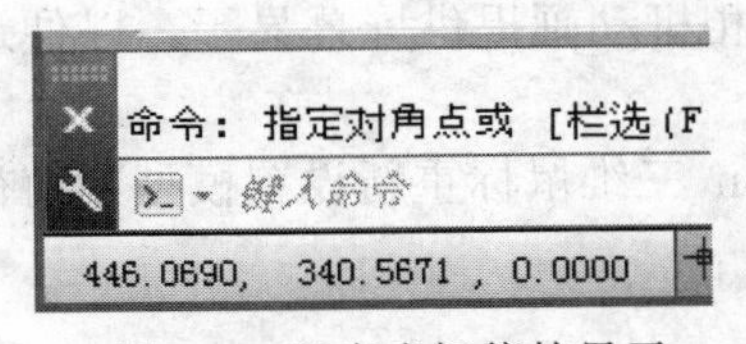

图 3-5　开启坐标值的显示

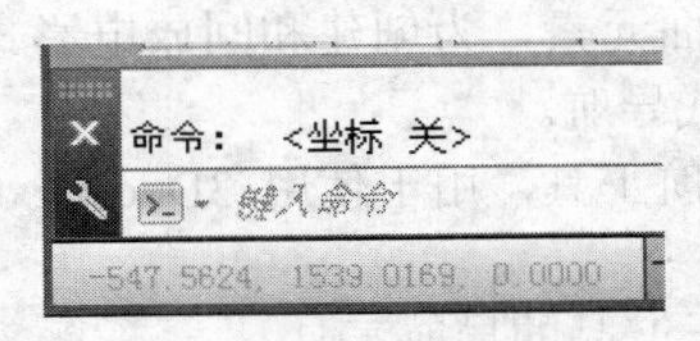

图 3-6　关闭坐标值的显示

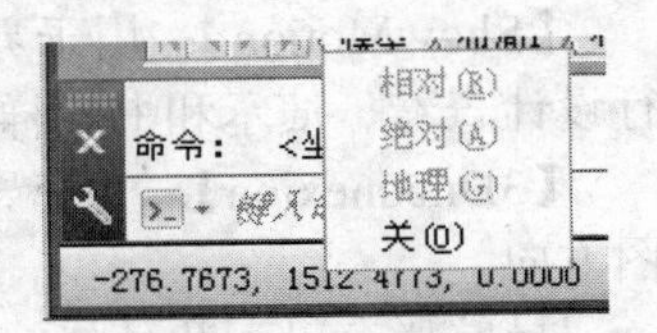

图 3-7　坐标切换显示

在默认状态下，状态栏只显示当前光标的绝对坐标。在坐标值上单击鼠标右键，在弹出的快捷菜单中也可以选择显示相对坐标，但这只能在命令执行过程中需要指定点时才能起作用。图 3-7 所示为在绘制直线过程中需指定点时，可切换到相对坐标状态。

3.2 使用导航栏

3.2.1 显示导航工具栏

导航栏是一种用户界面元素，默认显示在绘图窗口的右侧，用户可以从中访问通用导航工具和特定于产品的导航工具。

单击绘图区左上角的[一]按钮（此按钮为隐藏状态，鼠标移动到左上角才显示），在弹出的快捷菜单中选择【导航栏】选项，可以控制导航栏的显示与隐藏，如图 3-8 所示。

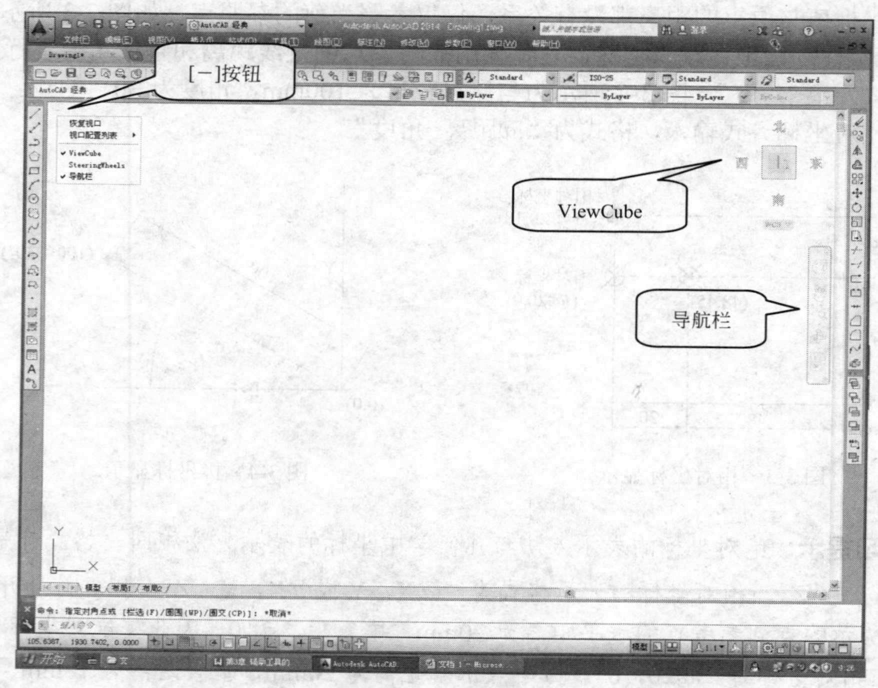

图 3-8　显示导航栏

3.2.2 导航工具栏的使用

导航栏中有以下通用工具。

【ViewCube】：指示模型的当前方向，并用于重定向模型的当前视图。

【SteeringWheels】：用于在专用导航工具之间快速切换的控制盘集合。

【ShowMotion】：用于界面元素，为创建和回放电影式相机动画提供屏幕显示，以便进行设计查看、演示和书签样式导航。

【3Dnconexion】：一套导航工具，用于使用 3Dnconexion 三维鼠标重新设置模型当前视图方向。

导航栏有以下几种特定于产品的导航工具。

【平移】：沿屏幕平移视图。

【缩放工具】：用于增大或缩小模型当前视图比例的导航工具集。

【动态观察工具】：用于旋转模型当前视图的导航工具集。

3.3 动态输入

动态输入是 AutoCAD 2014 常用的辅助功能。使用动态输入功能可以在工具栏提示中输入坐标值，而不必在命令行中进行输入。光标旁边显示的工具栏提示信息将随着光标的移动而动态更新。当某个命令处于活动状态时，可以在工具栏提示中输入值。动态输入虽然为用户绘制图样带来了很大方便，但它不会取代命令窗口。您可以隐藏命令窗口以增加绘图屏幕区域，但是您在有些操作中还是需要显示命令窗口。按 F2 键可根据需要隐藏和显示命令提示和错误消息。另外，也可以浮动命令窗口，并使用“自动隐藏”功能来展开或卷起该窗口。

3.3.1 动态输入的设置

用户在绘图过程中，要自定义动态输入，请使用“草图设置”对话框。在状态栏上单击鼠标右键，然后单击“设置”按钮，以控制启用“动态输入”时每个组件所显示的内容，如图 3-9 所示。

在“动态输入”设置对话框中各选项组的意义如下。

- 【启用指针输入】单选框：使用指针输入设置可修改坐标的默认格式，以及控制指针输入工具栏提示何时显示，如图 3-10 所示。

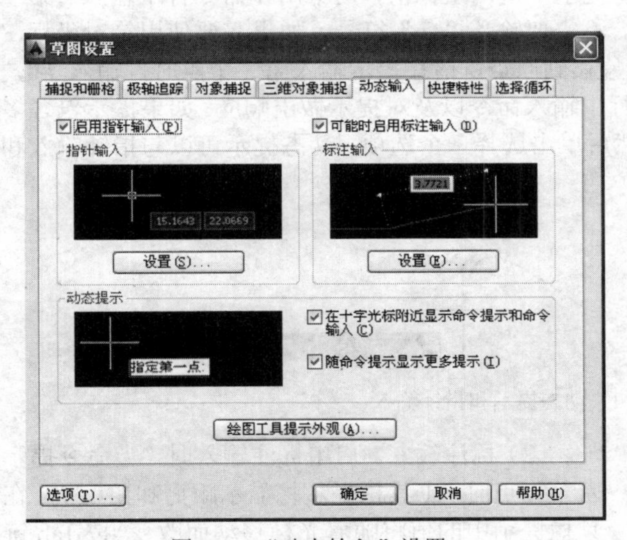

图 3-9 “动态输入”设置

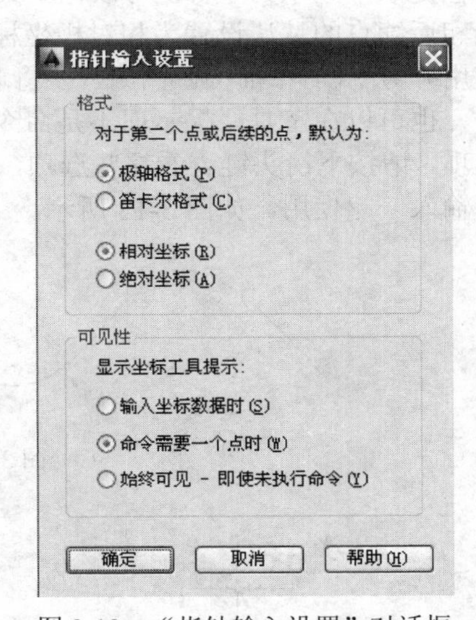

图 3-10 “指针输入设置”对话框

- 【可能时启用标注输入】单选框：使用标注输入设置只显示您希望看到的信息，如图 3-11 所示。
- 【动态提示】单选项：启用动态提示时，提示会显示在光标附近的工具栏提示中。用户可以在工具栏提示（而不是在命令行）中输入响应。按下箭头键可以查看和选择选项。按上箭头键可以显示最近的输入。
- 【绘图工具提示外观】：用于设置工具栏模型预览、布局预览的颜色、工具栏提示外观的大小，如图 3-12 所示。

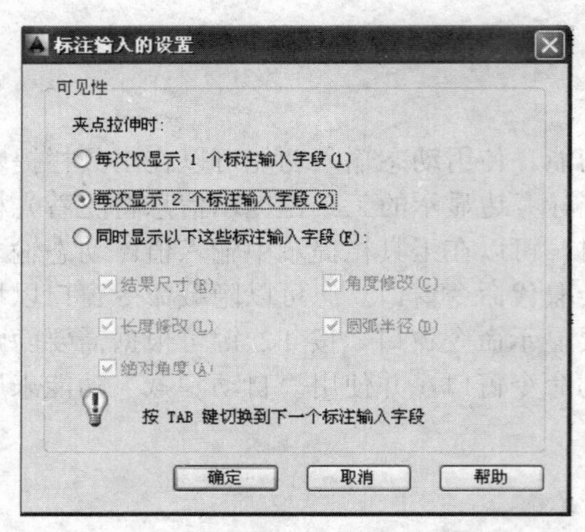

图 3-11　标注输入设置

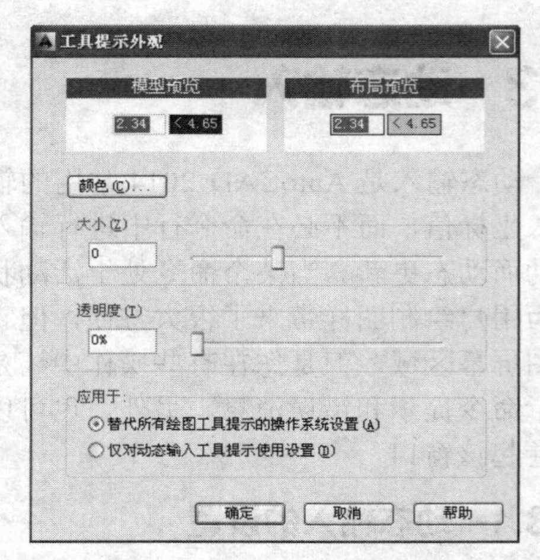

图 3-12　工具栏提示外观设置

3.3.2　指针输入和标注输入

单击状态栏上的【动态输入】按钮，打开和关闭“动态输入”。按住【F12】键可以临时将其关闭。“动态输入”有三个组件：指针输入、标注输入和动态提示。

（1）指针输入。当启用指针输入且有命令在执行时，十字光标的位置将在光标附近的工具栏提示中显示为坐标。可以在工具栏提示中输入坐标值，而不用在命令行中输入。第二个点和后续点的默认设置为相对极坐标。不需要输入“@”符号。如果需要使用绝对坐标，请使用井号 （#） 前缀。例如，要将对象移到原点，请在提示输入第二个点时，输入 **#0，0**。

也可以在工具栏提示而不是命令行中输入命令以及对提示做出响应。如果提示包含多个选项，请按下箭头键查看这些选项，然后单击选择一个选项。动态提示可以与指针输入和标注输入一起使用，如图 3-13 所示。

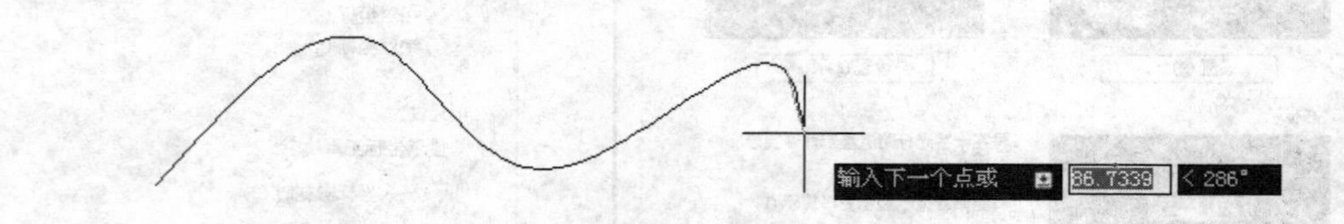

图 3-13　动态提示和指针输入

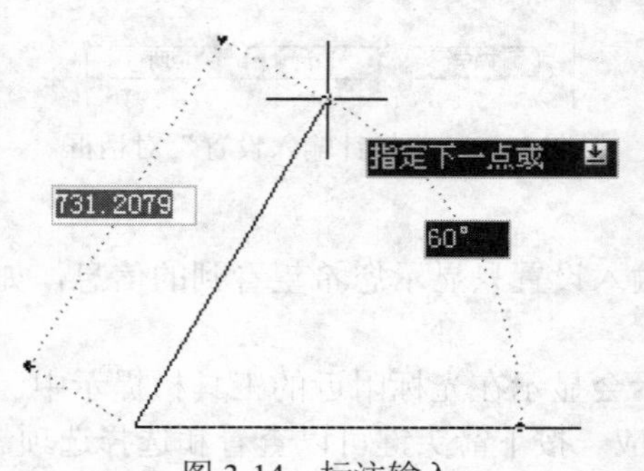

图 3-14　标注输入

（2）标注输入。启用标注输入时，当命令提示输入第二点时，工具栏提示将显示距离和角度值。在工具栏提示中的值将随着光标移动而改变。按 Tab 键可以移动到要更改的值。对于标注输入，在输入字段中输入值并按 Tab 键后，该字段将显示一个锁定图标，并且光标会受您输入的值约束，如图 3-14 所示。使用夹点编辑对象时，标注输入工具栏提示可能会显示的信息有：旧的长度、移动夹点时更新的长度、长度的改变、角度、移动夹点时角度的变化、圆弧的半径。在使用夹点来拉伸对象或在创建新对象时，标注输入仅显示锐角，即所有角度都显示为小于或等于 180°。因此，无论系统变量如何设置（在“图形单位”对话框中设置），270° 都将显示为 90°。创建新对象时，指定的角度需要根据光标位置来决定角度的正方向。

3.4 栅格、捕捉和正交

3.4.1 栅格

栅格类似于坐标纸中格子的概念，若已经打开栅格，用户可在屏幕上看见网格。

（1）启用栅格。启用“栅格”命令有三种方法。

- 单击状态栏中的栅格▦按钮。
- 按键盘上的 F7 键。
- 按键盘上的【Ctrl+G】键。

启用“栅格”命令后，栅格显示在屏幕上，如图 3-15 所示。

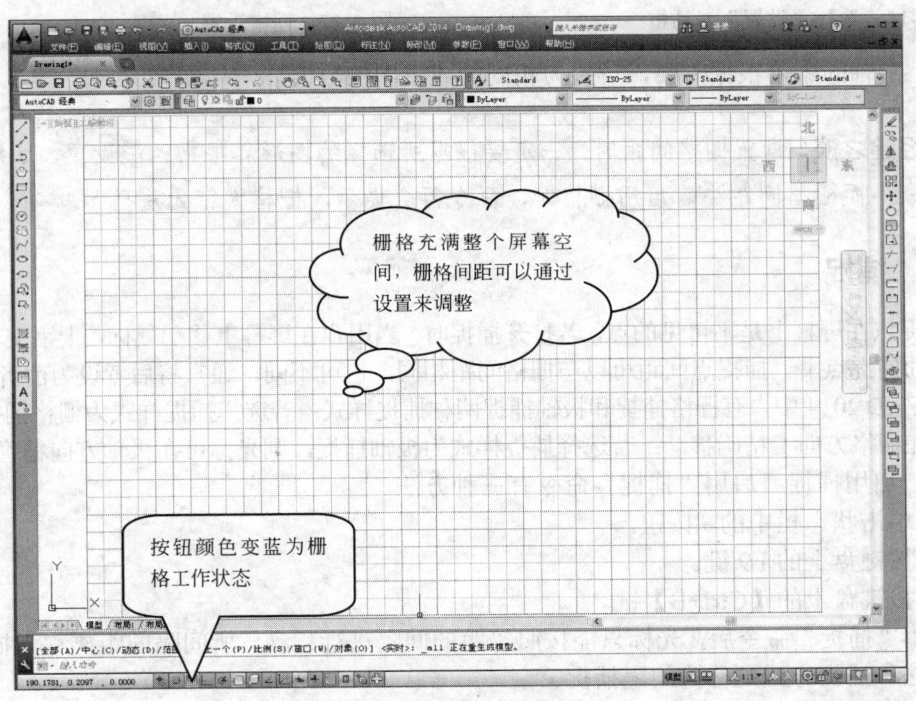

图 3-15　栅格显示

（2）设置栅格。栅格的主要作用是显示用户所需要的绘图区域大小，帮助用户在绘制图样过程中不能超出绘图区域。根据用户所选择的区域大小，栅格随时可以进行大小设置，如果绘图区域和栅格大小不匹配，在屏幕上就不显示栅格，而在命令行中提示栅格太密，无法显示。

用右键单击状态栏中的▦按钮，弹出光标菜单，如图 3-16 所示，选择【设置】选项，就可以打开“草图设置”对话框，如图 3-17 所示。

在“草图设置”对话框中，选择“启用栅格”复选框，开启栅格的显示，反之，则取消栅格的显示。

其中的参数：

- 【栅格 X 轴间距】：用于指定经 X 轴方向的栅格间距值。
- 【栅格 Y 轴间距】：用于指定经 Y 轴方向的栅格间距值。

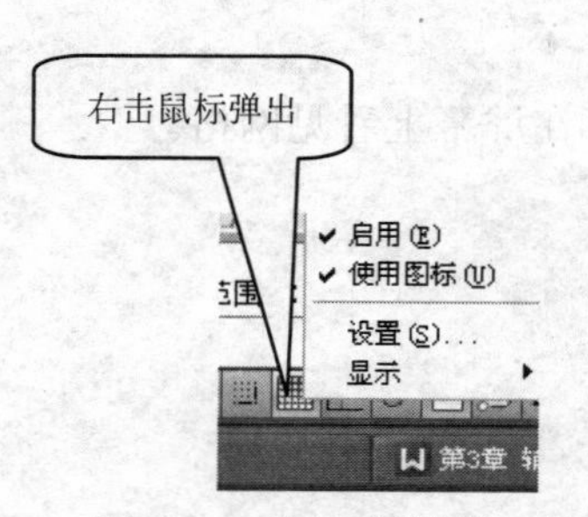

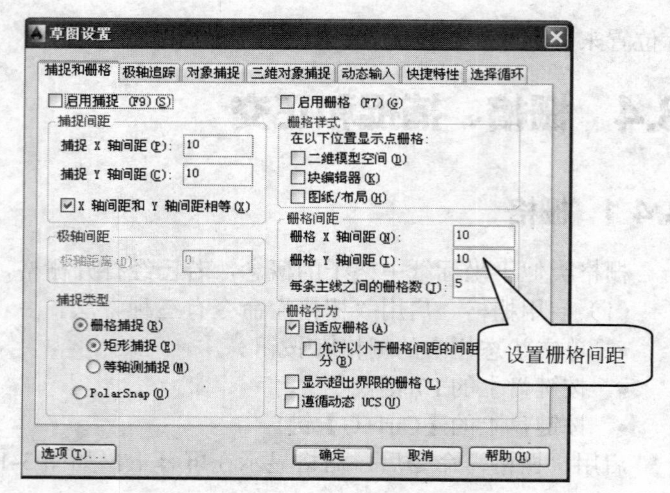

图 3-16　选择“设置”对话框　　　　图 3-17　栅格设置

X、Y 轴间距可根据需要，设置为相同的或不同的数值。

经验之谈： 设置栅格间距时，一定要根据所选择的图形界限来匹配设置，如果图形界限大，而栅格间距小，启用栅格时，命令行会提示，栅格太密无法显示。

3.4.2　捕捉

捕捉点在屏幕上是不可见的点，若打开捕捉时，当用户在屏幕上移动鼠标，十字交点就位于被锁定的捕捉点上。捕捉点间距可以与栅格间距相同，也可不同，通常将后者设为前者的倍数。在 AutoCAD 2014 中，有栅格捕捉和极轴捕捉两种捕捉样式：若选择捕捉样式为栅格捕捉，则光标只能在栅格方向上精确移动；若选择捕捉样式为极轴捕捉，则光标可在极轴方向精确移动。

（1）启用捕捉。启用“捕捉”命令有三种方法。

- 单击状态栏中的▦按钮。
- 按键盘上的 F9 键。
- 按键盘上的【Ctrl+B】键。

启用“捕捉”命令后，光标只能按照等距的间隔进行移动，所间隔的距离称为捕捉的分辨率，这种捕捉方式则称为间隔捕捉。

经验之谈： 在正常绘图过程中，不要打开捕捉命令，否则光标在屏幕上按栅格的间距跳动，这样不便于绘图。

（2）捕捉设置。在绘制图样时，可以对捕捉的分辨率进行设置。用右键单击状态栏中的▦按钮，弹出光标菜单，选择“设置”选项，就可以打开“草图设置”对话框，在该对话框的左侧为捕捉选项，如图 3-17 所示。

其中的参数：

- 【栅格 X 轴间距】：用于指定经 X 轴方向的捕捉分辨率。
- 【栅格 Y 轴间距】：用于指定经 Y 轴方向的捕捉分辨率。

X、Y 轴间距可根据需要，设置为相同的或不同的数值。

- 【角度】：用于设置按照固定的角度旋转栅格捕捉的方向。
- 【X 基点】：用于指定栅格的 X 轴基准坐标点。
- 【Y 基点】：用于指定栅格的 Y 轴基准坐标点。

在“捕捉类型和样式”选项组中，“栅格捕捉”单选项用于栅格捕捉。“矩形捕捉”与“等轴测捕捉”单选项用于指定栅格的捕捉方式。“极轴捕捉”单选项用于设置以极轴方式进行捕捉。

最后单击【确定】按钮，完成对捕捉分辨率的设置。

3.4.3 正交模式

用户在绘图过程中，为了能使图线能水平和垂直方向绘制，AutoCAD 特别设置了正交模式。启用“正交”命令有三种方法。

- 单击状态栏中的按钮。
- 按键盘上的 F8 键。
- 输入命令：ORTHO。

启用“正交”命令后，就意味着用户只能画水平和垂直两个方向的直线，如图 3-18 所示。

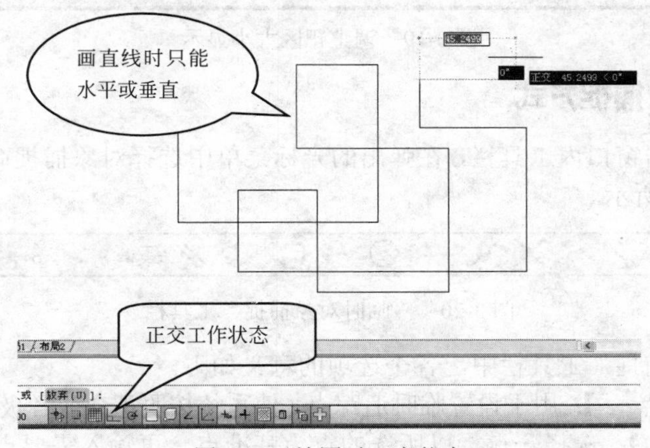

图 3-18 绘图时正交状态

3.5 对象捕捉

对象捕捉实际上是 AutoCAD 为用户提供的一个用于拾取图形几何点的过滤器，它使光标能精确地定位在对象的一个几何特征点上。利用对象捕捉命令，可以帮助用户将十字光标快速、准确地定位在特殊或特定位置上，以便提高绘图效率。

根据对象捕捉方式，可以分为临时对象捕捉和自动对象捕捉两种捕捉样式。临时对象捕捉方式的设置，只能对当前进行的绘制步骤起作用；而自动对象捕捉在设置对象捕捉方式后，可以一直保持这种目标捕捉状态，如需取消这种捕捉方式，要在设置对象捕捉时取消选择这种捕捉方式。

3.5.1 调整靶区大小

在绘图过程中，在执行某一命令时，光标显示为十字光标或者为小方框的拾取状态，为了用户方便拾取对象，靶区大小是可以设置的。

通过选择【工具】→【选项】→【绘图】菜单命令进行设置，如图 3-19 所示。

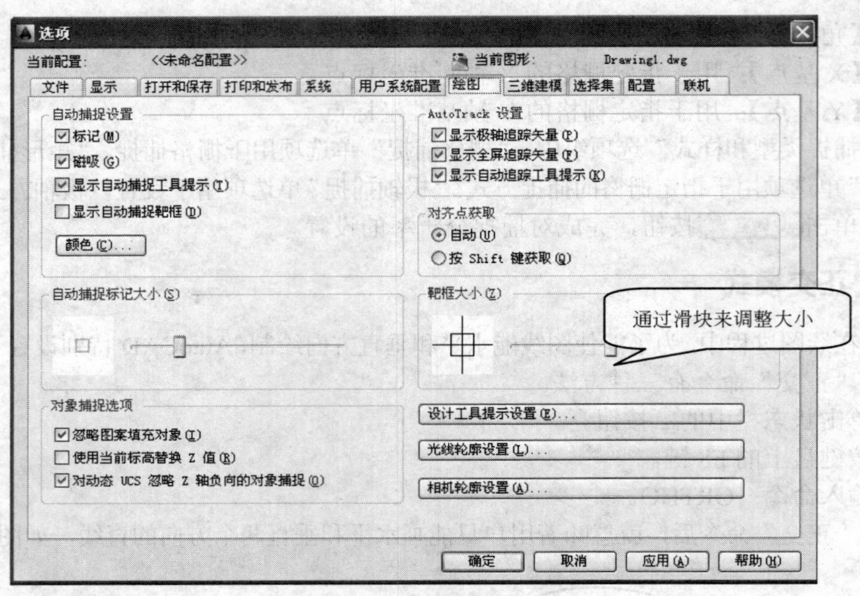

图 3-19　调整靶区大小显示

3.5.2　临时对象捕捉方式

用鼠标右键单击窗口内工具栏，在弹出的光标菜单中选择对象捕捉命令，弹出对象捕捉工具栏，如图 3-20 所示。

图 3-20　“临时对象捕捉”工具栏

在“临时对象捕捉”工具栏中，各个选项的意义如下。

- 【临时追踪点】：用于设置临时追踪点，使系统按照正交或者极轴的方式进行追踪。
- 【捕捉自】：选择一点，以所选的点为基准点，再输入需要点对于此点的相对坐标值来确定另一点的捕捉方法。
- 【捕捉到端点】：用于捕捉线段、矩形、圆弧等线段图形对象的端点，光标显示“□”形状。
- 【捕捉到中点】：用于捕捉线段、弧线、矩形的边线等图形对象的线段中点，光标显示“△”形状。
- 【捕捉到交点】：用于捕捉图形对象间相交或延伸相交的点，光标显示“×”形状。
- 【捕捉到外观交点】：在二维空间中，与捕捉到交点工具的功能相同，可以捕捉到两个对象的视图交点，该捕捉方式还可以在三维空间中捕捉两个对象的视图交点，光标显示“⊠”形状。
- 【捕捉到延长线】：使光标从图形的端点处开始移动，沿图形一边以虚线来表示此边的延长线，光标旁边显示对于捕捉点的相对坐标值，光标显示“----”形状。
- 【捕捉到圆心】：用于捕捉圆形、椭圆形等图形的圆心位置，光标显示“◯”形状。
- 【捕捉到象限点】：用于捕捉圆形、椭圆形等图形上象限点的位置，如 0°、90°、180°、270° 位置处的点，光标显示“◇”形状。
- 【捕捉到切点】：用于捕捉圆形、圆弧、椭圆图形与其他图形相切的切点位置，光标显示“ ◯ ”形状。

- 【捕捉到垂足 ⊥】：用于绘制垂线，即捕捉图形的垂足，光标显示“ ⊾”形状。
- 【捕捉到平行线 //】：以一条线段为参照，绘制另一条与之平行的直线。在指定直线起始点后，单击捕捉直线按钮，移动光标到参照线段上，出现平行符号“ // ”表示参照线段被选中，移动光标，与参照线平行的方向会出现一条虚线表示轴线，输入线段的长度值即可绘制出与参照线平行的一条直线段。
- 【捕捉到插入点 ∘ 】：用于捕捉属性、块或文字的插入点，光标显示“ ⧉”形状。
- 【捕捉到节点 】：用于捕捉使用点命令创建的点的对象，光标显示“⊗”形状。
- 【无捕捉 】：用于取消当前所选的临时捕捉方式。
- 【对象捕捉设置 】：单击此按钮，弹出草图设置对话框，可以启用自动捕捉方式，并对捕捉方式进行设置。

使用临时对象捕捉方式还可以利用光标菜单来完成。

按住键盘上的【Ctrl】或者【Shift】键，在绘图窗口中单击鼠标右键，弹出如图 3-21 所示的“光标”菜单。在“光标”菜单中列出捕捉方式的命令，选择相应的捕捉命令即可完成捕捉操作。

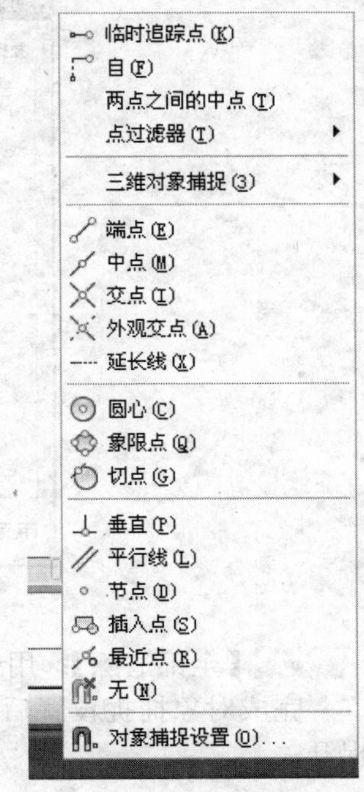

图 3-21　光标菜单

3.5.3　自动对象捕捉方式

（1）启用自动捕捉命令。使用“自动捕捉”命令时，可以保持捕捉设置，不需要每次绘制图形时重新调用捕捉方式进行设置，这样就可以节省很多时间。

启用“自动捕捉”命令有三种方法。

- 单击状态栏中的 按钮。
- 按键盘上的 F3 键。
- 按键盘上的【Ctrl+F】键。

（2）自动捕捉设置。AutoCAD 在自动捕捉方式中，提供了比较全面的对象捕捉方式。可以单独选择一种对象捕捉，也可以同时选择多种对象捕捉方式。

对自动捕捉设置可以通过“绘图设置”对话框来完成。

启用“草图设置”命令有三种方法。

- 选择【菜单】→【工具】→【绘图设置】菜单命令。
- 在状态栏中的 按钮上单击鼠标右键，在弹出的光标菜单中选择“设置”命令。
- 按住键盘上的【Ctrl】或者【Shift】键，在绘图窗口中单击鼠标右键，在弹出的光标菜单中选择“对象捕捉设置”命令。

启用“草图设置”命令，打开“草图设置”对话框，如图 3-22 所示。

在对话框中，选择启用“对象捕捉”复选框，在“对象捕捉模式”选项中提供了 13 种对象捕捉方式，可以通过选择复选框来选择需要启用的捕捉方式，每个选项的复选框前的图标代表成功捕捉某点时光标的显示图标。所有列出的捕捉方式、图标显示与前面所介绍的临时对象捕捉方式相同。

其中的参数：

- 【全部选择】：用于选择全部对象捕捉方式。

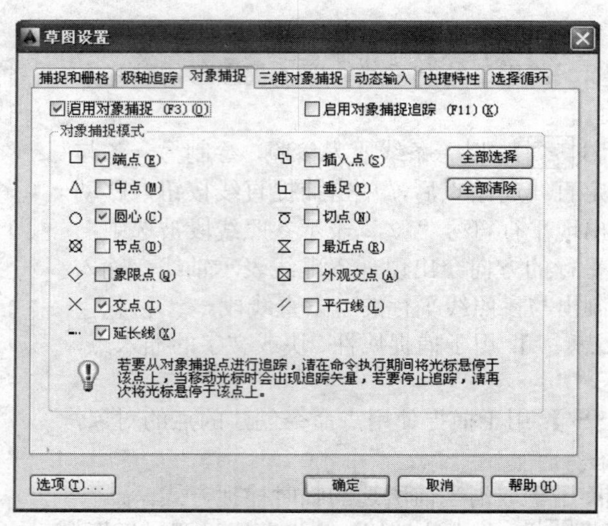

图 3-22 “对象捕捉”设置

- 【全部清除】：用于取消所有设置的对象捕捉方式。

完成对象捕捉设置后，单击状态栏中的□按钮，使之处于凹下状态，即可打开对象捕捉开关。

经验之谈：在设置自动对象捕捉时，要根据绘图时实际要求，有目的的设置捕捉对象，否则在点集中的区域很容易捕捉混淆，使绘图不准确。需要设置时，在任务栏□处右击鼠标，弹出光标菜单，选择“设置”，弹出图 3-22 所示对话框，这样可随时进行对象的设置。

3.6 自动追踪

自动追踪可用于按指定角度绘制对象，或者绘制其他有特定关系的对象。当自动追踪打开时，屏幕上出现的对齐路径（水平或垂直追踪线）有助于用户用精确位置和角度创建对象。自动追踪包含两种追踪选项：极轴追踪和对象捕捉追踪，用户可以通过状态栏上的极轴和对象追踪按钮打开或关闭该功能。

3.6.1 极轴追踪

（1）启用“极轴追踪”命令。启用“极轴追踪”命令有两种方法。

- 单击状态栏中的按钮。
- 按键盘上的 F10 键。

（2）“极轴追踪”的设置。对“极轴追踪”的设置可以通过“草图设置”对话框来完成。启用“草图设置”命令有两种方法。

- 选择【工具】→【草图设置】菜单命令。
- 在状态栏中的按钮上单击鼠标右键，在弹出的光标菜单中选择“设置”命令。

启用“草图设置”命令，打开“草图设置”对话框，如图 3-23 所示。

在“草图设置”对话框中，用户可对极轴追踪的操作进行设置。

在“极轴追踪”设置对话框中，各选项组的意义如下。

- 【启用极轴追踪】复选框：开启极轴追踪命令；反之，则取消极轴追踪命令。

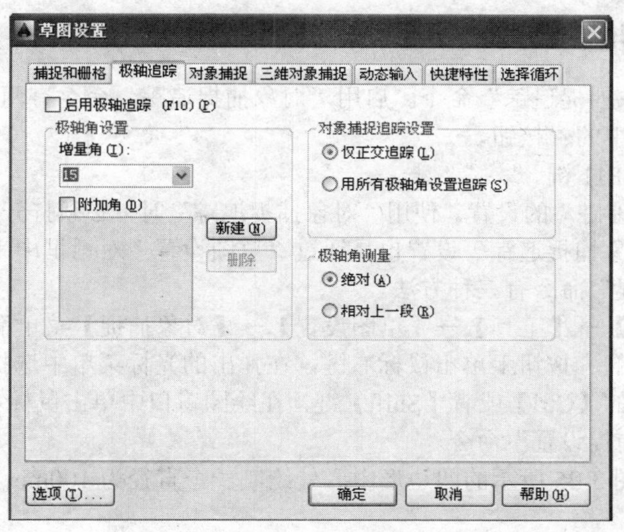

图 3-23 “极轴追踪”设置

- 【极轴角设置】选项组：在此选项中，用户可以选择“增量角”下拉列表框中的角度变化的增量值，如图 3-23 所示的增量角度为 15°，则光标移动到接近 30°、45°、75°、90°等方向时，极轴就会自动追踪。也可以输入其他角度。选择“附加角”复选框，单击新建按钮，可以增加极轴角度变化的增量值。
- 【对象捕捉追踪设置】选项组：该选项组中，“仅正交追踪”单选项用于设置在追踪参考点处显示水平或垂直的追踪路径；“用所有极轴角设置追踪”单选项用于在追踪参考点处沿极轴角度所设置的方向显示追踪路径。
- 【极轴角度测量】选项组：在此选项中，“绝对”单选项用于设置以坐标系的 X 轴为计算极轴角的基准线；“相对上一段”单选项用于设置以最后创建的对象为基准线进行计算极轴的角度。

【例 3-1】启用“极轴追踪”命令绘制如图 3-24 所示的六边形。

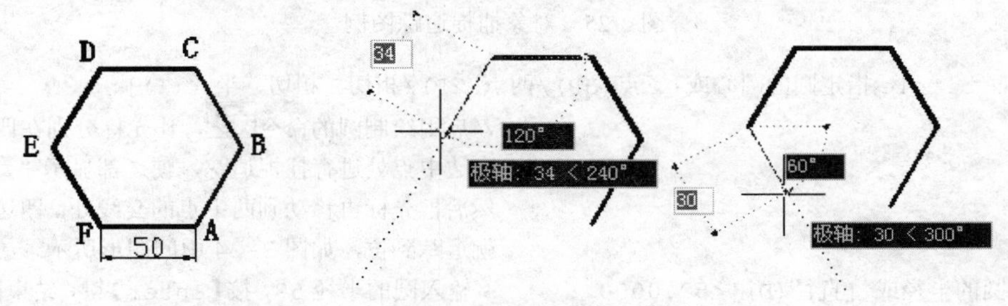

图 3-24 极轴追踪图例

```
命令:_line 指定第一点:                  //选择直线工具 ，单击 A 点位置
指定下一点或[放弃(U)]:50                 //沿 30°方向追踪，输入线段长度 50 到 B 点
指定下一点或[放弃(U)]:50                 //沿 120°方向追踪，输入线段长度 50 到 C 点
指定下一点或[闭合(C)/放弃(U)]:50         //沿 180°方向追踪，输入线段长度 50 到 D 点
指定下一点或[闭合(C)/放弃(U)]:50         //沿 240°方向追踪，输入线段长度 50 到 E 点
指定下一点或[闭合(C)/放弃(U)]:50         //沿 300°方向追踪，输入线段长度 50 到 F 点
指定下一点或[闭合(C)/放弃(U)]:           //按【Enter】键，结束图形绘制
```

3.6.2 对象捕捉追踪

（1）启用“对象捕捉追踪”命令。启用“对象捕捉追踪”命令有两种方法。

- 单击状态栏中的∠按钮。
- 按键盘上的 F11 键。

（2）“对象捕捉追踪”的设置。使用“对象捕捉追踪”时，必须打开“对象捕捉”和“极轴模式”开关。“对象捕捉追踪”设置也是通过“草图设置”对话框中来完成的。

启用“草图设置”命令有三种方法。

- 选择【菜单】→【工具】→【草图设置】→【对象捕捉】菜单命令。
- 在状态栏中的∠按钮上单击鼠标右键，在弹出的光标菜单中选择“设置”命令。
- 按住键盘上的【Ctrl】或者【Shift】键，在绘图窗口中单击鼠标右键，在弹出的光标菜单中选择“对象捕捉设置”命令。

【例 3-2】在如图 3-25 所示的四边形中心处绘制一个直径为 100mm 的圆。

操作步骤如下。

① 用鼠标右键单击状态栏中的∠按钮，弹出光标菜单，选择“设置”选项，打开草图设置对话框，在对话框中选择“对象捕捉”选项，在下拉的 13 个选项中选择“中点”。

② 在绘图窗口中，单击状态栏中的∠按钮，使之处于凹下状态，即打开对象追踪开关。

③ 绘图过程如下。

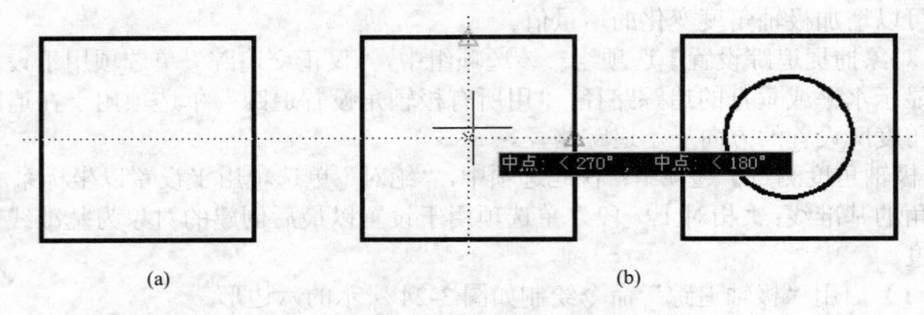

(a) (b)

图 3-25 对象捕捉追踪图例

命令：_circle 指定圆的圆心或[三点(3P)/两点(2P)/相切、相切、半径(T)]：

//启用绘制圆的命令，让光标分别在四边形的两个边中点处进行捕捉追踪，使之都显示“Δ”形状，然后把光标再移动到两中点的交线处，四边形的中心就追踪到位，如图 3-24 中间图形所示

指定圆的半径或 [直径(D)]<50.0000>： //输入圆的半径 50，按【Enter】键，结束图形绘制，如图 3-25(b)所示

3.7 显示控制

在使用 AutoCAD 绘图时，显示控制命令使用十分频繁。通过显示控制命令，可以观察绘制图形的任何细小的结构和任意复杂的整体图形。

3.7.1 缩放图形

视图缩放就是将图形进行放大或缩小，但不改变图形的实际大小。

调用缩放命令的方式有以下几种。

- 选择【菜单】→【视图】→【缩放】命令，如图 3-26 所示。
- 选择如图 3-27 所示的【缩放】工具栏中的按钮。
- 在命令行中输入 ZOOM/Z。

图 3-26　缩放命令

图 3-27　缩放工具栏

（1）全部缩放。

【全部缩放】选择全部缩放工具按钮，如果图形超出当前设置的图形界限，在绘图窗口中将适合全部图形对象进行显示；如果图形没有超出图形界限，在绘图窗口中将适合整个图形界限进行显示。缩放前后比较效果如图 3-28 所示。

通过命令行输入命令来调用全部缩放工具，全部缩放工具命令为“A(ALL)”，操作步骤如下。

```
命令：_zoom                              //输入字母“Z”，按【Enter】键
指定窗口的角点，输入比例因子(nX 或 nXP)，或者
[全部(A)/中心(C)/动态(D)/范围(E)/上一个(P)/比例(S)/窗口(W)/对象(O)]<实时>:A
                                         //输入字母“A”，选择“全部”选项，按【Enter】键
```

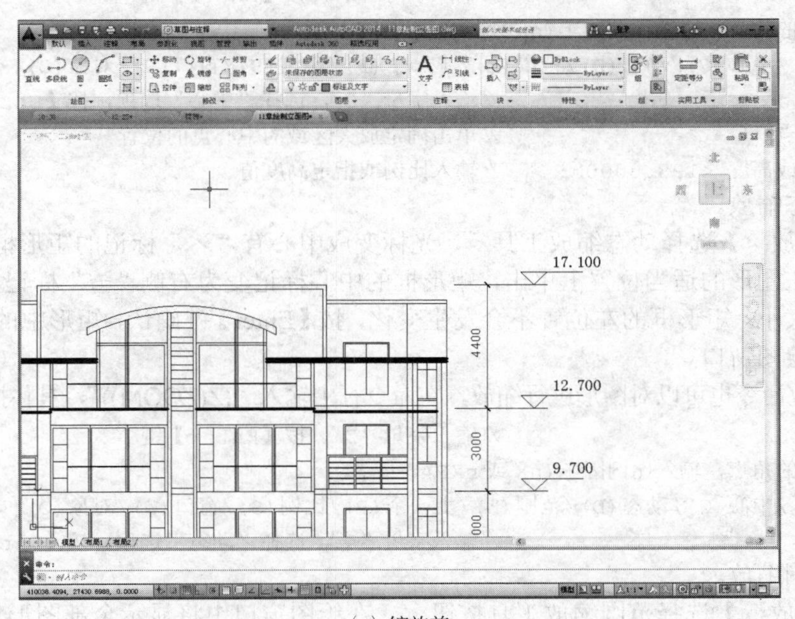

（a）缩放前

图 3-28

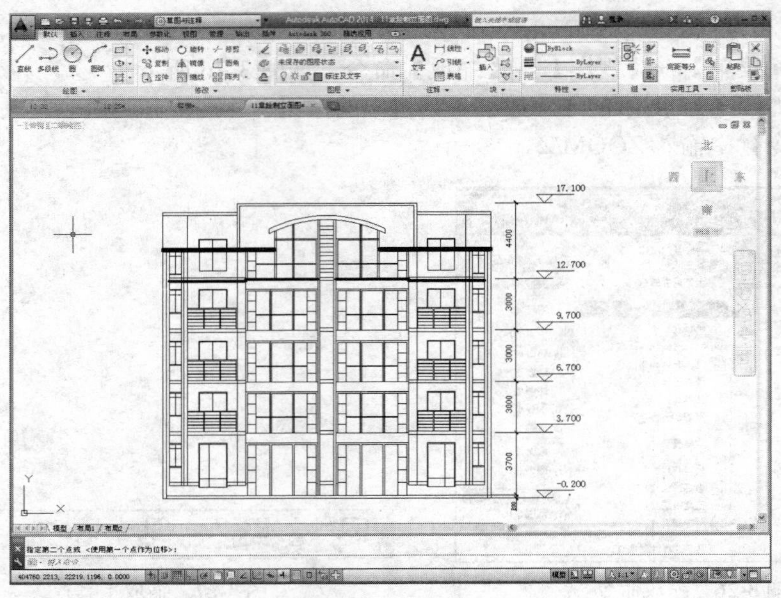

（b）缩放后

图 3-28　全部缩放前后对比

（2）中心缩放。

【中心缩放】选择中心缩放工具按钮，光标就十字形，在需要放大的图形中间位置上单击，确定放大显示的中心点，再绘制一条垂直线段来确定需要放大显示的高度，图形将按照所绘制的高度被放大并充满整个绘图窗口。

通过缩放命令也可以对图形进行缩放，在命令行中输入“(Z（ZOOM))”，具体操作步骤如下。

```
命令:_zoom                              //输入字母“Z”，按【Enter】键
指定窗口的角点，输入比例因子(nX或nXP)，或者
[全部(A)/中心(C)/动态(D)/范围(E)/上一个(P)/比例(S)/窗口(W)/对象(O)]<实时>:C
                                        //输入字母“C”，选择“中心”选项，按【Enter】键
指定中心点:                             //单击确定放大区域的中心点的位置
输入比例或高度 <198.0000>:              //输入比例或指定高度值
```

（3）动态缩放。

【动态缩放】选择动态缩放工具，光标变成中心有“×”标记的矩形框；移动鼠标，将矩形框放在图形的适当位置上单击，矩形框的中心标记变为右侧“→”标记，移动鼠标调整矩形框的大小，矩形框的左位置不会发生变化，按【Enter】键确认，矩形中的图形被放大，并充满整个绘图窗口。

通过缩放命令也可以对图形进行缩放，在命令行中输入“(Z(ZOOM))”，具体操作步骤如下。

```
命令:_zoom                              //输入字母“Z”，按【Enter】键
指定窗口的角点，输入比例因子(nX或nXP)，或者
[全部(A)/中心(C)/动态(D)/范围(E)/上一个(P)/比例(S)/窗口(W)/对象(O)]<实时>:D
                                        //输入字母“D”，选择“动态”选项，按【Enter】键
```

（4）范围缩放。

【范围缩放】选择范围缩放工具按钮，在绘图窗口中将显示全部图形对象，且与图形界限无关。

（5）缩放上一个。

缩放上一个工具：单击标准工具栏中的“上一个(P)”命令按钮，启用“缩放上一个”功能，将缩放显示返回前一个视图效果。

通过命令行输入命令来调用“缩放上一个”工具，操作步骤如下。

命令：_zoom　　　　　　　　　//输入字母“Z”，按【Enter】键
指定窗口的角点，输入比例因子(nX 或 nXP)，或者
[全部(A)/中心(C)/动态(D)/范围(E)/上一个(P)/比例(S)/窗口(W)/对象(O)]<实时>:P
　　　　　　　　　　　　　　　//输入字母“P”，选择“上一个”选项，按【Enter】键
命令：_zoom　　　　　　　　　//按【Enter】键，重复调用命令
指定窗口的角点，输入比例因子(nX 或 nXP)，或者
[全部(A)/中心(C)/动态(D)/范围(E)/上一个(P)/比例(S)/窗口(W)/对象(O)] <实时>:P
　　　　　　　　　　　　　　　//输入字母“P”，选择“上一个”选项，按【Enter】键

技巧：当连续进行视图缩放操作后，需要返回上一个缩放的视图效果，可以单击放弃按钮来进行返回操作。

（6）比例缩放。

【比例缩放】选择比例缩放工具按钮，光标就呈十字形，在图形的适当位置上单击并移动鼠标到适当比例长度的位置上，再次单击，图形被按比例放大显示。

一般情况下，使用工具按钮不容易掌握，所以经常使用输入命令来控制当前视图的缩放比例，操作步骤如下。

命令：_zoom　　　　　　　　　//输入字母“Z”，按【Enter】键
指定窗口的角点，输入比例因子(nX 或 nXP)，或者
[全部(A)/中心(C)/动态(D)/范围(E)/上一个(P)/比例(S)/窗口(W)/对象(O)]<实时>:S
　　　　　　　　　　　　　　　//输入字母“S”，选择“比例”选项，按【Enter】键
输入比例因子(nX 或 nXP):0.5X　　//输入比例数值“0.5X”，按【Enter】键

特别提示：如果要相对于图纸空间缩放图形，就需要在比例因子后面加上字母“XP”。

（7）窗口缩放。

【窗口缩放】选择窗口缩放工具按钮，光标就呈十字形，在需要放大图形的一侧单击，并向其对角方向移动鼠标，系统显示出一个矩形框，将矩形框包围住，需要放大的图形，单击鼠标，矩形框内的图形被放大并充满整个绘图窗口。矩形框中心就是显示中心。

通过缩放命令也可以对图形进行缩放，在命令行中输入“(Z(ZOOM))”，具体操作步骤如下。

命令：_zoom　　　　　　　　　//输入字母“Z”，按【Enter】键
指定窗口的角点，输入比例因子(nX 或 nXP)，或者
[全部(A)/中心(C)/动态(D)/范围(E)/上一个(P)/比例(S)/窗口(W)/对象(O)] <实时>:_w
指定第一个角点:　　　　　　　//指定所要缩放图形的第一个角点，一般是图形右上角点
指定对角点:　　　　　　　　　//指定所要缩放图形的另一个角点，一般是图形左下角点，
　　　　　　　　　　　　　　　绘制图形的窗口放大显示

（8）对象缩放。

【缩放对象】选择缩放对象工具按钮，光标变为拾取框，选择需要显示的图形，按【Enter】

键确认，在绘图窗口中将按所选择的图形进行适合显示。

通过缩放命令也可以对图形进行缩放，在命令行中输入“(Z(ZOOM))”，具体操作步骤如下。

```
命令:_zoom                          //输入字母“Z”，按【Enter】键
指定窗口的角点，输入比例因子(nX或nXP)，或者
[全部(A)/中心(C)/动态(D)/范围(E)/上一个(P)/比例(S)/窗口(W)/对象(O)]<实时>:O
                                    //输入字母“O”，选择“对象”选项，按【Enter】键
选择对象:指定对角点:找到4个          //显示选择对象的数量
选择对象:                            //按【Enter】键
```

（9）实时缩放。

该项为默认选项。执行缩放命令后直接回车，即可以使用该选项。在屏幕上会出现一个光标变成放大镜的形状，光标中的“+”表示放大，向右、上方拖动鼠标，可以放大图形；光标变成“-”表示缩小，向左、下方拖动鼠标，可以缩小图形。

（10）放大。

【放大】选择放大工具按钮，将对当前视图放大2倍进行显示。在命令提示区会显示视图放大的比例数值，操作步骤如下。

```
命令:_zoom                          //选择放大工具
指定窗口的角点，输入比例因子(nX或nXP)，或者
[全部(A)/中心(C)/动态(D)/范围(E)/上一个(P)/比例(S)/窗口(W)/对象(O)]<实时>:2X
                                    //图形被放大2倍进行显示
```

（11）缩小。

- 【缩小】：选择工具缩小按钮，将对当前视图缩小0.5倍进行显示。在命令提示区会显示视图缩小的比例数值，操作步骤如下。

```
命令:_zoom                          //选择缩小工具
指定窗口的角点，输入比例因子(nX或nXP)，或者
[全部(A)/中心(C)/动态(D)/范围(E)/上一个(P)/比例(S)/窗口(W)/对象(O)]<实时>:0.5X
                                    //图形被缩小0.5倍进行显示
```

3.7.2 平移图形

用户在绘图过程中，如果不想缩放图形，只是想将不在当前视图区的图形部分移动到当前视图区，这样的操作就像拖动图纸的一边移动到面前进行浏览编辑，这就是平移。

启用“平移”命令有三种方法。

- 选择【视图】→【平移】→【实时】菜单命令。
- 单击标准工具栏中的实时平移按钮。
- 输入命令：P(PAN)。

启用“平移”命令后，光标变成手的图标，按鼠标左键并拖动鼠标，就可以平移视图来调整绘图窗口显示区域。

```
命令:_pan                                          //选择实时平移工具
按Esc或Enter键退出，或单击右键显示快捷菜单。       //退出平移状态
```

3.7.3 重画

在绘图过程中，有时会在屏幕上留下一些“痕迹”。为了消除这些“痕迹”，不影响图形的正常观察，可以执行重画。

启用“重画”命令有两种方法。

- 选择【视图】→【重画】菜单命令。
- 输入命令：REDRAW 或 REDRAWALL。

一般情况下，重画是自动执行的。重画是最后一次重生成或最后一次计算的图形数据重新绘制图形，所以速度较快。

REDRAW 命令只刷新当前窗口，而 REDRAWALL 命令刷新所有视口。

3.7.4 重生成

重生成同样可以刷新视口，但和重画的区别在于刷新的速度不同。重生成是 AutoCAD 重新计算图形数据在屏幕上显示结果，所以速度较慢。

启用“重生成”命令有两种方法。

- 选择【视图】→【重生成】菜单命令。
- 输入命令：REGEN 或 REGENALL。

AutoCAD 在可能的情况下会执行重画而不执行重生成来刷新视口。有些命令执行时会引起重生成，如果执行重画命令无法清除屏幕上的“痕迹”，也只能重生成。

3.8 查询图形信息

用户在绘图过程中，经常会对图形中的某一对象的坐标、距离、面积、属性等进行了解，AutoCAD 系统提供了查询图形信息功能，极大地方便了广大用户。

3.8.1 时间查询

时间命令可以提示当前时间，该图形的编辑时间，最后一次修改时间等信息。

启用“时间查询”命令有两种方法。

- 选择【工具】→【查询】→【时间】菜单命令。
- 输入命令：TIME。

启用“时间查询”命令后，弹出如图 3-29 所示的文本框，在文本窗口中显示当前时间、创建时间、上次更新时间、累计编辑时间、消耗时间计时器、下次自动保存时间等信息，并出现以下提示。

输入选项[显示(D)/开(ON)/关(OFF)/重置(R)]：

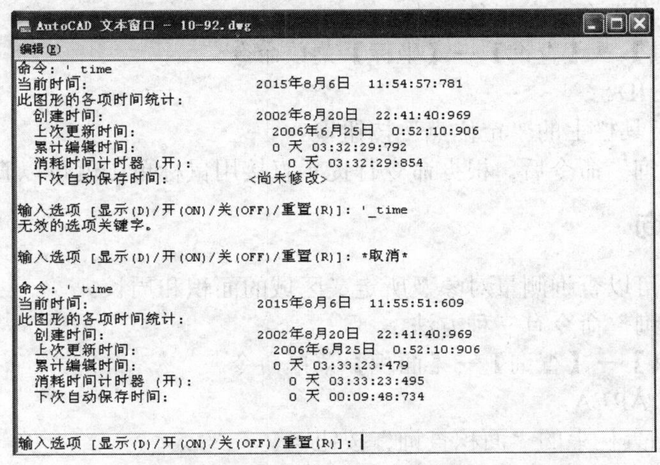

图 3-29 时间查询文本窗口

3.8.2 距离查询

通过“距离查询”命令可以直接查询屏幕上两点之间的距离，和 XY 平面的夹角，在 XY 平面中倾角以及 X、Y、Z 方向上的增量。

启用“距离查询”命令有三种方法。

- 选择【菜单】→【工具】→【查询】→【距离】菜单命令。
- 单击工具栏上按钮，在打开的工具栏上鼠标右击，选择查询命令，调出如图 3-30 所示的查询工具栏。
- 输入命令：DISTANCE。

启用“距离查询”命令后，命令行提示如下。

```
命令:_dist
指定第一点:
指定第二点:
```

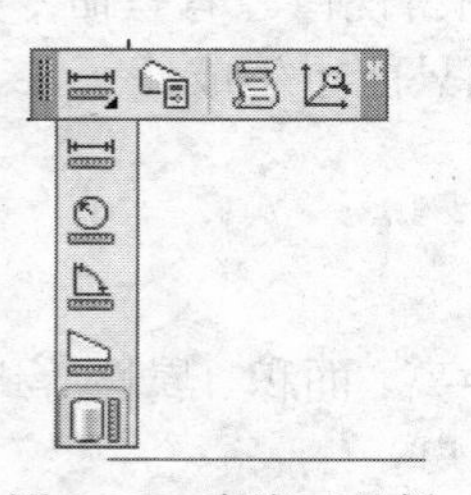

图 3-30 查询工具栏

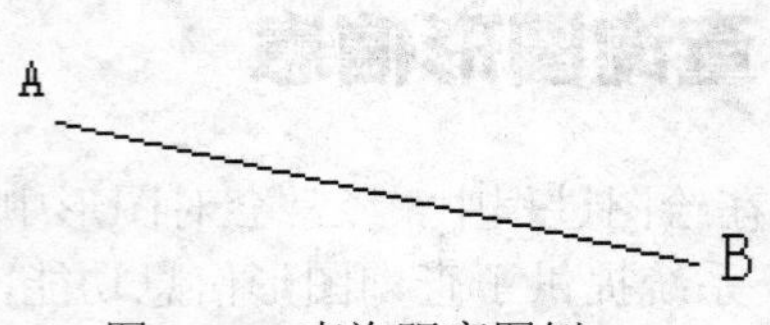

图 3-31 查询距离图例

【例 3-3】查询如图 3-31 所示的 AB 直线间的距离。

```
命令:_dist                                   //选择查询距离命令。
指定第一点:                                   //单击 A 点。
指定第二点:                                   //单击 B 点，查询信息如下：
距离=147.1306，XY 平面中的倾角=345，与 XY 平面的夹角=0
X 增量=142.1980，Y 增量=-37.7777，Z 增量=0.0000
```

3.8.3 坐标查询

屏幕上某一点的坐标可以通过“坐标查询”命令来进行查询。

启用“坐标查询”命令有三种方法。

- 选择【工具】→【查询】→【坐标】菜单命令。
- 输入命令：ID。
- 单击查询工具栏上的“定位点”按钮。

启用“坐标查询”命令后，根据命令行提示直接用鼠标单击就可以查询该点的坐标值。

3.8.4 面积查询

通过面积查询可以查询测量对象及所定义区域的面积和周长。

启用“面积查询”命令有三种方法。

- 选择【工具】→【查询】→【面积】菜单命令。
- 输入命令：AREA。
- 单击查询工具栏上的“面积查询”按钮。

启用“面积查询”命令后，命令行提示如下。

命令：_area
指定第一个角点或[对象(O)/加(A)/减(S)]：

【例 3-4】计算如图 3-32 所示的矩形和圆的总面积。

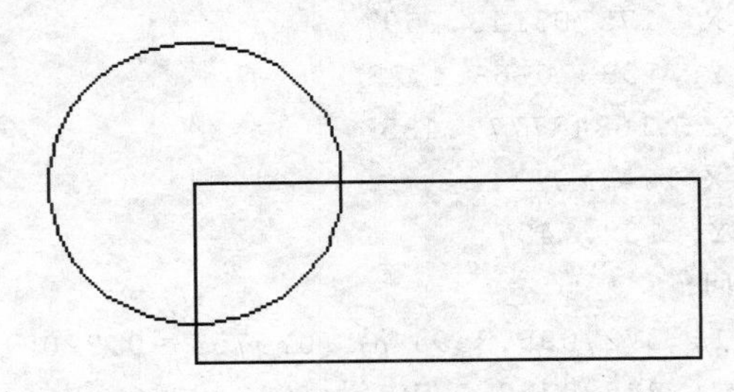

图 3-32　查询面积图例

命令:_area　　//选择查询面积命令。
指定第一个角点或[对象(O)/加(A)/减(S)]:A　　//输入字母“A”，选择“加”选项。
指定第一个角点或 [对象(O)/减(S)]:O　　//输入字母“O”，选择“对象”选项。
(“加”模式)选择对象:　　//鼠标单击圆，查询圆的信息如下：
面积=5515.9850，周长=311.5723
总面积=5515.9850
(“加”模式)选择对象:　　//鼠标单击四边形，查询信息如下：
面积=5006.1922，圆周长=250.8180
总面积=10522.1772

3.8.5　质量特性查询

通过“质量特性查询”可以查询某实体或面域的质量特性。

启用“质量特性查询”命令有三种方法。

- 选择【工具】→【查询】→【质量特性】菜单命令。
- 单击工具栏上按钮。
- 输入命令：MASSPROP。

启用“质量特性查询”命令后，命令行提示如下。

命令:_massprop
选择对象:

随即显示选择对象（实体或面域）的质量特性，包括面积、周长、质心、惯性矩、惯性积、旋转半径等信息，并询问是否将分析结果写入文件。

【例 3-5】计算如图 3-32 所示图形的质量特性。

首先通过面域命令，将矩形和圆改成面域，然后执行下面命令。

命令:_massprop　　//选择查询质量特性命令
选择对象:找到 1 个　　//单击圆
选择对象:找到个，总计 2 个　　//单击矩形
选择对象:　　//按【Enter】键，查询结果如下：

----------------面域----------------
面积:　　　11256.9854
周长:　　　607.9920

```
边界框：        X: 47.1839--219.0783
                Y: 88.4197--176.2886
质心：          X: 124.6112
                Y: 123.2715
惯性矩：        X: 175798143.7097
                Y: 198376168.4723
惯性积：       XY: 168437779.4850
旋转半径：      X 124.9672
                Y: 132.7497
主力矩与质心的 X-Y 方向：
                I: 3727095.3594 沿 [0.9755 -0.2202]
                J: 24589788.0670 沿 [0.2202 0.9755]
是否将分析结果写入文件？[是(Y)/否(N)] <否>:按【Enter】键
```

思考题

1. AutoCAD 绘图界面上坐标有几种形式，怎样熟练进行坐标变换？
2. 在 ZOOM 命令中共有多少种功能，各有什么作用?此命令的运用是否真正改变原来图形的大小?
3. 利用 AutoCAD 2014 的查询功能可以查询哪些参数?
4. 动态输入新功能的运用是否可以取消命令行的作用?
5. 捕捉功能和对象捕捉有什么区别?
6. “栅格”和“正交”在绘图过程中有什么作用?
7. 如何使用“鸟瞰视图”观察图形?
8. AutoCAD 2014 提供哪些辅助绘图工具?
9. 视图缩放过程中，通过缩放系数来改变屏幕显示效果，n 和 nX 以及 nXP 之间有什么不同?
10. 怎样使用“长期对象捕捉”和“临时运行捕捉模式”?
11. 熟练掌握在绘图及图形编辑过程中捕捉图形特殊点的意义。

第4章

绘图环境的设置

本章提要

本章是 AutoCAD 2014 重点内容之一。设置了合适的绘图环境，不仅可以简化大量的调整、修改工作，而且有利于统一格式，便于图形的管理和使用。本章介绍图形环境设置方面的知识，其中包括绘图界限、单位、图层、颜色、线型、线宽、草图设置、选项设置等。

通过本章学习，应达到如下基本要求。

① 掌握绘图界限的设置方法，养成绘制图形前首先设置绘图界限的好习惯。

② 在绘制图形过程中，能熟练运用单位、颜色、线型、线宽、草图设置等功能。

③ 重点掌握图层的设置方法及在实际绘图过程中的应用。

④ 具有综合运用绘图环境和辅助工具的能力。

4.1 图形界限

图形界限是绘图的范围，相当于手工绘图时图纸的大小。设定合适的绘图界限，有利于确定图形绘制的大小、比例、图形之间的距离，有利于检查图形是否超出“图框”。在 AutoCAD 2014 中，设置图形界限主要是为图形确定一个图纸的边界。

工程图样一般采用 5 种比较固定的图纸规格，需要设定图纸区有 A0(1189mm×841mm)、A1(841mm×594mm)、A2(594mm×420mm)、A3(420mm×297mm)、A4(297mm×210mm)。利用 AutoCAD 2014 绘制工程图形时，通常是按照 1∶1 的比例进行绘图的，所以用户需要参照物体的实际尺寸来设置图形的界限。启用设置“图形界限”命令有两种方法。

- 选择【格式】→【图形界限】菜单命令。
- 输入命令：Limits。

启用设置“图形界限”命令后，命令行提示如下：

```
命令：_limits
重新设置模型空间界限：
指定左下角点或[开(ON)/关(OFF)]<0.0000,0.0000>:
指定右上角点<XXX,XXX>:
```

其中的参数：

- 【指定左下角点】：定义图形界限的左下角点。
- 【指定右上角点】：定义图形界限的右上角点。
- 【开(ON)】：打开图形界限检查。如果打开了图形界限检查，系统不接受设定的图形界限之外的点输入，但对具体的情况检查的方式不同。如对直线，如果有任何一点在界限之外，均无法绘制该直线。对圆、文字而言，只要圆心、起点在界限范围之内即可，甚至对于单行文字，只要定义的文字起点在界限之内，实际输入的文字不受限制。对于编辑命令，拾取图形对象的点不受限制，除非拾取点同时作为输入点，否则，界限之外的点无效。
- 【关(OFF)】：关闭图形界限检查。

【例 4-1】 设置绘图界限为宽 594mm、高 420mm，并通过栅格显示该界限。

```
命令:_limits                                              //启用“图形界限”命令
重新设置模型空间界限:
指定左下角点或 [开(ON)/关(OFF)]<0.0000,0.0000>:            //按【Enter】键
指定右上角点<420.0000,297.0000>:594,420                     //输入新的图形界限
单击绘图窗口内缩放工具栏上全部缩放按钮，使整个图形界限显示在屏幕上
单击状态栏中的栅格按钮，栅格显示所设置的绘图区域，如图 4-1 所示
或者是启用缩放命令:
命令:_zoom
指定窗口的角点，输入比例因子(nX 或 nXP)，或者
[全部(A)/中心(C)/动态(D)/范围(E)/上一个(P)/比例(S)/窗口(W)/对象(O)<实时>:A
                              //输入“A”，选择全部缩放，按【Enter】键正在重生成模型
命令:按【F7】键<栅格 开>
```

结果如图 4-1 所示。

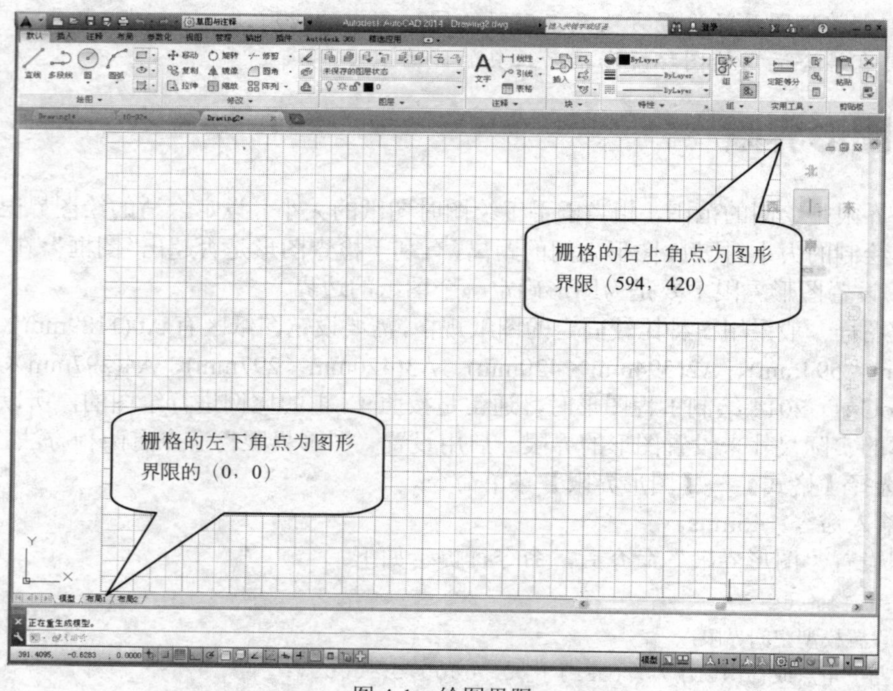

图 4-1　绘图界限

经验之谈： 绘制工程图样时，首先要根据图形尺寸，确定图形的总长，总宽。设置图形界限一定要略大于图形的总体尺寸，要给插入标题栏，标注尺寸，技术要求等留有空间，实际绘图时一定是按 1∶1 比例绘制。

4.2 图形单位

对任何图形而言，总有其大小、精度以及采用的单位。AutoCAD 中，在屏幕上显示的只是屏幕单位，但屏幕单位应该对应一个真实的单位。不同的单位其显示格式是不同的。同样也可以设定或选择角度类型、精度和方向。

启用“图形单位”命令有两种方法。

- 选择【格式】→【单位】菜单命令。
- 输入命令：UNITS。

启用“图形单位”命令后，弹出图 4-2 所示“图形单位”对话框。

在“图形单位”对话框中包含长度、角度、插入时的缩放单位和输出样例四个区。另外，还有四个按钮。

各选项组的意义如下。

① 在“长度”选项组中，设定长度的单位类型及精度。

- 【类型】：通过下拉列表框，可以选择长度单位类型。
- 【精度】：通过下拉列表框，可以选择长度精度，也可以直接键入。

② 在“角度”选项组中，设定角度单位类型和精度。

- 【类型】：通过下拉列表框，可以选择角度单位类型。
- 【精度】：通过下拉列表框，可以选择角度精度，也可以直接键入。
- 【顺时针】：控制角度方向的正负。选中该复选框时，顺时针为正；否则，逆时针为正。

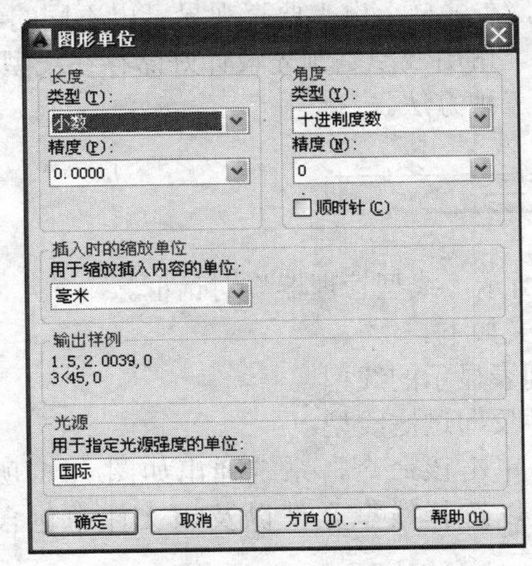

图 4-2 “图形单位”对话框

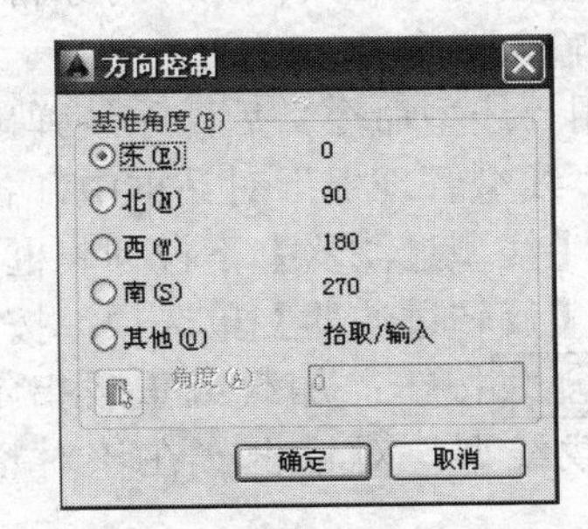

图 4-3 方向控制

③ 在“插入时的缩放单位”选项组中，设置缩放插入内容的单位。

④ 在“输出样例”选项组中，示出了以上设置后的长度和角度单位格式。

- [方向(D)...]按钮：单击[方向(D)...]按钮，系统弹出“方向控制”对话框，从中可以设置基准角度，如图 4-3 所示，单击 确定 钮，返回“图形单位”对话框。

以上所有项目设置完成后单击 确定 按钮，确认文件的单位设置。

4.3 颜色

颜色的合理使用，可以充分体现设计效果，而且有利于图形的管理。如在选择对象时，通过过滤选中某种颜色的图线。设定图线的颜色有两种思路：直接指定颜色和设定颜色成“随层”或“随块”。直接指定颜色有一定的缺陷性，不如使用图层来管理更方便，所以建议用户在图层中管理颜色。

启用“颜色”命令有三种方法。

- 选择【格式】→【颜色】菜单命令。
- 单击对象工具栏上“对象特性”按钮 ■蓝 。
- 输入命令：COLOR。

如果直接设定了颜色，不论该图线在什么层上，都不会改变颜色。启用“颜色”命令后，系统弹出如图 4-4 所示“选择颜色”对话框。选择颜色不仅可以直接在对应的颜色小方块上点取或双击，也可以在颜色文本框中键入英文单词或颜色的编号，在随后的小方块中会显示相应的颜色。另外，可以设定成“随层”或“随块”。

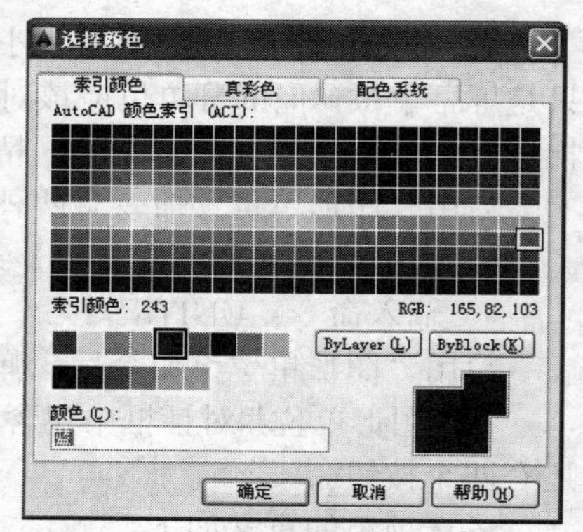

图 4-4 “选择颜色”对话框

4.4 线型

线型是图样表达的关键要素之一，不同的线型表示了不同的含义。如在机械图中，粗实线表示可见轮廓线，虚线表示不可见轮廓线，点画线表示中心线、轴线、对称线等。所以不同的元素应该采用不同的图线来绘制。有些绘图机上可以设置不同的线型，但一方面由于通过硬件设置比较麻烦，而且不灵活；另一方面，在屏幕上也需要直观显示出不同的线型。所以目前对线型的控制，基本上都由软件来完成。常用线型是预先设计好储存在线型库中的，所以我们只需加载即可。启用“线型”命令有三种方法。

- 选择【格式】→【线型】菜单命令。
- 单击对象工具栏上“对象特性”按钮 ByLayer 。
- 输入命令：LTUPE。

启用“线型命令”后，系统弹出如图 4-5 所示“线型管理器”对话框。

在“线型管理器”对话框中，各选项的意义如下。

- 【线型过滤器】下拉列表框：过滤出列表显示的线型。
- 【反转过滤器】单选项：按照过滤条件反向过滤线型。
- 加载按钮：加载或重载指定的线型。单击该命令，系统弹出如图 4-6 所示“加载或重载线型”对话框。在该对话框中，可以选择线型文件以及该文件中包含的某种线型。
- 删除按钮：删除指定的线型，该线型必须不被任何图线依赖，即图样中没有使用该种线型，实线线型不可被删除。
- 当前按钮：将指定的线型设置成当前线型。

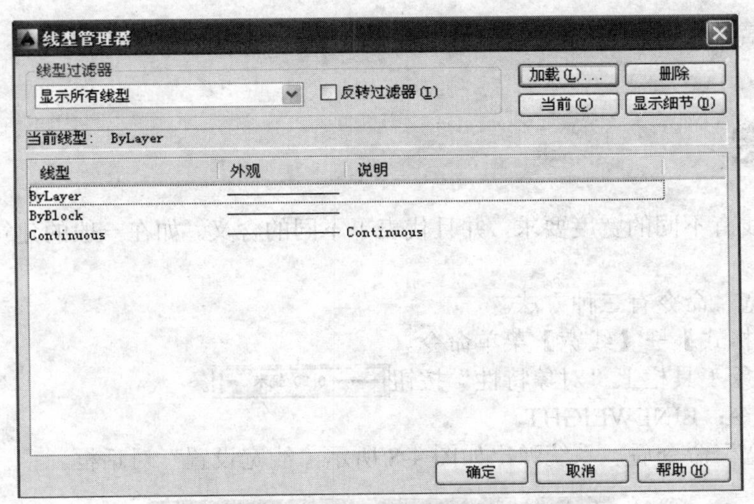

图 4-5 “线型管理器”对话框

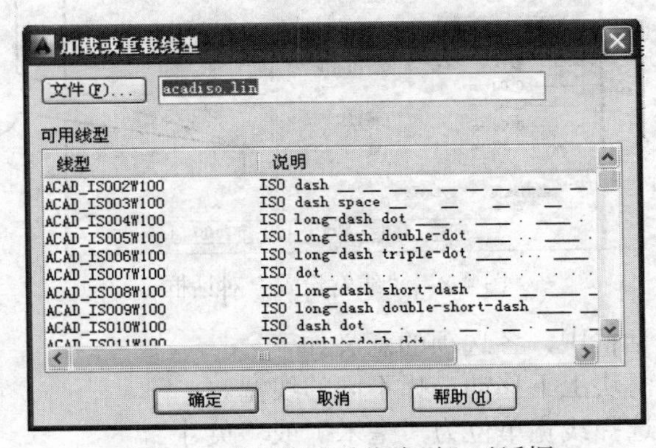

图 4-6 “加载或重载线型”对话框

- 显示细节按钮：控制是否显示或隐藏选中的线型细节。如果当前没有显示细节，则为“显示细节”，否则为【隐藏细节】按钮，如图 4-7 所示。

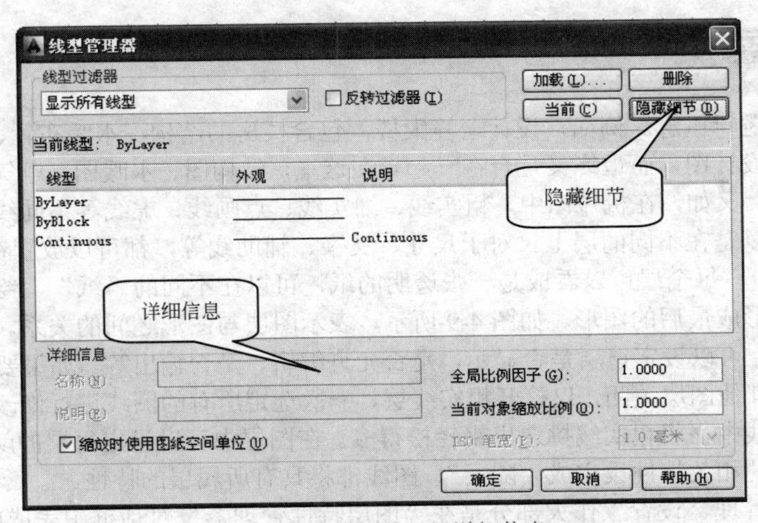

图 4-7 隐藏细节显示详细信息

在“详细信息”选项组中，包括选中线型的名称、说明、全局比例因子、当前对象缩放比例等。

4.5 线宽

不同的图线有不同的宽度要求，并且代表了不同的含义。如在一般的建筑图中，就有四种线宽。

启用“线宽”命令有三种方法。

- 选择【格式】→【线宽】菜单命令。
- 单击对象工具栏上“对象特性”按钮 0.30 毫米 。
- 输入命令：LINEWEIGHT。

启用“线宽”命令后，系统弹出如图 4-8 所示“线宽设置”对话框。

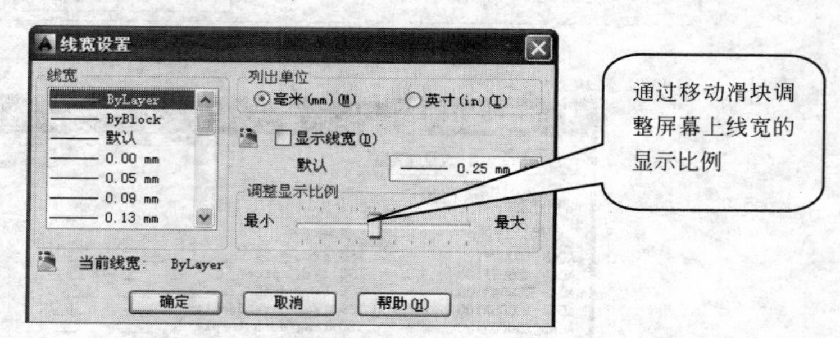

图 4-8 “线宽设置”对话框

在“线宽设置”对话框中，各选项的意义如下。

- 【线宽】：通过滑块上下移动选择不同的线宽。
- 【列出单位】：选择线宽单位为“毫米”或“英寸”。
- 【显示线宽】：控制是否显示线宽。
- 【调整显示比例】：调整线宽显示比例。
- 【当前线宽】：提示当前线宽设定值。

4.6 图层

层是一种逻辑概念。例如，设计一幢大楼，包含楼房的结构、水暖布置、电气布置等，它们有各自的设计图，而最终又是合在一起。在这里，结构图、水暖图、电气图都是一个逻辑意义上的层。又如，在机械图中，粗实线、细实线、点画线、虚线等不同线型表示了不同的含义，也可以是在不同的层上。对于尺寸、文字、辅助线等，都可以放置在不同的层上。在 AutoCAD 中，每个层可以看成是一张透明的纸，可以在不同的“纸”上绘图。不同的层叠加在一起，形成最后的图形。如图 4-9 所示，表示图层与图形之间的关系。层有一些特殊的性质。例如，可以设定该层是否显示，是否允许编辑、是否输出等。如果要改变粗实线的颜色，可以将其他图层关闭，仅打开粗实线层，一次选定所有的图线进行修改。这样做显然比在大量的图线中去将粗实线挑选出来轻松得多。在图层中可以设定每层的颜色、线型、线宽。只要图线的相关特性设定成“随层”，图线都将具有所属层的特性。

对图层的管理、设置工作大部分是在“图层特性管理器”对话框中完成的，如图 4-10 所示。

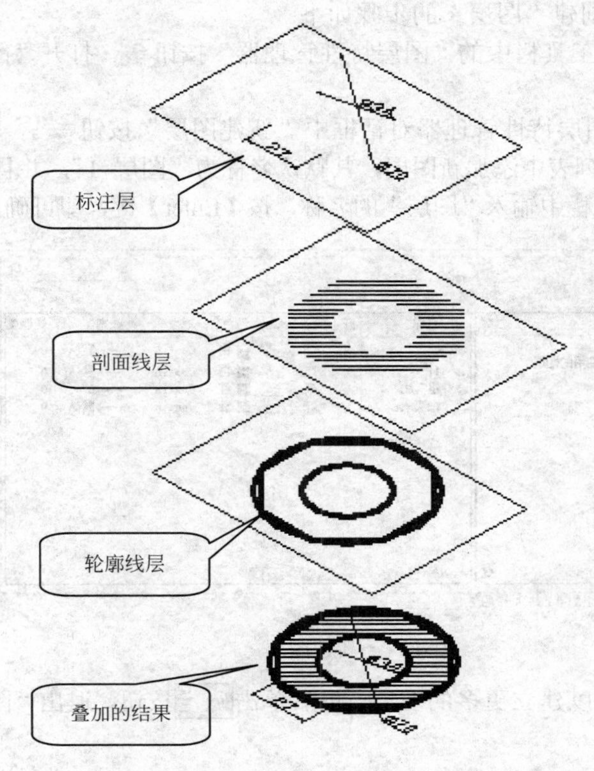

图 4-9　图层与图形之间的关系

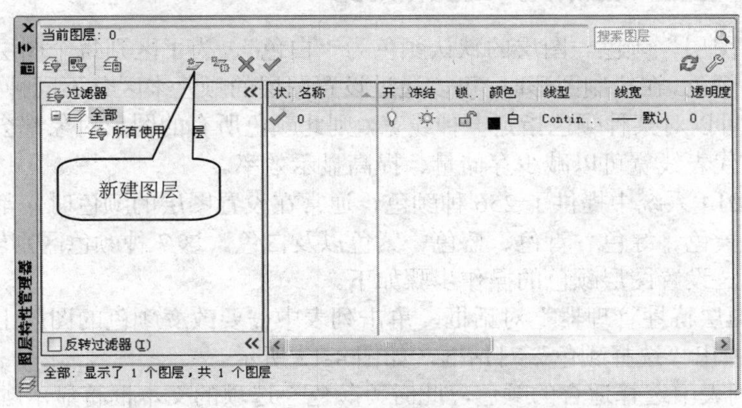

图 4-10　图层特性管理器

该对话框可以显示图层的列表及其特性设置，也可以添加、删除重命名图层，修改图层特性或添加说明。图层过滤器用于控制在列表中显示哪些图层，还可以对多个图层进行修改。

打开“图层特性管理器”对话框有三种方法。

- 选择【菜单】→【格式】→【图层】菜单命令。
- 单击“对象特性”工具栏中的“图层特性管理器”按钮。
- 输入命令：LAYER。

4.6.1　创建图层

用户在使用“图层”功能时，首先要创建图层，然后再进行应用。在同一工程图样中，用户可以建立多个图层。创建“图层”的步骤如下。

① 单击“对象特性”工具栏中的“图层特性管理器”按钮，打开“图层特性管理器”对话框。

② 单击图 4-10 所示图层特性管理器对话框中“新建图层”按钮。

③ 系统将在新建图层列表中添加新图层，其默认名称为“图层 1”，并且高亮显示，如图 4-11 所示。此时直接在名称栏中输入“图层”的名称，按【Enter】键，即可确定新图层的名称。

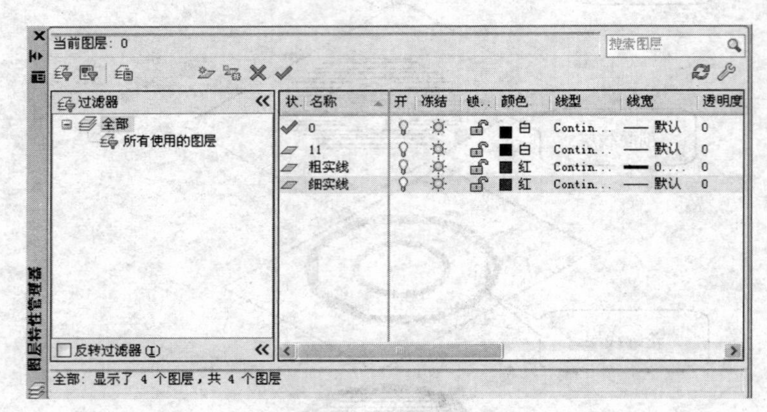

图 4-11　新建图层

④ 使用相同的方法可以建立更多的图层。最后单击确定按钮，退出“图层特性管理器”对话框。

4.6.2 设置“图层”的颜色、线型和线宽

（1）设置“图层”颜色。图层的默认颜色为“白色”，为了区别每个图层，应该为每个图层设置不同的颜色。在绘制图形时，可以通过设置图层的颜色来区分不同种类的图形对象；在打印图形时，可以对某种颜色指定一种线宽，则此颜色所有的图形对象都会以同一线宽进行打印，用颜色代表线宽可以减少存储量、提高显示效率。

AutoCAD 2014 系统中提供了 256 种颜色，通常在设置图层的颜色时，都会采用 7 种标准颜色：红色、黄色、绿色、青色、蓝色、紫色以及白色。这 7 种颜色区别较大又有名称，便于识别和调用。设置图层颜色的操作步骤如下。

① 打开“图层特性管理器”对话框，单击列表中需要改变颜色的图层上“颜色”栏的图标，弹出“选择颜色”对话框，如图 4-12 所示。

② 从颜色列表中选择适合的颜色，此时“颜色”选项的文本框将显示颜色的名称。

③ 单击确定按钮，返回“图层特性管理器”对话框，在图层列表中会显示新设置的颜色，可以使用相同的方法设置其他图层的颜色。单击确定按钮，所有在这个“图层”上绘制的图形都会以设置的颜色来显示。

（2）设置“图层线型”。“图层线型”用来表示图层中图形线条的特性，通过设置图层的线型，可以区分不同对象所代表的含义和作用，默认的线型方式为“Continuous”。

（3）设置“图层线宽”。“图层线宽”设置会应用到此图层的所有图形对象，并且用户可以在绘图窗口中选择显示或不显示线宽。设置“图层线宽”可以直接用于打印图纸。

① 设置“图层线宽”。打开“图层特性管理器”对话框，在列表中单击“线宽”栏的图标 —— 默认，弹出“线宽”对话框，在线宽列表中选择需要的线宽，如图 4-13 所示。单击确定按钮，返回“图层管理器”对话框。图层列表将显示新设置的线宽，单击确定按钮，确

认图层设置。

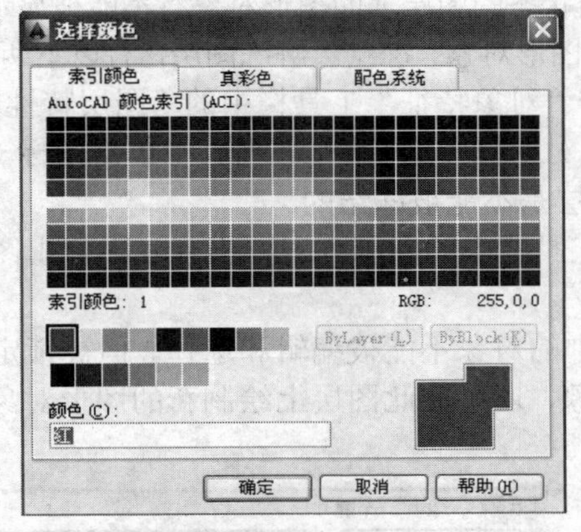

图 4-12 “选择颜色”对话框

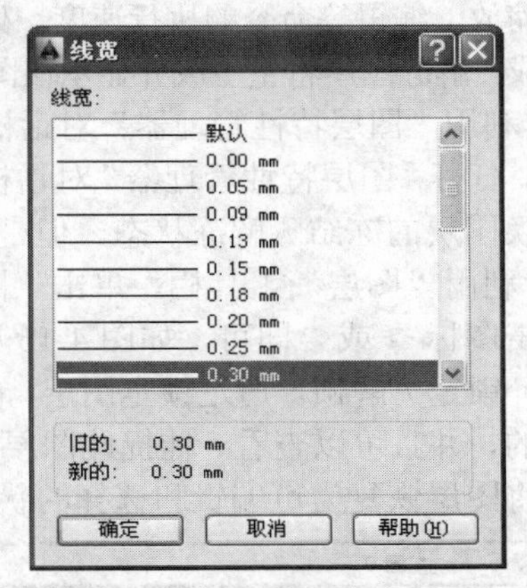

图 4-13 “线宽”对话框

② 显示图层的线宽。单击状态栏中的线宽按钮线宽，可以切换屏幕中线宽显示。当按钮处于凸起状态时，则不显示线宽；当处于凹下状态时，则显示线宽。

经验之谈： 在工程图样，粗实线一般为 0.3mm，细实线一般为 0.13 ~ 0.25mm，用户可以根据图纸的大小来确定。通常在 A4 图纸中，粗实线可以设置为 0.3mm，细实线可以设置为 0.13mm；在 A0 图纸中，粗实线可以设置为 0.6mm，细实线可以设置 0.25mm。

4.6.3 控制图层显示状态

如果工程图样中包含大量信息且有很多图层，则用户可通过控制图层状态，使用编辑、绘制、观察等工作变得更方便一些。图层状态主要包括打开与关闭、冻结与解冻、锁定与解锁、打印与不打印等，AutoCAD 采用不同形式的图标来表示这些状态。

（1）打开 / 关闭。处于打开状态的图层是可见的，而处于关闭状态的图层是不可见的，也不能被编辑或打印。当图形重新生成时，被关闭的图层将一起被生成。打开 / 关闭图层，有以下两种方法。

① 利用“图层特性管理器”对话框。单击“对象特征”工具栏中的“图层特性管理器”按钮，打开“图层特性管理器”对话框，在该对话框中的“图层”列表中，单击图层中的灯泡图标或，即可切换图层的打开 / 关闭状态。如果关闭的图层是当前图层，系统将弹出【AutoCAD】提示框，如图 4-14 所示。

② 利用图层工具栏打开 / 关闭图层。单击“图层”工具栏中的图层列表，当列表中弹出图层信息时，单击灯泡图标或，就可以实现图层的打开 / 关闭，如图 4-15 所示。

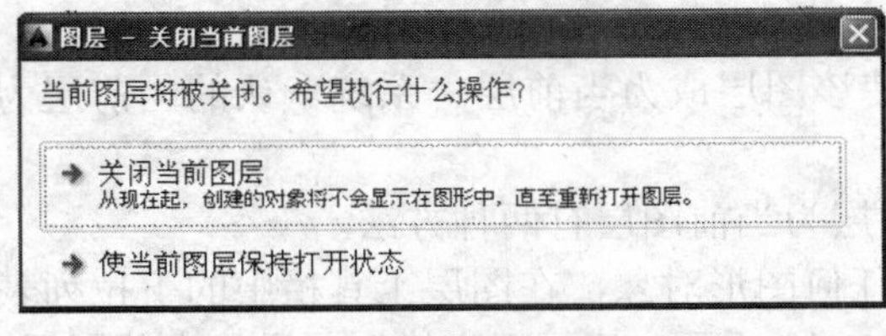

图 4-14 “关闭图层”提示框

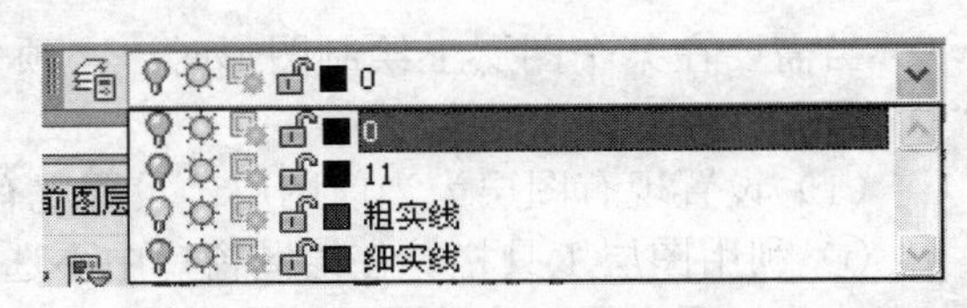

图 4-15 打开 / 关闭状态

（2）冻结 / 解冻。冻结图层可以减少复杂图形重新生成时的显示时间，并且可以加快一些绘图、缩放、编辑等命令的执行速度。处于冻结状态的图层上的图形对象将不能被显示、打印或重生成。解冻图层将重生成并显示该图层上的图形对象。冻结 / 解冻图层，有以下两种方法。

① 利用“图层特性管理器”对话框。单击“对象特征”工具栏中的“图层特性管理器”按钮，打开“图层特性管理器”对话框，在该对话框中的“图层”列表中单击图标 或 ，即可切换图层的冻结 / 解冻状态。但是当前图层是不能被冻结的。

② 利用“图层”工具栏。单击“图层”工具栏中的图层列表，当列表中弹出图层信息时，单击图标 或 即可，如图 4-16 所示。

（3）锁定 / 解锁。通过锁定图层，使图层中的对象不能被编辑和选择。但被锁定的图层是可见的，并且可以查看、捕捉此图层上的对象，还可在此图层上绘制新的图形对象。解锁图层是将图层恢复为可编辑和选择的状态。

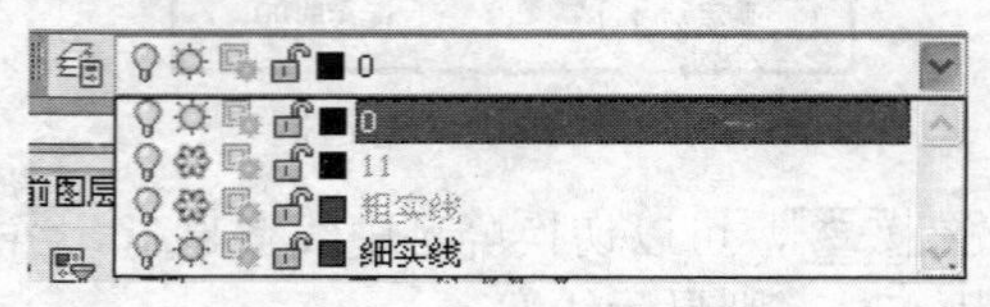

图 4-16　冻结 / 解冻状态

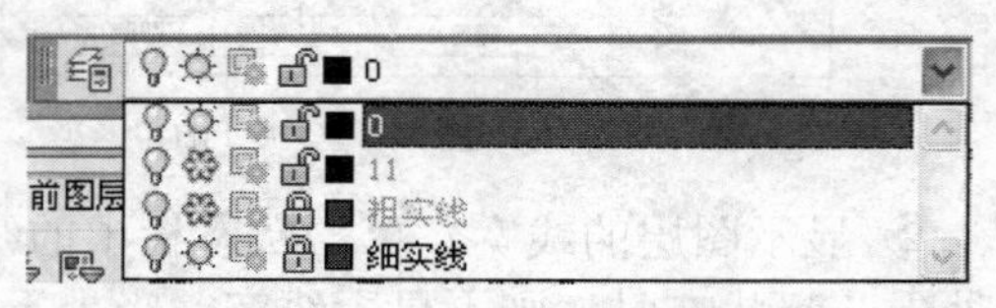

图 4-17　锁定 / 解锁状态

锁定 / 解锁图层有以下两种方法。

① 利用“图层特性管理器”对话框。单击“对象特征”工具栏中的“图层特性管理器”按钮，打开“图层特性管理器”对话框，在该对话框中的“图层”列表中，单击图标 或 ，即可切换图层的锁定 / 解锁状态。

② 利用“图层”工具栏。单击“图层”工具栏中的图层列表，当列表中弹出图层信息时，单击图标 或 即可，如图 4-17 所示。

（4）打印 / 不打印。当指定某层不打印后，该图层上的对象仍是可见的。图层的不打印设置只对图形中可见的图层（即图层是打开的并且是解冻的）有效。若图层设为可打印但该层是冻结的或关闭的，此时 AutoCAD 将不打印该图层。

打印 / 不打印图层的方法是利用“图层特性管理器”对话框。单击“对象特征”工具栏中的“图层特性管理器”按钮，打开“图层特性管理器”对话框，在该对话框中的“图层”列表中，单击图标 或 ，即可切换图层的打印 / 不打印状态，如图 4-18 所示。

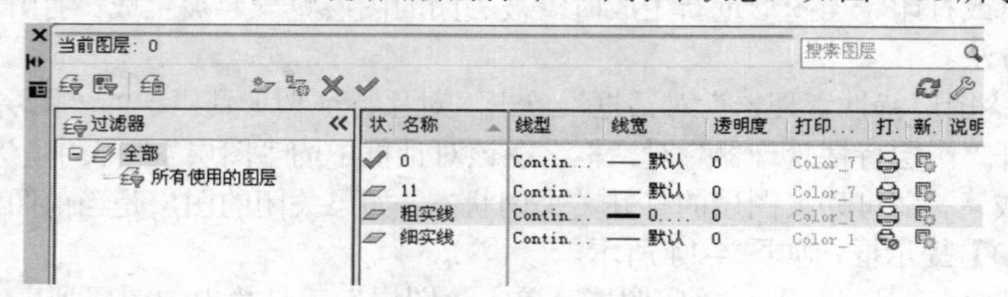

图 4-18　打印 / 不打印状态

4.6.4　设置当前图层

当需要在某个图层上绘制图形时，必须先使该图层成为当前层。系统默认的当前层为“O”图层。

（1）设置现有图层为当前图层。设置现有图层为当前图层有两种方法。

① 利用图层工具栏。在绘图窗口中不选择任何图形对象，在图层工具栏中的下拉列表中直接选择要设置为当前图层的图层即可。如图 4-19 所示，把“粗实线”层设为当前图层。

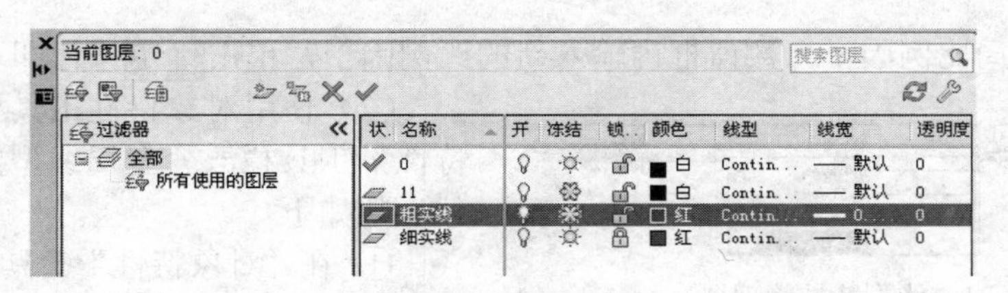

图 4-19　设置当前图层

② 利用“图层特性管理器”对话框。打开“图层特性管理器”对话框，在图层列表中单击选择要设置为当前图层的图层，然后双击状态栏中的图标，或单击“置为当前”按钮，使状态栏的图标变为当前图层图标。

（2）设置对象图层为当前图层。在绘图窗口中，选择已经设置图层的对象，然后在“图层”工具栏中单击“将对象的图层置为当前”按钮，则该对象所在图层即可成为当前图层。

（3）返回上一个图层。在“图层”工具栏中，单击“上一个图层”按钮，系统会按照设置的顺序，自动重置上一次设置为当前的图层。

4.7　设置非连续线型的外观

非连续线是由短横线、空格等重复构成的，如前面遇到的点画线、虚线等。这种非连续线的外观，如短横线的长短、空格的大小等，是可以由其线型的比例因子来控制的。当用户绘制的点画线、虚线等非连续线看上去与连续线一样时，即可调节其线型的比例因子。

4.7.1　设置全局线型的比例因子

改变全局线型的比例因子，AutoCAD 将重生成图形，它将影响图形文件中所有非连续线型的外观。

改变全局线型的比例因子有以下两种方法。

（1）利用菜单命令。利用菜单命令改变全局线型的比例因子的具体步骤如下。

① 选择【格式】→【线型】菜单命令，弹出【线型管理器】对话框。

② 在【线型管理器】对话框中，单击【显示 / 隐藏细节】按钮，在对话框的底部会出现【详细信息】选项组，如图 4-20 所示。

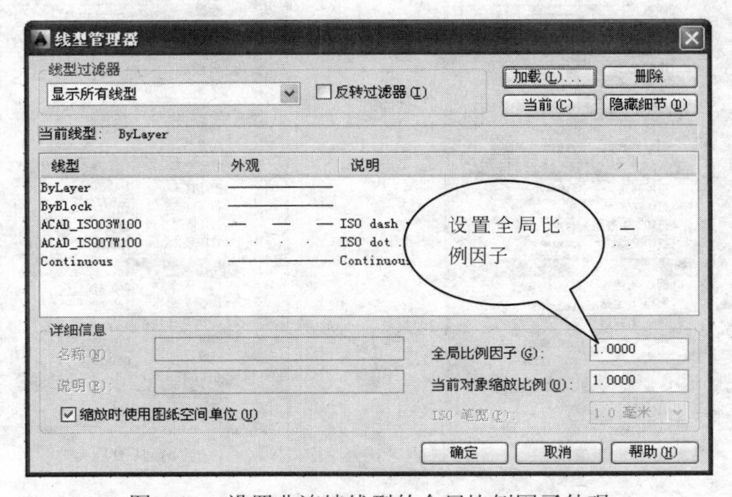

图 4-20　设置非连续线型的全局比例因子外观

③ 在“全局比例因子”数值框内输入新的比例因子，单击确定按钮即可。

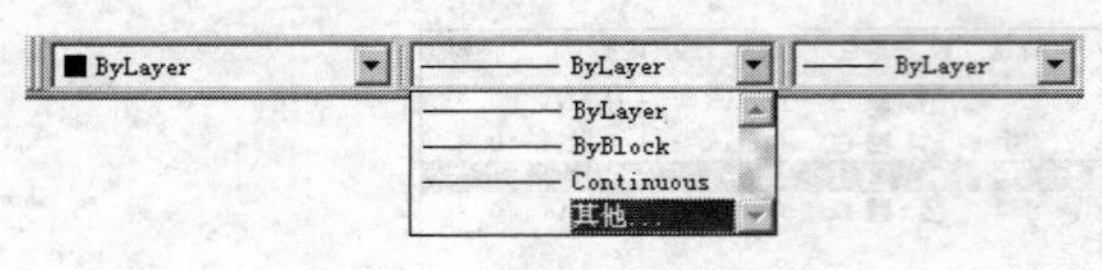

图 4-21　线型特性管理器

（2）使用对象特性工具栏。使用“对象特性”工具栏改变全局线型的比例因子的具体步骤如下。

① 在“对象特性”工具栏中，单击线型控制列表框右侧的▼按钮，并在其下拉列表中选择“其他”选项，弹出“线型管理器”对话框，如图 4-21 所示。

② 在线型管理器对话框中，单击“显示 / 隐藏细节”按钮，在对话框的底部会出现“详细信息”选项组，在“全局比例因子”数值框内输入新的比例因子，单击确定按钮即可。

4.7.2 改变当前对象的线型比例因子

改变当前对象的线型比例因子，将改变当前选中的对象中所有非连续线型的外观。

改变当前对象的线型比例因子有以下两种方法。

（1）利用“线型管理器”对话框。

① 选择【格式】→【线型】菜单命令，系统弹出【线型管理器】对话框。

② 在“线型管理器”对话框中，单击“显示 / 隐藏细节”按钮，在对话框的底部会出现“详细信息”选项组，如图 4-20 所示。

③ 在“当前对象缩放比例”数值框内输入新的比例因子，单击确定按钮即可。

特别注意： 非连续线型外观的显示比例=当前对象线型比例因子 × 全局线型比例因子。例如：当前对象线型比例因子为 3，全局线型比例因子为 2，则最终显示线型时采用的比例因子为 6。

（2）利用“对象特性管理器”对话框。

① 选择【工具】→【选项板】→【特性】菜单命令，打开“对象特性管理器”对话框，如图 4-22（a）所示。

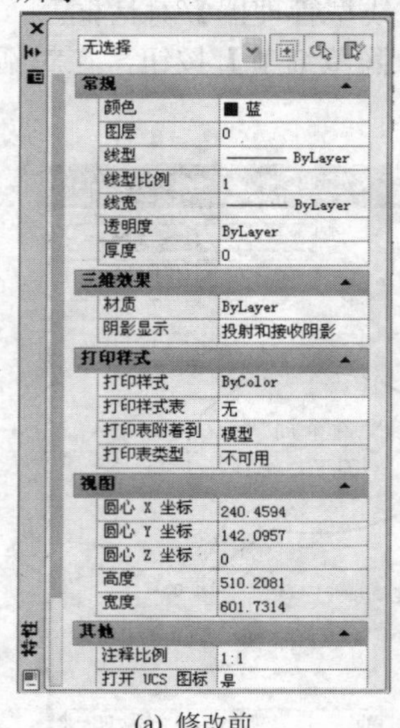

(a) 修改前

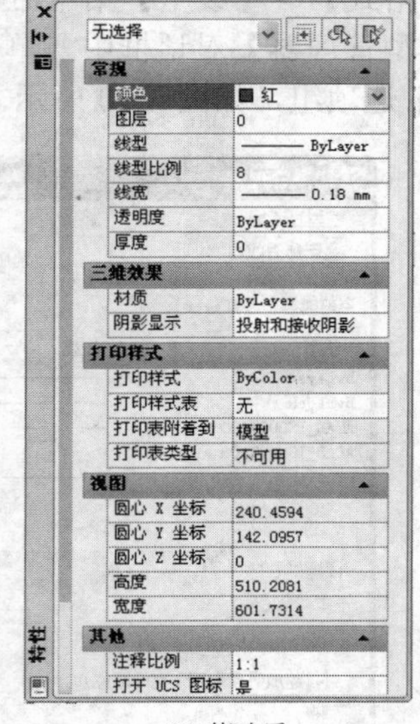

(b) 修改后

图 4-22　对象特性管理器

② 选择需要改变线型比例的对象，此时“对象特性管理器”对话框将显示选中对象的特性设置，如 4-22（b）所示。

③ 在“常规”选项组中，单击线型比例选项，将其激活，输入新的比例因子，按【Enter】键确认，即可改变其外观图形，此时其他非连续线型的外观将不会改变，如图 4-23 所示。

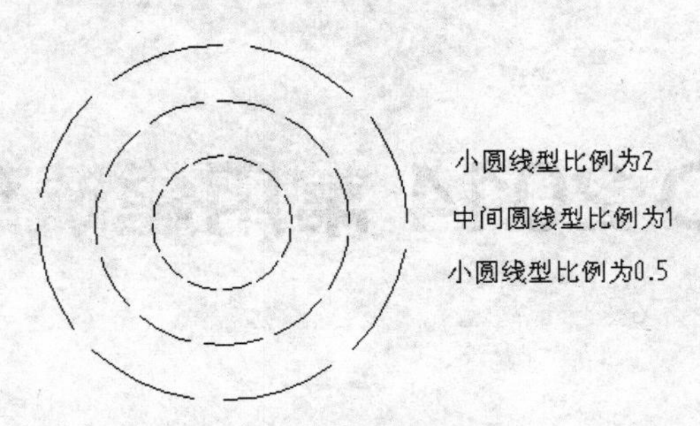

图 4-23　不同比例因子

思考题

1．设置图形界限有什么作用？
2．设置颜色、线型、线宽的方法有几种？应如何管理这些图线特性？
3．AutoCAD 绘图前，为什么要首先设置图层？图层中包括哪些特性设置？
4．冻结和关闭图层的区别是什么？如果希望某图线显示又不希望该线条被修改，应如何操作？
5．在绘制图形时，如果发现某一图形没有绘制在预先设置的图层上，应怎样进行纠正？
6．系统默认的图层是什么？它能否被删除？
7．怎样改变默认线宽的宽度？
8．怎样快速改变非连续线型的比例？

练习题

练习一

1．建立新文件，运行 AutoCAD 软件，建立新的模板文件，图形范围是 1189mm×841mm，建立新图层：中心线层，线型为 center，线型比例为 0.5，颜色为红色。

2．将完成的模板图形以“CAD.DWT”为文件名保存在指定位置。

练习二

1．建立合适的绘图区域，图形必须在设置的绘图区内。

2．根据图 4-24 所示的图形，设置中心线层、虚线层、细实线层，调整线形比例。

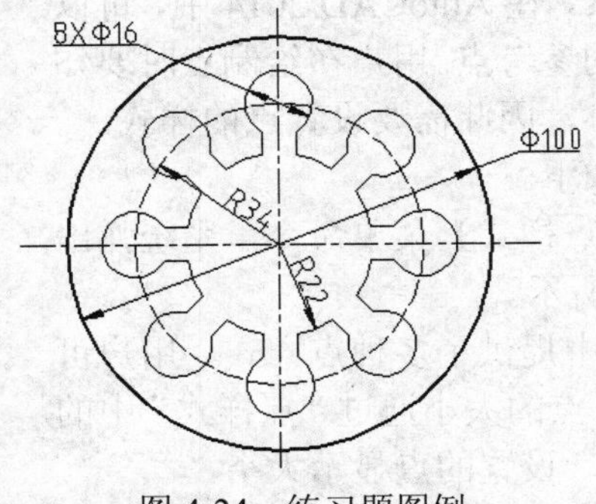

图 4-24　练习题图例

第5章 AutoCAD 2014 常用建筑绘图命令

本章提要

本章是 AutoCAD 2014 绘图的基础部分，将详细讲解 AutoCAD 2014 常用建筑绘图命令，主要知识点为点、直线、平行线、圆与圆弧、矩形与正多边形、射线与参照线、图案填充、块等简单绘图命令的使用与技巧。

通过本章学习，应达到如下基本要求。

① 能够绘制各种简单的工程图。
② 掌握基本绘图命令使用和各种技巧。
③ 掌握图案填充的设置方法，能熟练运用图案填充命令来实现图样的填充。
④ 掌握图块的创建、插入和保存。
⑤ 掌握带属性图块的创建、应用和编辑。
⑥ 让学生养成良好的绘图习惯，提高绘图的效率。

5.1 绘制点

5.1.1 设置点样式

点是图样中的最基本元素，在 AutoCAD 2014 中，可以绘制单独点的对象作为绘图的参考点。用户在绘制点时要知道绘制什么样的点和点的大小，因此需要设置点的样式。

设置点的样式操作步骤如下。

① 选择→【格式】→【点样式】菜单命令，系统弹出“点样式”对话框，如图 5-1 所示。

② 在“点样式”对话框中提供了多种点样式，用户可以根据自己的需要进行选择。点的大小通过“点样式”中的“点大小”文本框内输入数值，设置的点显示大小。

③ 单击确定按钮，点样式设置完毕。

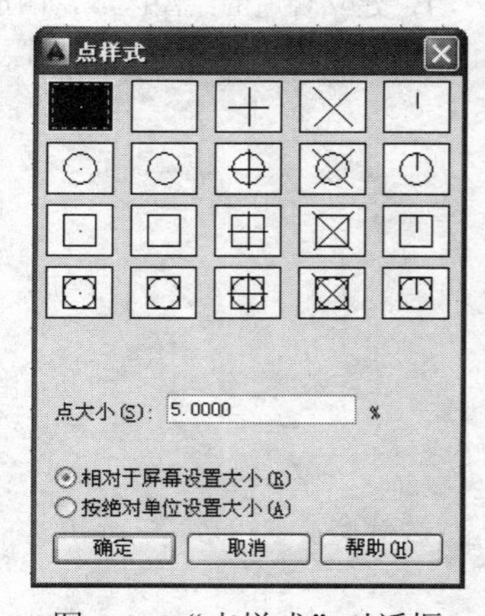

图 5-1 “点样式”对话框

5.1.2 绘制点

启用绘制“点”的命令有三种方法。

- 选择【绘图】→【点】→【单点】菜单命令。
- 单击标准工具栏中“点”的按钮▣。
- 输入命令：PO（POINT）。

利用以上任意一种方法启用“点”的命令，绘制如图 5-2 所示的点的图形。

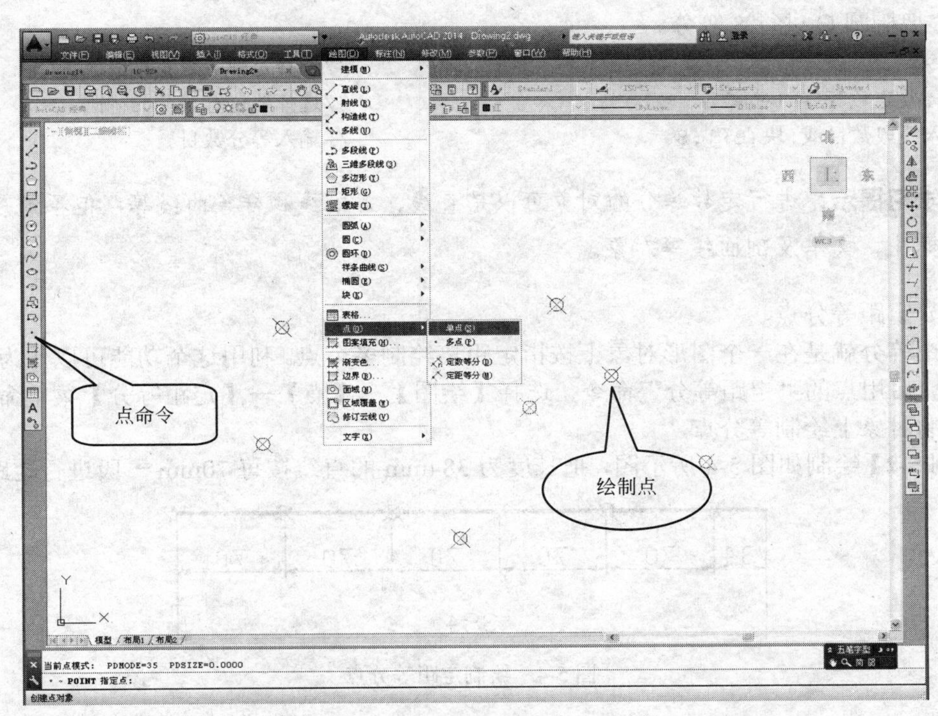

图 5-2 点的绘制

5.1.3 绘制等分点

（1）定数等分点。

在 AutoCAD 2014 建筑绘图中，经常需要对直线或一个对象进行定数等分，这个任务就要用点的定数等分来完成。

启用“点的定数等分”命令。选择【绘图】→【点】→【定数等分】菜单命令。在所选择的对象上绘制等分点。

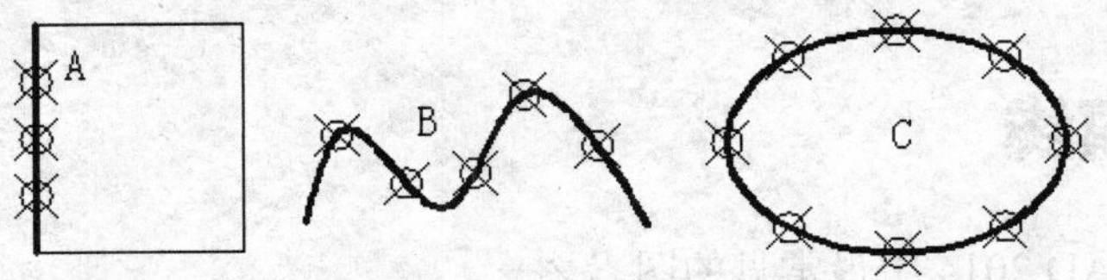

图 5-3 绘制定数等分点

【例 5-1】绘制如图 5-3 所示图。把直线 A、样条曲线 B 和椭圆 C 分别进行 4、6、8 等分。

操作步骤如下。

① 把直线 A 进行 4 等分。

命令:_divide　　　　　　　　　　//选择定数等分菜单命令
选择要定数等分的对象:　　　　　　//选择要进行等分的直线
输入线段数目或[块(B)]:4　　　　　//输入等分数目

② 把样条曲线 B 进行 6 等分。

命令:_divide　　　　　　　　　　//选择定数等分菜单命令
选择要定数等分的对象:　　　　　　//选择要进行等分的样条曲线
输入线段数目或[块(B)]:6　　　　　//输入等分数目

③ 把椭圆 C 进行 8 等分。

命令:_divide　　　　　　　　　　//选择定数等分菜单命令
选择要定数等分的对象:　　　　　　//选择要进行等分的椭圆
输入线段数目或[块(B)]:8　　　　　//输入等分数目

学习提示: 进行定数等分的对象可以是直线、多段线和样条曲线等，但不能是块、尺寸标注、文本及剖面线等对象。

（2）定距等分点。

定距等分就是在一个图形对象上按指定距离绘制多个点。利用这个功能可以作为绘图的辅助点。启用点的“定距等分”命令，选择【绘图】→【点】→【定距等分】菜单命令，在所选择的对象上绘制等分点。

【例 5-2】绘制如图 5-4 所示图，把长度为 384mm 的直线按每 70mm 一段进行定距等分。

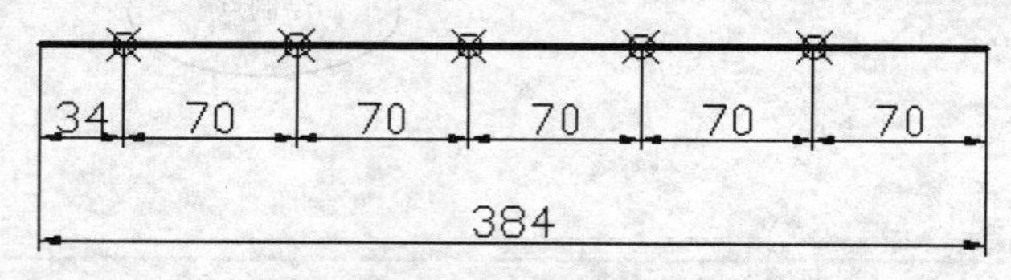

图 5-4　绘制定距等分点

命令:_measure　　　　　　　　　//选择定距等分菜单命令
选择要定距等分的对象:　　　　　　//选择要进行等分的直线
指定线段长度或[块(B)]:70　　　　//输入指定的间距

学习提示: 进行定距等分的对象可以是直线、多段线和样条曲线等，但不能是块、尺寸标注、文本及剖面线等对象。在绘制点时，距离选择对象点处较近的端点作为起始位置。若所分对象的总长不能被指定间距整除，则最后一段指定所剩下的间距。如图 5-4 所示的左端最后一段为 34mm。

5.2 绘制直线

直线是 AutoCAD 2014 中最常见的图素之一。

启用绘制“直线”的命令有以下三种方法。

- 选择【绘图】→【直线】菜单命令。
- 单击标准工具栏中的“直线”按钮。
- 输入命令：LINE。

利用以上任意一种方法启用“直线”命令，就可以绘制直线。画直线有多种方法，下面重点介绍以下三种方法。

5.2.1 使用鼠标点绘制直线

启用绘制“直线”命令，用鼠标在绘图区域内单击一点作为线段的起点，移动鼠标，在用户想要的位置再单击，作为线段的另一点，这样连续可以画出用户所需的直线，如图 5-5 所示的用鼠标绘制直线。

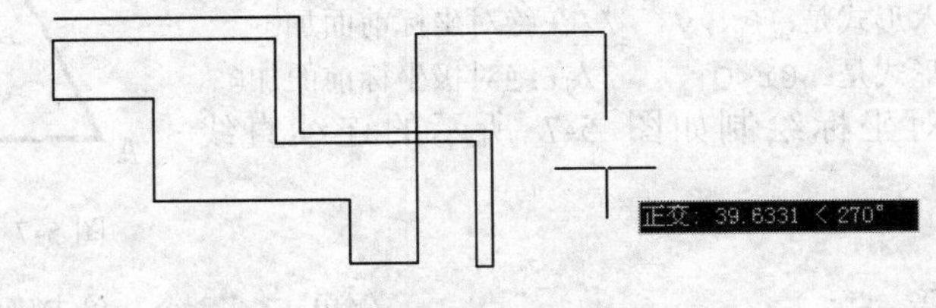

图 5-5　鼠标绘制直线

5.2.2 通过输入点的坐标绘制直线

用户输入坐标值时有两种方式：一是绝对坐标；另一种是相对坐标。

（1）使用绝对坐标确定点的位置来绘制直线。绝对坐标是相对于坐标系原点的坐标，在缺省情况下绘图窗口中的坐标系为世界坐标系 WCS。其输入格式如下。

```
绝对直角坐标的输入形式是：x,y    //x,y 分别是输入点相对于原点的 X 坐标和 Y 坐标
绝对极坐标的输入形式是：r<Q      //r 表示输入点与原点的距离，Q 表示输入点到原点的连线与 X
                                 轴正方向的夹角
```

【例 5-3】利用直角坐标绘制直线 AB，利用极坐标绘制直线 OC，如图 5-6 所示。

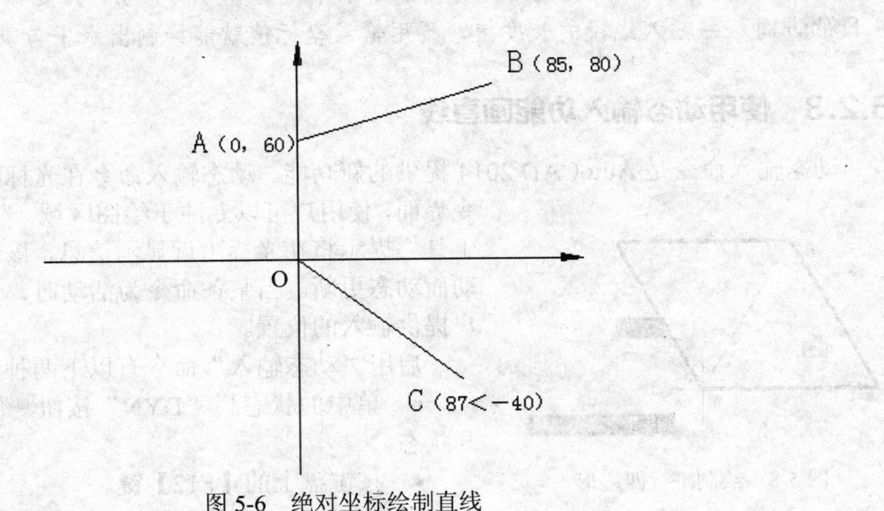

图 5-6　绝对坐标绘制直线

操作步骤如下。

① 利用直角坐标值绘制线段 AB。

```
命令:_line 指定第一点:0, 60                //单击命令，输入 A 点坐标
指定下一点或[放弃(U)]:85, 80               //输入 B 点坐标，按【Enter】键
指定下一点或[放弃(U)]:                     //按【Enter】
```

② 利用极坐标值绘制线段 OC。

```
命令_line 指定第一点:0, 0                    //单击命令，输入 A 点坐标
指定下一点或[放弃(U)]87<-40                  //输入 C 点坐标，按【Enter】键
指定下一点或[放弃(U)]:                       //按【Enter】
```

（2）使用相对坐标确定点的位置来绘制直线。相对坐标是用户常用的一种坐标形式，其表示方法也有两种：一是相对直角坐标；另一种相对极坐标。相对坐标是指相对于用户最后输入点的坐标，其输入格式如下。

```
相对直角坐标的输入形式是：@x,y     //在绝对坐标前面加@
相对极坐标的输入形式是：@r<Q       //在绝对极坐标前面加@
```

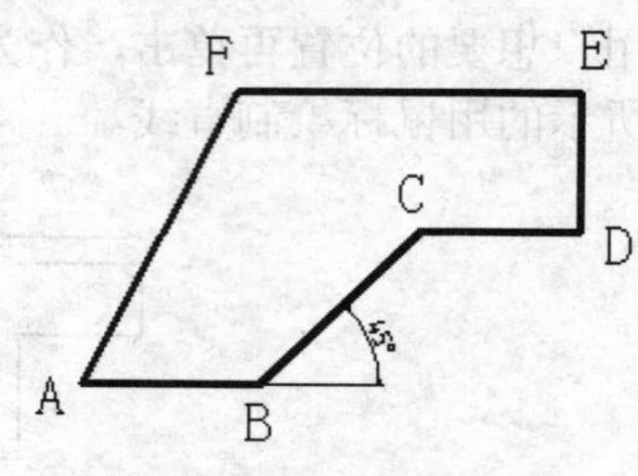

图 5-7　相对坐标绘制直线

【例 5-4】用相对坐标绘制如图 5-7 所示的连续直线 ABCDEF。

操作步骤如下。

```
命令:_line 指定第一点:                                //单击命令，单击确定 A 的位置
指定下一点或[放弃(U)]:@50, 0                           //输入 B 点相对坐标
指定下一点或[放弃(U)]:@60<45                           //输入 C 点相对坐标
指定下一点或[闭合(C)/放弃(U)]:@50, 0                   //输入 D 点相对坐标
指定下一点或[闭合(C)/放弃(U)]:@0, 55                   //输入 E 点相对坐标
指定下一点或[闭合(C)/放弃(U)]:@-100, 0                 //输入 F 点相对坐标
指定下一点或[闭合(C)/放弃(U)]:C                        //输入“C”选择闭合选项，按【Enter】键
```

经验之谈：使用正交功能绘制水平与垂直线。正交命令是用来绘制水平与垂直线的一种辅助工具，是 AutoCAD 中最为常用的工具。如果用户绘制水平与垂直线时，打开状态栏中的正交按钮，这时光标只能是水平与垂直方向移动。只要移动光标来指示线段的方向，并输入线段的长度值，不用输入坐标值就能绘制出水平与垂直方向的线段。

5.2.3　使用动态输入功能画直线

动态输入命令是 AutoCAD 2014 提供的新功能。动态输入命令在光标附近提供了一个命令界面，使用户可以专注于绘图区域。当启用动态命令时，工具栏提示将在光标附近显示信息，该信息会随着光标移动而动态更新。当某条命令为活动时，工具栏提示将为用户提供输入的位置。

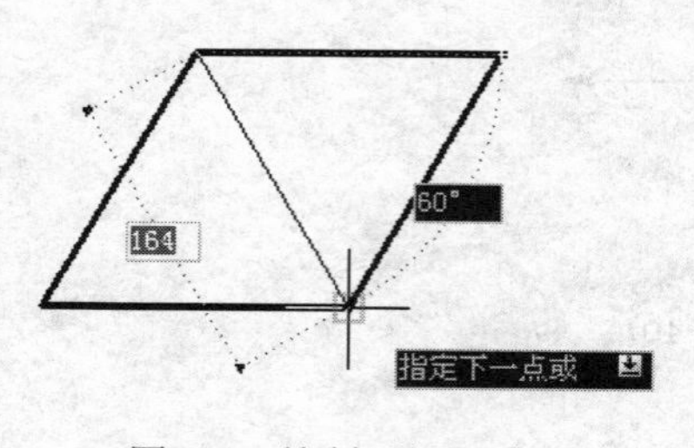

图 5-8　绘制平行四边形

启用“动态输入”命令有以下两种方法。

- 单中的状态栏“DYN”按钮使它凹进，处于打开状态。
- 按键盘上的【F12】键。

用动态输入命令绘制如图 5-8 所示的平行四边形。

5.3　绘制圆与圆弧

圆与圆弧是工程图样中常见的曲线元素，在 AutoCAD 2014 中提供了多种绘制圆与圆弧

的方法，下面详细介绍绘制圆与圆弧的命令及其操作方法。

5.3.1 绘制圆

启用绘制“圆”的命令有三种方法。

- 选择【绘图】→【圆】菜单命令。
- 单击标准工具栏中的“圆”按钮。
- 输入命令：C(Circle)。

启用“圆”的命令后，命令行提示：

命令:_circle 指定圆的圆心或[三点(3P)/两点(2P)/切点、切点、半径(T)]:

① 圆心和半径画圆。AutoCAD 2014 中缺省的方法是确定圆心和半径画圆。

用户在“指定圆的圆心”提示下，输入圆心坐标后，命令行提示：

指定圆的半径或[直径(D)]:直接输入半径，按【Enter】键结束命令

如果输入直径 D，命令行继续进行提示：

指定圆的直径<50>:输入圆的直径，按【Enter】键结束命令

【例 5-5】绘制如图 5-9 所示半径为 50mm 的圆。

操作步骤如下。

命令:_circle 指定圆的圆心或[三点(3P)/两点(2P)/切点、切点、半径(T)]:

//启用绘制圆的命令，在绘图窗口中选定圆心位置

指定圆的半径或[直径(D)]:50　　//输入半径值，按【Enter】键

② 三点法画圆(3P)。选择【三点】选项，通过指定的三个点绘制圆。

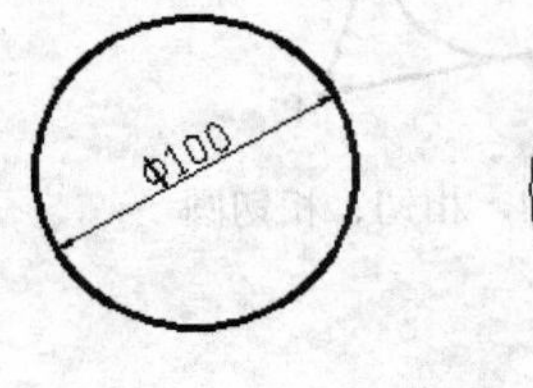

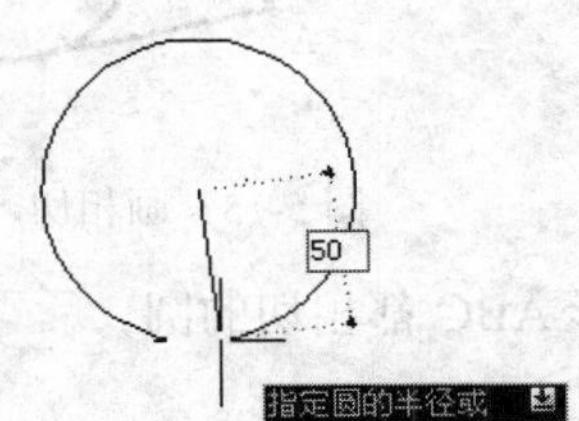

图 5-9　圆心半径画圆

图 5-10　三点法画圆

【例 5-6】如图 5-10 所示，通过指定的三个点 A、B、C 画圆。

操作步骤如下。

命令:_circle 指定圆的圆心或[三点(3P)/两点(2P)/切点、切点、半径(T)]:3P

//启用绘制圆的命令，输入“3P”

指定圆上的第一个点:　　//单击 A 点

指定圆上的第二个点:　　//单击 B 点

指定圆上的第三个点:　　//单击 C 点，按【Enter】键

③ 二点法画圆(2P)。选择【二点】选项，通过指定的两个点绘制圆。

④ 相切、相切、半径画圆(T)。选择【相切、相切、半径】选项，通过选择两个与圆相切的对象，并输入圆的半径画圆。

【例 5-7】如图 5-11 所示，画与直线 OA 和 OB 相切，半径为 20mm 圆。

操作步骤如下：

命令:_circle 指定圆的圆心或[三点(3P)/两点(2P)/相切、相切、半径(T)]:

//输入“T”选择“相切、相切、半径”

```
指定对象与圆的第一个切点:                        //捕捉线段 OA 的切点
指定对象与圆的第二个切点:                        //捕捉线段 OB 的切点
指定圆的半径 <103.4330>:                         //指定半径 20，按【Enter】键
```

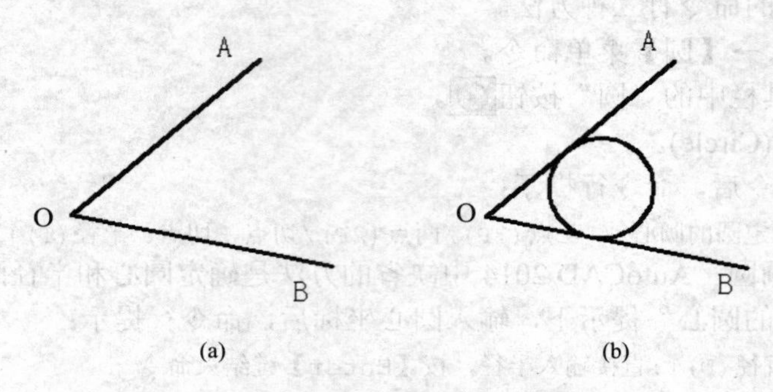

图 5-11　相切，相切半径画圆

⑤ 相切、相切、相切画圆（A）：选择【相切、相切、相切】选项，通过选择三个与圆相切的对象画圆。此命令必须从菜单栏中调出，如图 5-12 所示。

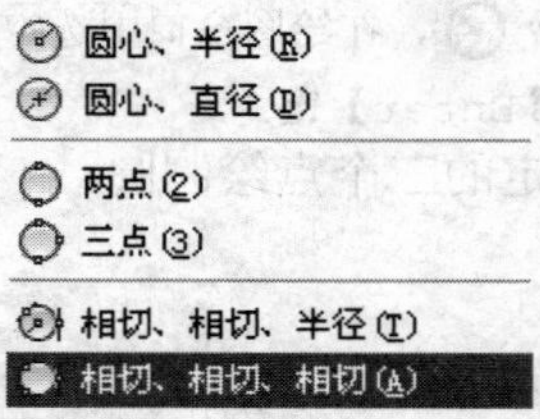

图 5-12　相切、相切、相切命令

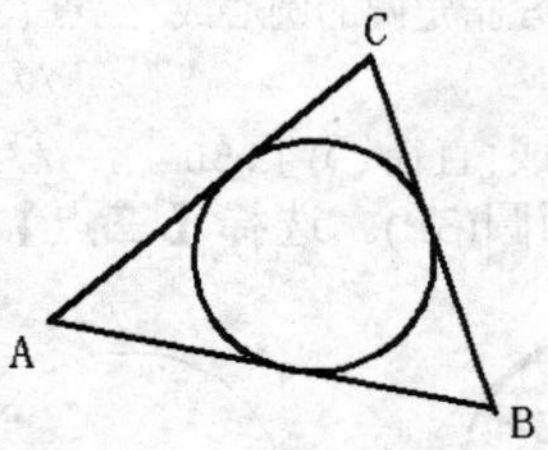

图 5-13　画相切、相切、相切圆

【例 5-8】如图 5-13 所示，画与三角形 ABC 都相切的圆。

操作步骤如下。

```
命令:_circle 指定圆的圆心或[三点(3P)/两点(2P)/切点、切点、半径(T)]:
                                   //选择→【绘图】→【圆】→【相切、相切、相切】选项
指定圆上的第一个点:_tan 到                        //捕捉线段 AB 的切点
指定圆上的第二个点:_tan 到                        //捕捉线段 BC 的切点
指定圆上的第三个点:_tan 到                        //捕捉线段 CA 的切点，按【Enter】键
```

5.3.2　绘制圆弧

AutoCAD 2014 中绘制圆弧共有 10 种方法，其中缺省状态下是通过确定三点来绘制圆弧。绘制圆弧时，可以通过设置起点、方向、中点、角度、终点、弦长等参数来进行绘制。在绘图过程中用户可以采用不同的办法进行绘制。

启用绘制“圆弧”命令有三种方法。

- 选择【绘图】→【圆弧】菜单命令。
- 单击标准工具栏上“圆弧”的按钮。
- 输入命令：A(Arc)。

通过选择【绘图】→【圆弧】菜单命令后，系统将显示弹出如图 5-14 所示“圆弧”下拉菜单，在子菜单中提供了 10 种绘制圆弧的方法，用户可根据自己的需要，选择相应的选

项来进行圆弧的绘制。

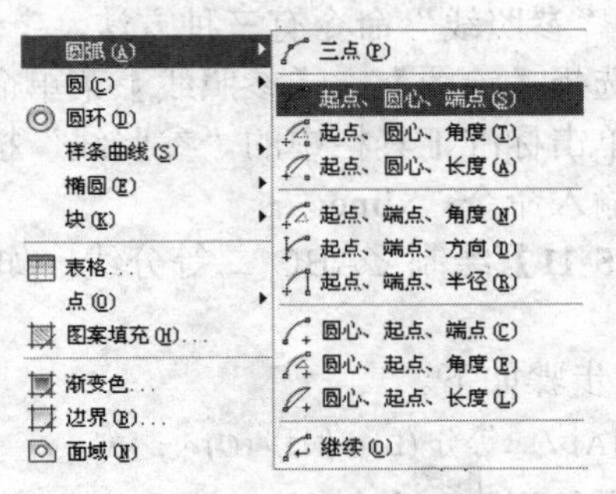

图 5-14　圆弧下拉菜单

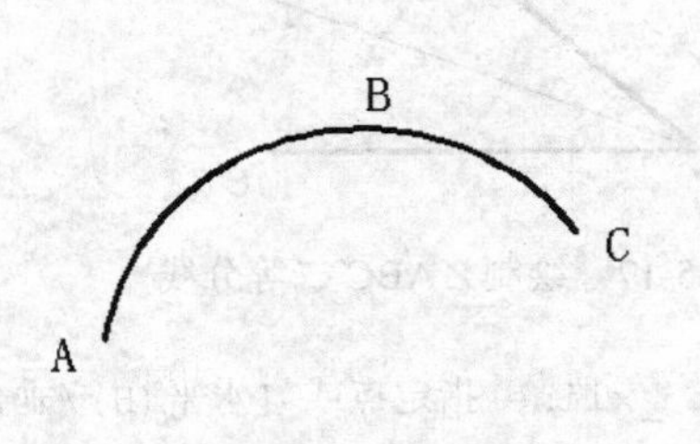

图 5-15　画圆弧

【例 5-9】如图 5-15 所示，画圆弧 ABC。

三点画圆弧（P）：缺省的绘制方法，给出圆弧的起点、圆弧上的一点、端点画圆弧。

操作步骤如下：

命令：_arc 指定圆弧的起点或[圆心(C)]:　　//选择圆弧工具，单击点 A

指定圆弧的第二个点或[圆心(C)/端点(E)]:　　//单击点 B

指定圆弧的端点:　　//单击点 C，按【Enter】键

经验之谈：绘制圆弧需要输入圆弧的角度时，角度为正值，则按逆时针方向画圆弧；角度为负值，则按顺时针方向画圆弧。若输入弦长和半径为正值，则绘制 180° 范围内的圆弧；若输入弦长和半径为负值，则绘制大于 180° 的圆弧。

5.4　绘制射线与参照线

5.4.1　绘制射线

射线是一条只有起点、通过另一点或指定某方向无限延伸的直线，一般用作辅助线。

启用绘制“射线”命令有两种方法。

- 选择【绘图】→【射线】菜单命令。
- 输入命令：Ray。

【例 5-10】画如图 5-16 所示的射线。

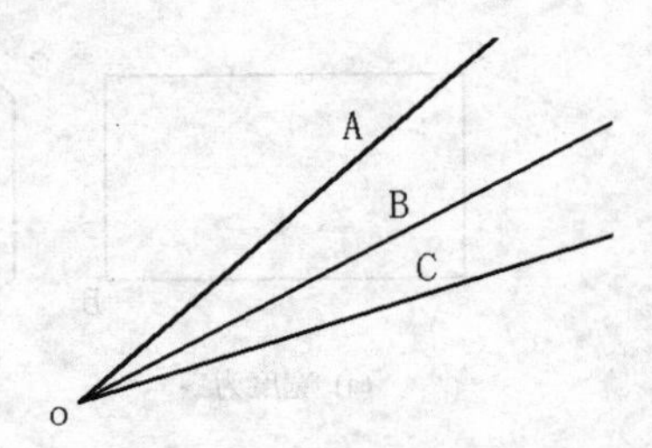

图 5-16　画射线

操作步骤如下。

命令：_ray 指定起点:　　//启用射线命令

指定通过点:　　//单击 A 点

指定通过点:　　//单击 B 点

指定通过点:　　//单击 C 点

指定通过点:　　//按【Enter】键

5.4.2　绘制参照线

参照线也叫构造线，是指通过某两点并确定了方向向两个方向无限延伸的直线。参照线

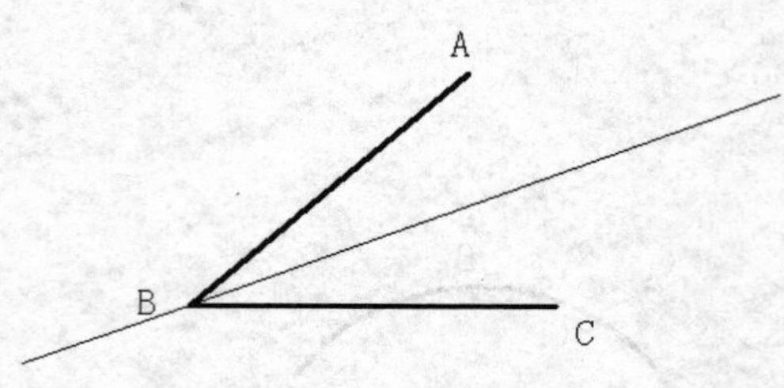

图 5-17　绘制∠ABC 二等分线

一般用作辅助线。

启用“参照线”命令有三种方法。

- 选择【绘图】→【参照线】菜单命令。
- 单击标准工具栏中的“参照线”按钮。
- 输入命令：xline。

【例 5-11】绘制∠ABC 二等分线，如图 5-17 所示。

操作步骤如下。

```
命令: _xline 指定点或 [水平(H)/垂直(V)/角度(A)/二等分(B)/偏移(O)]: B
                                   //启用参照线命令，输入“B”按【Enter】键
指定角的顶点:                       //单击 B 点
指定角的起点:                       //单击 A 点
指定角的端点:                       //单击 C 点
指定角的端点:                       //按【Enter】键
```

5.5　绘制矩形与正多边形

5.5.1　绘制矩形

矩形也是工程图样中常见的元素之一，矩形可通过定义两个对角点来绘制，同时可以设定其宽度、圆角和倒角等。

启用绘制“矩形”命令有三种方法。

- 选择【绘图】→【矩形】菜单命令。
- 单击标准工具栏中的“矩形”按钮。
- 输入命令：Rectang。

【例 5-12】绘制如图 5-18 所示四种矩形。

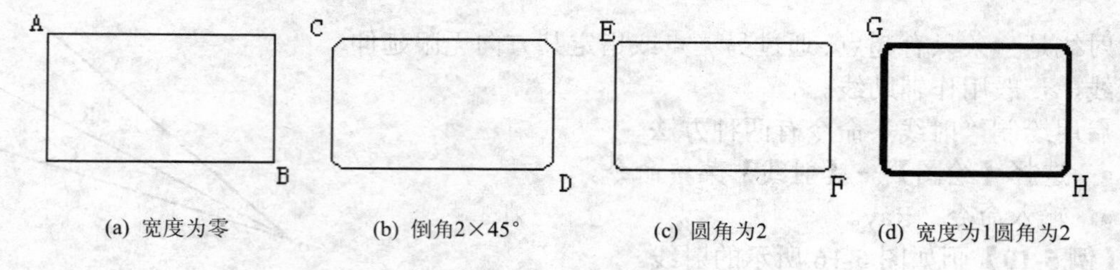

(a) 宽度为零　(b) 倒角2×45°　(c) 圆角为2　(d) 宽度为1圆角为2

图 5-18　绘制矩形图例

操作步骤如下：

```
命令:_rectang                                  //启用绘制“矩形”命令
指定第一个角点或[倒角(C)/标高(E)/圆角(F)/厚度(T)/宽度(W)]:
                                               //单击 A 点，按【Enter】键
指定另一个角点或[面积(A)/尺寸(D)/旋转(R)]:      //单击 B 点,按【Enter】键
结果如图 5-18(a)所示
命令:_rectang                                  //按【Enter】键，重复“矩形”命令
指定第一个角点或[倒角(C)/标高(E)/圆角(F)/厚度(T)/宽度(W)]:C
```

```
                                              //输入“C”，设置倒角
指定矩形的第一个倒角距离<0.0000>:2           //第一倒角距离为 2
指定矩形的第二个倒角距离<2.0000>:            //按【Enter】键
指定第一个角点或[倒角(C)/标高(E)/圆角(F)/厚度(T)/宽度(W)]:
                                              //单击 C 点,按【Enter】键
指定另一个角点或[面积(A)/尺寸(D)/旋转(R)]:   //单击 D 点,按【Enter】键，结果如图 5-18
                                              (b) 所示
命令:_rectang                                 //启用绘制“矩形”命令
指定第一个角点或 [倒角(C)/标高(E)/圆角(F)/厚度(T)/宽度(W)]:F
                                              //输入“F”，设置圆角
指定矩形的圆角半径<2.0000>:                  //圆角半径设置为 2
指定第一个角点或[倒角(C)/标高(E)/圆角(F)/厚度(T)/宽度(W)]:
                                              //单击 E 点,按【Enter】键
指定另一个角点或[面积(A)/尺寸(D)/旋转(R)]:   //单击 F 点,按【Enter】键，结果如图 5-18
                                              (c) 所示
命令:_rectang                                 //按【Enter】键，重复“矩形”命令
当前矩形模式:圆角=2.0000                      //当前圆角半径为 2
指定第一个角点或[倒角(C)/标高(E)/圆角(F)/厚度(T)/宽度(W)]:W
                                              //输入“W”，设置线的宽度
指定矩形的线宽 <0.0000>:1                     //线宽值为 1
指定第一个角点或[倒角(C)/标高(E)/圆角(F)/厚度(T)/宽度(W)]:
                                              //单击 G 点,按【Enter】键
指定另一个角点或 [面积(A)/尺寸(D)/旋转(R)]:  //单击 H 点,按【Enter】键，结果如图 5-18
                                              (d) 所示。
```

经验之谈：绘制的矩形是一整体，编辑时必须通过分解命令使之分解成单个的线段，同时矩形也失去线宽性质。

5.5.2 绘制正多边形

在 AutoCAD 2014 中，正多边形是具有等边长的封闭图形，其边数为 3～1024。绘制正多边形时，用户可以通过与假想圆的内接或外切的方法来进行绘制，也可以指定正多边形某边的端点来绘制。

启用绘制“正多边形”的命令有三种方法。

- 选择【绘图】→【正多边形】菜单命令。
- 单击标准工具栏中的“正多边形”按钮。
- 输入命令：Pol(Polygon)。

利用内接于圆和外切于圆绘制正多边形：绘制正多边形以前，我们先来认识一下【内接于圆(I)】和【外切于圆(C)】。如图 5-19 所示，图中绘制两种图形都与假想圆的半径有关系，用户绘制正多边形时要弄清正多边形与圆的关系。内接于圆的正六边形，从六边形中心到两边交点的连线等于圆的半径。而外切于圆的正六边形的中心到边的垂直距离等于圆的半径。

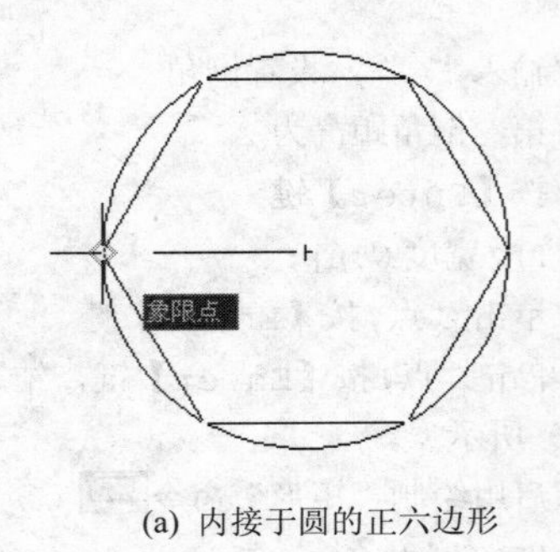

(a) 内接于圆的正六边形

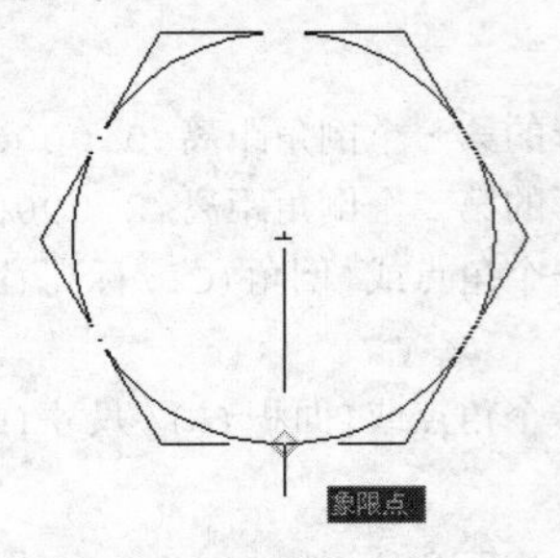

(b) 外切于圆的正六边形

图 5-19　正多边形与圆的关系

5.6　绘制椭圆与椭圆弧

椭圆与椭圆弧是工程图样中常见的曲线，在 AutoCAD 2014 中绘制椭圆与椭圆弧比较简单，和正多边形一样，系统自动计算数据。

5.6.1　绘制椭圆

绘制椭圆的主要参数是椭圆的长轴和短轴，绘制椭圆的缺省方法是通过指定椭圆的第一根轴线的两个端点及另一半轴的长度。

启用绘制“椭圆”的命令有三种方法。

- 选择【绘图】→【椭圆】菜单命令。
- 单击标准工具栏中的“椭圆”按钮。
- 输入命令：El(Ellipse)。

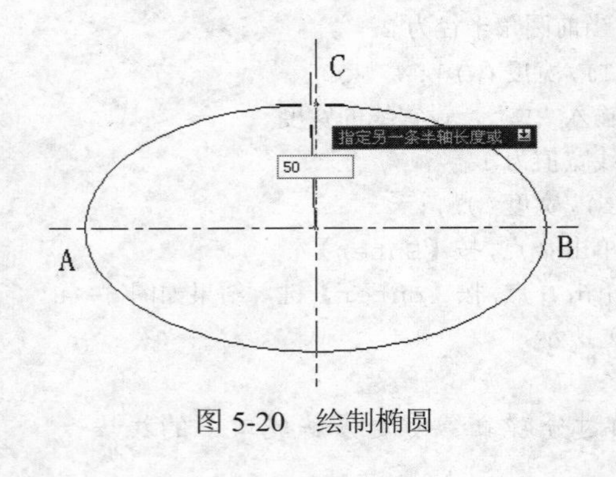

图 5-20　绘制椭圆

【例 5-13】绘制如图 5-20 所示的椭圆。

操作步骤如下。

```
命令:_ellipse                                   //启用绘制“椭圆”命令，按【Enter】键
指定椭圆的轴端点或[圆弧(A)/中心点(C)]:C          //输入“C”，选择“中心点”选项
指定椭圆的中心点:<对象捕捉 开>                  //指定两中线的交点为中心点
指定轴的端点:<对象捕捉 关>                      //动态状态点取 A 点，按【Enter】键
指定另一条半轴长度或 [旋转(R)]:50                //动态状态下输入长度值，按【Enter】键
```

5.6.2　绘制椭圆弧

绘制椭圆弧的方法与绘制椭圆相似，首先确定椭圆的长轴和短轴，然后再输入椭圆弧的起始角和终止角即可。

启用绘制“椭圆弧”命令有两种方法。

- 选择【绘图】→【椭圆】→【椭圆弧】菜单命令。
- 单击标准工具栏中的“椭圆弧”的按钮。

5.7　绘制圆环

圆环是一种可以填充的同心圆，其内径可以是 0，也可以和外径相等。在绘图过程中用

户需要指定圆环的内径，外径以及中心点。

启用绘制“圆环”的命令有两种方法。

- 选择【绘图】→【圆环】菜单命令。
- 输入命令：Donut。

【例 5-14】绘制如图 5-21 所示的圆环。

操作步骤如下。

```
命令:_donut                                   //启用圆环命令
指定圆环的内径 <20.0000>:20                   //输入圆环内径
指定圆环的外径 <43.5813>:40                   //输入圆环外径
指定圆环的中心点或 <退出>:                     //单击圆环的中心点
指定圆环的中心点或 <退出>:                     //按【Enter】键
```

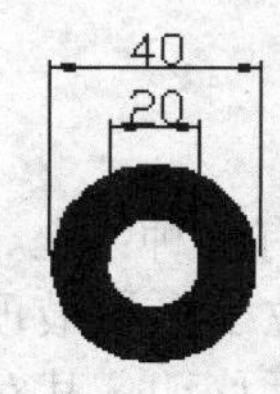

图 5-21　绘制圆环

5.8　绘制样条曲线

样条曲线是由多条线段光滑过渡而形成的曲线，其形状是由数据点、拟合点及控制点来控制的。其中数据点是在绘制样条曲线时，由用户确定。拟合点及控制点是由系统自动产生，用来编辑样条曲线。

启用“样条曲线”命令有三种方法。

- 选择【绘图】→【样条曲线】菜单命令。
- 单击标准工具栏中的“样条曲线”按钮。
- 输入命令：Spl(Spline)。

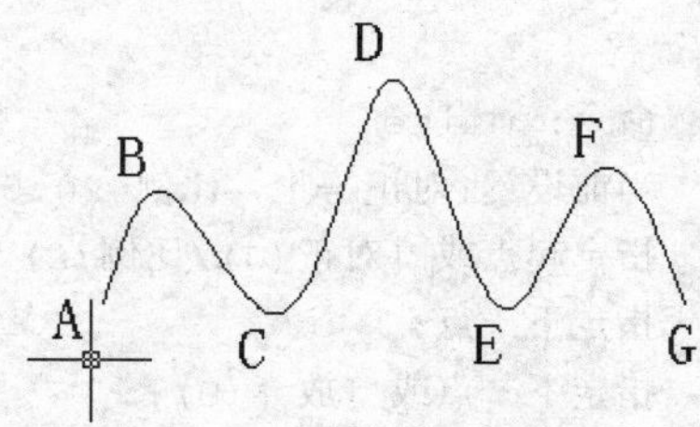

图 5-22　样条曲线的绘制

【例 5-15】绘制如图 5-22 所示的样条曲线。

操作步骤如下。

```
命令:_spline                                          //启用样条曲线命令
指定第一个点或 [对象(O)]:                             //单击确定 A 点的位置
指定下一点:                                           //单击确定 B 点的位置
指定下一点或 [闭合(C)/拟合公差(F)] <起点切向>:        //单击确定 C 点的位置
指定下一点或 [闭合(C)/拟合公差(F)] <起点切向>:        //单击确定 D 点的位置
指定下一点或 [闭合(C)/拟合公差(F)] <起点切向>:        //单击确定 E 点的位置
指定下一点或 [闭合(C)/拟合公差(F)] <起点切向>:        //单击确定 F 点的位置
指定下一点或 [闭合(C)/拟合公差(F)] <起点切向>:        //单击确定 G 点的位置
指定下一点或 [闭合(C)/拟合公差(F)] <起点切向>:        //按【Enter】键
指定起点切向:                                         //移动鼠标，单击确定起点方向
指定端点切向:                                         //移动鼠标，单击确定端点方向
```

5.9 绘制多线与样式

5.9.1 绘制多线

启用绘制“多线”命令有两种方法。

- 选择【绘图】→【多线】菜单命令。
- 输入命令：Ml(Mline)。

启用“多线”命令后，命令行提示如下：

```
命令:_mline
当前设置:对正 =上，比例=20.00，样式=STANDARD
指定起点或 [对正(J)/比例(S)/样式(ST)]:
```

其中的参数：

- 【当前设置】：显示当前多线的设置属性。
- 【对正(J)】：用于设置多线的对正方式，多线的对正方式有三种：上、无、下。其中“上对正”是指多线顶端的直线将随着光标进行移动，其对正点位于多线最顶端直线的端点上；“无对正”是指绘制多线时，多线中间的直线将随着光标进行移动，其对正点位于多线的中间；“下对正”是指绘制多线时，多线最底端直线将随着光标进行移动，其对正点位于多线最底端直线的端点上。

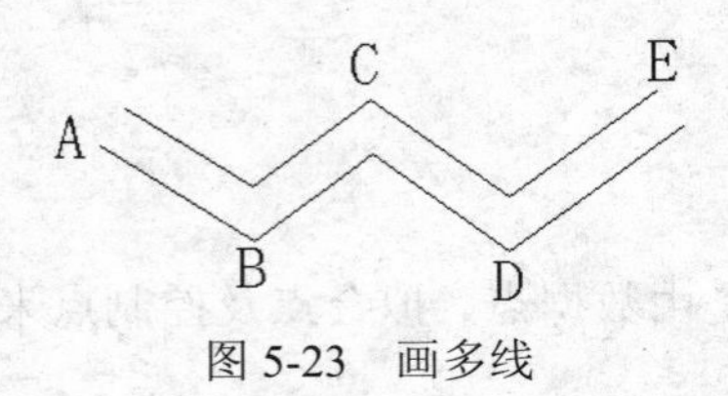

图 5-23 画多线

- 【比例(S)】：用于设置多线的比例，即指定多线宽度相对于定义宽度的比例因子，该比例不影响线型的外观。
- 【样式(J)】：用于选择和定义多线的样式，系统缺省的样式为 STANDARD。

【例 5-16】绘制如图 5-23 所示的多线。

```
命令:_mline                                        //启用绘制“多线”命令
当前设置:对正 =上，比例=20.00，样式=STANDARD
指定起点或 [对正(J)/比例(S)/样式(ST)]:               //单击 A 点位置
指定下一点:                                         //单击 B 点位置
指定下一点或 [放弃(U)]:                              //单击 C 点位置
指定下一点或 [闭合(C)/放弃(U)]:                      //单击 D 点位置
指定下一点或 [闭合(C)/放弃(U)]:                      //单击 E 点位置
指定下一点或 [闭合(C)/放弃(U)]:                      //按【Enter】键
```

经验之谈：绘制多线过程中，两线的实际宽度为多线比例与多线偏移量的乘积，而不是多线的偏移量。

5.9.2 设置多线样式

“多线样式”决定多线中线条的数量、线条的颜色和线型、直线间的距离等。还能确定多线封口的形式。

启用“多线样式”命令有两种方法。

- 选择【格式】→【多线样式】菜单命令。

• 输入命令：Mlstyle。

启用“多线样式”命令后，系统将显示弹出如图 5-24 所示“多线样式”对话框，通过该对话框可以设置多线样式。下面详细介绍“多线样式”对话框中的各个选项与按钮的功能。

图 5-24 “多线样式”对话框

• 【样式(S)】文本框：用于显示所有已定义的多线样式。选中样式名称，单击置为当前按钮，即可以将已定义的多线样式作为当前的多线样式。

• 【说明】选项：显示对当前多线样式的说明。

• 置为当前(U)按钮：将在样式列表框中选中的多线样式作为当前使用。

• 修改(M)按钮：用于修改在样式列表框中选中的多线样式。

• 重命名(R)按钮：用于更改在样式列表框中选中的多线样式。

• 删除(L)按钮：用于删除列表框中选中的多线样式。但是缺省的样式“STANDARD”、当前多线样式或正在使用的多线样式不能被删除。

• 加载(L)按钮：用于加载已定义的多线样式。单击该按钮，弹出加载多线样式对话框，如图 5-25 所示。从中可以选择“多线样式”中的样式或从文件中加载多线样式。

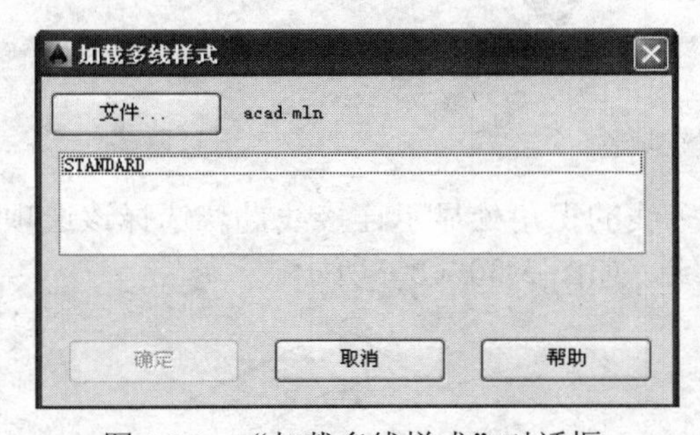

图 5-25 “加载多线样式”对话框　　图 5-26 “创建新的多线样式”对话框

• 保存(A)按钮：用于将当前的多线样式保存到多线文件中。

• 新建(N)按钮：用于新建多线样式。单击该按钮，系统将弹出如图 5-26 所示“创建新的多线样式”对话框，通过该对话框可以新建多线样式。在新样式名中输入所要创建新的多线样式的名称，系统将弹出如图 5-27 所示“新建多线样式”对话框。下面详细介绍“新建多线样式”对话框中的各个选项与按钮的功能。

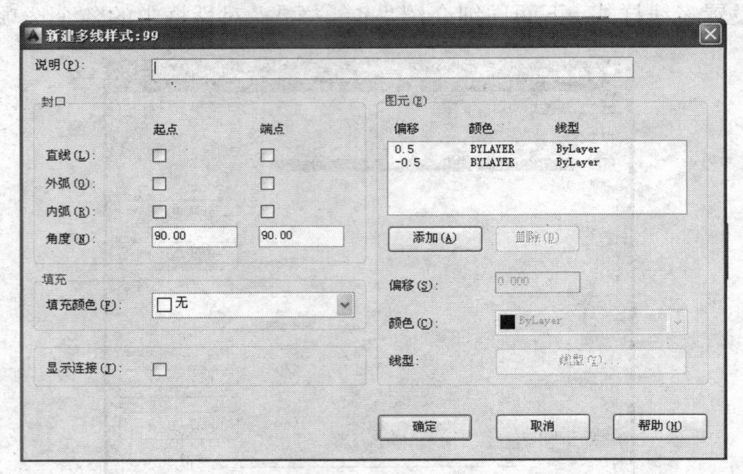

图 5-27 “新建多线样式”对话框

- 【说明(P)】文本框：对所定义的多线样式进行说明，其文本不能超过 256 个字符。
- 【封口】选项组：该选项组中的直线、外弧、内弧以及角度复选框分别用于设置多线的封口为直线、外弧、内弧和角度形状，如图 5-28 所示。

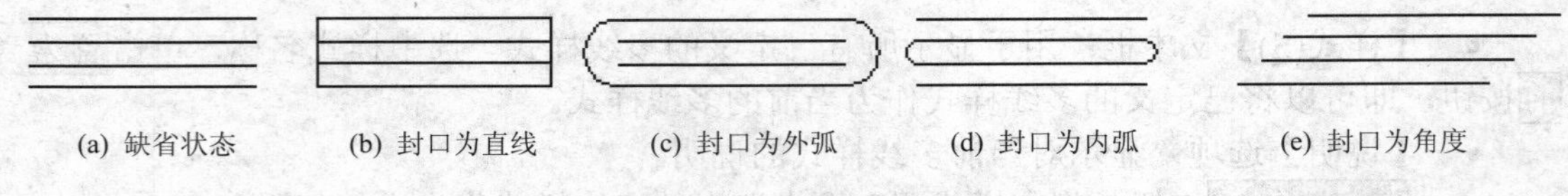

(a) 缺省状态 (b) 封口为直线 (c) 封口为外弧 (d) 封口为内弧 (e) 封口为角度

图 5-28 多线的封口形式

- 【填充】列表框：用于设置填充的颜色，如图 5-29 所示。

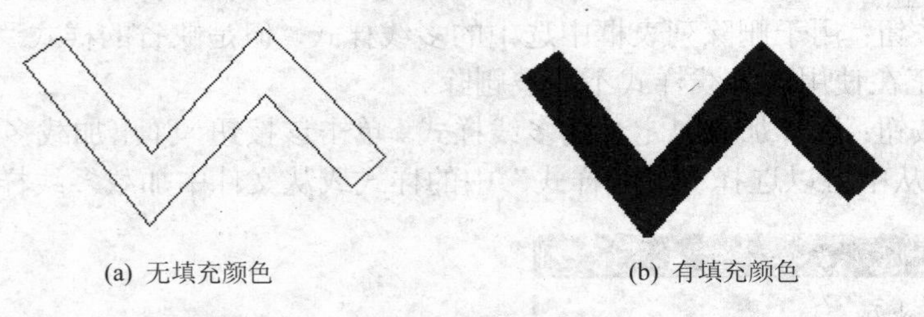

(a) 无填充颜色 (b) 有填充颜色

图 5-29 填充颜色

- 【显示连接】复选框：用于选择是否在多线的拐角处显示连接线，若选择该选项，则多线如图 5-30（a）所示，否则将不显示连接线，如图 5-30（b）所示。

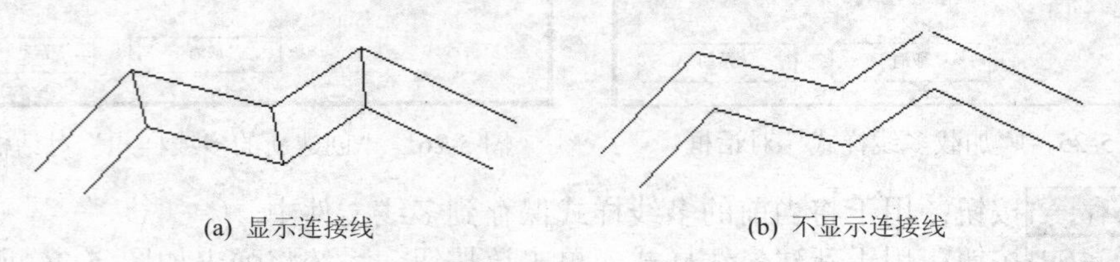

(a) 显示连接线 (b) 不显示连接线

图 5-30 连接线显示

- 【图元】列表：用于显示多线中线条的偏移量、线条的颜色、线型设置。
- 添加按钮：用于添加一条新线，其间距可在偏移数值框中输入。
- 删除按钮：用于删除在元素列表框中选定的直线元素。
- 【偏移】数值框：为多线样式中的每个元素指定偏移值。
- 【颜色】列表框：用于设置元素列表框中选定的直线元素的颜色
- 线型按钮：用于设置元素列表框中选定的直线元素的线型。

5.10 绘制多段线

多段线是由线段和圆弧构成的连续线段组，是一个单独图形对象。在绘制过程中，用户可以随意设置线宽。

启用绘制“多段线”命令有三种方法。

- 选择【绘图】→【多段线】菜单命令。
- 单击标准工具栏中的“多段线”按钮。
- 输入命令：Pl(Pline)。

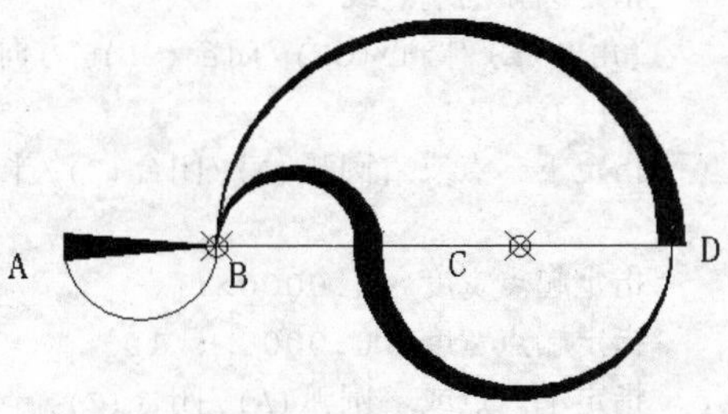

图 5-31　画多段线

【例 5-17】绘制如图 5-31 所示多段线。

操作步骤如下。

```
命令:_pline                                        //选择多段线工具
指定起点:<对象捕捉 开>                              //单击确定 A 点位置
当前线宽为 0.0000                                   //按【Enter】键
指定下一个点或[圆弧(A)/半宽(H)/长度(L)/放弃(U)/宽度(W)]:A
                                             //输入 A，选择圆弧选项，按【Enter】键
指定圆弧的端点或
[角度(A)/圆心(CE)/方向(D)/半宽(H)/直线(L)/半径(R)/第二个点(S)/放弃(U)/宽度
(W)]:A                                             //输入 A，选择角度选项，按【Enter】键
指定包含角:180                                      //输入圆弧的包含角度值
指定圆弧的端点或[圆心(CE)/半径(R)]:                  //单击 B 点确定节 AB 弧
指定圆弧的端点或
[角度(A)/圆心(CE)/闭合(CL)/方向(D)/半宽(H)/直线(L)/半径(R)/第二个点(S)/放弃(U)/
宽度(W)]:W                                          //输入 W，选择宽度选项，按【Enter】键
指定起点宽度 <0.0000>:0                             //输入起点宽度为 0
指定端点宽度 <0.0000>:10                            //输入端点宽度为 10
指定圆弧的端点或
[角度(A)/圆心(CE)/闭合(CL)/方向(D)/半宽(H)/直线(L)/半径(R)/第二个点(S)/放弃(U)/
宽度(W)]:                                           //单击 D 点确定 BD 弧
指定圆弧的端点或
[角度(A)/圆心(CE)/闭合(CL)/方向(D)/半宽(H)/直线(L)/半径(R)/第二个点(S)/放弃(U)/
宽度(W)]:W                                          //输入 W，选择宽度选项，按【Enter】键
指定起点宽度 <10.0000>: 0                           //输入起点宽度为 0
指定端点宽度 <0.0000>: 10                           //输入端点宽度为 10
指定圆弧的端点或
[角度(A)/圆心(CE)/闭合(CL)/方向(D)/半宽(H)/直线(L)/半径(R)/第二个点(S)/放弃(U)/
```

```
宽度(W)]:                                        //单击C点确定DC弧
指定圆弧的端点或
[角度(A)/圆心(CE)/闭合(CL)/方向(D)/半宽(H)/直线(L)/半径(R)/第二个点(S)/放弃(U)/
宽度(W)]:W                                       //输入W，选择宽度选项，按【Enter】键
指定起点宽度 <10.0000>:                          //输入端点宽度为10
指定端点宽度 <0.0000>:0                          //输入端点宽度为0
指定圆弧的端点或
[角度(A)/圆心(CE)/闭合(CL)/方向(D)/半宽(H)/直线(L)/半径(R)/第二个点(S)/放弃(U)/
宽度(W)]:                                        //单击B点确定径CB弧
指定圆弧的端点或
[角度(A)/圆心(CE)/闭合(CL)/方向(D)/半宽(H)/直线(L)/半径(R)/第二个点(S)/放弃(U)/
宽度(W)]:L                                       //输入L，选择直线选项
指定下一点或 [圆弧(A)/闭合(C)/半宽(H)/长度(L)/放弃(U)/宽度(W)]:W
                                                 //输入W，选择宽度选项，按【Enter】键
指定起点宽度 <0.0000>:                           //输入起点宽度为0
指定端点宽度 <0.0000>: 10                        //输入端点宽度为10
指定下一点或 [圆弧(A)/闭合(C)/半宽(H)/长度(L)/放弃(U)/宽度(W)]:
                                                 //单击A点或输入C闭合，确定BA直线
```

5.11 修订云线

“云线”的作用是：在检查或者用红线圈阅图形时，用户可以使用云状线来进行标记，这样可以提高用户的工作效率。云状线是由连续的圆弧组成的多段线，其弧长的最大值和最小值可以分别进行设定。

启用绘制“云线”的命令有三种方法。

- 选择【绘图】→【云线】菜单命令。
- 单击标准工具栏中的“云线”按钮。
- 输入命令：Revcloud。

云线图形如图5-32所示。

图5-32　云线

5.12 图案填充命令

5.12.1 图案填充

启用“图案填充”命令有三种方法。

- 选择【绘图】→【图案填充】菜单命令。
- 单击绘图工具栏上的“图案填充”按钮。
- 输入命令：BH(BHATCH)。

启用“图案填充”命令后，系统将弹出如图5-33所示“图案填充和渐变色”对话框。

（1）选择图案填充区域。

在图5-33所示的“图案填充和渐变色”对话框中，右侧排列的“按钮”与“选项”用于选择图案填充的区域。这些按钮与选项的位置是固定的，无论选择那个选项卡都可以发生作用。

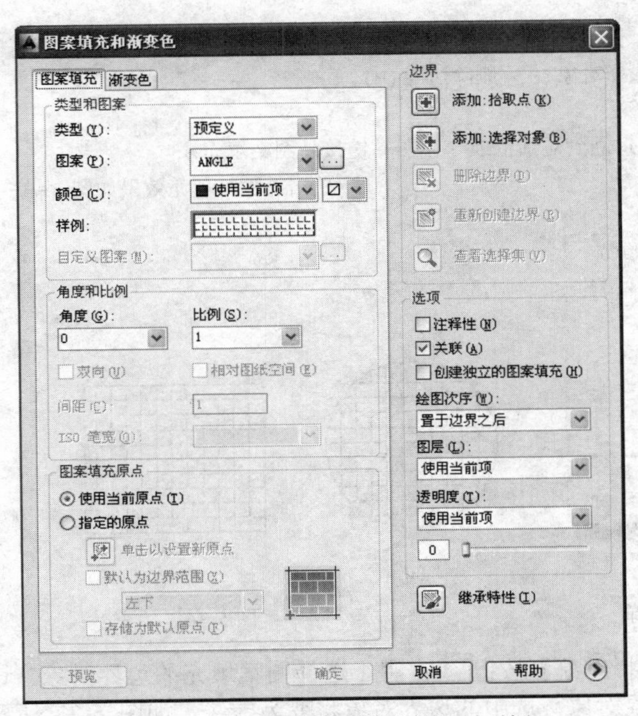

图 5-33 “图案填充和渐变色”对话框

在“图案填充和渐变色”对话框中，各选项组的意义如下。

①“边界”选项组。该选项组中可以选择“图案填充”的区域方式。

- 【添加：拾取点】按钮：用于根据图中现有的对象自动确定填充区域的边界，该方式要求这些对象必须构成一个闭合区域。对话框将暂时关闭，系统提示用户拾取一个点。单击该按钮，系统将暂时关闭“图案填充和渐变色”对话框，此时就可以在闭合区域内单击，系统自动以虚线形式显示用户选中的边界，如图 5-34 所示。

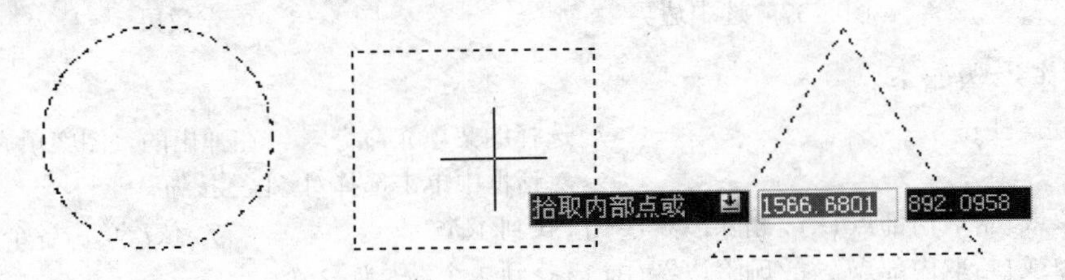

图 5-34 添加拾取点

确定完图案填充边界后，下一步就是在绘图区域内单击鼠标右键以显示光标菜单，如图 5-35 所示。利用此选项用户可以单击“预览”选项，来预览图案填充的效果，如图 5-36 所示。具体操作步骤如下。

```
命令:_bhatch                          //选择图案填充命令，在弹出的“图案填充和渐变色”
                                      对话框中单击拾取点按钮
拾取内部点或[选择对象(S)/删除边界(B)]:正在选择所有对象...
                                      //在图形内部单击，如图 5-34 所示
正在选择所有可见对象...
正在分析所选数据...
正在分析内部孤岛...                   //边界变为虚线，单击右键，弹出光标菜单，选择“预览”
```

选项，如图 5-35 所示

拾取内部点或[选择对象(S)/删除边界(B)]：

<预览填充图案>

拾取或按 Esc 键返回到对话框或 <单击右键接受图案填充>：

//单击右键，填充效果如图 5-36 所示

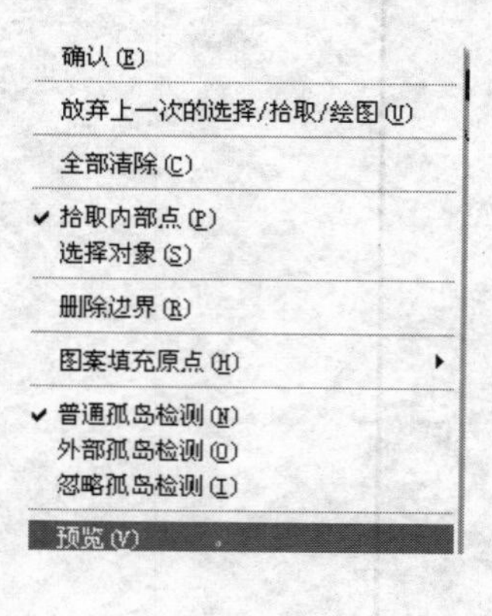

图 5-35 光标菜单

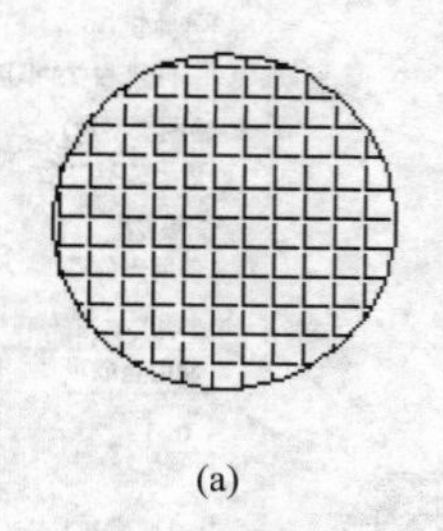

(a)

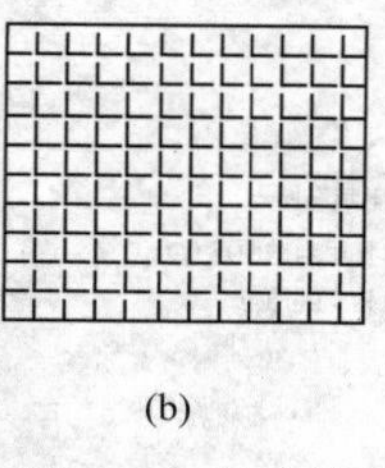

(b)

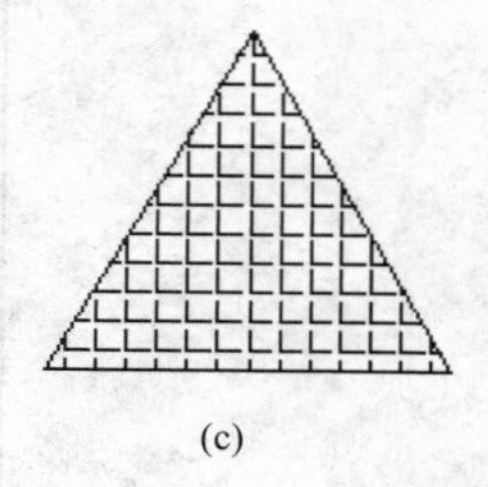

(c)

图 5-36 填充效果

- 【添加：选择对象】按钮：用于选择图案填充的边界对象，该方式需要用户逐一选择图案填充的边界对象，选中的边界对象将变为虚线，如图 5-37 所示。系统不会自动检测内部对象，如图 5-38 所示。

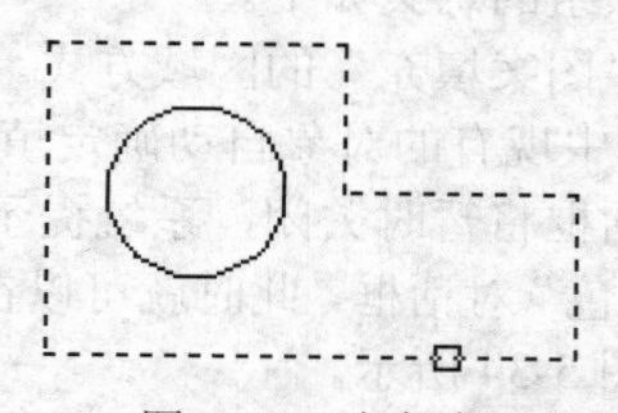

图 5-37 选中边界

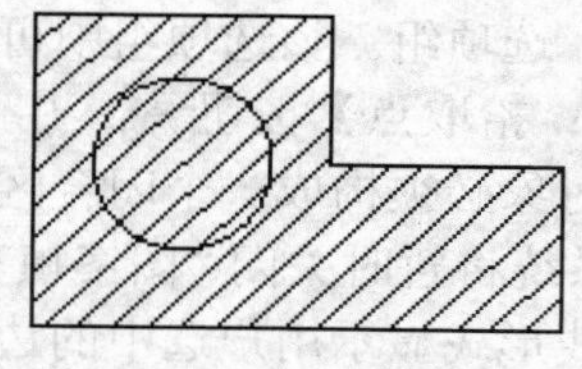

图 5-38 填充效果

具体操作步骤如下。

命令：_bhatch　　//选择图案填充命令，在弹出的"图案填充和渐变色"对话框中单击选择对象按钮

选择对象或[拾取内部点(K)/删除边界(B)]：找到 1 个　　//依次单击各个边

选择对象或[拾取内部点(K)/删除边界(B)]：找到 1 个，总计 2 个

选择对象或[拾取内部点(K)/删除边界(B)]：找到 1 个，总计 3 个

选择对象或[拾取内部点(K)/删除边界(B)]：找到 1 个，总计 4 个

选择对象或[拾取内部点(K)/删除边界(B)]：找到 1 个，总计 7 个

选择对象或[拾取内部点(K)/删除边界(B)]：找到 1 个，总计 6 个

选择对象或[拾取内部点(K)/删除边界(B)]：　　//单击右键，弹出光标菜单，选择"预览"选项，如图 5-35 所示

<预览填充图案>

拾取或按 Esc 键返回到对话框或 <单击右键接受图案填充>：　　//单击右键，结果如图 5-38 所示

- 【删除边界】按钮：用于从边界定义中删除以前添加的任何对象，如图 5-39 所示。

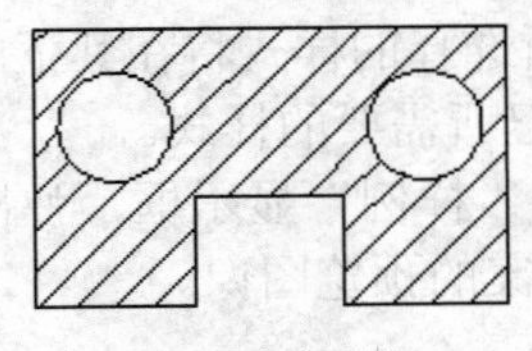

(a) 删除边界前

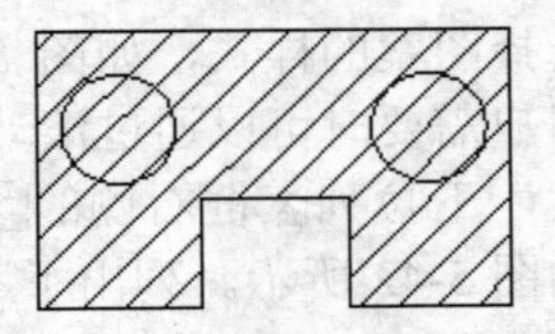

(b) 删除边界后

图 5-39　删除图案填充边界

具体操作步骤如下。

命令:_rectang　　//选择图案填充命令，在弹出“图案填充和渐变色”对话框中单击拾取点按钮

拾取内部点或[选择对象(S)/删除边界(B)]:　　//单击 A 点附近位置，如图 5-40（a）所示

正在选择所有可见对象...

正在分析所选数据...

正在分析内部孤岛...

拾取内部点或[选择对象(S)/删除边界(B)]:　　//按【Enter】键，返回“图案填充和渐变色”对话框，单击删除边界按钮

选择对象或[添加边界(A)]:　　//单击选择圆 B，如图所 5-40（b）所示

选择对象或[添加边界(A)/放弃(U)]:　　//单击选择圆 C，如图所 5-40（b）所示

选择对象或[添加边界(A)/放弃(U)]:　　//按【Enter】键，返回“图案填充和渐变色”对话框，单击确定按钮，结果如图 5-40（c）所示

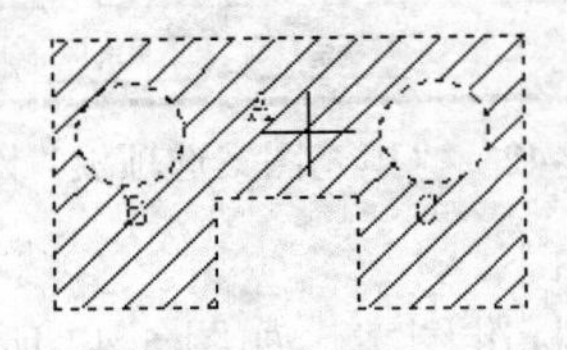

(a) 拾取点

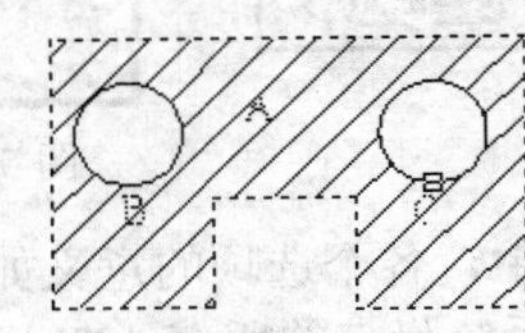

(b) 选择删除边界

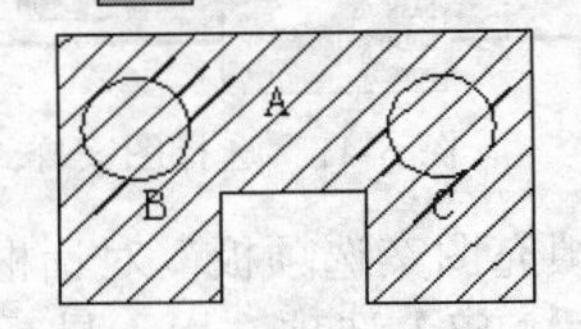

(c) 删除边界后

图 5-40　删除边界过程

- 【重新创建边界】按钮：围绕选定的图形边界或填充对象创建多段线或面域，并使其与图案填充对象相关联（可选）。如果未定义图案填充，则此选项不可选用。
- 【查看选择集】按钮：单击查看选择集按钮选项，系统将显示当前选择的填充边界。如果未定义边界，则此选项不可选用。

②“选项”选项组。“选项”选项组用于控制几个常用的图案填充或填充选项。

- 【关联】选项：用于创建关联图案填充。关联图案是指图案与边界相链接，当用户修改边界时，填充图案将自动更新。
- 【创建独立的图案填充】选项：用于控制当指定了几个独立的闭合边界时，是创建单个图案填充对象，还是创建多个图案填充对象。
- 【绘图次序】选项：用于指定图案填充的绘图顺序，图案填充可以放在所有其他对象之后，所有其他对象之前、图案填充边界之后或图案填充边界之前。
- 【继承特性】按钮：用指定图案的填充特性填充到指定的边界。单击继承特性按钮，并选择某个已绘制的图案，系统即可将该图案的特性填充到当前填充区域中。

（2）选择图案样式。

在“图案填充”选项卡中，“类型和图案”选项组可以用于选择图案填充的样式。“图案”

下拉列表用于选择图案的样式，如图 5-41 所示。所选择的样式将在其下的“样例”显示框中显示出来，用户需要时可以通过滚动条来选取自己所需要的样式。

单击“图案”下拉列表框右侧的[...]按钮或单击“样例”显示框，弹出“填充图案选项板”对话框，如图 5-42 所示。列出了所有预定义图案的预览图像。

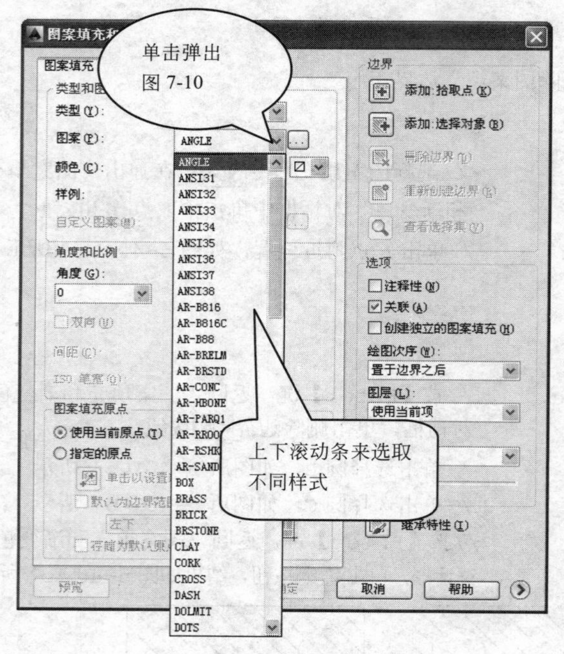

图 5-41　选择图案样式

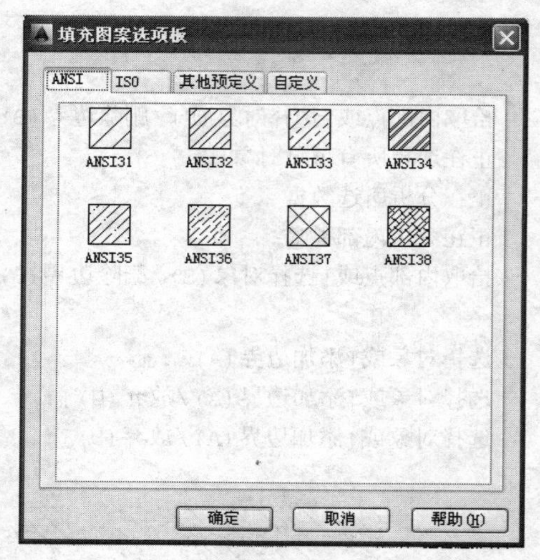

图 5-42　“填充图案选项板”对话框

在“填充图案选项板”对话框中，各个选项的意义如下。

- 【ANSI】选项：用于显示系统附带的所有 ANSI 标准图案，如图 5-42 所示。
- 【ISO】选项：用于显示系统附带的所有 ISO 标准图案，如图 5-43 所示。
- 【其他预定义】选项：用于显示所有其他样式的图案，如图 5-44 所示。
- 【自定义】选项：用于显示所有已添加的自定义图案。

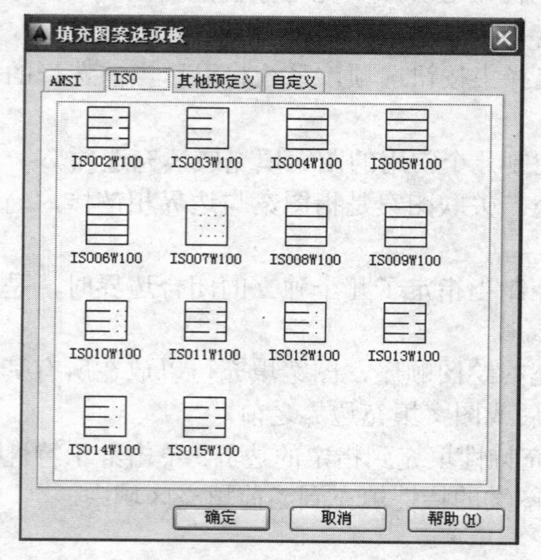

图 5-43　ISO 选项

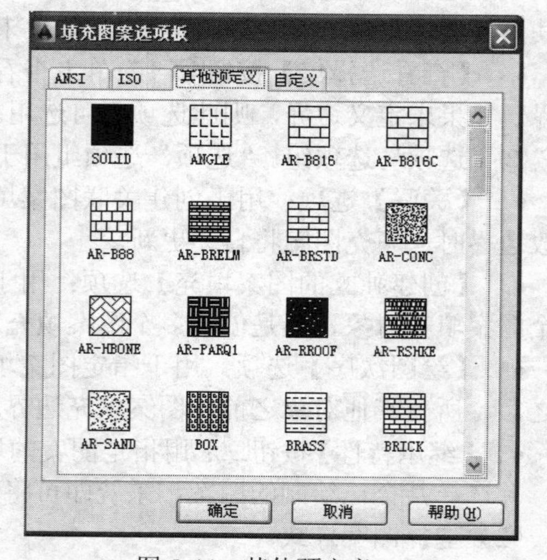

图 5-44　其他预定义

（3）孤岛的控制。

在“图案填充和渐变色”对话框中，单击“更多”选项按钮，展开其他选项，可以控制“弧岛”的样式，此时对话框如图 5-45 所示。

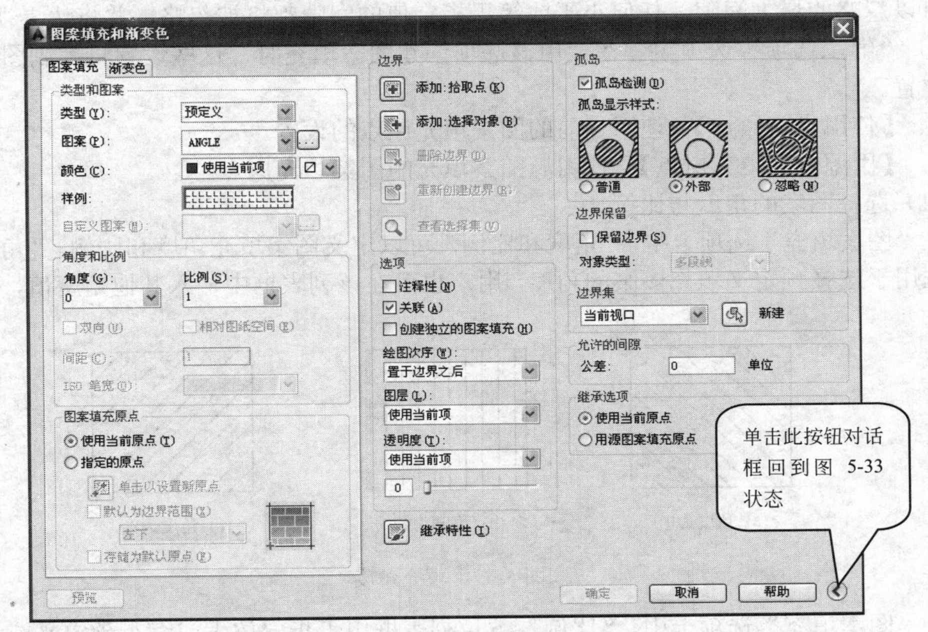

图 5-45 “弧岛样式”对话框

① “弧岛”选项组。在“弧岛”选项组中，各选项的意义如下。

- 【弧岛检测】选项：控制是否检测内部闭合边界。
- 【普通】选项：从外部边界向内填充。如果系统遇到一个内部弧岛，它将停止进行图案填充，直到遇到该弧岛的另一个弧岛，其填充效果如图 5-46 所示。
- 【外部】选项：从外部边界向内填充。如果系统遇到内部弧岛，它将停止进行图案填充。此选项只对结构的最外层进行图案填充，而图案内部保留空白，其填充效果如图 5-47 所示。
- 【忽略】选项：忽略所有内部对象，填充图案时将通过这些对象，其填充效果如图 5-48 所示。

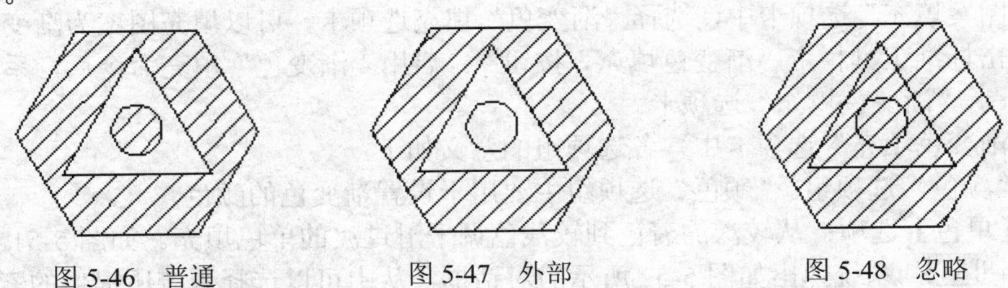

图 5-46 普通　　图 5-47 外部　　图 5-48 忽略

② “边界保留”选项组。在“边界保留”选项组中，指是否将边界保留为对象，并确定应用于这些对象的对象类型。

③ “边界集”选项组。在“边界集”选项组中，是定义当从指定点定义边界时要分析的对象集。当使用“选择对象”定义边界时，选定的边界集无效。

- 【新建】按钮：提示用户选择用来定义边界集的对象。

④ “允许的间隙”选项组。在“允许的间隙”选项组中，设置将对象用作图案填充边界时可以忽略的最大间隙。默认值为 0，此值指定对象必须是封闭区域而没有间隙。

- 【公差】文本框：按图形单位输入一个值（0～700），以设置将对象用作图案填充边界时可以忽略的最大间隙。任何小于或等于指定值的间隙都将被忽略，并将边界视为封闭。

⑤ “继承选项”选项组。在使用该选项创建图案填充时，这些设置将控制图案填充原点的位置。

- 【使用当前原点】：使用当前的图案填充原点的设置。
- 【用源图案填充原点】：使用源图案填充的图案填充原点。

（4）选择图案的角度与比例。

在“图案填充”选项卡中，“角度和比例”可以定义图案填充角度和比例。“角度”下拉列表框用于选择预定义填充图案的角度，用户也可在该列表框中输入其他角度值，如图 5-49 所示。

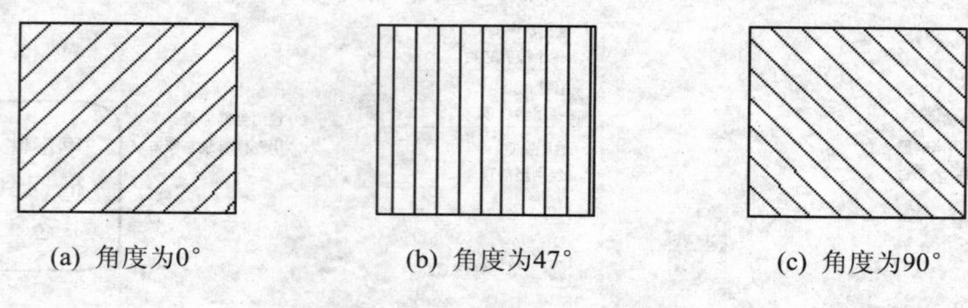

(a) 角度为0°　　(b) 角度为47°　　(c) 角度为90°

图 5-49　填充角度

在“图案填充”选项卡中，“比例”下拉列表框用于指定放大或缩小预定义或自定义图案，用户也可在该列表框中输入其他缩放比例值，如图 5-50 所示。

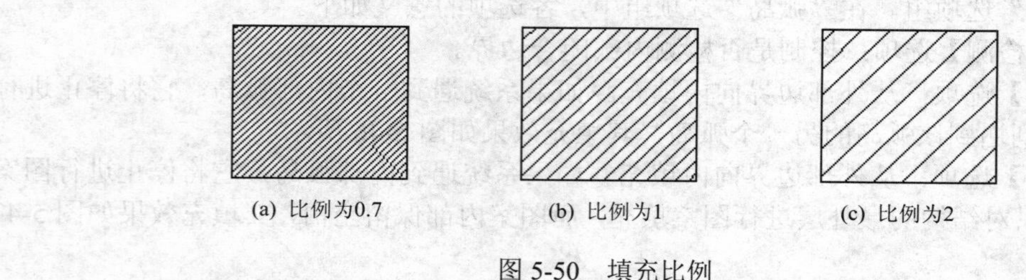

(a) 比例为0.7　　(b) 比例为1　　(c) 比例为2

图 5-50　填充比例

（5）渐变色填充。

在“图案填充”选项卡中，选择“渐变色”填充选项卡，可以填充图案为渐变色。也可以直接单击标准工具栏上“渐变色填充”按钮。启用“渐变色”填充命令后，系统弹出如图 5-51 所示“渐变色填充”选项卡。

在“渐变色填充”选项卡中，各选项组的意义如下。

① “颜色”选项组。“颜色”选项组主要用于设置渐变色的颜色。

- 【单色】选项：从较深的着色到较浅色调平滑过渡的单色填充。如图 5-51 所示，选择颜色按钮，系统弹出如图 5-52 所示的对话框，从中可以选择系统所提供的索引颜色、真彩色或配色系统颜色。
- 【着色-渐浅】滑块：用于指定一种颜色为选定颜色与白色的混合，或为选定颜色与黑色的混合，用于渐变填充。
- 【双色】选项：在两种颜色之间平滑过渡的双色渐变填充。AutoCAD 2014 分别为颜色 1 和颜色 2 显示带有浏览按钮的颜色样例，如图 5-53 所示。

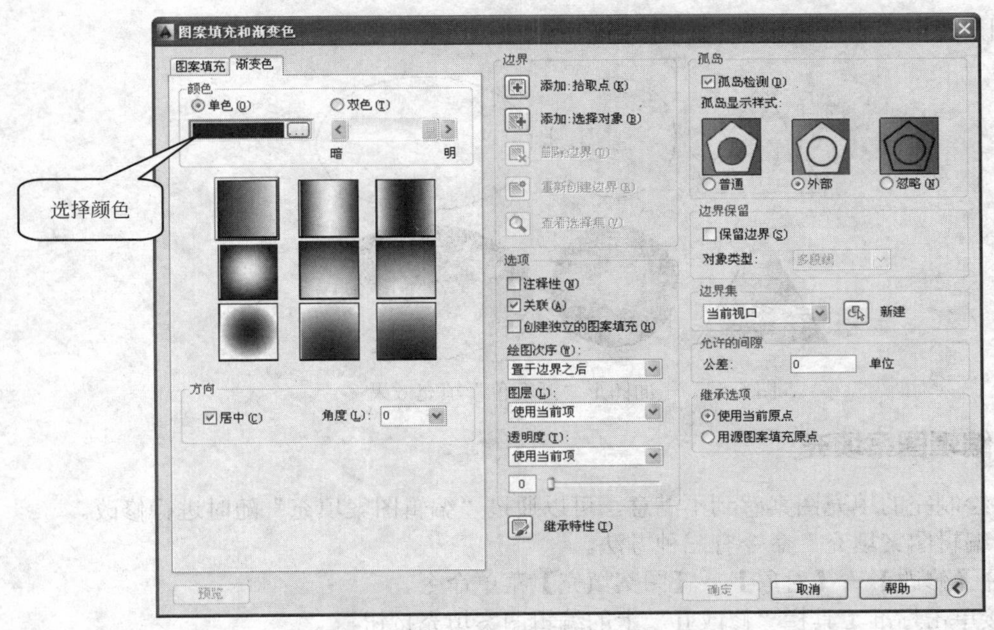

图 5-51 “渐变色填充”选项卡

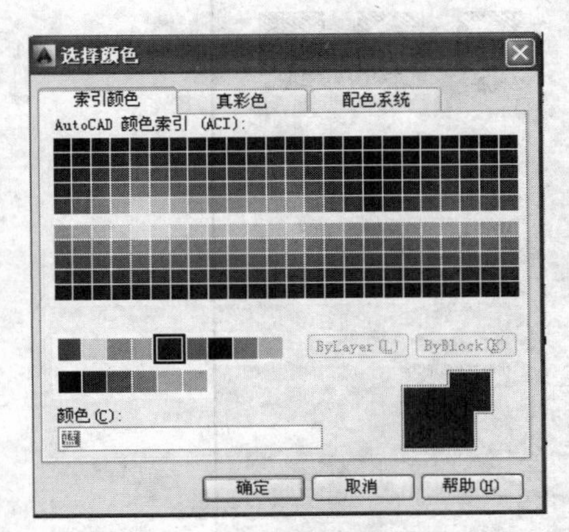

图 5-52 “选择颜色”对话框

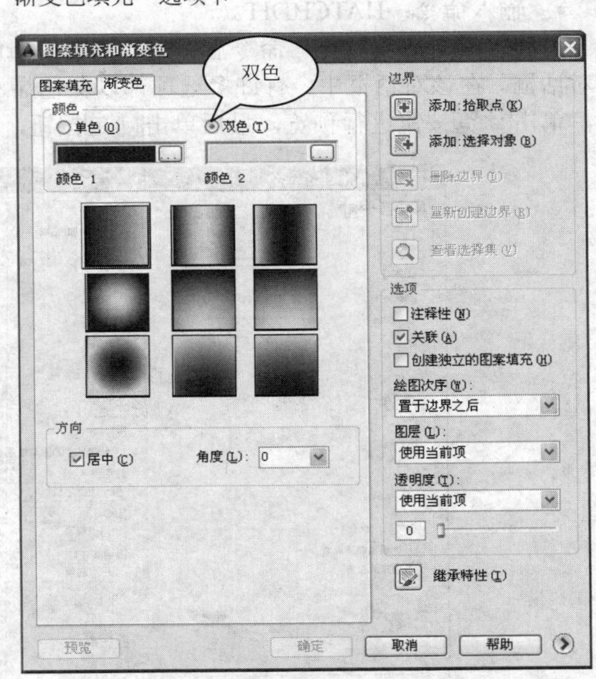

图 5-53 双色选项

在渐变图案区域列出了 9 种固定的渐变图案的图标，单击图标就可以选择渐变色填充为线状、球状和抛物面状等图案的填充方式。

② “方向”选项组。“方向”选项组主要用于指定渐变色的角度以及其是否对称。

- 【居中】选项：用于指定对称的渐变配置。如果选定该选项，渐变填充将朝左上方变化，创建光源在对象左边的图案。
- 【角度】文本框：用于指定渐变色的角度。此选项与指定给图案填充的角度互不影响。

平面图形“渐变色”填充效果如图 5-54 所示。

图 5-54　平面图形“渐变色”填充效果

5.12.2　编辑图案填充

如果对绘制完的填充图案感到不满意，可以通过“编辑图案填充”随时进行修改。

启用“编辑图案填充”命令有三种方法。

- 选择【修改】→【对象】→【图案填充】菜单命令。
- 直接单击标准工具栏“修改 II”上的编辑图案填充按钮。
- 输入命令：HATCHDIT。

启用“编辑图案填充”命令后，选择需要编辑的填充图案，系统将弹出如图 5-55 所示的对话框。在该对话框中，有许多选项都以灰色显示，表示不要选择或不可编辑。修改完成后，单击预览按钮进行预览，最后单击确定按钮，确定图案填充的编辑。

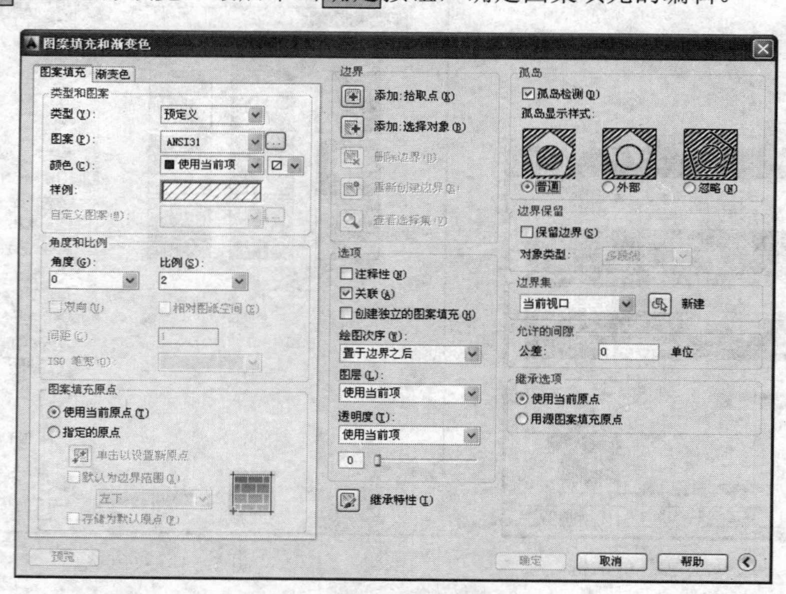

图 5-55　图案填充编辑选项

【例 5-18】将图 5-56（a）所示图形中的图案填充，改成图 5-56（b）所示的图案填充形式。

命令：_hatchedit　　//选择编辑图案填充命令

选择图案填充对象：　　//选择图 5-56（a）中的图案填充，系统自动弹出如图 5-55 所示的对话框，在其中设置角度为 0，比例为 2，按确定按钮，完成后如图 5-56（b）所示

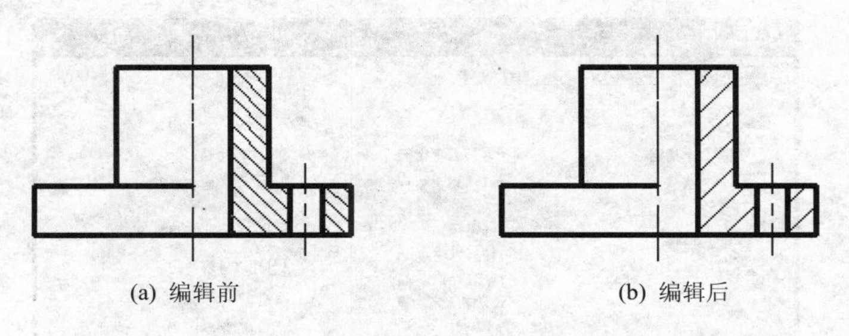
(a) 编辑前　　(b) 编辑后

图 5-56　图案填充编辑图例

5.12.3　图案填充的分解

图案填充无论多么复杂，通常情况下都是一个整体，即一个匿名“块”。在一般情况下不会对其中的图线进行单独的编辑，如果需要编辑，也是采用图案填充编辑命令。但在一些特殊情况下，如标注的尺寸和填充的图案重叠，必须将部分图案打断或删除以便清晰显示尺寸，此时必须将图案分解，然后才能进行相关的操作。

用“分解”命令分解后的填充图案变成了各自独立的实体。图 5-57 显示了分解前和分解后的不同夹点。

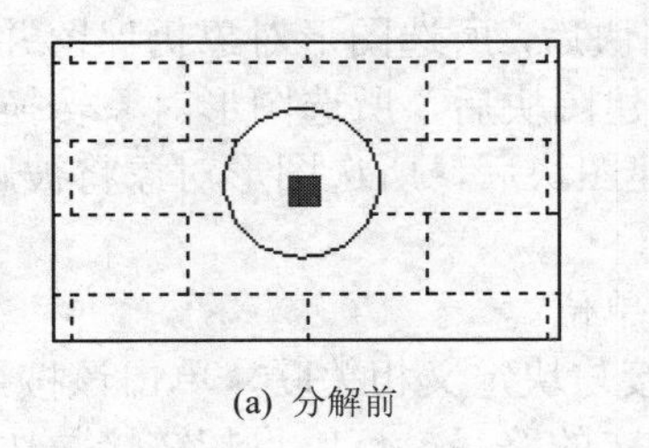
(a) 分解前

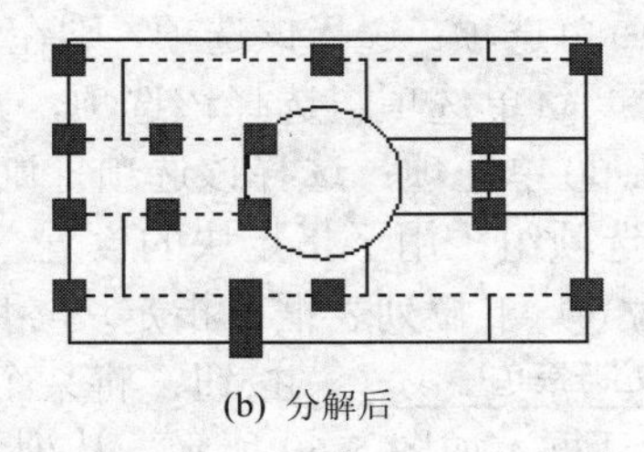
(b) 分解后

图 5-57　图案填充分解

5.13　创建图块

5.13.1　定义图块

定义图块就是将图形中选定的一个或多个对象组合成一个整体，为其命名保存，并在以后使用过程中将它视为一个独立、完整的对象进行调用和编辑。定义图块时需要执行“Block”命令，用户可以通过以下方法调用该命令：

- 选择【绘图】→【块】→【创建】菜单命令。
- 单击“绘图”工具栏上的“创建块”按钮。
- 输入命令：B（BLOCK）。

启用“块”命令后，系统弹出“块定义”对话框，如图 5-58 所示。在该对话框中对图形进行块的定义，然后单击 确定 按钮就可以创建图块。

在“块定义”对话框中，各个选项的意义如下。

（1）名称(N): 列表框：用于输入或选择图块的名称。

（2）基点 选项组：用于确定图块插入基点的位置。用户可以输入插入基点的 X、Y、Z 坐标；也可以单击【拾取点】按钮，在绘图窗口中选取插入基点的位置。

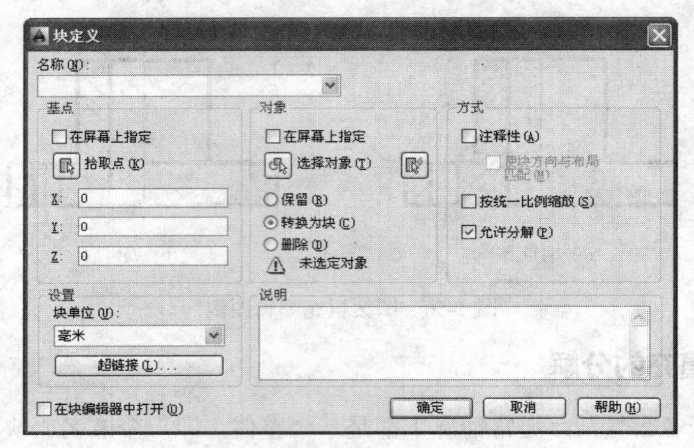

图 5-58 “块定义”对话框

（3）对象选项组：用于选择构成图块的图形对象。

- 按钮：单击该按钮，即可在绘图窗口中选择构成图块的图形对象。
- 按钮：单击该按钮，打开“快速选择”对话框，如图 5-59 所示。可以通过该对话框进行快速过滤来选择满足条件的实体目标。
- 保留(R)单选项：选择该选项，则在创建图块后，所选图形对象仍保留并且属性不变。
- 转换为块(C)单选项：选择该选项，则在创建图块后，所选图形对象转换为图块。
- 删除(D)单选项：选择该选项，则在创建图块后，所选图形对象将被删除。

（4）设置选项组：用于指定块的设置。

- 块单位(U):下拉列表框：指定块参照插入单位。
- 超链接(L)...按钮：将某个超链接与块定义相关联，单击该按钮，弹出“插入超链接”对话框，如图 5-60 所示。从列表或指定的路径，可以将超链接与块定义相关联。

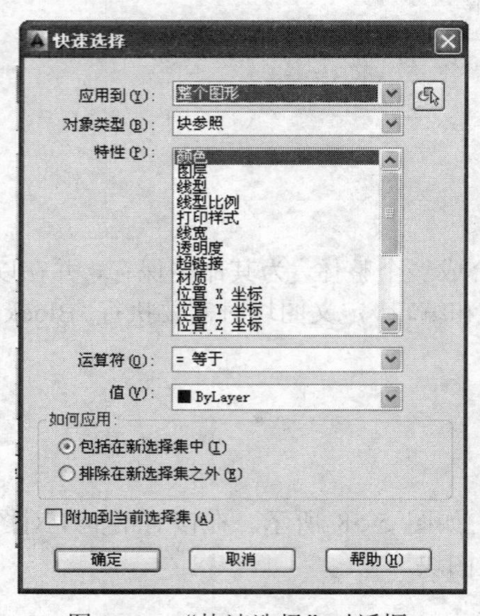

图 5-59 “快速选择”对话框

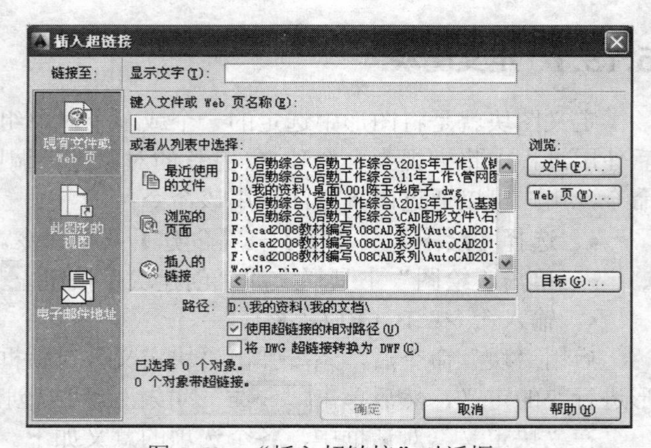

图 5-60 “插入超链接”对话框

- 在块编辑器中打开(O)复选框：用于在块编辑器中打开当前的块定义，主要用于创建动态块。

（5）方式 选项组：用于块的方式设置。

- □按统一比例缩放(S)复选框：指定块参照是否按统一比例缩放。
- ☑允许分解(P)复选框：指定块参照是否可以被分解。
- 说明 文本框：用于输入图块的说明文字。

【例 5-19】通过定义块命令将图 5-61 所示的图形创建成块，名称为“门”。

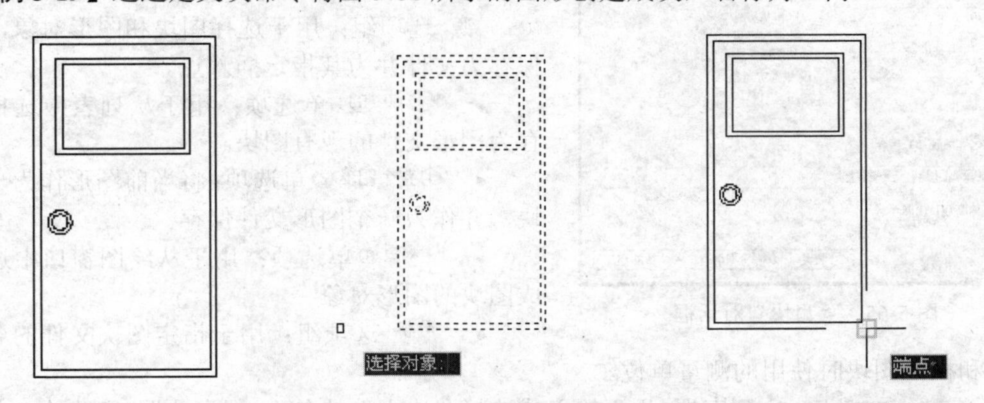

图 5-61 门　　图 5-62 “选择图块对象”图形　图 5-63 拾取图块的插入基点

操作步骤如下。

① 单击工具栏上“创建块”按钮，弹出块定义对话框。

② 在【块定义】对话框的“名称”列表框中输入图块的名称“门”。

③ 在【块定义】对话框中，单击“对象”选项组中的“选择对象”按钮，在绘图窗口中选择图形，此时图形以虚线显示，按【Enter】键确认，如图 5-62 所示。

④ 在【块定义】对话框中，单击“基点”选项组中的“拾取点”按钮，在绘图窗口中选择圆心作为图块的插入基点，如图 5-63 所示。

⑤ 单击 确定 按钮，即可创建“门”图块，如图 5-64 所示。

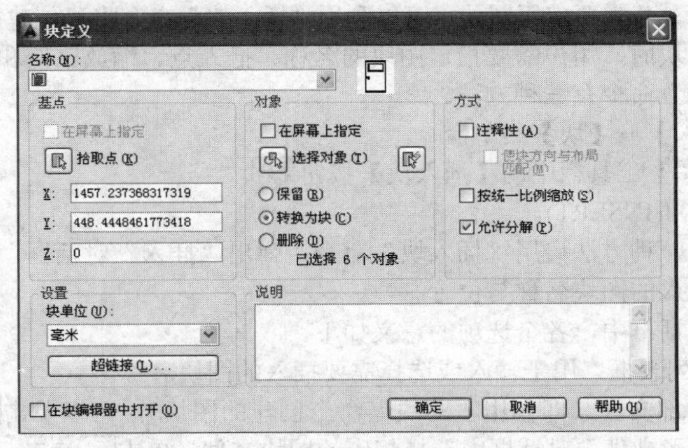

图 5-64 创建完成后的“块定义”对话框

5.13.2 写块

前面定义的图块，只能在当前图形文件中使用，如果需要在其他图形中使用已经定义的图块，如标题栏、图框以及一些通用的图形对象等，可以将图块以图形文件形式保存下来。这时，它就和一般图形文件没有什么区别，可以被打开、编辑，也可以以图块形式方便地插

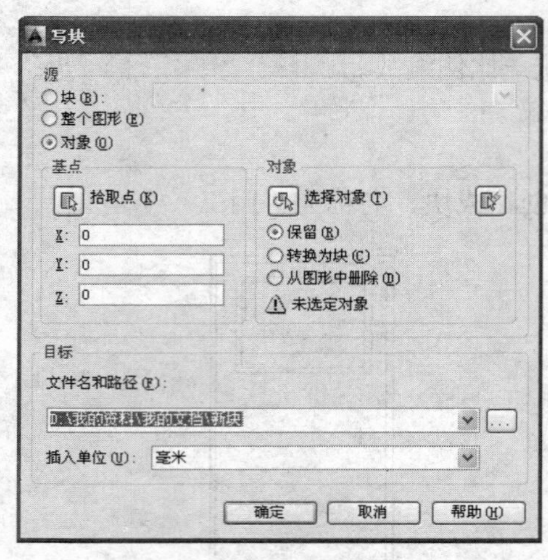

图 5-65 “写块”对话框

入到其他图形文件中。“保存图块”也就是我们通常所说的“写块”。

“写块”需要使用“WBLOCK”命令，启用命令后，系统将弹出如图 5-65 所示的“写块”对话框。

在“写块”对话框中，各个选项的意义如下。

源 选项组：用于选择图块和图形对象，将其保存为文件并为其指定插入点。

- ○块(B): 单选项：用于从列表中选择要保存为图形文件的现有图块。
- ○整个图形(E) 单选项：将当前图形作为一个图块，并作为一个图形文件保存。
- ⊙对象(O) 单选项：用于从绘图窗口中选择构成图块的图形对象。
- 目标 选项组：用于指定图块文件的名称、位置和插入图块时使用的测量单位。
- 文件名和路径(F): 列表框：用于输入或选择图块文件的名称、保存位置。单击右侧的 ... 按钮，弹出“浏览图形文件”对话框，即可指定图块的保存位置，并指定图块的名称。

设置完成后，单击 确定 按钮，将图形存储到指定的位置，在绘图过程中需要时即可调用。

特别注意：利用“写块”命令创建的图块是 AutoCAD 2014 的一个 DWG 文件，属于外部文件，它不会保留原图形未用的图层、线型等属性。

5.13.3 插入块

在绘图过程中，若需要应用图块，可以利用“插入块”命令将已创建的图块插入到当前图形中。在插入图块时，用户需要指定图块的名称、插入点、缩放比例和旋转角度等。

启用“插入块”命令有三种方法。

- 选择【插入】→【块】菜单命令。
- 单击【绘图】工具栏中的【插入块】按钮。
- 输入命令：I(INSERT)。

利用上述任意一种方法启用“插入块”命令，弹出“插入”对话框，如图 5-66 所示，从中即可指定要插入的图块名称与位置。

在“插入”对话框中，各个选项的意义如下。

（1）名称(N): 列表框：用于输入或选择需要插入的图块名称。

若需要使用外部文件（即利用“写块”命令创建的图块），可以单击 浏览(B)... 按钮，在弹出的“选择图形文件”对话框中选择相应的图块文件，单击 确定 按钮，即可将该文件中的图形作为块插入到当前图形。

（2）插入点 选项组：用于指定块的插入点的位置。用户可以利用鼠标在绘图窗口中指定插入点的位置，也可以输入 X、Y、Z 坐标。

（3）比例 选项组：用于指定块的缩放比例。用户可以直接输入块的 X、Y、Z 方向的比例因子，也可以利用鼠标在绘图窗口中指定块的缩放比例。

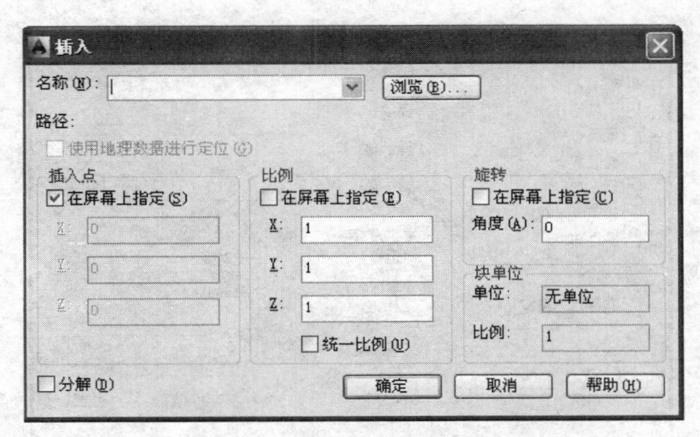

图 5-66 “插入”对话框

（4）旋转选项组：用于指定块的旋转角度。在插入块时，用户可以按照设置的角度旋转图块。也可以利用鼠标在绘图窗口中指定块的旋转角度。

（5）□分解(D)复选框：若选择该选项，则插入的块不是一个整体，而是被分解为各个单独的图形对象。

5.13.4 分解图块

当在图形中使用块时，AutoCAD 2014 将块作为单个的对象处理，只能对整个块进行编辑。如果用户需要编辑组成块的某个对象时，需要将块的组成对象分解为单一个体。

将图块分解，有以下几种方法。

（1）插入图块时，在“插入”对话框中，选择“分解”复选框，再单击 确定 按钮，插入的图形仍保持原来的形式，但可以对其中某个对象进行修改。

（2）插入图块对象后，使用“分解”命令，单击工具栏中的按钮，将图块分解为多个对象。分解后的对象将还原为原始的图层属性设置状态。如果分解带有属性的块，属性值将丢失，并重新显示其属性定义。

5.14 创建带属性的图块

图块属性是附加在图块上的文字信息，在 AutoCAD 2014 中经常利用图块属性来预定义文字的位置、内容或缺省值等。在插入图块时，输入不同的文字信息，可以使相同的图块表达不同的信息，如表面粗糙度就是利用图块属性设置的。

5.14.1 创建与应用图块属性

定义带有属性的图块时，需要作为图块的图形与标记图块属性的信息，将这两个部分进行属性的定义后，再定义为图块即可。

启用“属性定义”命令有两种方法。

- 选择【绘图】→【块】→【属性定义】菜单命令。
- 输入命令：ATTDEF。

利用上述任意一种方法启用“属性定义”命令，弹出“属性定义”对话框，如图 5-67 所示。从中可以定义模式、属性标记、属性提示、属性值、插入点以及属性的文字选项等。

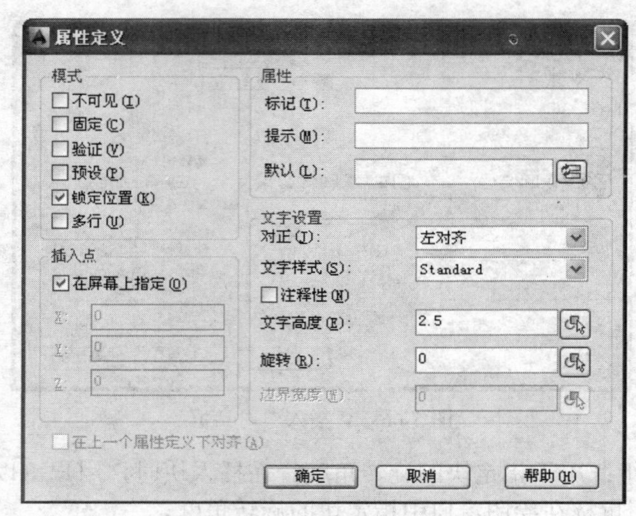

图 5-67 “属性定义”对话框

【**例 5-20**】创建带有属性的“标高”图块，并把它应用到如图 5-68 所示的图形中。

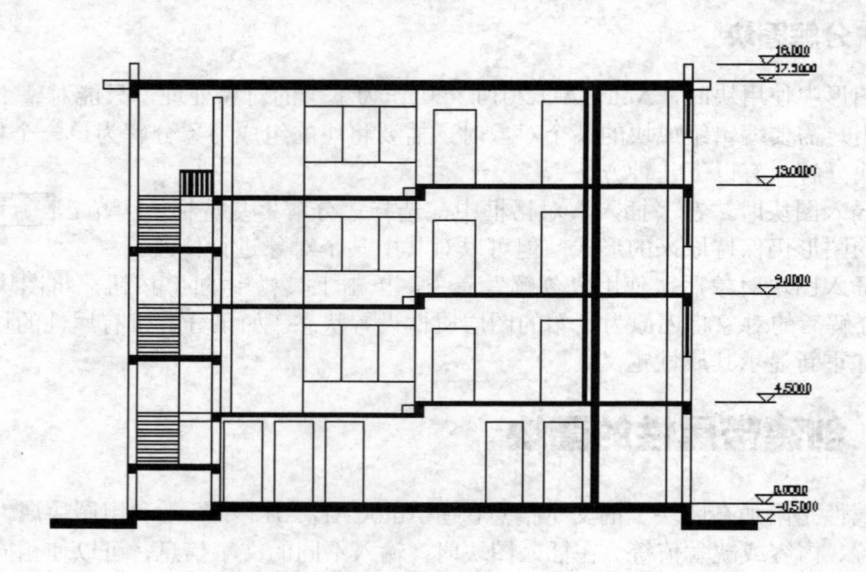

图 5-68 带属性块图例

操作步骤如下。

① 根据所绘制图形的大小，首先绘制一个“标高”符号，如图 5-69 所示。

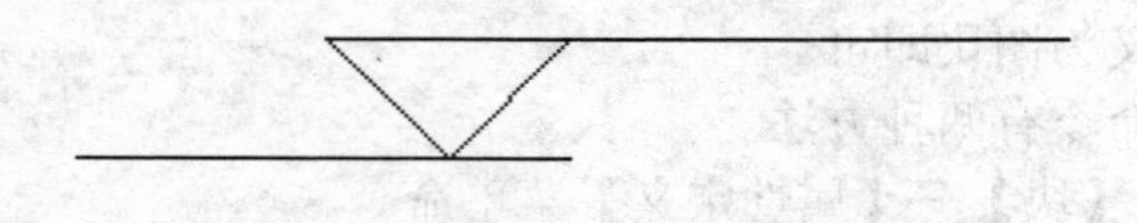
图 5-69 “标高”符号

② 选择【绘图】→【块】→【属性定义】菜单命令，弹出“属性定义”对话框。

③ 在属性选项组的标记文本框中输入“标高”的标记“BG”，在“提示”文本框中输入提示文字“标高”，在“值”数值框中输入标高的参数值 0.000，如图 5-70 所示。

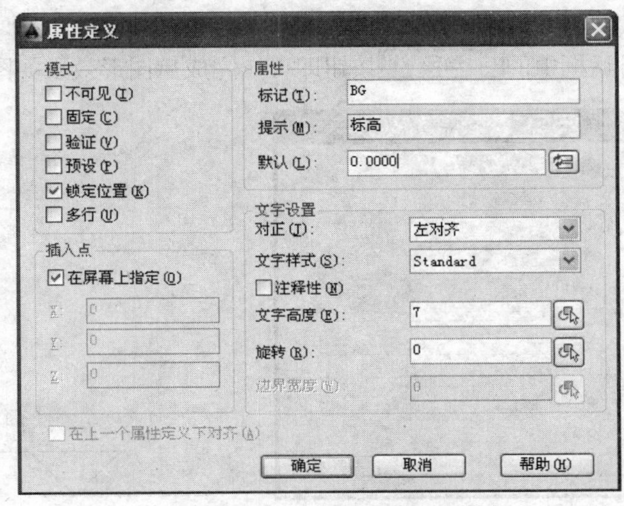

图 5-70　设置属性

④ 单击“属性定义”对话框中的 确定 按钮，在绘图窗口中指定属性的插入点，如图 5-71（a）所示，在文本的左下角单击鼠标，完成图形效果如图 5-71（b）所示。

图 5-71　完成属性定义

⑤ 选择【绘图】→【块】→【创建】菜单命令，弹出“块定义”对话框，在“名称”文框中输入块的名称“标高”，单击“选择对象”按钮，在绘图窗口选择如图 5-71（b）所示的图形，并单击鼠标右键，完成带属性块的创建，如图 5-72 所示。

⑥ 单击【基点】选项组中的“拾取点”按钮，并在绘图窗口中选择 O 点作为图块的基点，如图 5-73 所示。

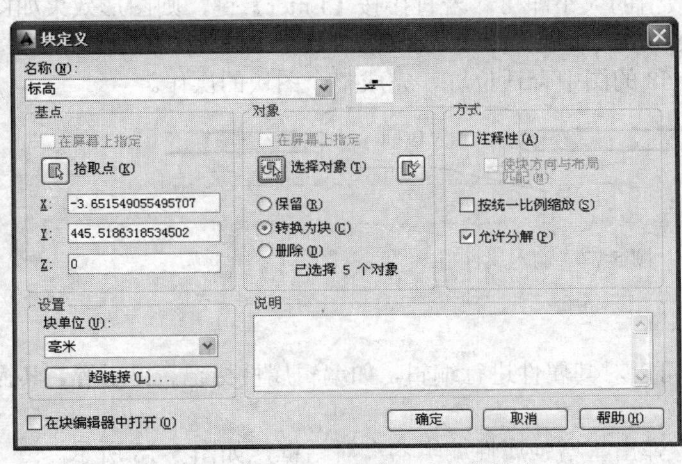

图 5-72　完成“带属性块”的创建

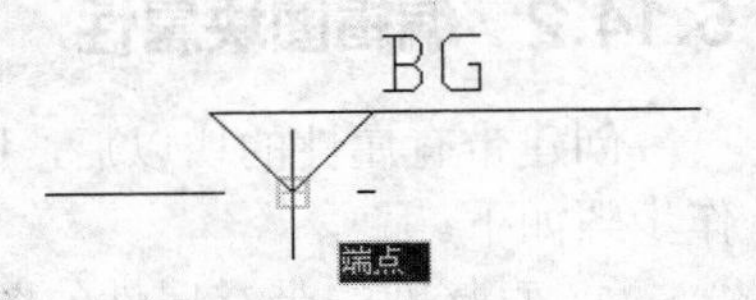

图 5-73　选择基点

⑦ 单击“块定义”对话框中的 确定 按钮，弹出“编辑属性”对话框，如图 5-74 所示。直接单击该对话框中的 确定 按钮即可，完成后图形效果如图 5-75 所示。

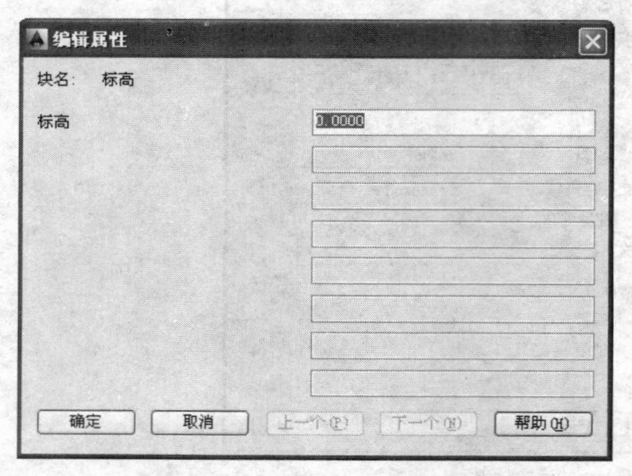

图 5-74 “编辑属性”对话框

0.0000

图 5-75 完成后图形效果

⑧ 选择【插入】→【块】菜单命令，弹出“插入”对话框，如图 5-76 所示，单击 确定 按钮，并在绘图窗口内相应的位置单击。

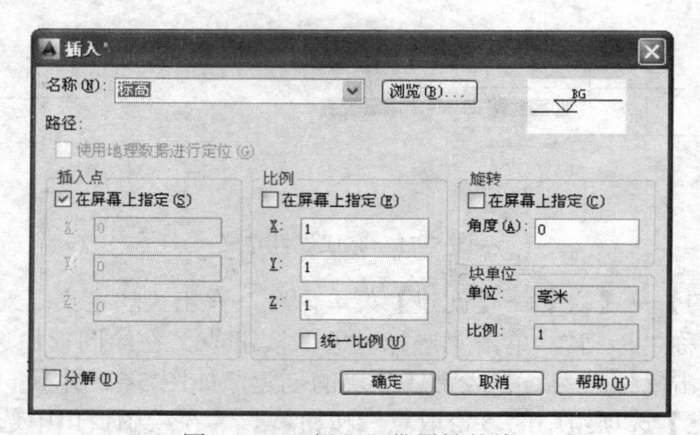

图 5-76 “插入”带属性的块

⑨ 在命令提示行输入标高参数值的大小即可。若直接按【Enter】键，则图形效果如图 5-75 所示，把这个块直接插入到图 5-68 中。重新插入块，在命令行中输入“9.0000”，如图 5-77 所示。把此时的块插入到图 5-68 的图中合适位置，完成整个图块的操作。

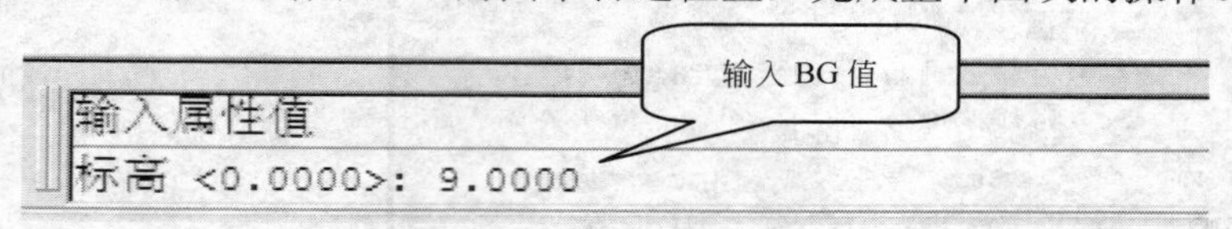

图 5-77 输入属性值

5.14.2 编辑图块属性

创建带有属性的块以后，用户可以对其属性进行编辑，如编辑属性标记、提示等，其操作步骤如下。

① 直接双击带有属性的图块，弹出“增强属性编辑器”对话框，如图 5-78 所示。

② 在【属性】选项卡中显示图块的属性，如标记、提示以及缺省值，此时用户可以在

“值”数值框中修改图块属性的缺省值。

③ 单击【文字选项】选项卡，“增强属性编辑器”对话框显示如图 5-79 所示。从中可以设置属性文字在图形中的显示方式，如文字样式、对正方式、文字高度、旋转角度等。

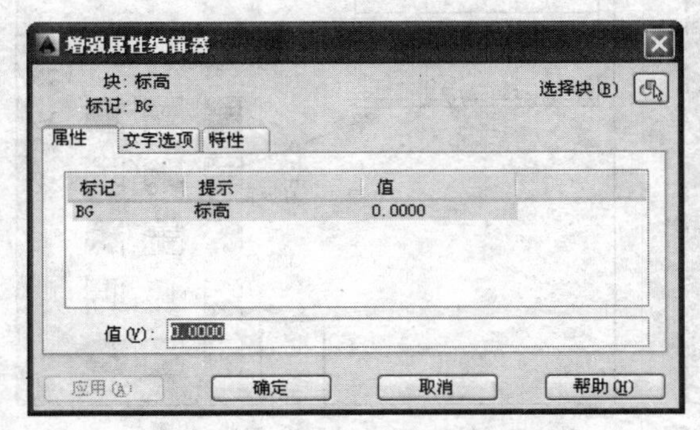

图 5-78 “增强属性编辑器”属性

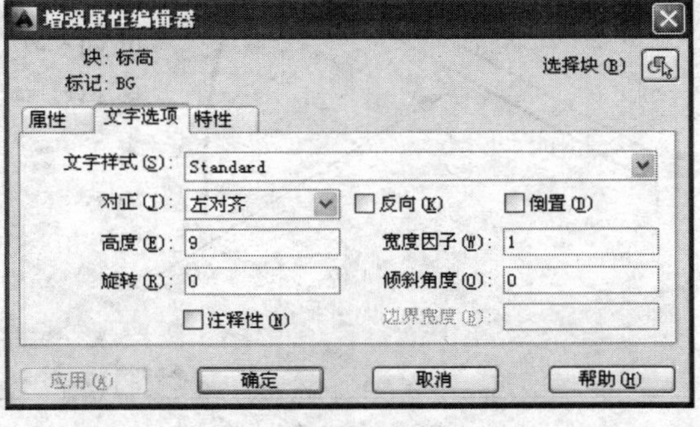

图 5-79 “增强属性编辑器”文字选项

④ 单击【特性】选项卡，“增强属性编辑器”对话框显示如图 5-80 所示。从中可以定义图块属性所在的图层以及线型、颜色、线宽等。

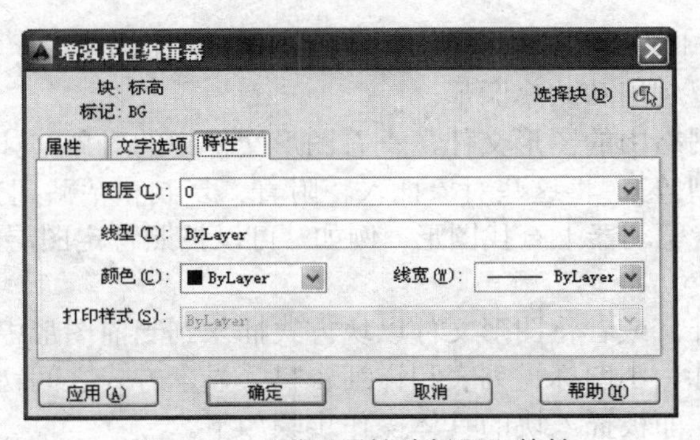

图 5-80 “增强属性编辑器”特性

⑤ 设置完成后单击 应用(A) 按钮，即可修改图块属性；若单击 确定 按钮，也可修改图块属性，并关闭对话框。

5.15 使用“工具选项板”中的块

在 AutoCAD 2014 中，用户可以利用“工具选项板”窗口方便地使用门、窗等系统内置的建筑图块，具体操作步骤如下。

① 单击“标准”工具栏中的“工具选项板”按钮，打开“工具选项板”窗口，“建筑”选项卡，选中“门”单击将其拖入到绘图区域，如图 5-81 所示。

② 单击“工具选项板”窗口中的“图案填充”选项卡，选中其右侧的“砖块”块，如图 5-82 所示。

③ 如果需要的话，通过输入 S、X、Y 或 Z，可设置插入块时的全局比例，或者块在 X、Y 或 Z 轴方向的比例。

④ 在绘图区中单击鼠标，确定插入点位置，即可将块插入。

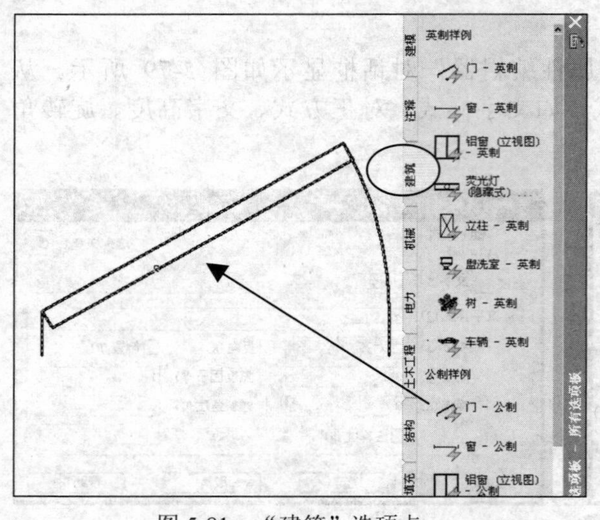

图 5-81　“建筑”选项卡

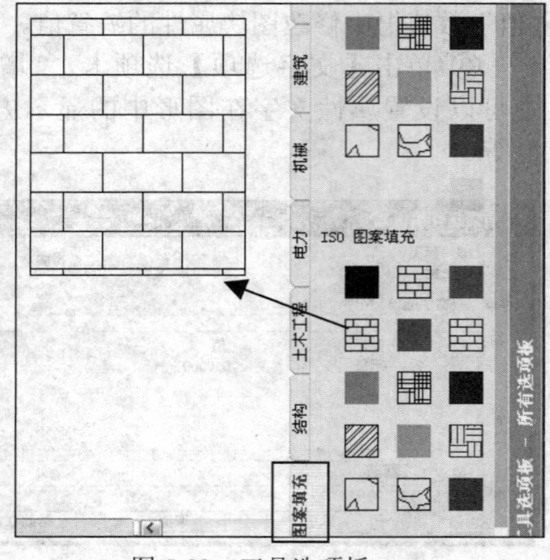

图 5-82　工具选项板

5.16　使用“设计中心”中的块

在 AutoCAD 中，“设计中心”为用户提供了一种管理图形的有效手段。使用“设计中心”，用户可以很方便地重复利用和共享图形。

（1）浏览本地及网络中的图形文件，查看图形文件中的对象（如块、外部参照、图像、图层、文字样式、线型等），将这些对象插入、附着、复制和粘贴到当前图形中。

（2）在本地和网络驱动器上查找图形。例如，可以按照特定图层名称或上次保存图形的日期来搜索图形。

（3）打开图形文件，或者将图形文件以块方式插入到当前图形中。

（4）可以在大图标、小图标、列表和详细资料等显示方式之间切换。

使用“设计中心”面板插入块的具体操作步骤如下。

① 单击“标准”工具栏中的“设计中心”工具，打开“设计中心”面板。

② 打开“文件夹”选项卡，单击“设计中心”工具栏中的“主页”工具，可查看系统自带的块库（在 AutoCAD 2014 \ Sample \ DesignCenter 文件夹中），如图 5-83 所示。

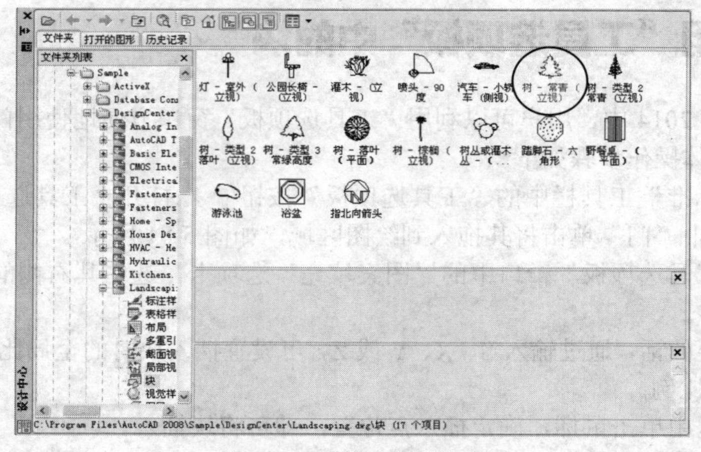

图 5-83　系统自带的块库

③ 在“设计中心”面板中双击 Landscaping.dwg 文件，如图 5-84 所示，展开其内容列表，然后单击其中的“块”，单击选中“树”，并将其拖入到当前视图中，结果如图 5-85 所示。

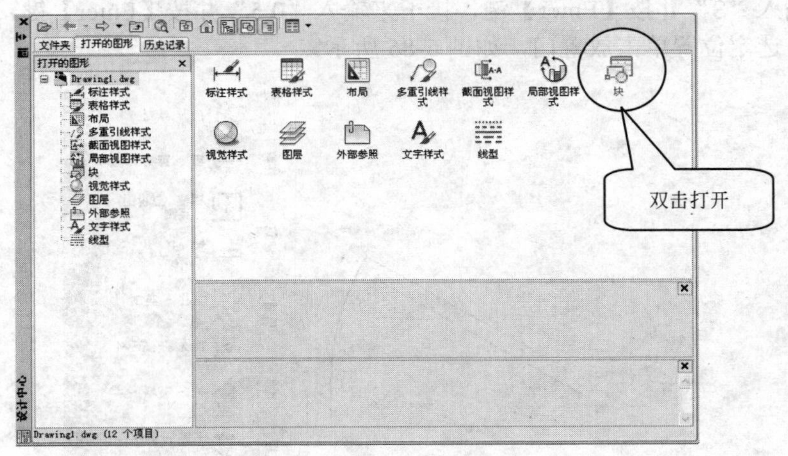

图 5-84　选择块库中的块

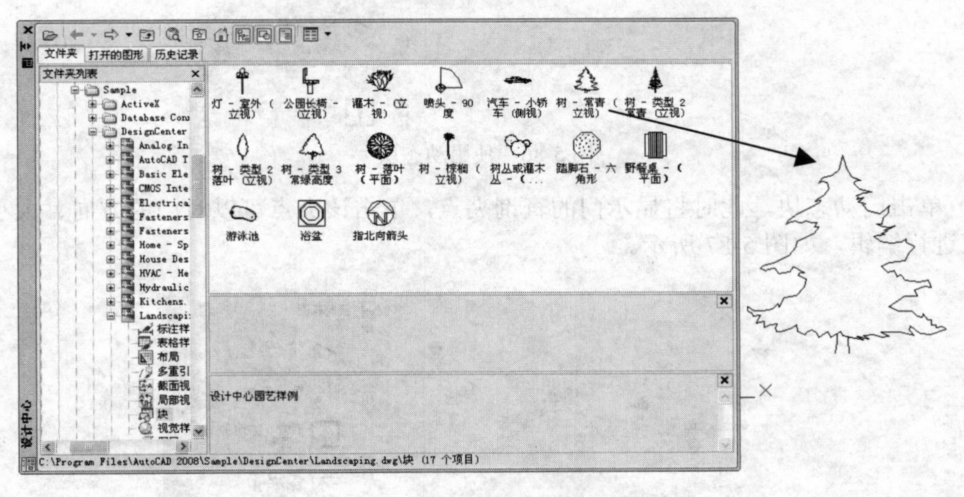

图 5-85　选择所需要的块

学习提示：用户可以利用“设计中心”窗口左窗格打开任意文件中任意 AutoCAD 图形文件，从而使用其中定义的块。

5.17　使用动态块

以前要定义各种规格的门、窗等构件，我们必须创建多个图块。在 AutoCAD 中，利用动态块功能，用户能够直接利用块夹点快速编辑块图形外观。

所谓动态块，实际上就是定义了参数及其关联动作的块。它的主要特点有两个：一是一个动态块相当于集成了一组块，用户可以直接通过选择某个参数快速改变块的外观；二是用户可直接利用块夹点编辑块内容，而无需像编辑普通块那样，只有先炸开块，然后才能编辑其内容。在 AutoCAD 的工具选项板中，系统提供的块基本上都是动态块。下面我们就来看看几个动态块的特点。

① 单击工具选项板中“建筑”选项卡中的门。

② 输入“S”并按【Enter】键，接下来输入“0.5”并按【Enter】键，将块缩小1倍。

③ 在选定位置单击放置门，如图5-86所示。

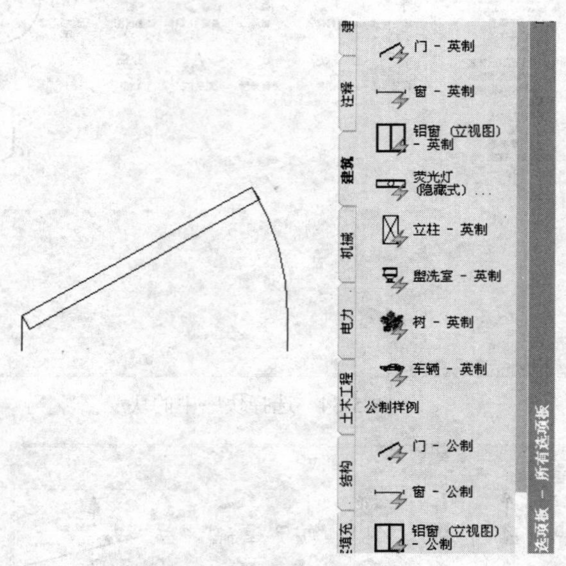

图5-86 使用动态块

④ 单击门动态块，此时将显示门的查询夹点，单击该夹点可以对门的方向、大小、旋转角度进行编辑，如图5-87所示。

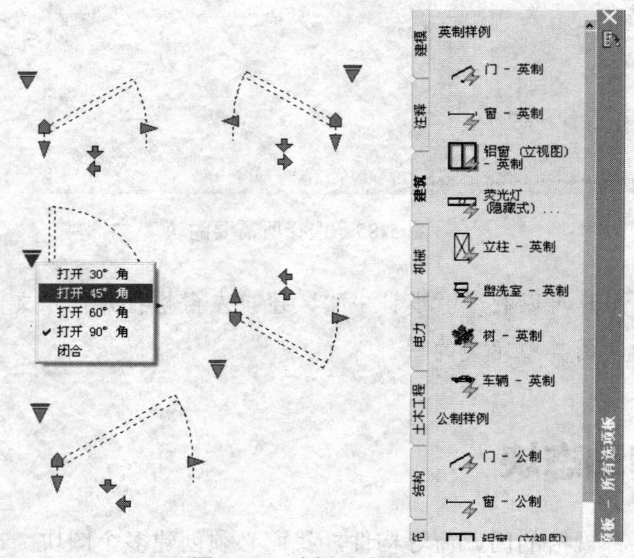

图5-87 编辑动态块

思考题

1. 指定点的方式有几种?有几种方法可以精确输入点的坐标?
2. 多段线与一般线段有什么区别?

3．绘制带有线宽的直线有哪几种方法?

4．用 AutoCAD 绘图过程中，对圆、圆弧、椭圆、椭圆弧一类图形对象的显示效果如何进行控制，使它们在绘图窗口中显示的图形变得更光滑?

5．什么是块？它的主要作用是什么?

6．创建一个图块的操作步骤是什么?

7．什么是块的属性？如何创建带属性的图块?

8．图案填充的基本步骤是什么?

9．如何选择填充图案?

10．孤岛检测样式分为哪几种?

练习题

练习一

1．建立新的图形文件，绘图区域为 240mm×200mm。

2．绘制一个三角形，其中：AB 长为 100mm，BC 长为 80mm，AC 长为 60mm；绘制三角形 AB 边的高 CO。

3．绘制三角形 OAC 和 OBC 的内切圆，绘制三角形 ABC 的外接圆，完成后的图形如图 5-88 所示。

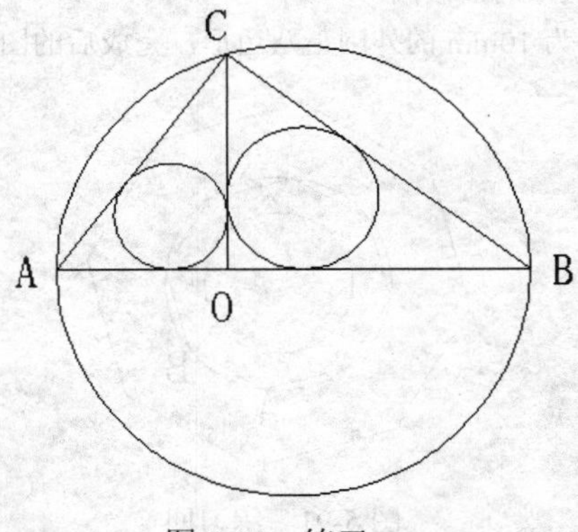

图 5-88　练习一

练习二

1．建立图形文件，绘图区域为 297mm×210mm。

2．绘制半径为 20mm、30mm 的两圆，其圆心在同一水平线上，距离为 80mm。

3．在大圆中绘制一个内切圆半径为 20mm 的正八边形，在小圆中绘制一个外接圆半径为 15mm 的正五边形。

4．绘制两圆的公切线和一条半径为 50mm 并与两圆相切的圆弧。

5．将图中的线宽变为 0.3mm。完成图形如 5-89 所示。

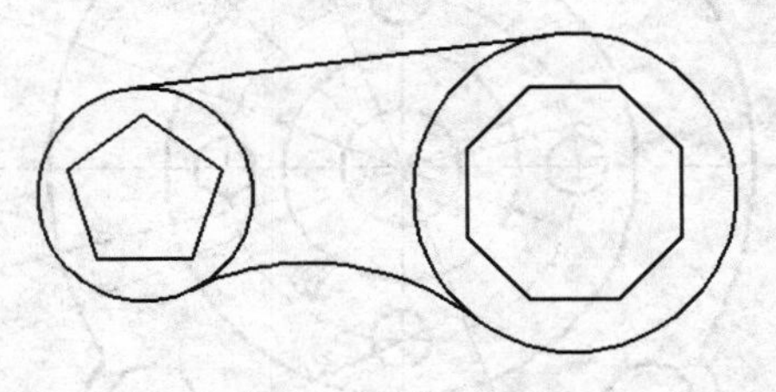

图 5-89　练习二

练习三

1．建立图形文件，绘图区域为 420mm×297mm。

2．绘制一个长度为 150mm 单位的水平线，并将线进行四等分。

3．绘制多段线，其中：线宽在B、C两点处最宽，宽度为10mm；A、D两点处线宽为0。完成后图形如图5-90所示。

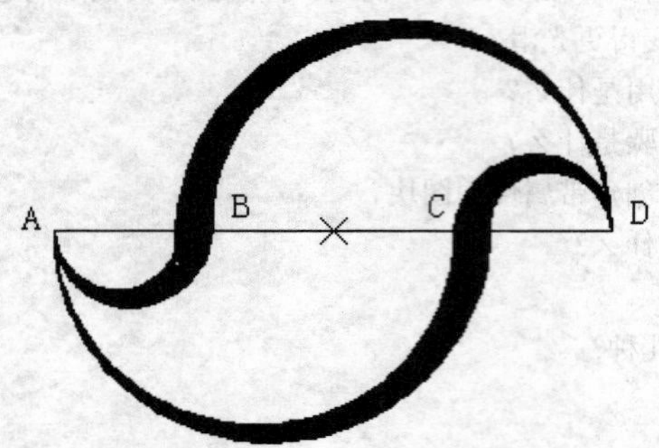

图5-90　练习三

练习四

1．建立图形文件，绘图区域为200mm×200mm。

2．绘制一个边长为20mm、AB边与水平线夹角为30°正八边形，绘制一个半径为10mm的圆，且圆心与正八边形同心，再绘制正八边形的外接圆。

3．绘制一个与正八边形相距为10mm的外围正八边形，完成后的图形如图5-91所示。

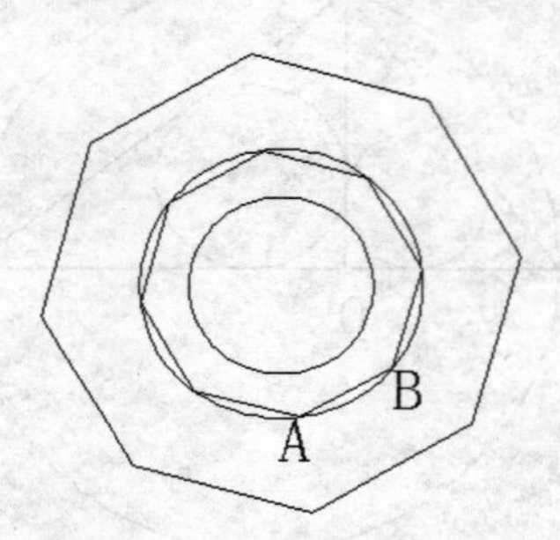

图5-91　练习四

练习五

1．建立合适的绘图区域，图形必须在设置的绘图区内。

2．设置合适的图层及属性，绘制如图5-92所示的图形。

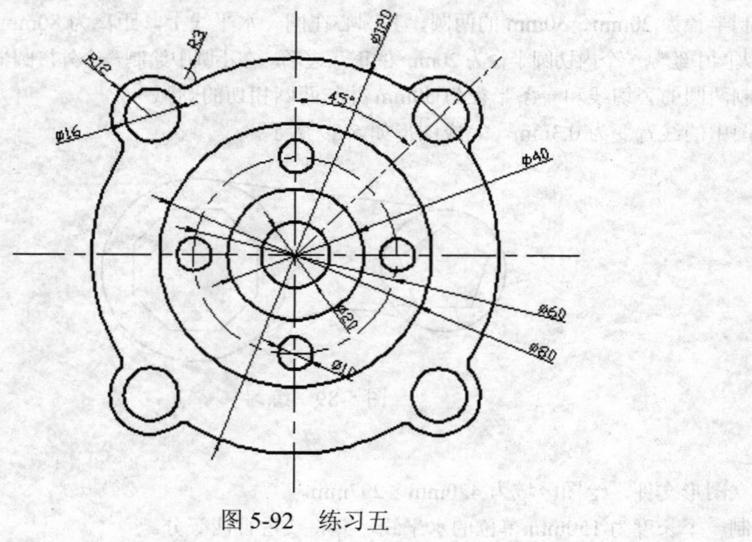

图5-92　练习五

练习六

1．建立合适的绘图区域，图形必须在设置的绘图区内。

2．设置合适的图层及属性，绘制如图 5-93 所示的图形。

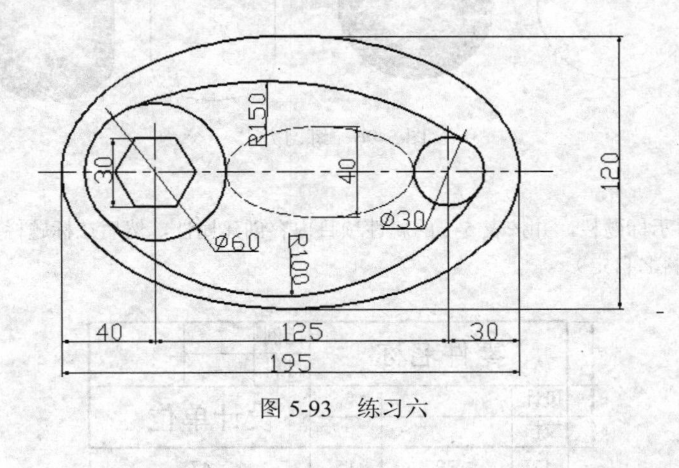

图 5-93　练习六

练习七

填充图形,填充颜色为黑,完成图形如图 5-94（b）所示。

图 5-94　练习七

练习八

1．建立图形文件,绘制如图 5-95（a）所示图形。

2．通过二维图形编辑，设置合适的填充比例，完成图形如图 5-95（b）所示。

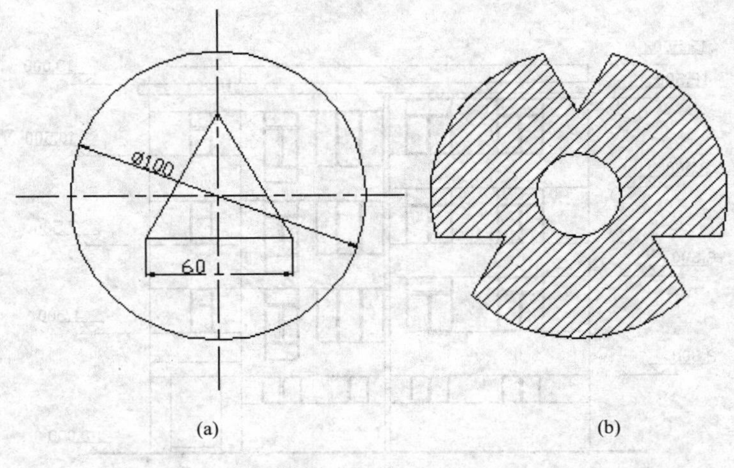

图 5-95　练习八

练习九

选择适当的“渐变色填充”方案，把图 5-96 所示的圆和圆柱进行填充。

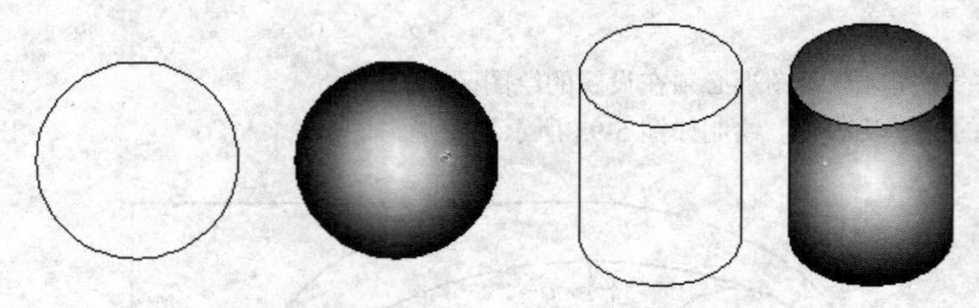

图 5-96　练习九

练习十

绘制如图 5-97 所示标题栏，并按表 5-1 的属性项目内容创建属性，然后在标题栏中填写相应的属性信息（姓名、比例、材料名自定）

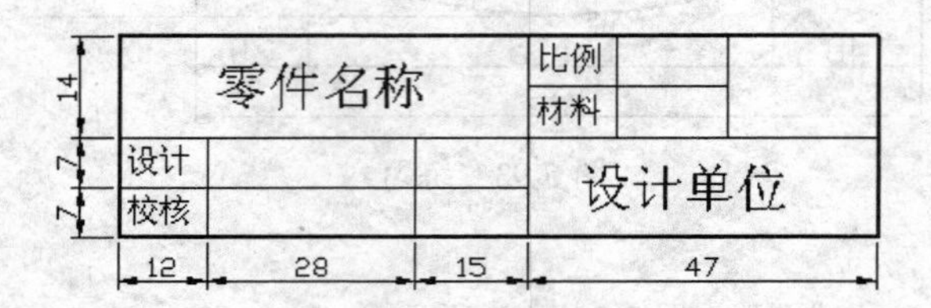

图 5-97　标题栏

表 5-1　标题属性项目包含的内容

项目	属性标记名	属性提示	属性值
属性 1	设计	设计人员姓名	填写姓名
属性 2	校核	校核人员姓名	填写姓名
属性 3	比例	绘图比例	填写比例
属性 4	材料	零件材料	填写材料名

练习十一

绘制如图 5-98 所示的简易建筑立面图，将图中的标高以块的形式插入。

图 5-98　建筑立面图

第6章 AutoCAD 2014建筑绘图常用编辑命令

本章提要

本章是在基本二维绘图的基础上，对基本二维图形进行编辑，以获得所需要的图形。通过本章的学习，读者可以熟练掌握图形的编辑命令，快速完成一些复杂的工程图样。本章将重点介绍对象的选择方式、复制对象、调整对象位置、调整对象的形状、编辑对象、利用夹点进行对象编辑等知识。

通过本章学习，应达到如下基本要求。

① 掌握选择对象的方法，能运用夹点进行对象编辑。
② 掌握各种二维编辑命令的使用，掌握各种命令的应用技巧。
③ 能运用所学的知识快速完成一些复杂图形的编辑。

6.1 选择对象

对已有的图形进行编辑，AutoCAD 提供了两种不同的编辑顺序。

① 先下达编辑命令，再选择对象。
② 先选择对象，再下达编辑命令。

不论采用何种方式，在二维图形的编辑过程中，需要进行选择图形对象的操作，AutoCAD为用户提供了多种选择对象的方式。对于不同图形、不同位置的对象可使用不同的选择方式，这样可提高绘图的工作效率。所以本章首先介绍对象的选择方式，然后介绍不同的编辑方法和技巧。

6.1.1 选择对象的方式

在 AutoCAD 2014 中提供了多种选择对象的方法，在通常情况下，用户可通过鼠标逐个点取被编辑的对象，也可以利用矩形窗口、交叉矩形窗口选取对象，同时可以利用多边形窗口、交叉多边形窗口等方法选取对象。

（1）选择单个对象。选择单个对象的方法叫作点选。由于只能选择一个图形元素，所以又叫单选方式。

- 使用光标直接选择：用十字光标直接单击图形对象，被选中的对象将以带有夹点的虚线显示，如图 6-1 所示，选择一条直线和一个圆；如果需要选择多个图形对象，可以继续单击需要选择的图形对象。

- 使用工具选择：这种选择对象的方法是在启用某个编辑命令的基础上，例如：选择“复制”命令，十字光标变成一个小方框，这个小方框叫“拾取框”。在命令行出现“选择对象：”时，用“拾取框”单击所要选择的对象即可将其选中，被选中的对象以虚线显示，如图 6-2 所示。如果需要连续选择多个图形元素，可以继续单击需要选择的图形。

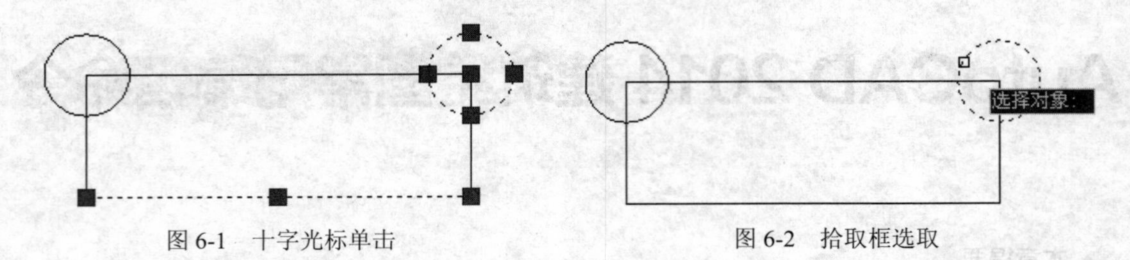

图 6-1　十字光标单击　　　图 6-2　拾取框选取

（2）利用矩形窗口选择对象。如果用户需要选择多个对象时，应该使用矩形窗口选择对象。在需要选择多个图形对象的左上角或左下角单击，并向右下角或右上角方向移动鼠标，系统将显示一个紫色的矩形框，当矩形框将需要选择的图形对象包围后，单击鼠标，包围在矩形框中的所有对象就被选中。如图 6-3 所示，选中的对象以虚线显示。

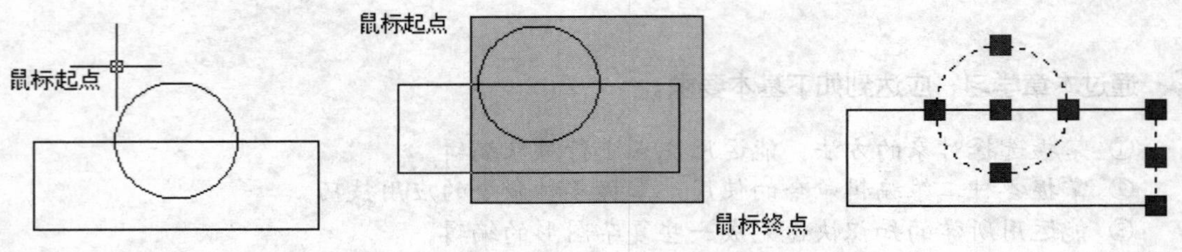

图 6-3　矩形窗口选择对象

（3）利用交叉矩形窗口选择对象。在需要选择的对象右上角或右下角单击，并向左下角或左上角方向移动鼠标，系统将显示一个绿色的矩形虚线框，当虚线框将需要选择的图形对象包围后，单击鼠标，虚线框包围和相交的所有对象就被选中。如图 6-4 所示，被选中的对象以虚线显示。

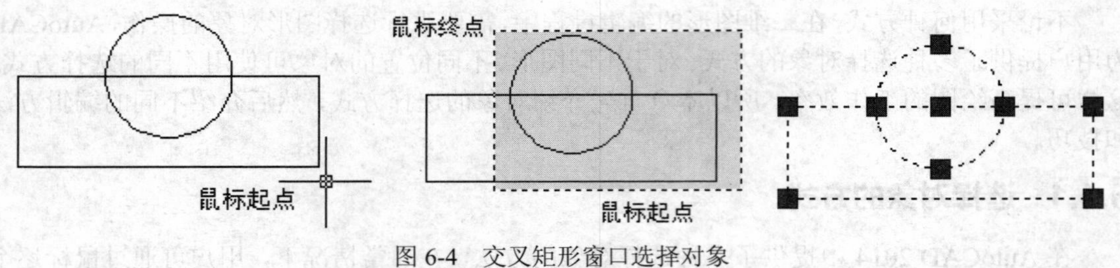

图 6-4　交叉矩形窗口选择对象

经验之谈：利用矩形窗口选择对象时，与矩形框边线相交的对象将不被选中；而利用交叉矩形窗口选择对象时，与矩形虚线框边线相交的对象将被选中。

（4）利用多边形窗口选择对象。在绘图过程中，当命令行提示“选择对象”时，在命令行输入“WP”，按【Enter】键，则用户可以通过绘制一个封闭多边形来选择对象，凡是包围在多边形内的对象都将被选中。

（5）利用交叉多边形窗口选择对象。在绘图过程中，当命令行提示“选择对象”时，在命令行输入“CP”，按【Enter】键，则用户可以通过绘制一个封闭多边形来选择对象，凡是包围在多边形内以及与多边形相交的对象都将被选中。

（6）利用折线选择对象。在绘图过程中，当命令行提示“选择对象”时，在命令行输入“F”，按【Enter】键，则用户可以连续选择单击以绘制折线，此时折线以虚线显示，折线绘制完成后按【Enter】键，此时所有与折线相交的图形对象都将被选中。

（7）选择最后创建的图形。在绘图过程中，当命令行提示“选择对象”时，在命令行输入“L”，按【Enter】键，则用户可以选择最后建立的对象。

6.1.2 选择全部对象

在绘图过程中，如果用户需要选择整个图形对象，可以利用以下三种方法。

- 选择【编辑】→【全部选择】菜单命令。
- 按键盘上【Ctrl+A】键。
- 使用编辑工具时，当命令行提示“选择对象：”时，输入“ALL”，并按【Enter】键。

6.1.3 快速选择对象

在绘图过程中，使用快速选择功能，可以快速将指定类型的对象或具有指定属性值的对象选中，启用“快速选择”命令有以下三种方法。

- 选择【工具】→【快速选择】菜单命令。
- 使用光标菜单，在绘图窗口内右击鼠标，并在弹出的光标菜单中选择【快速选择】选项。
- 输入命令：Qselect。

当启用“快速选择”命令后，系统弹出如图 6-5 所示“快速选择”对话框，通过该对话框可以快速选择所需的图形元素。

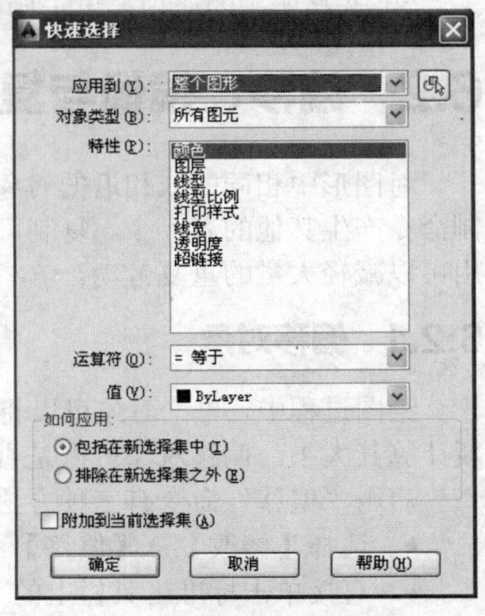

图 6-5 “快速选择”对话框

6.1.4 取消选择

要取消所选择的对象，有两种方法。

- 按键盘上的【ESC】键。
- 在绘图窗口内鼠标右击，在光标菜单中选择【全部不选】命令。

6.1.5 设置选择方式

用户在绘图过程中，往往有些设置不符合自己的绘图要求，这时就要重新进行设置。下面介绍在选项对话框中设置选择的常用方法。操作步骤如下。

① 选择【工具】→【选项】菜单命令，或者在绘图区域右击鼠标，在弹出的快捷菜单中选择【选项】对话框，单击【选择】选项卡，如图 6-6 所示。

② 在对话框中可以对选择的一些具体项目进行设置。例如：在“拾取点大小”选项组中可以通过拖动滑块来设置拾取点在绘图区域内显示状态的大小。

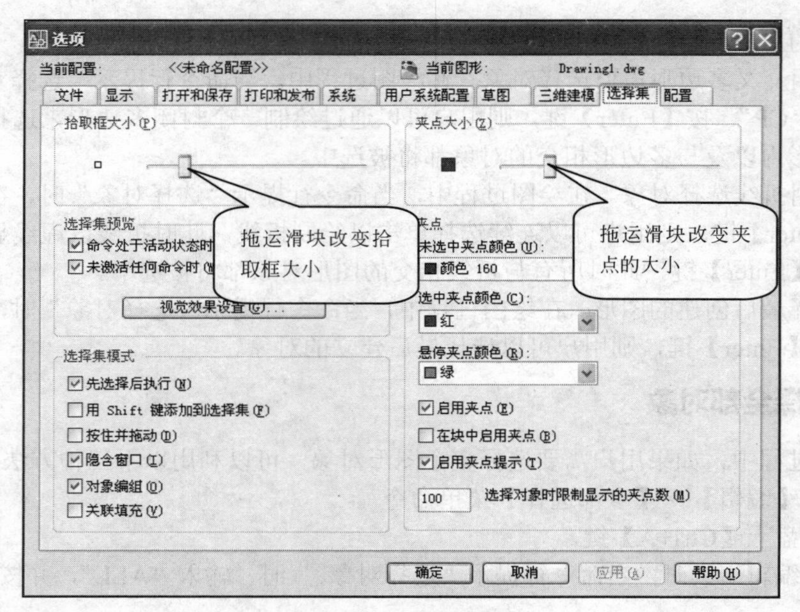

图 6-6 设置选择

③ 选择所需的选项，单击确定按钮，就可以完成选择方式的设置。

6.2 偏移、镜像与复制对象

对图形中相同的或相近的对象，不论其复杂程度如何，只要完成一个后，便可以通过复制命令产生其他的若干个。复制可由偏移、镜像、复制、阵列共同组成，通过复制命令的使用可以减轻大量的重复劳动。

6.2.1 偏移对象

绘图过程中，单一对象可以将其偏移，从而产生复制的对象。偏移时根据偏移距离会重新计算其大小。偏移对象可以是直线、曲线、圆、封闭图形等。

启用“偏移”命令有三种方法。

- 选择【修改】→【偏移】菜单命令。
- 直接单击标准工具栏上的“偏移”按钮。
- 输入命令：Offset。

【例 6-1】将图 6-7 所示的直线、圆、矩形分别向内偏移 10 个单位。

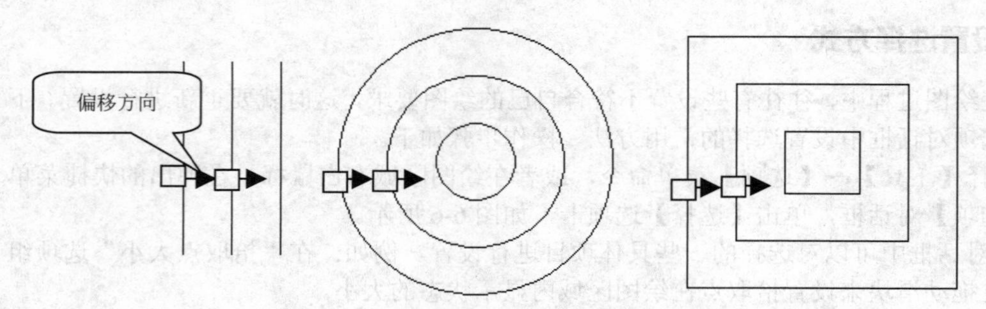

图 6-7 偏移图例

经验之谈：偏移时一次只能偏移一个对象，如果想要偏移多条线段可以将其转为多段线来进行偏移。偏移常应用于根据尺寸绘制的规则图样中，主要是相互平行的直线间相互复制。偏移命令比复制命令要求键入的数值少，使用比较方便，常用于标题栏的绘制。

6.2.2 镜像对象

对于对称的图形，可以只绘制一半或是四分之一，然后采用镜像命令产生对称的部分。启用“镜像”命令有三种方法。

- 选择【修改】→【镜像】菜单命令。
- 直接单击标准工具栏上的“镜像”按钮。
- 输入命令：Mirror。

【例 6-2】将图 6-8（a）所示图形通过镜像，变成图 6-8（b）所示图形。

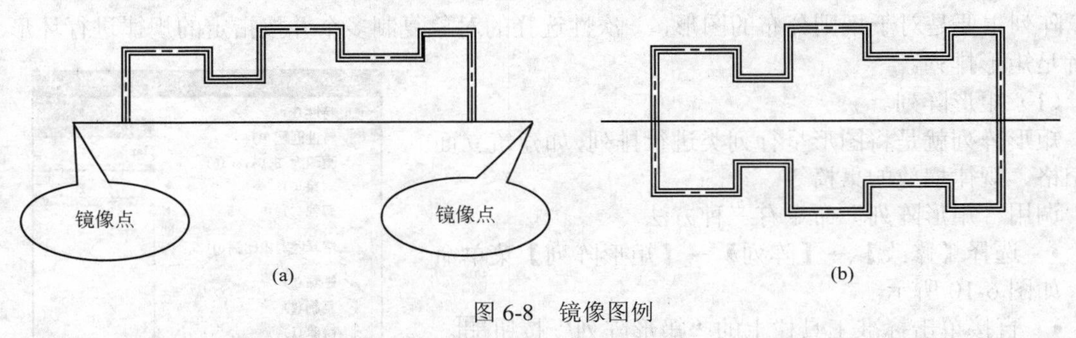

图 6-8 镜像图例

经验之谈：该命令一般用于对称的图形，可以只绘制其中的一半甚至是四分之一，然后采用镜像命令产生对称的部分。而对于文字的镜像，要通过 MIRRTEXT 变量来控制是否使文字和其他的对象一样被镜像。如果为 0，则文字不作镜像处理。如果为 1（缺省设置），则文字和其他的对象一样被镜像。

6.2.3 复制对象

对图形中相同的或相近的对象，不论其复杂程度如何，只要完成一个后，便可以通过复制命令产生其他的若干个。

启用“复制”命令有三种方法。

- 选择【修改】→【复制】菜单命令。
- 直接单击标准工具栏上的“复制”按钮。
- 输入命令：Copy。

【例 6-3】将图 6-9（a）所示图形，通过复制绘制成图 6-9（b）所示图形。

经验之谈：复制对象过程中，在确定位移时应充分利用对象捕捉、栅格等精确绘图的辅助工具。在绝大多数的编辑命令中都应该使用辅助工具来精确绘图。

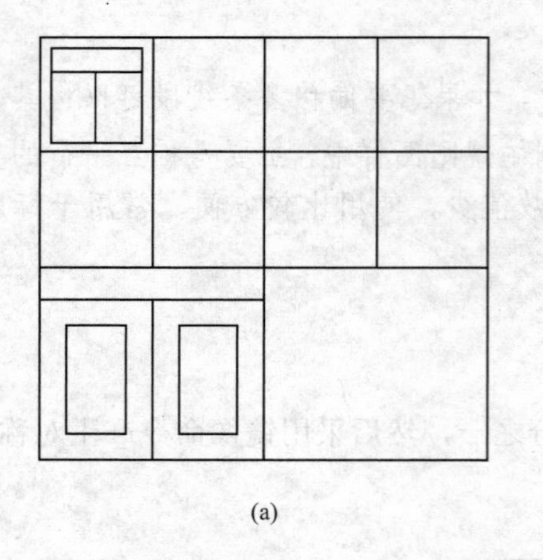

(a)

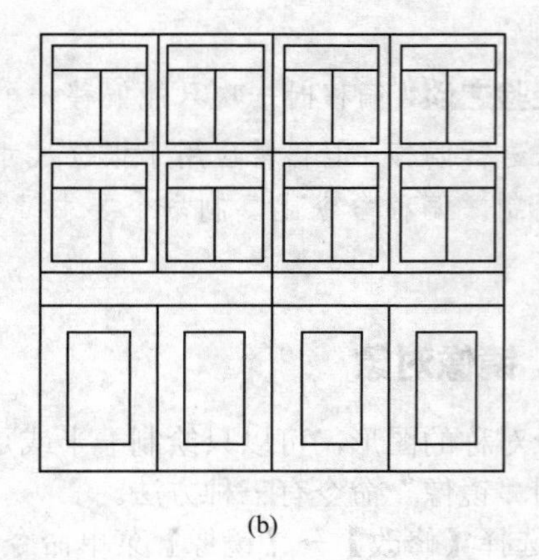

(b)

图 6-9　复制图例

6.2.4　阵列

阵列主要是对于规则分布的图形，一次性选择的对象复制多个并按指定的规律进行环形或者是矩形排列。

(1）矩形阵列。

矩形阵列就是将图形呈行列类进行排列，如建筑立面的空格、规律摆放的桌椅等。

调用“矩形阵列”命令有三种方法。

- 选择【修改】→【阵列】→【矩形阵列】菜单命令，如图 6-10 所示。
- 直接单击标准工具栏上的“矩形阵列”按钮。
- 输入命令：Array/AR。

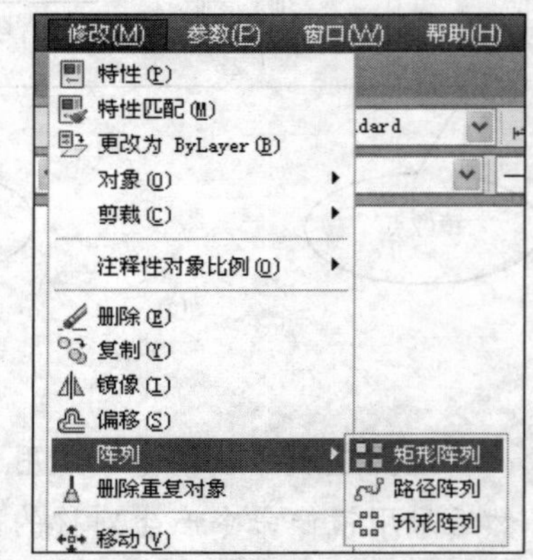

图 6-10　菜单栏调用“矩形阵列”命令

使用矩形阵列需要设置的参数有：阵列的源对象、行和列的数目、行距和列距。行和列的数目决定了需要复制的图形对象有多少个。

启用“矩形阵列”命令后，命令行提示如下。

```
命令: array                                                    // 按【Enter】
选择对象: 找到 1 个                                             // 选择阵列象
选择对象:
输入阵列类型 [矩形(R)/路径(PA)/极轴(PO)] <路径>: r              //选择矩形
类型 = 矩形  关联 = 是
选择夹点以编辑阵列或 [关联(AS)/基点(B)/计数(COU)/间距(S)/列数(COL)/行数(R)/层数(L)/退出(X)] <退出>:
```

命令行主要选项介绍如下。

- 关联：指定阵列中的对象是关联的还是独立的。
- 基点：定义阵列基点和基点夹点位置。
- 计数：指定行数和列数，并使用户在移动光标时，可以动态观察阵列结果。
- 间距：指定行间距和列间距，并使用户在移动光标时，可以动态观察结果。
- 列数：编辑列数和列间距。
- 行数：指定阵列中的行数、它们之间的距离以及行之间的增量标高。

- 层数：指定三维阵列的层数和层间距。

通过夹点和动态输入可进行矩形阵列的变化，如图 6-11 所示。

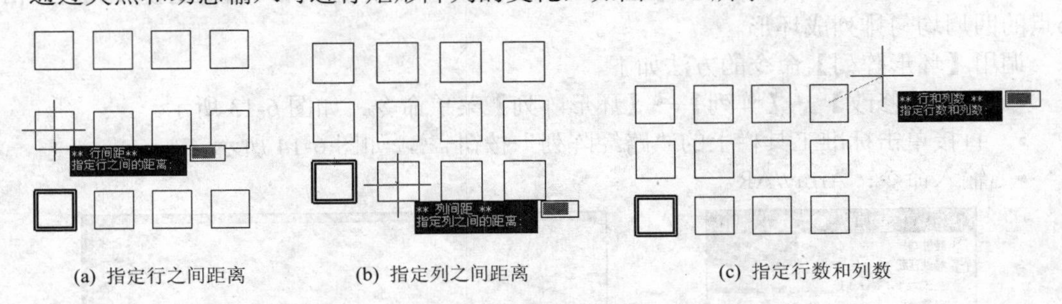

(a) 指定行之间距离　　(b) 指定列之间距离　　(c) 指定行数和列数

图 6-11　矩形阵列

（2）路径阵列。

路径阵列可沿曲线阵列复制图形，通过设置不同的基点，能得到不同的阵列结果。

调用【路径阵列】命令的方法如下。

- 选择【修改】→【阵列】→【路经阵列】菜单命令。
- 直接单击标准工具栏上的“路经阵列”按钮。
- 输入命令：Array/PR。

启用“路径阵列”命令后，命令行提示如下。

```
命令: _arraypath                       //按路径阵列命令，按【Enter】键
选择对象: 找到 1 个                    //选择阵列象
选择对象:
类型 = 路径  关联 = 是
选择路径曲线:
选择夹点以编辑阵列或 [关联(AS)/方法(M)/基点(B)/切向(T)/项目(I)/行(R)/层(L)/对齐项目(A)/Z 方向(Z)/退出(X)] <退出>:
```

命令行主要选项介绍如下。

- 关联：指定是否创建对象，或者是否创建选定对象的非关联副本。
- 方法：控制如何沿路径分布项目。
- 基点：定义阵列基点和基点。路径阵列中的项目相对于基点放置。
- 切向：指定阵列中的项目如何相对于路径的起始方向对齐。
- 项目：根据“方法”设置，指定项目数或项目之间的距离。
- 行：指定阵列中的行数、它们之间的距离以及行之间的增量标高。
- 层：指定三维阵列的层数和层间距。
- 对齐项目：指定是否对齐每个项目以与路径的方向相切。对齐相对于第一个项目的方向。
- Z 方向：控制是否保持项目的原始 Z 方向或沿三维路径自然倾斜项目。

通过夹点和动态输入可进行路径阵列的变化，如图 6-12 所示。

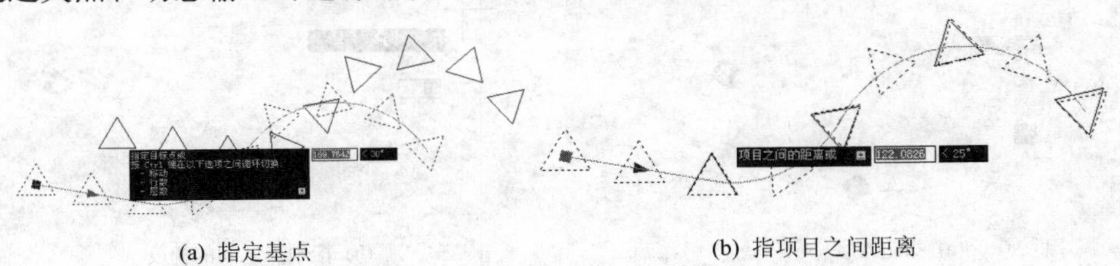

(a) 指定基点　　(b) 指项目之间距离

图 6-12　路径阵列

（3）极轴阵列。

极轴阵列即环形阵形，是以某一点为中心点进行环形复制，阵列结果是使阵列对象沿中心点的四周均匀排列成环形。

调用【环形阵列】命令的方法如下。

- 选择【修改】→【阵列】→【环形阵列】菜单命令，如图 6-13 所示。
- 直接单击标准工具栏上的“路经阵列”按钮，如图 6-14 所示。
- 输入命令：Array/AR。

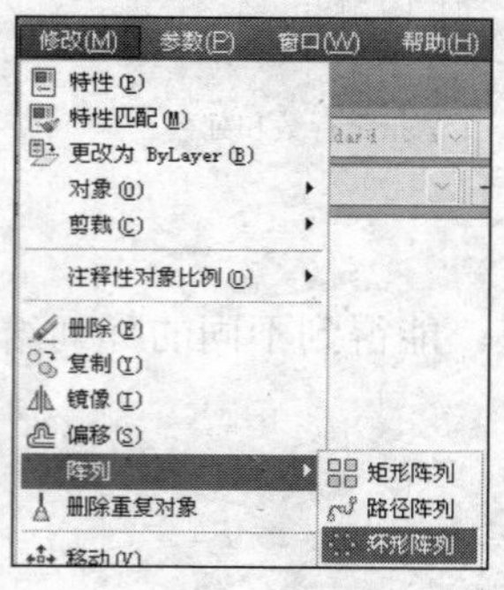

图 6-13　菜单调入命令

图 6-14　工具栏调入命令

启用“环形阵列”命令后，命令行提示如下。

命令：_arraypolar　　//启用环形阵列命令，按【Enter】键
选择对象：找到 1 个　　//选择阵列象
选择对象：
类型 = 极轴　关联 = 是
指定阵列的中心点或 [基点(B)/旋转轴(A)]：
选择夹点以编辑阵列或 [关联(AS)/基点(B)/项目(I)/项目间角度(A)/填充角度(F)/行(ROW)/层(L)/旋转项目(ROT)/退出(X)] <退出>:

命令行主要选项介绍如下。

- 基点：指定阵列的基点。
- 项目间角度：每个对象环形阵列后相隔的角度。
- 填充角度：对象环形阵列的总角度。
- 旋转项目：控制在阵列项时是否转项。

通过夹点和动态输入可进行环形阵列的变化，如图 6-15 所示。

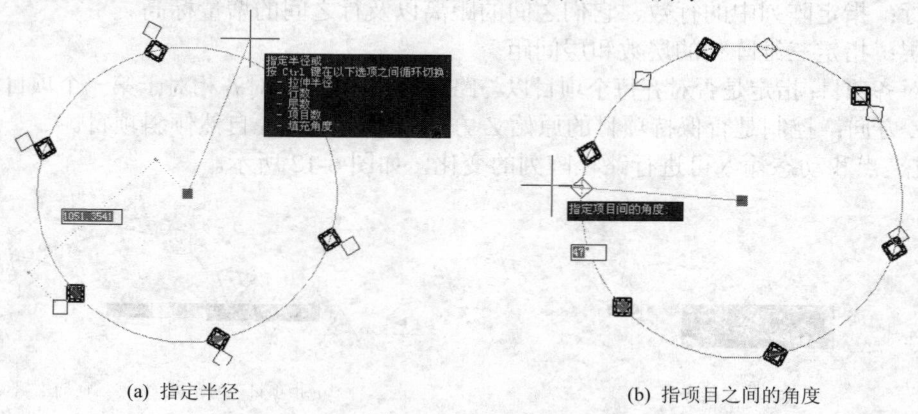

(a) 指定半径　　(b) 指项目之间的角度

图 6-15　环形阵列

6.3 调整对象

6.3.1 移动对象

移动命令可以将一组或一个对象从一个位置移动到另一个位置。

启用“移动”命令有三种方法。

- 选择【修改】→【移动】菜单命令。
- 直接单击标准工具栏上的“移动”按钮。
- 输入命令：M(Move)。

【例 6-4】将图 6-16 所示的两棵树，分别从 A、B 点移动到 C、D 点。

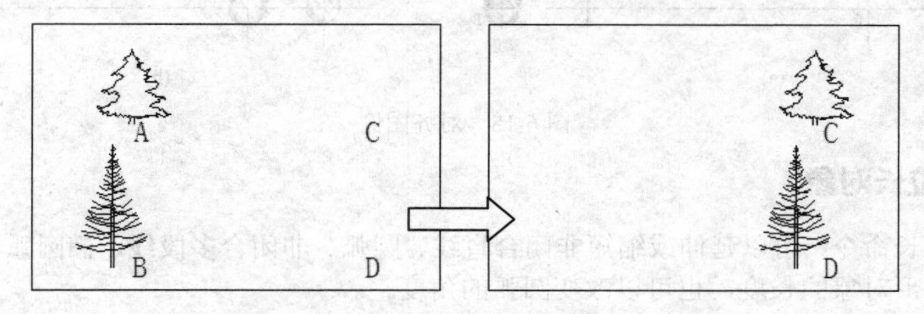

图 6-16 移动图例

经验之谈：移动和复制需要进行的操作基本相同，但结果不同。复制在原位置保留了原对象，而移动在原位置并不保留原对象。绘图过程中，应该充分采用对象捕捉等辅助绘图手段进行精确移动对象。

6.3.2 旋转对象

旋转命令可以将某一个对象旋转一个指定角度或参照一个对象进行旋转。

启用“旋转”命令有三种方法。

- 选择【修改】→【旋转】菜单命令
- 直接单击标准工具栏上的“旋转”按钮
- 输入命令：RO(Rotate)

【例 6-5】将图 6-17（a）所示图形，通过旋转命令变为图 6-17（c）所示图形。

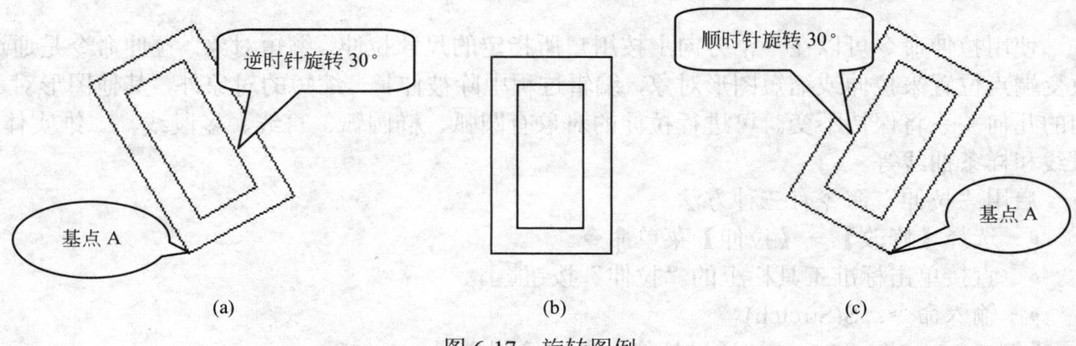

图 6-17 旋转图例

6.3.3 对齐对象

使用“对齐”命令，可以将对象移动、旋转或是按比例缩放，使之与指定的对象对齐。启用“对齐”命令有两种方法。

- 选择【修改】→【三维操作】→【对齐】菜单命令。
- 输入命令：Aling。

【**例 6-6**】将图 6-18（a）所示的图形 AB 位置，通过对齐命令变成 CD 位置。

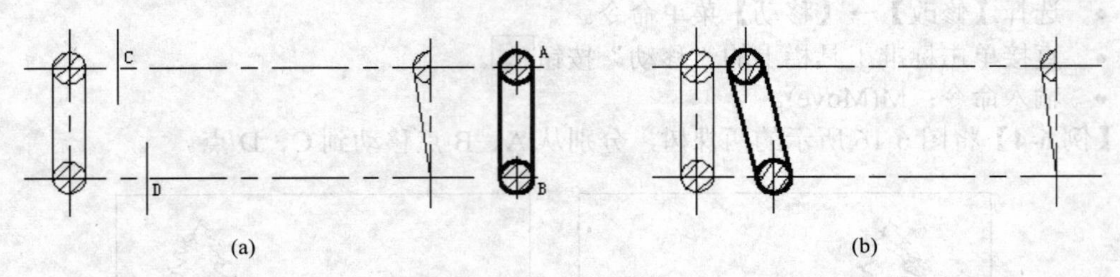

图 6-18　对齐图例

6.3.4 拉长对象

使用拉长命令，可以延伸或缩短非闭合直线、圆弧、非闭合多段线、椭圆弧、非闭合样条曲线等图形对象的长度，也可以改变圆弧的角度。

启用“拉长”命令有两种方法。

- 选择【修改】→【拉长】菜单命令。
- 输入命令：Len(Lengthen)。

【**例 6-7**】将图 6-19（a）所示的圆的中心线 AB、CD 分别拉长至图 6-19（c）所示位置。

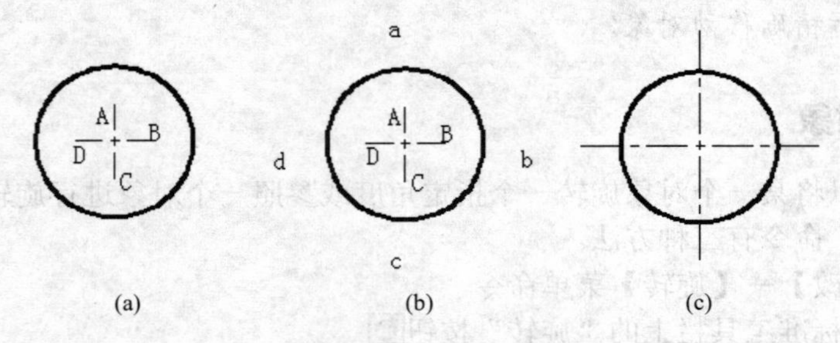

图 6-19　拉长图例

6.3.5 拉伸对象

使用拉伸命令可以在一个方向上按用户所指定的尺寸拉伸、缩短对象。拉伸命令是通过改变端点位置来拉伸或缩短图形对象，编辑过程中除被伸长、缩短的对象外，其他图形对象间的几何关系将保持不变。可进行拉伸的对象有圆弧、椭圆弧、直线、多段线、二维实体、射线和样条曲线等。

启用“拉伸”命令有三种方法。

- 选择【修改】→【拉伸】菜单命令。
- 直接单击标准工具栏上的“拉伸”按钮。
- 输入命令：S(Stretch)。

【**例 6-8**】将图 6-20（a）通过拉伸命令，绘制成图 6-20（b）。

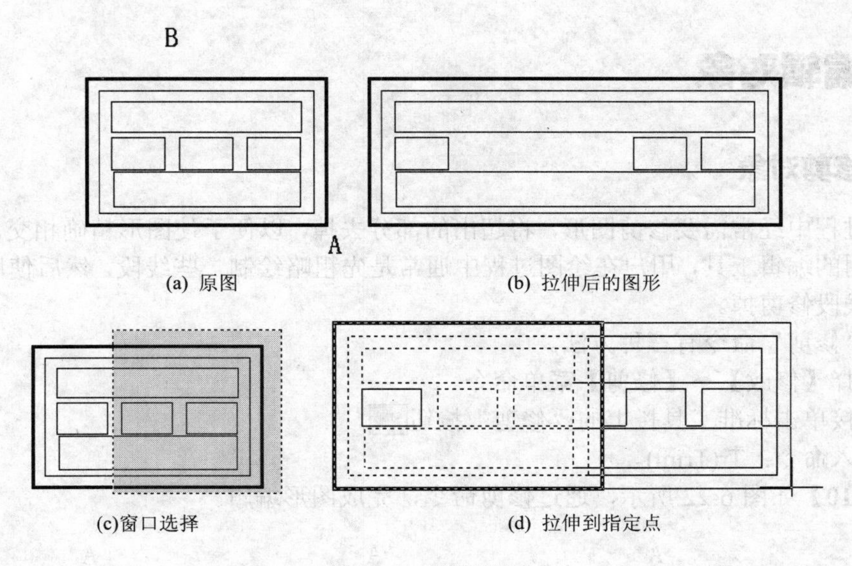

图 6-20 拉伸图例

经验之谈：拉伸一般只能采用交叉窗口或多边形窗口的方式来选择对象，可以采用 Remove 方式取消不需拉伸的对象。其中比较重要的是，必须选择好端点是否应该包含在被选择的窗口中。如果端点被包含在窗口中，则该点会同时被移动，否则该端点不会被移动。

6.3.6 缩放对象

缩放命令可以根据用户的需要将对象按指定比例因子相对于基点放大或缩小，该命令的使用是真正改变了原来图形的大小，是用户在绘图过程中经常用到的命令。

启用“缩放”命令有三种方法。

- 选择【修改】→【缩放】菜单命令。
- 直接单击标准工具栏上的“缩放”按钮。
- 输入命令：Sc(Scale)。

【例 6-9】如图 6-21 所示，通过缩放命令，把原图各放大和缩小一倍。

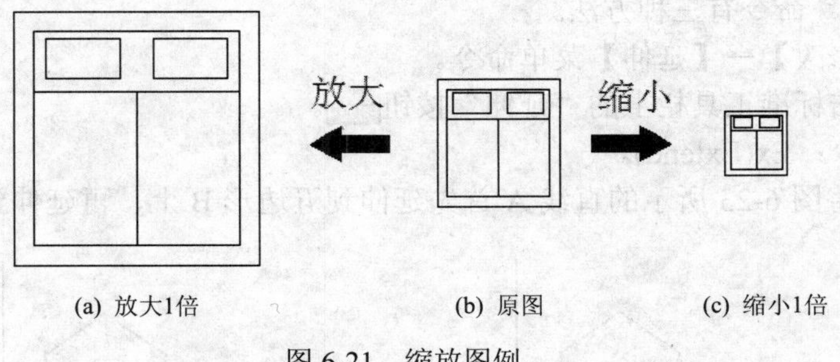

图 6-21 缩放图例

经验之谈：比例缩放是真正改变了原来图形的大小，和视图显示中的 ZOOM 命令缩放有本质区别，ZOOM 命令仅仅改变在屏幕上的显示大小，图形本身尺寸无任何大小变化。

6.4 编辑对象

6.4.1 修剪对象

绘图过程中经常需要修剪图形，将超出的部分去掉，以便于使图形精确相交。修剪命令是比较常用的编辑工具，用户在绘图过程中通常是先粗略绘制一些线段，然后使用修剪命令将多余的线段修剪掉。

启用“修剪”命令有三种方法。

- 选择【修改】→【修剪】菜单命令。
- 直接单击标准工具栏上的“修剪”按钮。
- 输入命令：Tr(Trim)。

【例 6-10】 如图 6-22 所示，通过修剪命令，完成图形编辑。

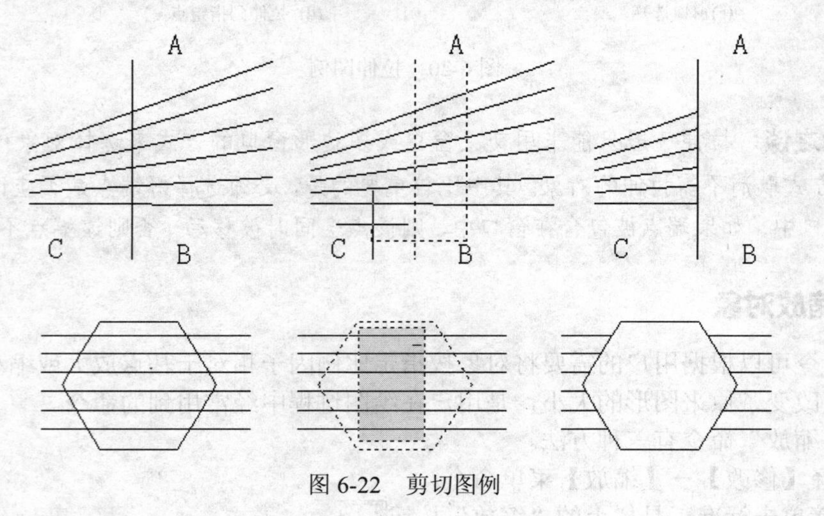

图 6-22 剪切图例

6.4.2 延伸对象

延伸是以指定的对象为边界，延伸某对象与之精确相交。

启用“延伸”命令有三种方法。

- 选择【修改】→【延伸】菜单命令。
- 直接单击标准工具栏上的“延伸”按钮。
- 输入命令：Ex(Extend)。

【例 6-11】 将图 6-23 所示的直线 A 首先延伸到五边形 B 上，再延伸到直线 C 上。

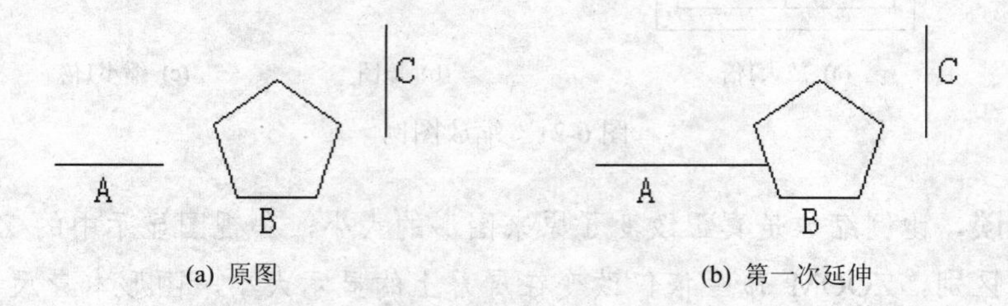

(a) 原图　　　　(b) 第一次延伸

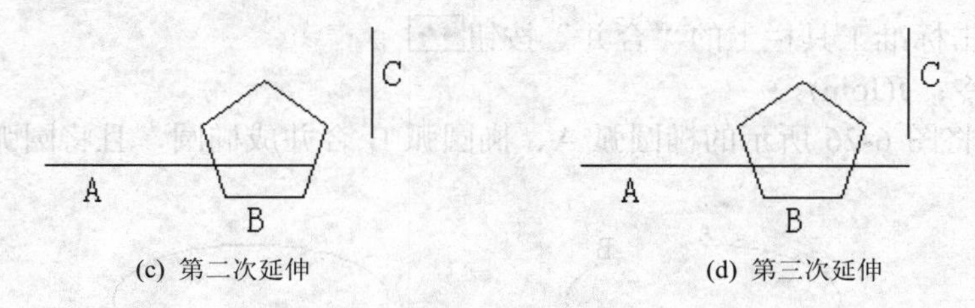

图 6-23 延伸图例

6.4.3 打断对象

打断命令可将某一对象一分为二或去掉其中一段减少其长度。AutoCAD 2014 提供了两种用于打断的命令："打断"和"打断于点"命令。可以进行打断操作的对象包括直线、圆、圆弧、多段线、椭圆、样条曲线等。

（1）"打断"命令。打断命令可将对象打断，并删除所选对象的一部分，从而将其分为两个部分。

启用"打断"命令有三种方法。

- 选择【修改】→【打断】菜单命令。
- 直接单击标准工具栏上的"打断"按钮。
- 输入命令：Br(Break)。

【例 6-12】将图 6-24 所示的圆和直线在指定位置 A 点 B 点，C 点 D 点打断。

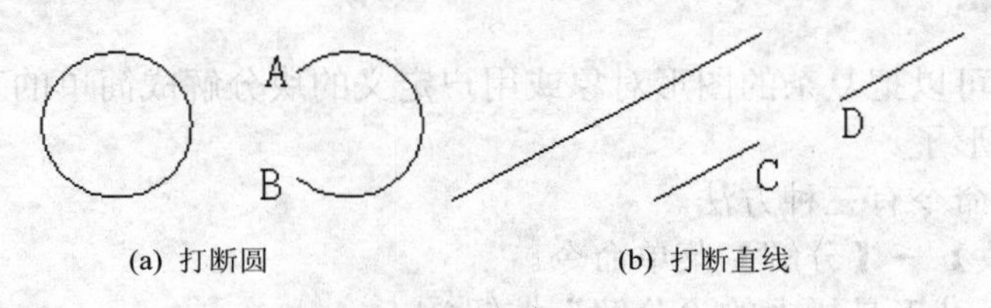

图 6-24 打断图例

（2）"打断于点"命令。"打断于点"命令用于打断所选的对象，使之成为两个对象，但不删除其中的部分。

启用"打断于点"命令的方法是直接单击标准工具栏上的"打断于点"按钮。

【例 6-13】将图 6-25 所示的圆弧在 A 点打断成两部分。

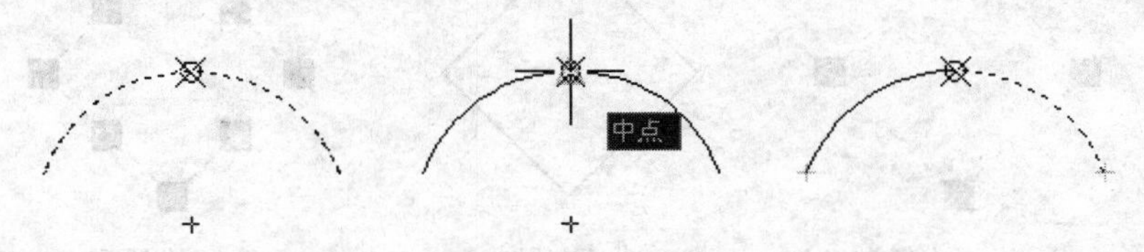

图 6-25 打断于点图例

6.4.4 合并对象

合并命令是 AutoCAD 2014 提供的新功能，利用它可以将直线、圆、椭圆和样条曲线等独立的线段合并为一个对象。

启用"合并"命令有三种方法。

- 选择【修改】→【合并】菜单命令。

- 直接单击标准工具栏上的“合并”按钮。
- 输入命令：J(Join)。

【例 6-14】将图 6-26 所示的椭圆弧 A、椭圆弧 B 合并成椭圆，且将圆弧 C、圆弧 D 进行合并。

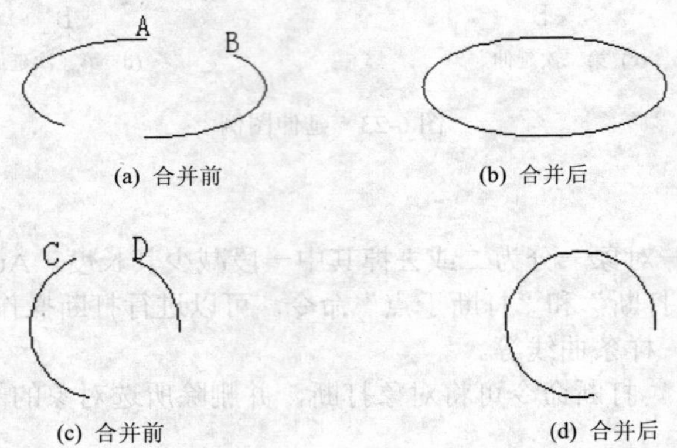

(a) 合并前 (b) 合并后

(c) 合并前 (d) 合并后

图 6-26 合并图例

经验之谈：选择圆弧时应注意先后顺序，圆弧合并是按照逆时针方向合并的。

6.4.5 分解对象

使用分解命令可以把复杂的图形对象或用户定义的块分解成简单的基本图形对象，这样就可以进行编辑图形了。

启用“分解”命令有三种方法。

- 选择【修改】→【分解】菜单命令。
- 直接单击标准工具栏上的“分解”按钮。
- 输入命令：Explode。

启用“分解”命令后，根据命令行提示，选择对象，然后按【Enter】键，整体图形就被分解。

【例 6-15】将图 6-27 所示的四边形进行分解。

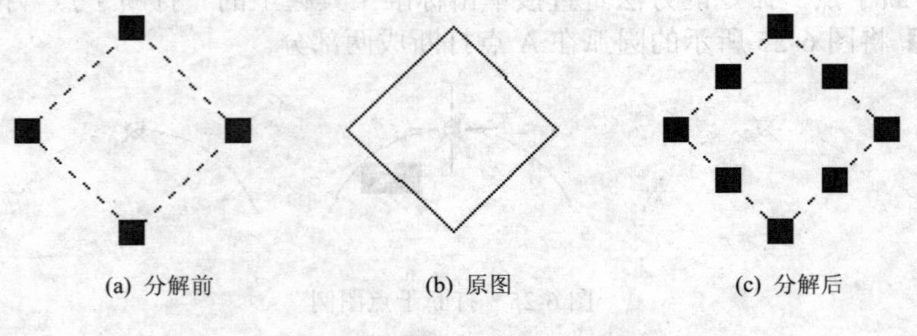
(a) 分解前 (b) 原图 (c) 分解后

图 6-27 分解图例

6.4.6 删除对象

删除命令的作用是将图形中的没有用的图形对象删除掉。删除命令是最常用的命令之一。

启用“删除”命令有三种方法。

- 选择【修改】→【删除】菜单命令。

- 直接单击标准工具栏上的“删除”按钮。
- 输入命令：ERASE。

启用“删除”命令后，根据命令行提示，选择对象，然后按【Enter】键，选中的图形就被删除。

【例 6-16】将图 6-28 所示图形中的圆删除。

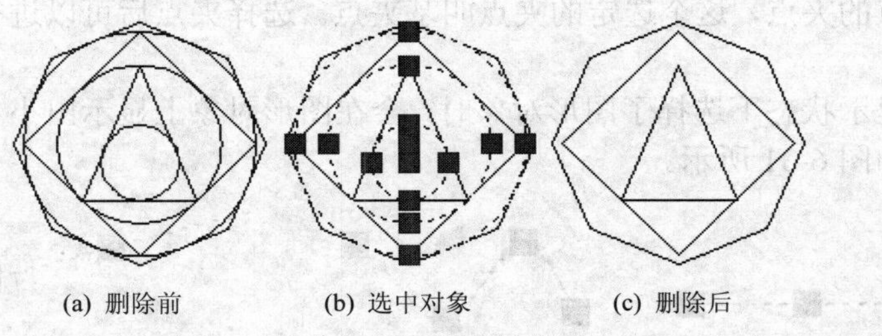

图 6-28　删除图例

6.4.7 倒圆角

通过倒圆角可将两个图形对象之间绘制成光滑的过渡圆弧线。

启用“倒圆角”命令有三种方法。

- 选择【修改】→【倒圆角】菜单命令。
- 直接单击标准工具栏上的“倒圆角”按钮。
- 输入命令：F(Fillet)。

【例 6-17】将图 6-29 所示图形进行不修剪和修剪倒圆角处理。

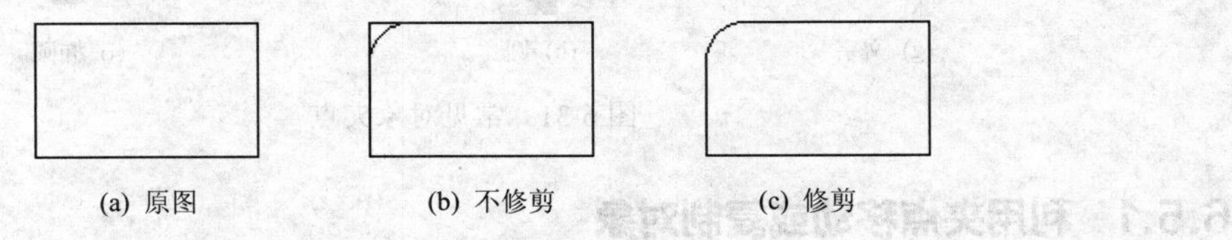

图 6-29　设置倒圆角修剪

6.4.8 倒直角

倒直角是机械图样中常见的结构，它可以通过倒直角命令直接产生。

启用“倒直角”命令有三种方法。

- 选择【修改】→【倒直角】菜单命令。
- 直接单击标准工具栏上的“倒直角”按钮。
- 输入命令：CHA(Chamfer)。

【例 6-18】将图 6-30 所示六边形进行倒角，倒角距离为 10mm，角度为 65°。

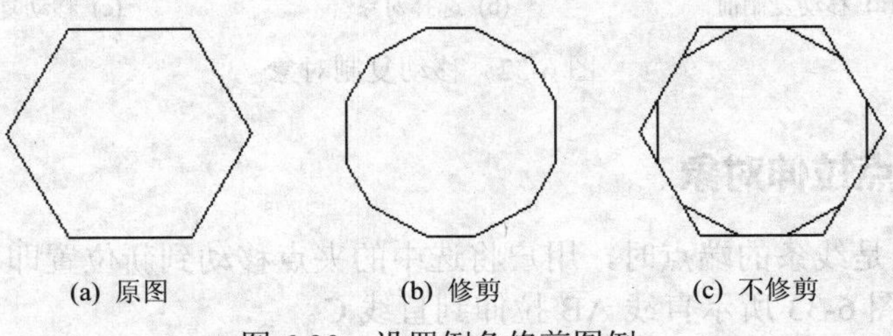

图 6-30　设置倒角修剪图例

6.5 使用夹点编辑对象

夹点即图形对象上可以控制对象位置、大小的关键点。如直线而言，其中心点可以控制位置，而两个端点可以控制其长度和位置，所以直线有三个夹点。使用夹点编辑图形时，要先选择作为基点的夹点，这个选定的夹点叫基夹点。选择夹点后可以进行移动、拉伸、旋转等编辑。

当命令行提示状态下选择了图形对象时，会在图形对象上显示出小方框表示的夹点。不同对象其夹点如图 6-31 所示。

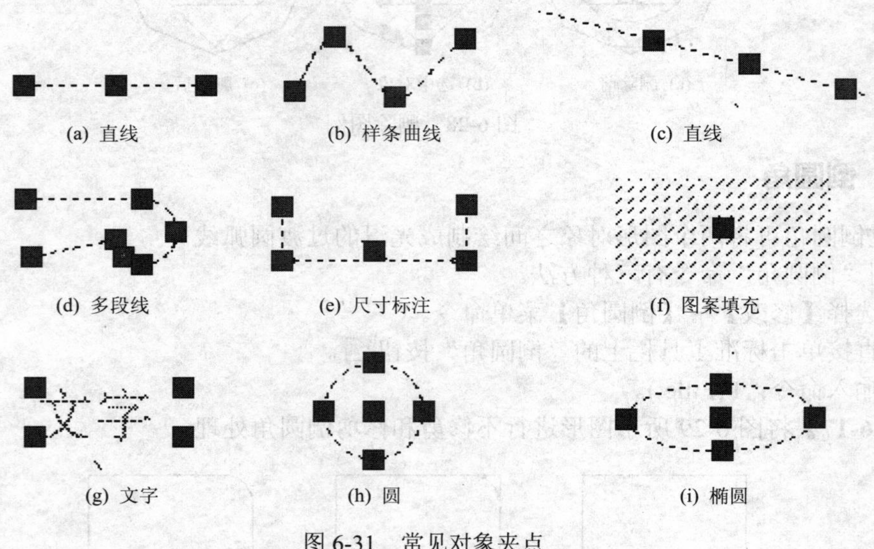

图 6-31　常见对象夹点

6.5.1 利用夹点移动或复制对象

利用夹点移动对象，只需要选中移动夹点，则所选对象会和光标一起移动，在目标点按下鼠标左键即可。

【例 6-19】将图 6-32 所示图形中的小圆利用夹点移动复制的方法，移动复制到 B 点和 C 点位置。

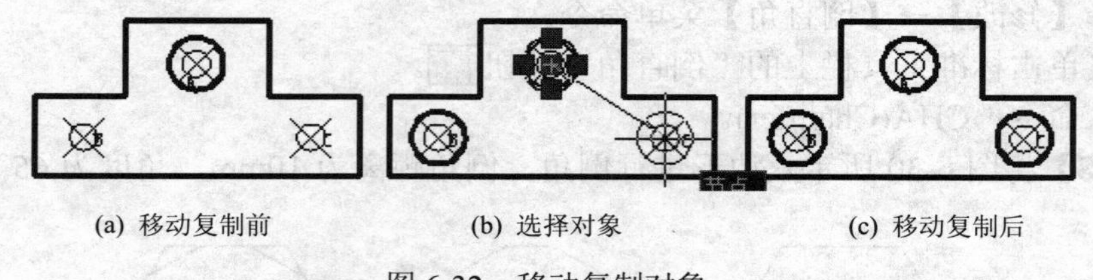

图 6-32　移动复制对象

6.5.2 利用夹点拉伸对象

当选中的夹点是线条的端点时，用户将选中的夹点移动到新位置即可拉伸对象。

【例 6-20】将图 6-33 所示直线 AB 拉伸到直线 C。

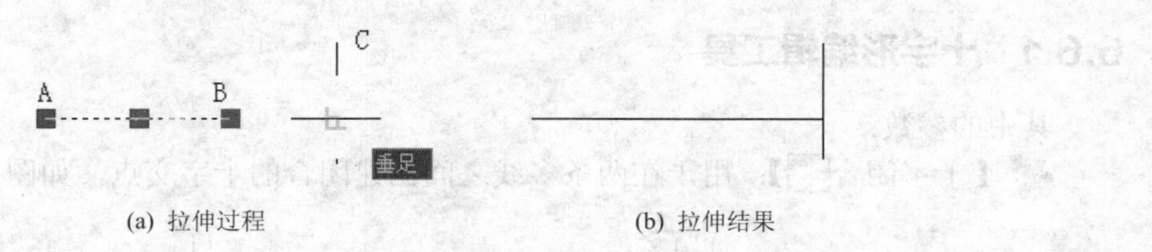

(a) 拉伸过程　　(b) 拉伸结果

图 6-33　利用夹点拉伸对象

6.5.3　利用夹点旋转对象

利用夹点可将选定的对象进行旋转。在操作过程中用户选中的夹点既是对象的旋转中心，用户可以指定其他点作为旋转中心。

【例 6-21】利用夹点旋转如图 6-34（a）所示的小门，以 A 点为基点顺时针旋转 30°。

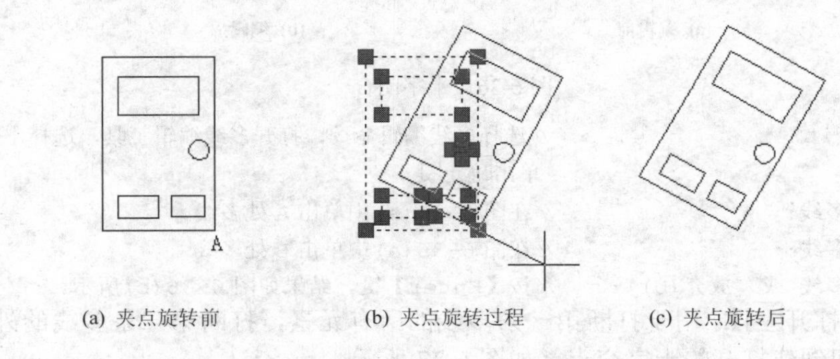

(a) 夹点旋转前　　(b) 夹点旋转过程　　(c) 夹点旋转后

图 6-34　夹点旋转对象

6.6　编辑多线

在第五章我们已经介绍了多线的画法。用户可以将已经绘制的多线进行编辑，以便修改其形状。“编辑多线”命令可以控制多线之间相交时的连接方式，增加或删除多线的顶点，控制多线的打断结合。

启用“编辑多线”命令有两种方法。

- 选择【修改】→【对象】→【多线】菜单命令。
- 输入命令：MLEDIT。

利用上述方法启用“编辑多线”命令后，系统将弹出如图 6-35 所示的“多线编辑工具”对话框。

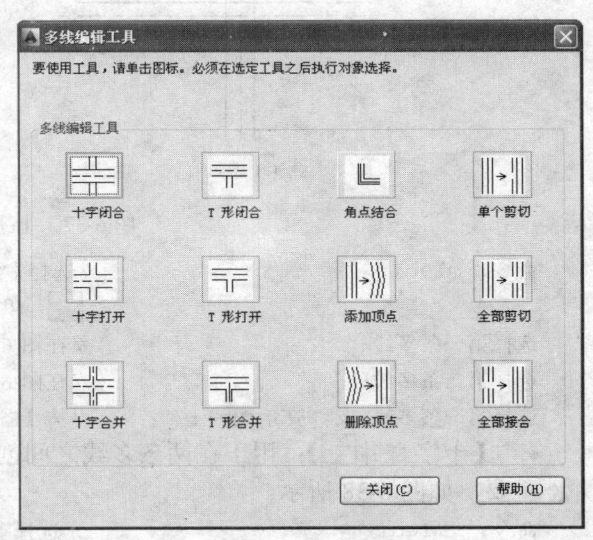

图 6-35　“多线编辑工具”对话框

在多线编辑工具对话框中，多线编辑以四列显示样例图像：第一列处理十字交叉的多线；第二列处理 T 形相交的多线；第三列是处理角点连接和顶点；第四列是处理多线的剪切和接合。下面分别进行说明。

6.6.1 十字形编辑工具

其中的参数：

- 【十字闭合】：用于在两条多线之间创建闭合的十字交点，如图 6-36 所示。

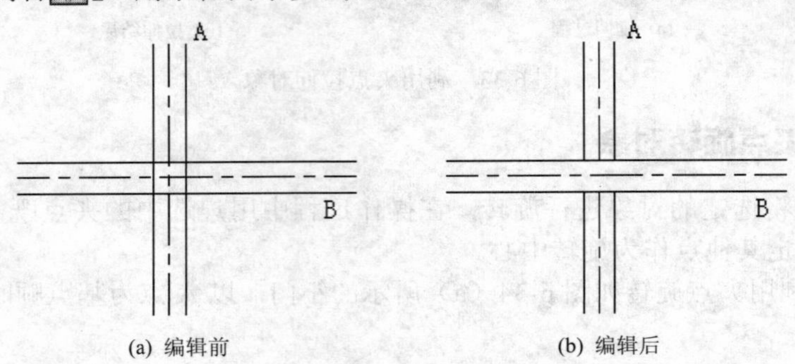

(a) 编辑前　　(b) 编辑后

图 6-36　十字闭合

命令：_mledit　　//选择多线编辑命令，打开多线编辑工具，选择十字闭合，单击确定键

选择第一条多线：　　//在图 6-36(a)中单击 A 处多线

选择第二条多线：　　//在图 6-36(a)中单击 B 处多线

选择第一条多线 或 [放弃(U)]：　　//按【Enter】键，结果如图 6-36(b)所示。

- 【十字打开】：用于打断第一条多线的所有元素，打断第二条多线的外部元素，在两条多线之间创建打开的十字交点，如图 6-37 所示。

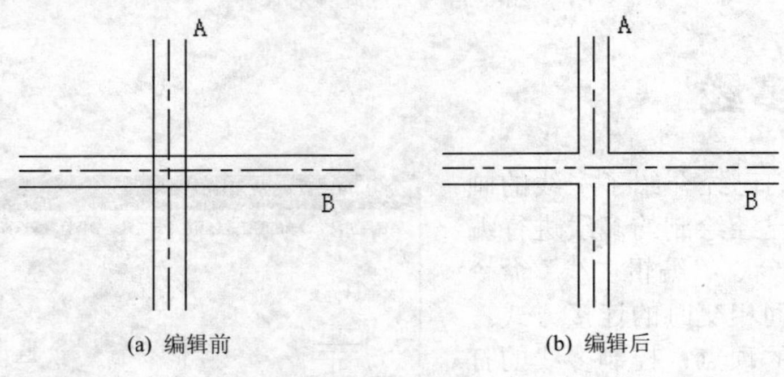

(a) 编辑前　　(b) 编辑后

图 6-37　十字打开

命令：_mledit　　//选择多线编辑命令，打开多线编辑工具，选择十字打开，单击确定键

选择第一条多线：　　//在图 6-37（a）中单击 A 处多线

选择第二条多线：　　//在图 6-37（a）中单击 B 处多线

选择第一条多线 或 [放弃(U)]：　　//按【Enter】键，结果如图 6-37（b）所示

- 【十字合并】：用于在两条多线之间创建合并的十字交点。其中多线的选项次序并不重要，如图 6-38 所示。

命令： _mledit　　//选择多线编辑命令，打开多线编辑工具，选择十字合并，单击确定键

选择第一条多线：　　//在图 6-38（a）中单击 A 处多线

选择第二条多线：　　//在图 6-38（a）中单击 B 处多线

选择第一条多线 或 [放弃(U)]：　　//按【Enter】键，结果如图 6-38（b）所示

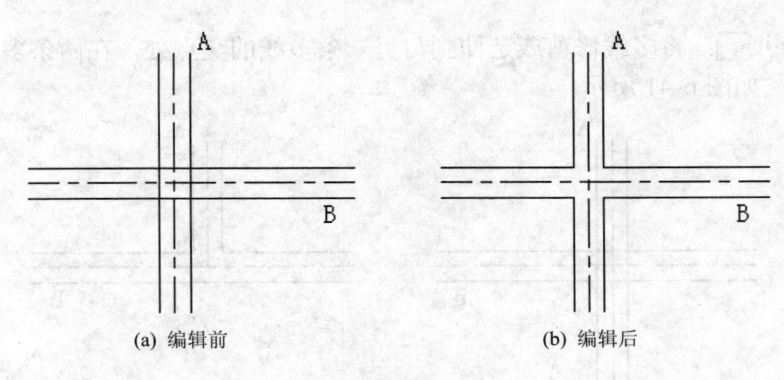

图 6-38　十字合并

6.6.2　T 字形编辑工具

其中的参数：

- 【T 形闭合】：将第一条多线修剪或延伸与第二条多线的交点处，在两条多线之间创建闭合的 T 形交点，如图 6-39 所示。

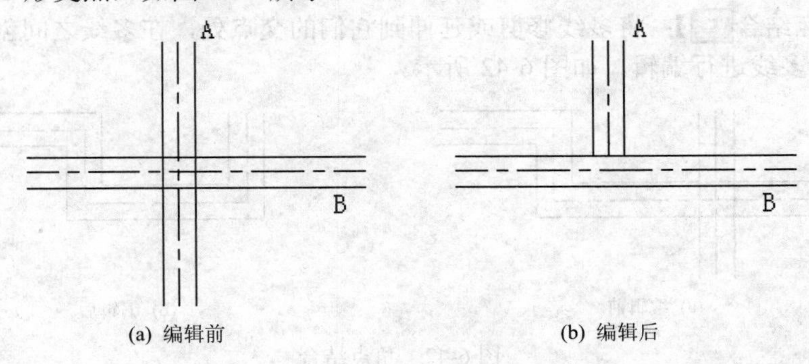

图 6-39　T 形闭合

```
命令：_mledit                    //选择多线编辑命令，打开多线编辑工具，选择十字合并
                                   ，单击确定键
选择第一条多线：                  //在图 6-39（a）中单击 A 处多线
选择第二条多线：                  //在图 6-39（a）中单击 B 处多线
选择第一条多线 或 [放弃(U)]：     //按【Enter】键，结果如图 6-39（b）所示
```

- 【T 形打开】：将多线修剪或延伸到与另一条多线的交点处，在两条多线之间创建打开的 T 形交点，如图 6-40 所示。

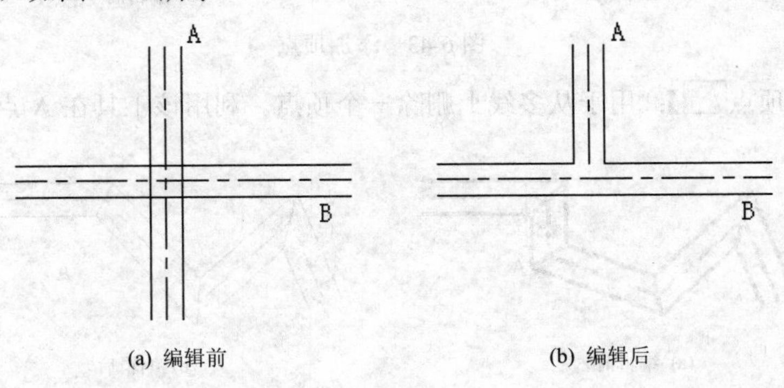

图 6-40　T 形打开

● T 形合并▣：将多线修剪或延伸到与另一条多线的交点处，在两条多线之间创建合并的 T 形交点，如图 6-41 所示。

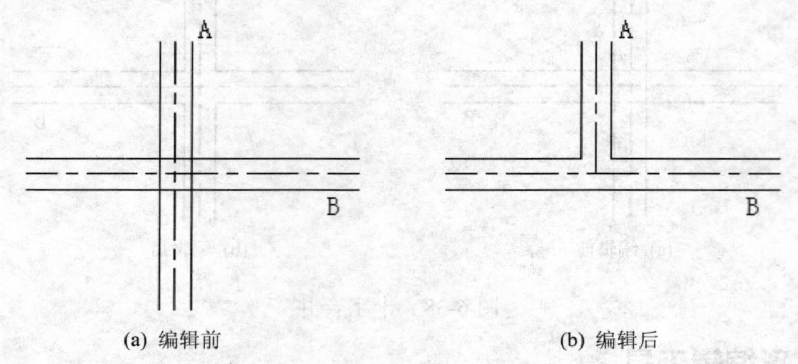

(a) 编辑前　　(b) 编辑后

图 6-41　T 形合并

6.6.3 直角编辑工具

其中的参数：

● 【角点结合▣】：将多线修剪或延伸到它们的交点处，在多线之间创建角点结合。利用该工具对多线进行编辑，如图 6-42 所示。

(a) 编辑前　　(b) 编辑后

图 6-42　角点结合

● 【添加顶点▣】：用于向多线上添加一个顶点。利用该工具在 A 点处添加顶点，如图 6-43 所示。

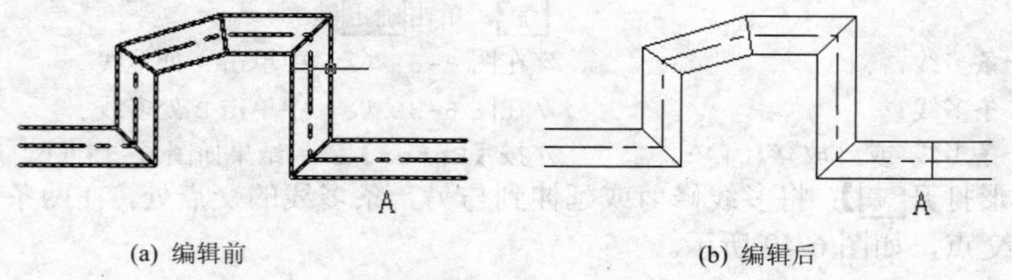

(a) 编辑前　　(b) 编辑后

图 6-43　添加顶点

● 【删除顶点▣】：用于从多线上删除一个顶点。利用该工具在 A 点处删除顶点，如图 6-44 所示。

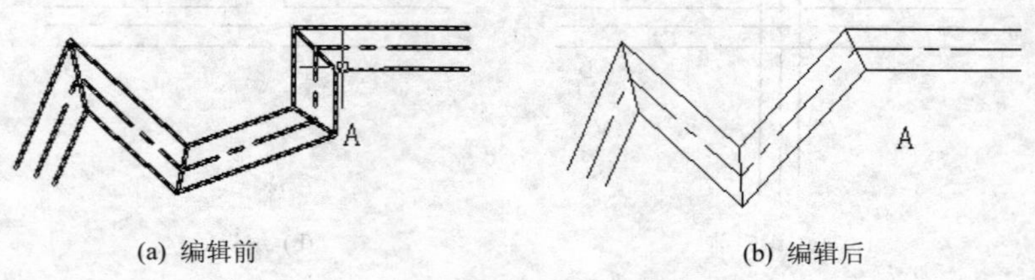

(a) 编辑前　　(b) 编辑后

图 6-44　删除顶点

6.6.4 打断编辑工具

其中的参数：

- 【单个剪切】：用于剪切多线上选定的元素。利用该工具将 AB 段线条删除，如图 6-45 所示。

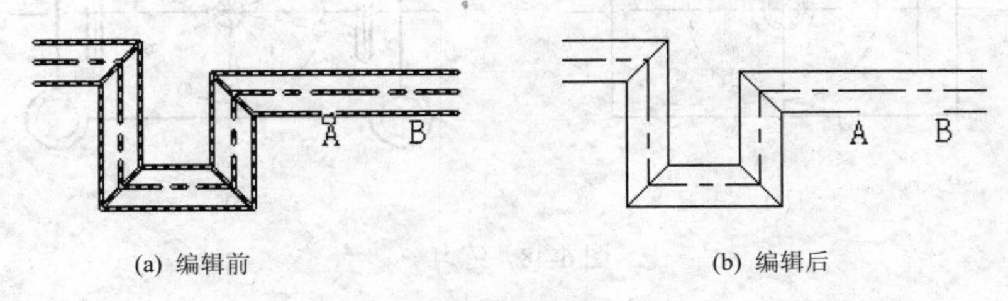

(a) 编辑前　　(b) 编辑后

图 6-45　单个剪切

- 【全部剪切】：用于将多线剪切为两部分。利用该工具将 AB 点之间的所有线都删除，如图 6-46 所示。

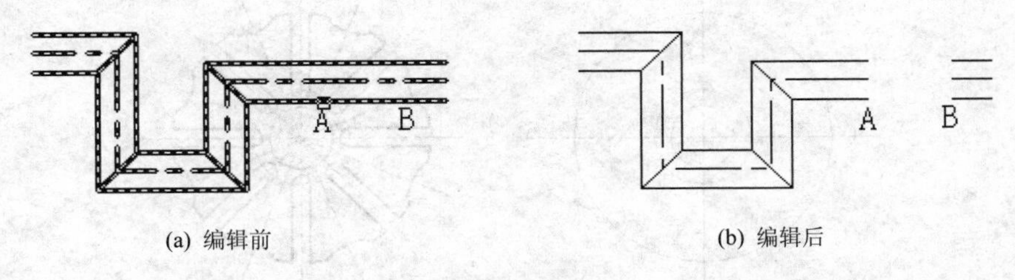

(a) 编辑前　　(b) 编辑后

图 6-46　全部剪切

- 【全部接合】：用于将已被剪切的多线线段重新接合起来。利用该工具可将多线连接起来，如图 6-47 所示。

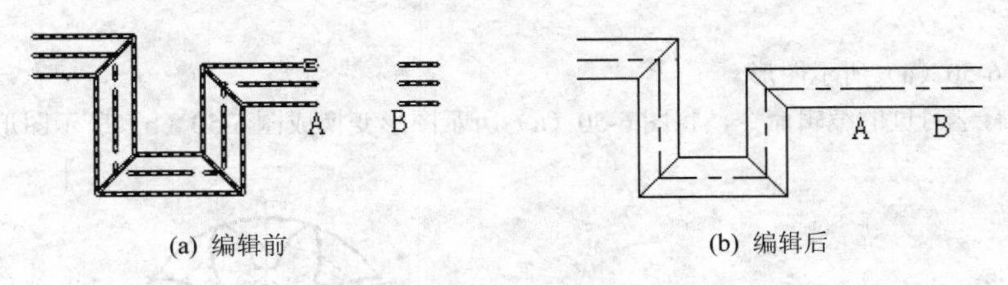

(a) 编辑前　　(b) 编辑后

图 6-47　全部接合

思考题

1. 用 AutoCAD 绘制图形时，为什么要对图形对象进行一些必要的编辑和修改操作？
2. 选择屏幕上的对象有哪些方法？这些方法有什么区别？
3. 哪些命令可以复制对象？
4. 在进行对象的拉伸操作时，是否必须采用交叉窗口选择方式？
5. 当需要连续多次执行同一个命令时，有几种方法？

练习题

练习一

根据所学习过编辑命令，将图 6-48（a）所示图形变换成图 6-48（b）所示图形。

（提示:编辑步骤为：将中间两个圆平移到长方形角点，复制到其他三个角点→将最小圆复制到左侧直线

两端→阵列中间小圆和中心线→镜像）

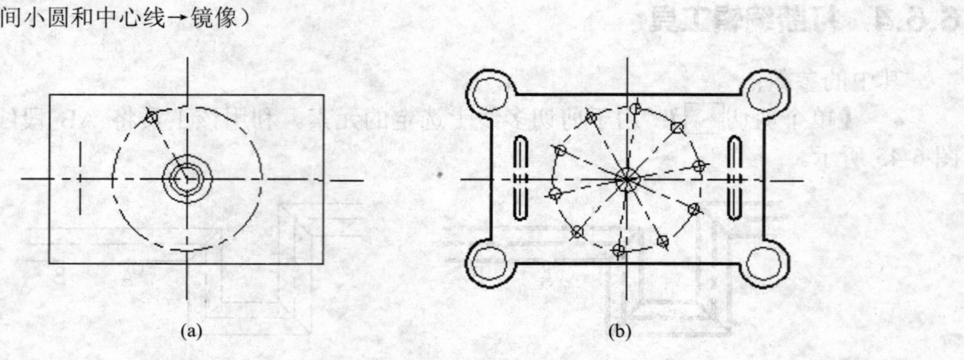

图 6-48　练习一

练习二

1．先绘制图 6-49（a）所示图形，比例自定。

2．根据所有学习过的编辑命令，将图 6-49（a）所示图形通过编辑变成图 6-49（b）所示图形。

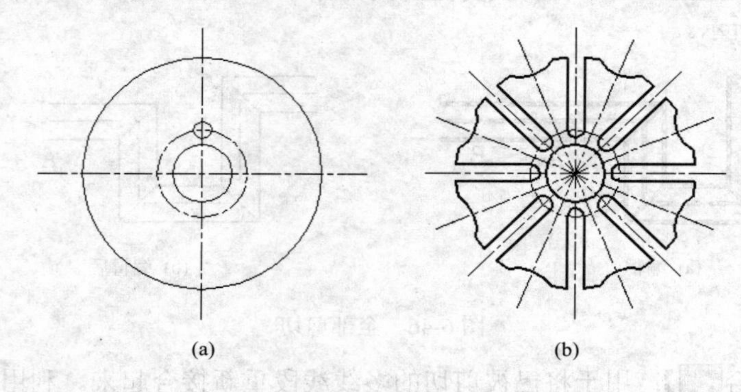

图 6-49　练习二

练习三

1．绘制图 6-50（a）所示图形。

2．根据所有学习过的编辑命令，将图 6-50（a）所示图形变换成图 6-50（b）所示图形。

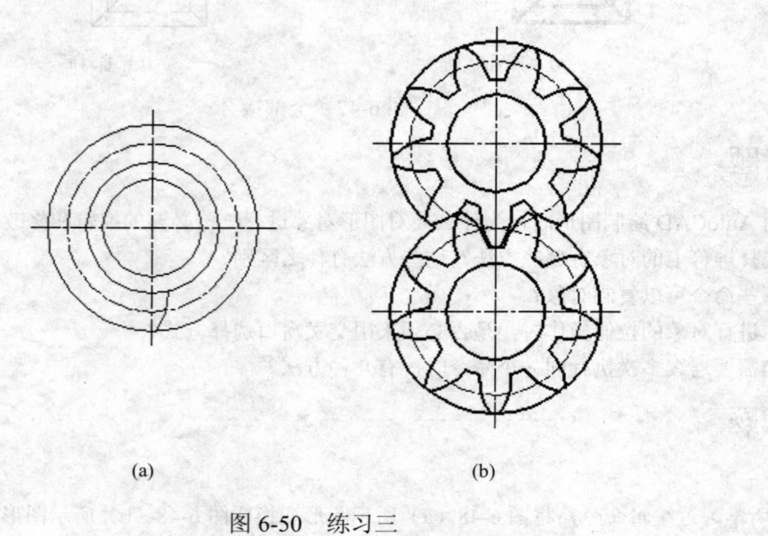

图 6-50　练习三

第7章

AutoCAD 2014 文字与表格编辑工具

本章提要

在用 AutoCAD 设计和绘制图形的实际工作中，一幅完整的工程图样，不仅需要使用相关的绘图命令、编辑命令以及绘图辅助工具绘制出图形，用以清楚表达设计者的总体思想和意图。另外，还需要加注一些必要的文字和尺寸标注，由此来增加图形的可读性，使图形本身不易表达的内容与图形信息变得准确和容易理解。本章详细介绍文字和表格的使用方法及编辑技巧,重点介绍创建文字样式、创建单行文字和多行文字、输入特殊字符、文字修改、文字查找与检查、表格应用等内容。

通过本章学习，应达到如下基本要求。

① 熟练掌握文字和表格的使用方法及编辑技巧。

② 灵活应用好文字和表格的编辑功能，能够表达图形的各种信息。

③ 运用文字和表格进一步说明图形代表的意义、完善设计思路，做到使图纸整洁、清晰。

7.1 文字样式的设置

在输入文字之前，首先要设置文字样式。文字样式包括字体、字高、宽度比例、倾斜比例、倾斜角度以及反向、颠倒、垂直、对齐等内容。

7.1.1 创建文字样式

启用“文字样式”命令有三种方法。

- 选择【格式】→【文字样式】菜单命令。
- 单击【样式】工具栏上【文字样式管理器】按钮 A。
- 输入命令：STYLE。

启用“文字样式”命令后，系统弹出“文字样式”对话框，如图 7-1 所示。

在“文字样式”对话框中，各选项组的意义如下。

(1)“按钮区”选项组。在“文字样式”对话框的右侧和下方有若干按钮，它们用来对文字样式进行最基本的管理操作。

- 置为当前(C)：将在“样式”列表中选择的文字样式设置为当前文字样式。
- 新建(N)...：该按钮是用来创建新字体样式的。单击该按钮，弹出“新建文字样式”

对话框，如图 7-2 所示。在该对话框的编辑框中输入用户所需要的样式名，单击 确定 按钮，返回到“新建文字样式”对话框，在对话框中对新命名的文字进行设置。

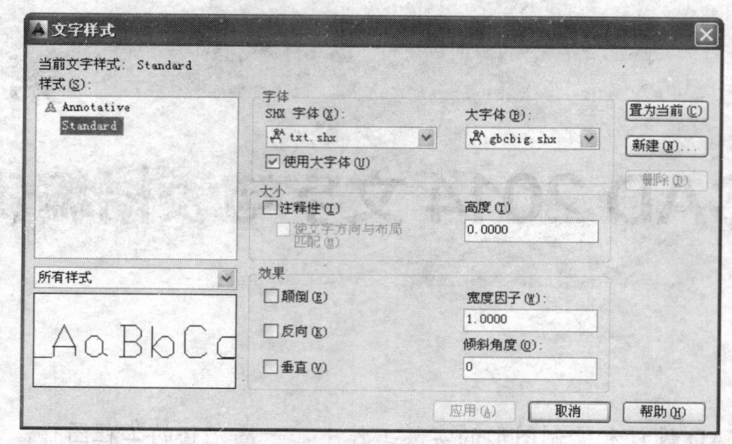

图 7-1　“文字样式”对话框

图 7-2　“新建文字样式”对话框

- 删除(D)：该按钮是用来删除在“样式”列表区选择的文字样式，但不能删除当前文字样式，以及已经用于图形中文字的文字样式。
- 应用(A)：在修改了文字样式的某些参数后，该按钮变为有效。单击该按钮，可使设置生效，并将所选文字样式设置为当前文字样式。此时 取消 按钮将变为 关闭(C) 按钮。

（2）“字体”设置选项组。该设置区用来设置文字样式的字体类型及大小。

- SHX 字体(X)：下拉列表：通过该选项可以选择文字样式的字体类型。默认情况下，☑使用大字体(U) 复选框被选中，此时只能选择扩展名为“.shx”的字体文件。
- 大字体(B)：下拉列表：选择为亚洲语言设计的大字体文件，例如，gbcbig.txt 代表简体中文字体，chineseset.txt 代表繁体中文字体，bigfont.txt 代表日文字体等。
- ☐使用大字体(U) 复选框：如果取消该复选框，“SHX 字体”下拉列表将变为“字体名”下拉列表，此时可以在其下拉列表中选择“.shx”字体或“TrueType 字体”（字体名称前有“T”标志），如宋体、仿宋体等各种汉字体，如图 7-3 所示。

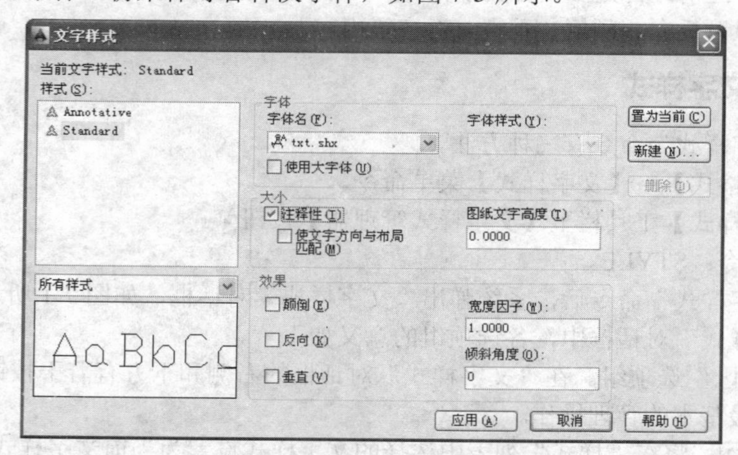

图 7-3　选择 TrueType 字体

学习提示：一旦在“字体名”下拉列表中选择“TrueType 字体”，□使用大字体(U) 复选框将变为无效，而后面的“字体样式”下拉列表将变为有效，利用该下拉列表可设置字体的样式（常规、粗体、斜体等，该设置只对英文字体有效，并且字体不同，字体样式下拉列表的内容也不同）。

（3）“大小”设置选项组。

- 图纸文字高度(T) 编辑框：设置文字样式的默认高度，其缺省值为 0。如果该数值为 0，则在创建单行文字时，必须设置文字高度；而在创建多行文字或作为标注文本样式时，文字的默认高度均被设置为 2.5mm，用户可以根据情况进行修改。如果该数值不为 0，无论是创建单行、多行文字，还是作为标注文本样式，该数值将被作为文字的默认高度。
- ☑注释性(I) ⓘ 复选框：如果选中该复选框，表示使用此文字样式创建的文字支持使用注释比例，此时“高度”编辑框将变为“图纸文字高度”编辑框，如图 7-4 所示。

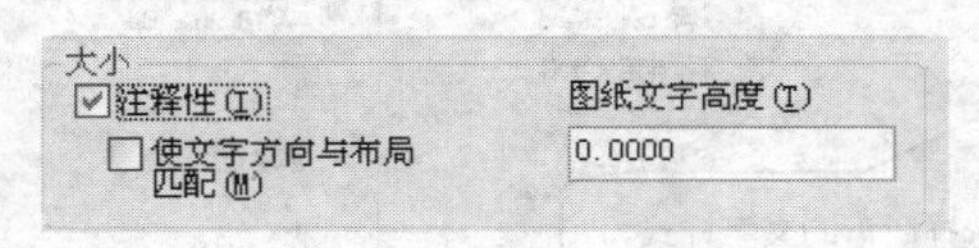

图 7-4 “注释性”复选框的意义

（4）“效果”设置选项组。“效果”用来设置文字样式的外观效果，如图 7-5 所示。

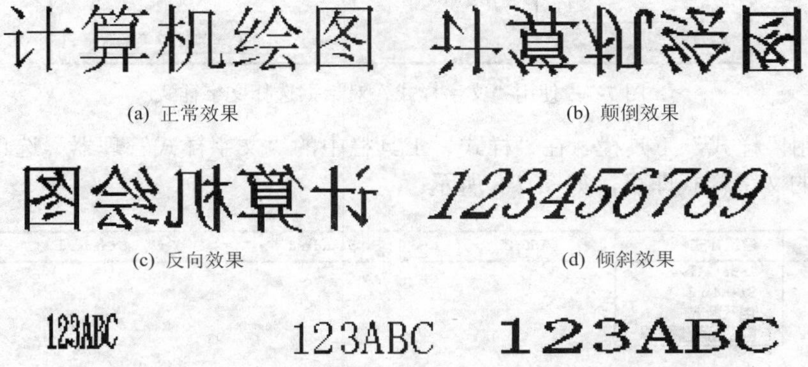

(a) 正常效果　(b) 颠倒效果

(c) 反向效果　(d) 倾斜效果

(e) 宽度为0.5　(f) 宽度为1　(g) 宽度为2

图 7-5 各种文字的效果

- □颠倒(E)：颠倒显示字符，也就是通常所说的“大头向下”。
- □反向(K)：反向显示字符。
- □垂直(V)：字体垂直书写，该选项只有在选择“.shx”字体时才可使用。
- 宽度因子(W)：在不改变字符高度情况下，控制字符的宽度。宽度比例小于 1，字的宽度被压缩，此时可制作瘦高字；宽度比例大于1，字的宽度被扩展，此时可制作扁平字。
- 倾斜角度(O)：控制文字的倾斜角度，用来制作斜体字。

注意：设置文字倾斜角 a 的取值范围是：−85° ≤a≤85° 。

（5）“预览”显示区。在“预览”显示区，随着字体的改变和效果的修改，动态显示文字样例如图 7-6 所示。

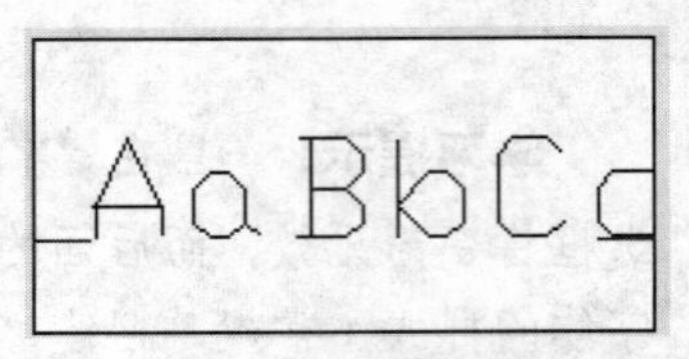

图 7-6 “预览”显示

7.1.2 选择文字样式

在图形文件中，输入文字的样式是根据当前使用的文字样式决定的。将某一个文字样式设置为当前文字样式有两种方法。

（1）使用“文字样式”对话框。打开“文字样式”对话框，在“样式名”选项的下拉列表中选择要使用的文字样式，单击 关闭 按钮，关闭对话框，完成文字样式的选择，如图 7-7 所示。

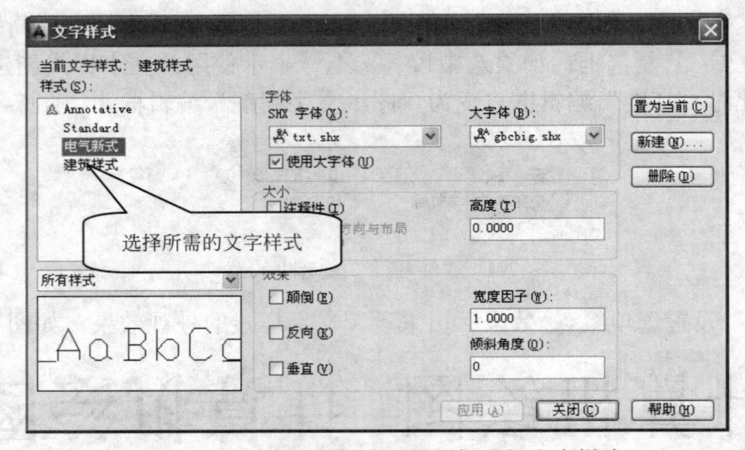

图 7-7 使用“文字样式”对话框选择文字样式

（2）使用“样式”工具栏。在“样式”工具栏中的“文字样式管理器”选项的下拉列表中选择需要的文字样式即可，如图 7-8 所示。

图 7-8 选择需要的文字样式

7.2 单行文字

添加到图形中的文字可以表达各种信息。它可以是复杂的规格说明、标题块信息、标签文字或图形的组成部分，也可以是最简单的文本信息。对于不需要使用多种字体的简短内容，可使用“Text”或“Dtext”命令创建单行文字。单行文字标注方式可以为图形标注一行或几行文字，而每行文字都是一个独立的对象，读者可以对其重定位、调整格式或进行其他修改。

7.2.1 创建单行文字

调用“单行文字”命令有两种方式：

- 选择【绘图】→【文字】→【单行文字】菜单命令。

• 输入命令：Text 或 Dtext。

启动“单行文字”命令后，命令行提示如下。

命令：_dtext

当前文字样式：样式 3 当前文字高度：2.5000

指定文字的起点或 [对正(J)/样式(S)]：

其中的参数：

• 【指定文字的起点】：该选项为默认选项，输入或拾取注写文字的起点位置。当确定起点位置后，命令行提示：

指定高度<2. 5000>：（输入文字的高度。也可以输入或拾取两点，以两点之间的距离为字高。当系统确定文字高度值后，命令行继续提示）

指定文字的旋转角度<0>：（输入所注写的文字与 X 轴正方向的夹角，也可以输入或拾取两点，以两点的连线与 X 轴正方向的夹角为旋转角。命令行继续提示）

输入文字：（输入需要注写的文字。用回车键换行，连续两次回车，结束命令）

• 【对正(J)】：该选项用于确定文本的对齐方式。在 AutoCAD 系统中，确定文本位置采用 4 条线，即顶线、中线、基线和底线，如图 7-9 所示。

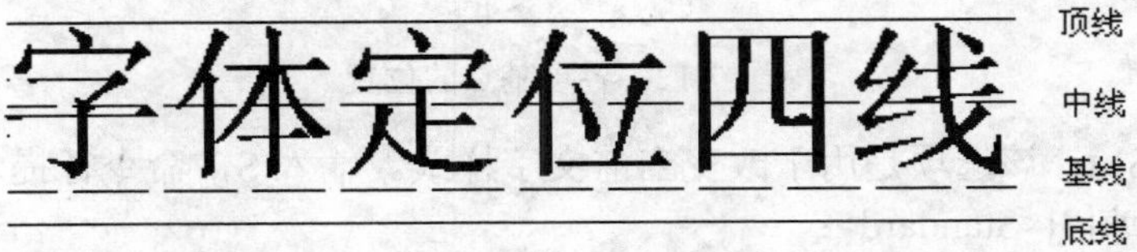

字体定位四线

顶线

中线

基线

底线

图 7-9 文本排列位置的基准线

输入 J 后，命令行提示：

输入选项 [对齐(A)/调整(F)/中心(C)/中间(M)/右(R)/左上(TL)/中上(TC)/右上(TR)/左中(ML)/正中(MC)/右中(MR)/左下(BL)/中下(BC)/右下(BR)]：

各种定位方式含义如下。

• 对齐（A）：该选项是通过输入两点（◇表示定位点）确定字符串底线的长度，如图 7-10 所示。这种定位方式根据输入文字的多少确定字高，字高与字宽比例不变。也就是说，两对齐点位置不变的情况下，输入的字数越多，字就越小。

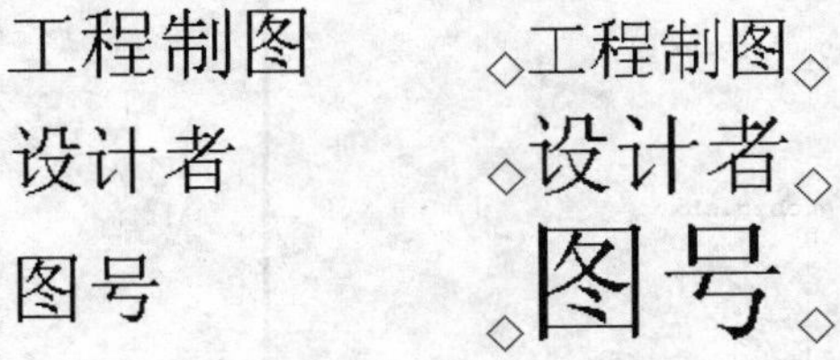

工程制图 ◇工程制图◇ 工程制图 ◇工程制图◇

设计者 ◇设计者◇ 设计者 ◇设计者◇

图号 ◇图号◇ 图号 ◇图号◇

图 7-10 对齐方式定位文字 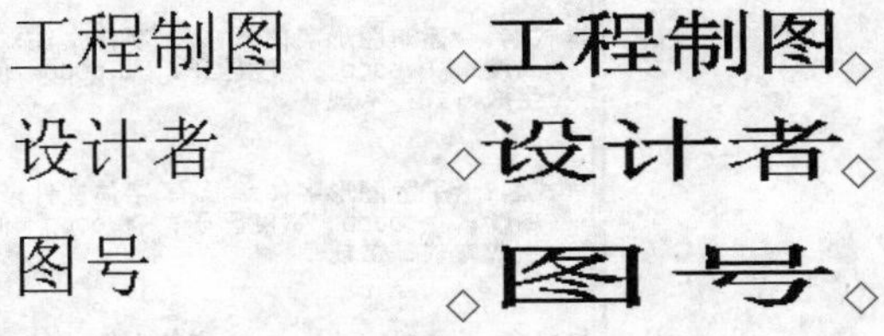　　图 7-11 调整方式定位文字

• 调整(F)：该选项是通过输入两点确定字符串底线的长度和原设定好的字高确定字的定位。即字高始终不变，当两定位点确定之后，输入的字多字就变窄，反之字就变宽，如图 7-11 所示。

• 中心(C)：该选项是将定位点设定在字符串基线的中点。

• 中间(M)：该选项是将定位点设定在字符串的中间。当所输入字符只占从顶线到底线或从中线到基线，那么该定位点位于中线与基线之间；当所输入字符只占从顶线到基线，该定位点位于中线上；当所输入字符只占从顶线到基线，该定位点位于基线上。

• 右(R)：该选项是将定位点设定在字符串基线的右端。

- 左上(TL)：该选项是将定位点设定在字符串顶线的左端。
- 中上(TC)：该选项是将定位点设定在字符串顶线的中间。
- 右上(TR)：该选项是将定位点设定在字符串顶线的右端。
- 左中(ME)：该选项是将定位点设定在字符串中线的左端。
- 正中(MC)：该选项是将定位点设定在字符串中线的中间。
- 右中(MR)：该选项是将定位点设定在字符串中线的右端。
- 左下(BL)：该选项是将定位点设定在字符串底线的左端。
- 中下(BC)：该选项是将定位点设定在字符串底线的中间。
- 右下(BR)：该选项是将定位点设定在字符串底线的右端。

各项基点的位置如图 7-12 所示。

图 7-12　各项基点的位置

- 【样式(S)】：该选项是用于改变当前文字样式。输入 S，命令行提示：

输入样式名或[?]<Standard>：

输入的样式名必须是已经设置好的文字样式。系统默认的样式名为：Standard，其字体文件名为仅 txt．shx，采用“单行文字”命令时，这种字体不能用于输入中文字符，输入的汉字只能显示为“?”。

在上句提示行中输入“?”并回车后，屏幕上弹出“AutoCAD 文本窗口”，显示已设置的文字样式名及其所选字体文件名，如图 7-13 所示。

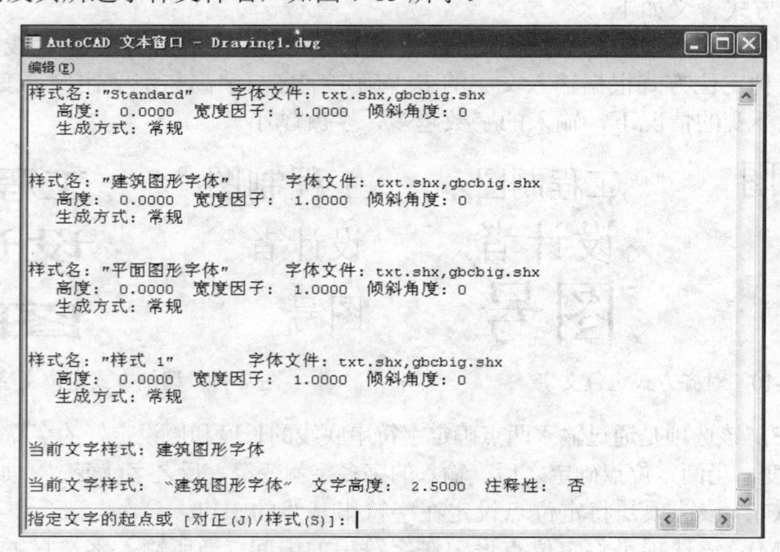

图 7-13　文字样式

7.2.2　输入特殊字符

创建单行文字时，用户还可以在文字中输入特殊字符，例如直径符号ϕ、百分号%、正负公差符号±、文字的上划线、下划线等，但是这些特殊符号一般不能由标注键盘直接输入，为此系统提供了专用的代码。每个代码是由“%%”与一个字符所组成，如%%C、%%D、%%P 等。表 7-1 为用户提供了特殊字符的代码。

表 7-1 特殊字符的代码

输入代码	对应字符	输入效果
%%O	上划线	文字说明
%%U	下划线	文字说明
%%D	度数符号“°”	90°
%%P	公差符号“±”	±100
%%C	圆直径标注符号“Φ”	ϕ80
%%%	百分号“%”	98%
\U+2220	角度符号“∠”	∠A
\U+2248	几乎相等“≈”	X≈A
\U+2260	不相等“≠”	A≠B
\U+00B2	上标 2	X^2
\U+2082	下标 2	X_2

7.3 多行文字

当需要标注的文字内容较长、较复杂时，可以使用“Mtext”命令进行多行文字标注。多行文字又称为段落文字，它是由任意数目的文字行或段落所组成。与单行文字不同的是，在一个多行文字编辑任务中创建的所有文字行或段落将被视作同一个多行文字对象，读者可以对其进行整体选择、移动、旋转、删除、复制、镜像、拉伸或比例缩放等操作。另外，与单行文字相比较，多行文字还具有更多的编辑选项，如对文字加粗、增加下划线、改变字体颜色等。

7.3.1 创建多行文字

调用“多行文字”命令有三种方法。

- 选择【绘图】→【文字】→【多行文字】菜单命令。
- 单击绘图工具栏上的“多行文字”按钮A。
- 输入命令：Mtext。

启动“多行文字”命令后，光标变为如图 7-14 所示的形式，在绘图窗口中，单击指定一点并向下方拖动鼠标绘制出一个矩形框，如图 7-15 所示。绘图区内出现的矩形框用于指定多行文字的输入位置与大小，其箭头指示文字书写的方向。

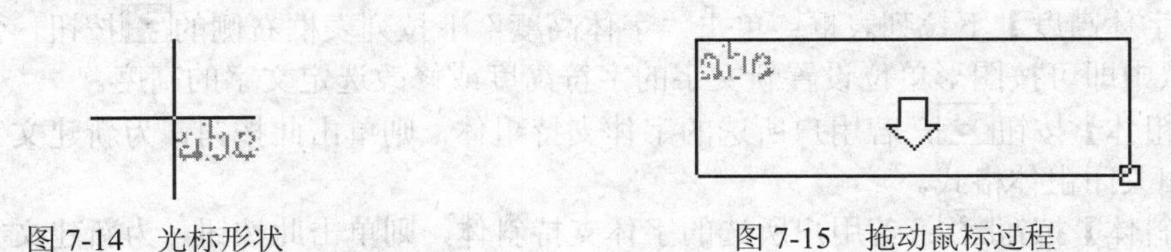

图 7-14 光标形状　　图 7-15 拖动鼠标过程

拖动鼠标到适当位置后单击，弹出“在位文字编辑器”，它包括一个顶部带标尺的“文字输入”框和“文字格式”工具栏，如图 7-16 所示。

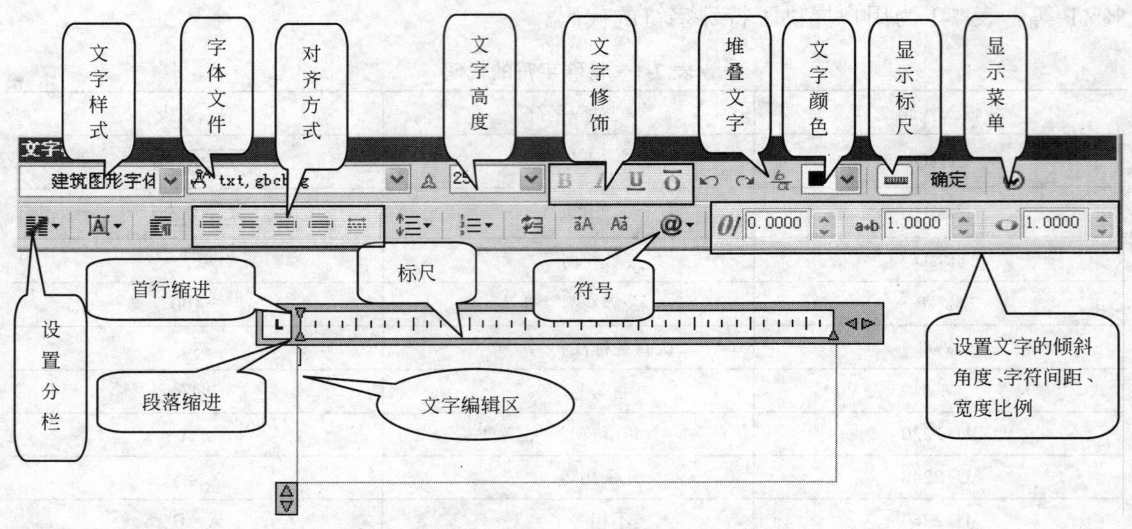

图 7-16　在位文字编辑器

在“文字输入”框输入需要的文字，当文字达到定义边框的边界时会自动换行排列，如图 7-17（a）所示。输入完成后，单击确定按钮，此时文字显示在用户指定的位置，如图 7-17（b）所示。

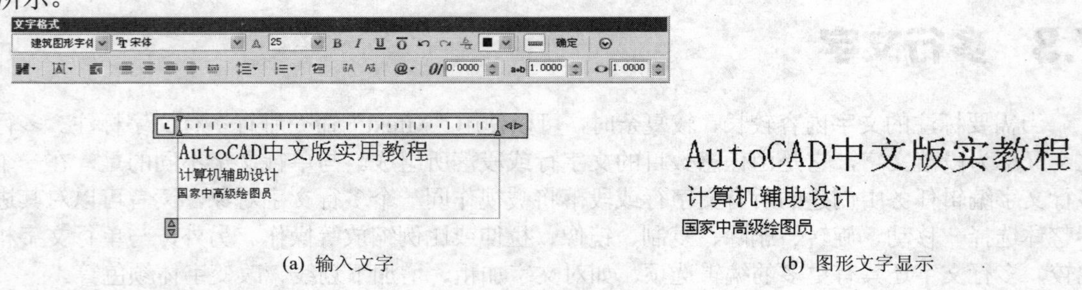

(a) 输入文字　　(b) 图形文字显示

图 7-17　文字输入

7.3.2　使用文字格式工具栏

用户要编辑文字，一定要清楚工具栏中各种参数的意义。

- 【文字格式】工具栏控制多行文字对象的文字样式和选定文字的字符格式。
- 【样式】下拉列表框：单击“样式”下拉列表框右侧的▼按钮，弹出其下拉列表，从中即可向多行文字对象应用文字样式。
- 【字体】下拉列表框：单击“字体”下拉列表框右侧的▼按钮，弹出其下拉列表，从中即可为新输入的文字指定字体或改变选定文字的字体。
- 【字体高度】下拉列表框：单击“字体高度”下拉列表框右侧的▼按钮，弹出其下拉列表，从中即可按图形单位设置新文字的字符高度或修改选定文字的高度。
- 【粗体】按钮 **B**：若用户所选的字体支持粗体，则单击此按钮，为新建文字或选定文字打开和关闭粗体格式。
- 【斜体】按钮 *I*：若用户所选的字体支持斜体，则单击此按钮，为新建文字或选定文字打开和关闭斜体格式。

- 【下划线】按钮U：单击“下划线”按钮U，为新建文字或选定文字打开和关闭下划线。
- 【放弃】按钮与【重做】按钮：用于在“在位文字编辑器”中放弃和重做操作。
- 【堆叠】按钮：用于创建堆叠文字（选定文字中包含堆叠字符：插入符(^)、正向斜杠(/)和磅符号(#)时），堆叠字符左侧的文字将堆叠在字符右侧的文字之上。如果选定堆叠文字，单击【堆叠】按钮，则取消堆叠。

【例 7-1】输入分数与公差。

用“文字格式”对话框中的【堆叠】按钮设置有分数、公差等形式的文字。通常使用“ / ”、“^”、或“#”等符号设置文字的堆叠方式。

文字的堆叠形式如下。

① 分数形式：使用：“ / ”或“#”连接分子与分母，选择分数文字，单击【堆叠】按钮即可显示为分数的表形式，效果如图 7-18 所示。

$$3/4 \rightarrow \frac{3}{4} \qquad 3\#4 \rightarrow {}^{3}/_{4}$$

图 7-18　分数形式

② 上标形式：使用“^”字符标识文字，将“^”放在文字之后，然后将其与文字都选中，并单击【堆叠】按钮即可设置所选文字为上标字符，效果如图 7-19 所示。

$$1002\hat{} \rightarrow 100^{2}$$

图 7-19　上标形式

③ 下标形式：将“^”放在文字之前，然后将其与文字都选中，并单击【堆叠】按钮即可设置所选文字为下标字符，效果如图 7-20 所示。

$$100\hat{}2 \rightarrow 100_{2}$$

图 7-20　下标形式

④ 公差形式：将字符“^”放在文字之间，然后将其与文字都选中，并单击【堆叠】按钮即可将所选文字设置为公差形式，效果如图 7-21 所示。

$$100+0.21\hat{}-0.01 \rightarrow 100^{+0.21}_{-0.01}$$

图 7-21　公差形式

- 【文字颜色】下拉列表框：用于为新输入的文字指定颜色或修改选定文字的颜色。
- 【标尺】按钮：用于在编辑器顶部显示或隐藏标尺。拖动标尺末尾的箭头可更改多行文字对象的宽度。
- 【左对齐】按钮：用于设置文字边界左对齐。
- 【居中对齐】按钮：用于设置文字边界居中对齐。
- 【右对齐】按钮：用于设置文字边界右对齐。
- 【对正】按钮：用于设置文字对正。
- 【分布】按钮：用于设置文字均匀分布。

- 【底部】按钮：用于设置文字边界底部对齐。
- 【编号】按钮：用于使用编号创建带有句点的列表。
- 【项目符号】按钮：用于使用项目符号创建列表。
- 【插入字段】按钮：单击“插入字段”按钮，弹出“字段”对话框，从中可以选择要插入到文字中的字段。关闭该对话框后，字段的当前值将显示在文字中。
- 【大写】按钮：用于将选定文字更改为大写。
- 【小写】按钮：用于将选定文字更改为小写。
- 【上划线】按钮：用于将直线放置到选定文字上。
- 【符号】按钮@：用于在光标位置插入符号或不间断空格，单击@按钮，弹出图7-22所示字段对话框，选择最下面 其他(O)... 选项，弹出图7-23所示“字符映射表”对话框，可选择所需要的符号。

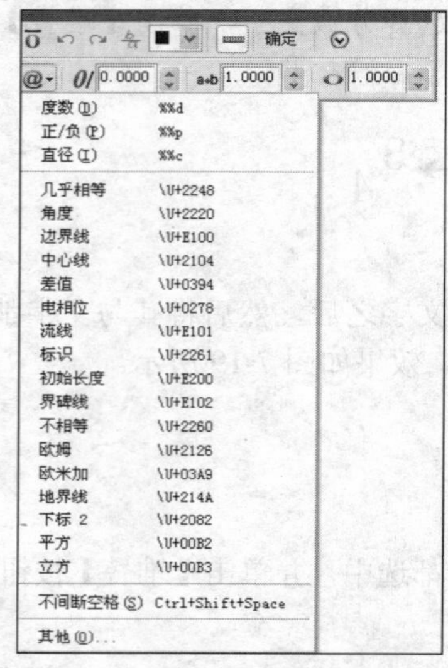

图7-22 “字段”对话框

图7-23 “字符映射表”对话框

【例7-2】输入图7-24所示四个特殊字符。

图7-24 特殊字符

① 在图7-23“字符映射表”对话框中，在字体下拉列表中选择Symbol文件，如图7-25所示。系统弹出图7-26所示字符映射表，如果需要的话，此时可以选择多个符号。

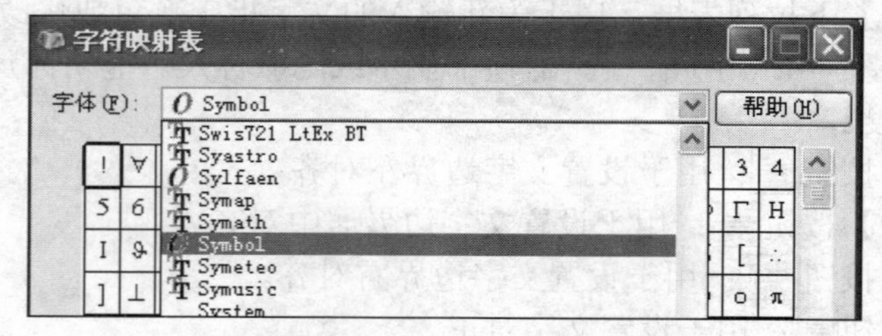

图7-25 选择符号文件

② 在图 7-26 中选择♥，单击 复制(C) 按钮，将选中的符号复制到剪贴板中，然后关闭“字符映射表”对话框。

③ 按【Ctrl+V】组合键，将保存在剪贴板中的符号粘贴到文字编辑区，如图 7-27 所示。

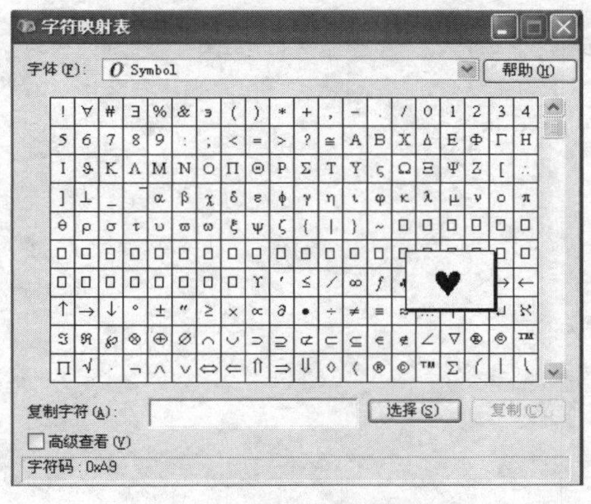

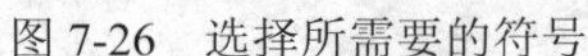

图 7-26 选择所需要的符号

图 7-27 粘贴在文字编辑区

④ 按同样的方法，进行其他三个符号的选择。

- 【倾斜角度】列表框 0/ 0.0000：用于确定文字是向右倾斜还是向左倾斜。倾斜角度表示的是相对于 90° 角方向的偏移角度。输入一个−85° ～85° 之间的数值使文字倾斜。倾斜角度值为正时文字向右倾斜，倾斜角度为负值时文字向左倾斜，如图 7-28 所示。

倾斜角度　　倾斜角度

(a) 角度值为−30°　　(b) 角度值为30°

图 7-28 不同倾斜角度显示文字

- 【追踪】列表框 a•b 1.0000：用于增大或减小选定字符之间的空间。默认值为 1.0 是常规间距。设置值大于 1.0 可以增大该宽度，反之减小该宽度，如图 7-29 所示。

工程制图　　工 程 制 图

(a) 追踪值为1.0　　(b) 追踪值为2.0

图 7-29 不同追踪值显示

- 【宽度比例】列表框 O 1.0000：用于扩展或收缩选定字符。默认值为 1.0 设置代表此字体中字母的常规宽度。设置大于 1.0 可以增大该宽度，反之减小该宽度，如图 7-30 所示。

abcde　　abcde

(a) 宽度比例为1.0　　(b) 宽度比例为2.0

图 7-30 不同宽度比例显示

- 【选项】按钮：用于显示选项菜单，如图 7-31 所示。控制“文字格式”工具栏的显示，并提供其他编辑命令。

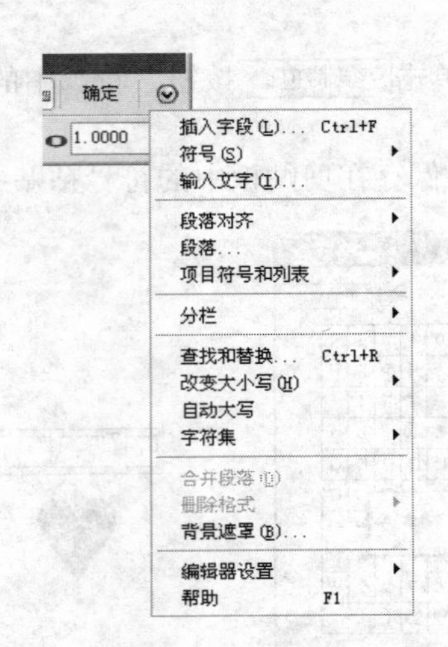

图 7-31　选项菜单

7.4　文字修改

7.4.1　双击编辑文字

无论是单行文字还是多行文字，均可直接通过双击来编辑，此时实际上是执行了DDEDIT 命令，该命令的特点如下。

① 编辑单行文字时，文字全部被选中，因此，如果此时直接输入文字，则文本原内容均被替换，如图 7-32 所示。如果希望修改文本内容，可首先在文本框中单击。如果希望退出单行文字编辑状态，可在其他位置单击或按【Enter】键。

计算机绘图人员　计算机老师

图 7-32　编辑单行文字

② 编辑多行文字时，将打开“文字格式”工具栏和文本框，这和输入多行文字完全相同。

③ 退出当前文字编辑状态后，可单击编辑其他单行或多行文字。

④ 如果希望结束编辑命令，可在退出文字编辑状态后按【Enter】键。

7.4.2　修改文字特性

要修改单行文字的特性，可在选中文字后，单击“标准”工具栏中的“对象特性”按钮，打开单行文字的“特性”面板。利用该面板可修改文字的内容、样式、对正方式、高度、宽度比例、倾斜角度，以及是否颠倒、反向等。

7.5　文字查找检查

在 AutoCAD 2014 中，用户可以快速查找、替换指定的文字，并对其进行拼写检查。本节将具体介绍文字查找与检查的方法。

7.5.1 文字查找、替换

在 AutoCAD 中，用户可以快速查找指定的文字，并可以对查找到的文字进行替换、修改、选择以及缩放等，为此系统提供了“查找”命令。

启用“查找”命令有三种方法。

- 选择【编辑】→【查找】菜单命令。
- 单击鼠标右键，从光标菜单中选择“查找”选项。
- 输入命令：FIND。

利用上述任意一种方法启用“查找”命令，弹出“查找和替换”对话框，如图 7-33 所示。在该对话框中，用户可以进行文字查找、替换、修改、选择以及缩放等操作。

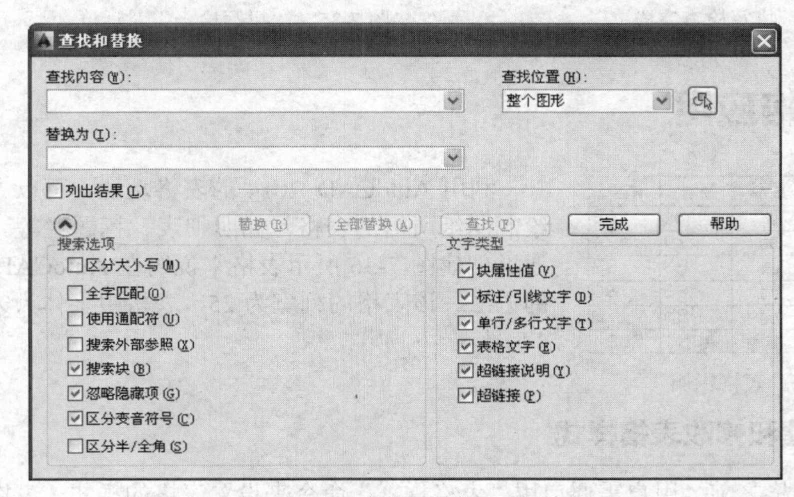

图 7-33 “查找和替换”对话框

在“查找和替换”对话框中，其各个选项与按钮的意义如下。

- 【查找内容】文本框：用于输入或选择要查找的文字。
- 【替换为】文本框：用于输入替换后的文字。
- 【查找位置】下拉列表框：用于选择文字的查找范围。其中“整个图形”选项用于在整个图形中查找文字；“当前选择”选项用于在指定的文字对象中查找文字。单击按钮，然后选择图形中的文字即可。

7.5.2 文字拼写检查

在 AutoCAD 中，用户可以对当前图形的所有文字进行拼写检查，以便查找文字的错误，为此系统提供了“拼写检查”命令。

启用“拼写检查”命令有两种方法。

- 选择【工具】→【拼写检查】菜单命令。
- 输入命令：TABLESTYLE。

启用“拼写检查”命令后，即可选择要进行拼写检查的文字，或者在命令行中输入“ALL”选择图形中的所有文字。当图形中没有拼写错误的文字时，弹出“AutoCAD 信息”对话框，如图 7-34 所示，表示完成拼写检查；当 AutoCAD 检查到拼写错误的文字后，弹出“拼写检查”对话框，如图 7-35 所示，并在“当前词语”选项组中标出拼写错误的文字，此时用户即可在该对话框中进行修改等操作。

图 7-34　拼写检查完成

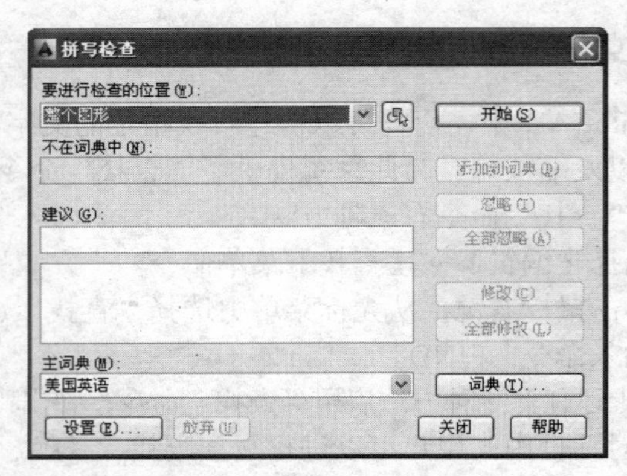

图 7-35　“拼写检查”对话框

7.6　表格应用

姓名	考号	数学	物理	化学
杨军	1036	97	92	68
李杰	1045	88	79	74
王东鹤	1021	64	83	82
吴天	1062	75	96	86
王群	1013	93	85	72
小计		417	435	382

图 7-36　表格示例

利用 AutoCAD 2014 的表格功能，可以方便、快速地绘制图纸所需的表格，如明细表、标题栏等。在本节中，通过创建图 7-36 所示表格来说明在 AutoCAD 中创建表格的方法。该表格的列宽为 25，表格中字体为宋体，字号为 4.5 号。

7.6.1　创建和修改表格样式

在绘制表格之前，用户需要启用“表格样式”命令来设置表格的样式，表格样式用于控制表格单元的填充颜色、内容对齐方式、数据格式，表格文本的文字样式、高度、颜色，以及表格边框等。

① 启用“表格样式”命令有三种方法。

- 选择【格式】→【表格样式】菜单命令。
- 单击“样式”工具栏中的“表格样式管理器”按钮。
- 输入命令：TABLESTYLE。

启用“表格样式”命令后，系统将弹出“表格样式”对话框，如图 7-37 所示。

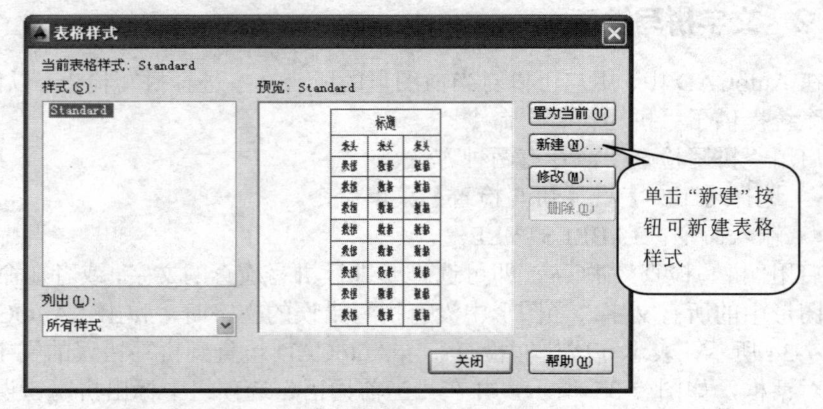

图 7-37　“表格样式”对话框

② 单击[修改(M)...]按钮，打开图 7-38 所示“修改表格样式”对话框。打开“常规”设置区中的“对齐”下拉列表，选择“正中”，如图 7-39 所示。

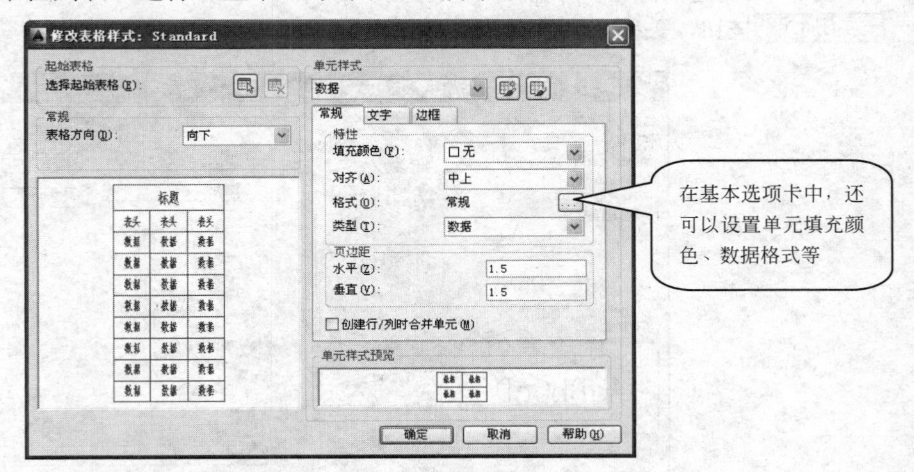

图 7-38 “修改表格样式”对话框

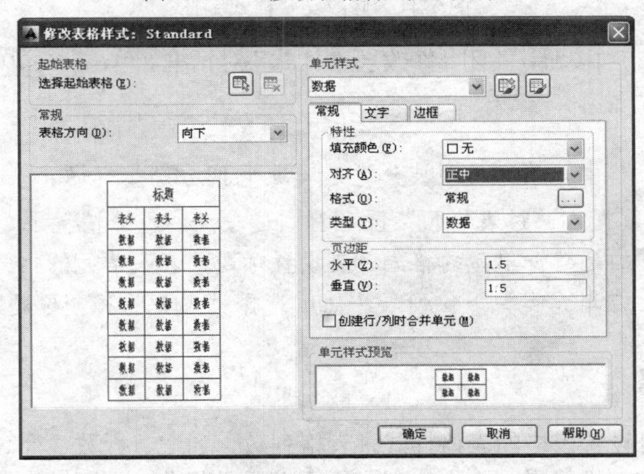

图 7-39 设置单元格内容对齐方式

③ 打开对话框右侧的“文字”选项卡，设置“文字高度”为 4.5，如图 7-40 所示。

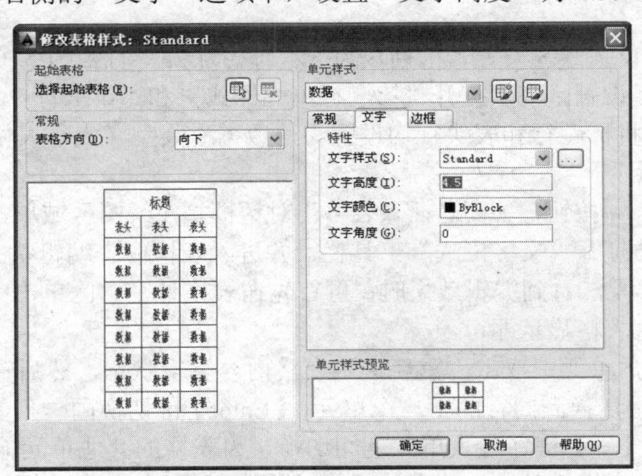

图 7-40 设置文字高度

④ 单击“文字样式”下拉列表框右侧的…按钮，打开“文字样式”对话框，取消“使用大字体”复选框，将“字体名”设置为“宋体”，如图 7-41 所示。依次单击 应用(A) 和 关闭(C) 按钮，关闭“文字样式”对话框。

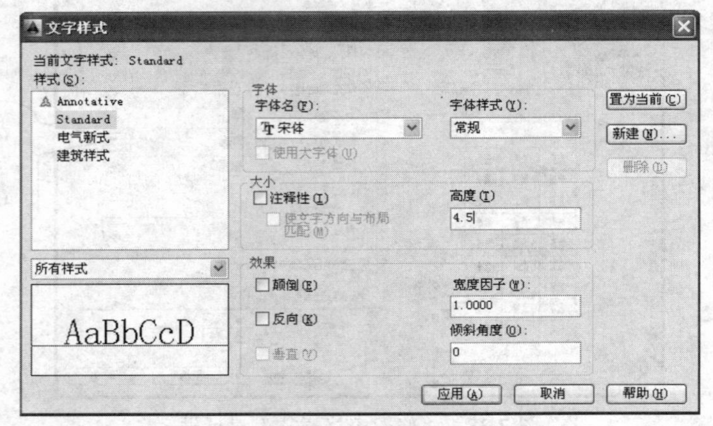

图 7-41　修改文字样式字体

⑤ 单击 确定 按钮，关闭“修改表格样式”对话框。单击 关闭(C) 按钮，关闭“表格样式”对话框。

学习提示：表格中，单元类型被分为 3 类，它们分别是标题（表格第一行）、表头（表格第二行）和数据，通过表格预览区可看到这一点。默认情况下，我们在“单元样式”设置区中设置的是数据单元的格式。要设置标题、表头单元的格式，可打开“单元样式”设置区中上方单元类型下拉列表，然后选择“表头”和“标题”。

7.6.2　创建表格

创建表格时，可设置表格的表格样式，表格列数、列宽、行数、行高等。创建结束后系统自动进入表格内容编辑状态，下面一起来看看其具体操作。

① 单击“绘图”工具栏中的“表格”工具或选择【绘图】→【表格】菜单，打开“插入表格”对话框。

② 在“列和行设置”区设置表格列数为 5，列宽为 25，行数为 5（默认行高为 1 行）；在“设置单元样式”设置区依次打开“第一行单元样式”和“第二行单元样式”下拉列表，从中选择“数据”，将标题行和表头行均设置为“数据”类型（表示表格中不含标题行和表头行），如图 7-42 所示。

③ 单击 确定 按钮，关闭“插入表格”对话框。在绘图区域单击，确定表格放置位置，此时系统将自动打开“文字格式”工具栏，并进入表格内容编辑状态，如图 7-43 所示。如果表格尺寸较小，无法看到编辑效果时，可首先在表格外空白区单击，暂时退出表格内容编辑状态，然后放大表格显示即可。

④ 在表格左上角单元中双击，重新进入表格内容编辑状态，然后输入“姓名”等文本内容，通过【Tab】键切换到同行的下一个单元，【Enter】键切换同一列的下一个表单元，或【↑】、【↓】、【←】、【→】键在各表单元之间切换，为表格的其他单元输入内容，如图 7-44 所示，编辑结束后，在表格外单击或者按【Esc】键退出表格编辑状态。

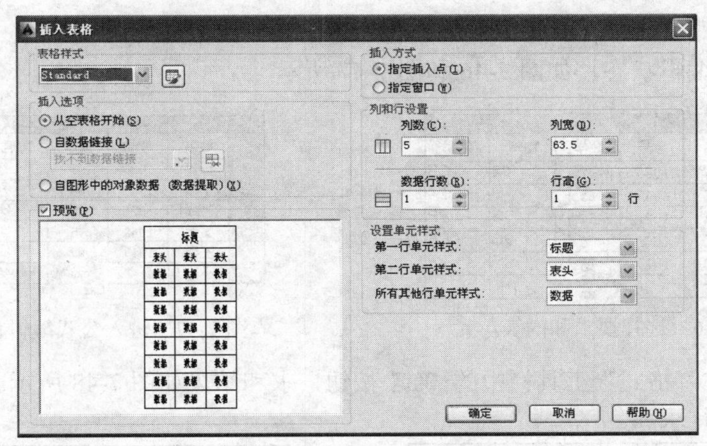

图 7-42　设置表格参数

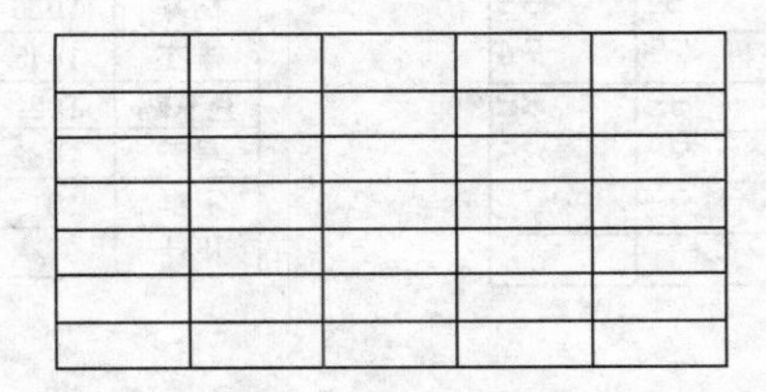

图 7-43　在绘图区域单击放置表格

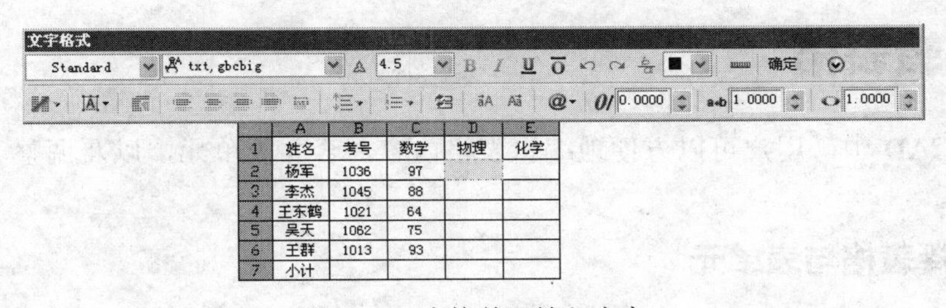

	A	B	C	D	E
1	姓名	考号	数学	物理	化学
2	杨军	1036	97		
3	李杰	1045	88		
4	王东鹤	1021	64		
5	吴天	1062	75		
6	王群	1013	93		
7	小计				

图 7-44　表格单元输入内容

7.6.3　在表格中使用公式

通过在表格中插入公式，可以对表格单元执行求和、均值等各种运算。例如，要在如图 7-44 所示表格中，使用求和公式计算表中数学、物理和化学之和，具体操作步骤如下。

① 单击选中表单元 C6，单击“表格”工具栏中的“公式” *fx* 按钮，从弹出的公式列表中选择“求和”，如图 7-45 所示。

表格　按行/列

求和
均值
计数
单元
方程式

	A	B	C	D	E
1	姓名	考号	数学		化学
2	杨军	1036	97	92	68
3	李杰	1045	88	79	74
4	王东鹤	1021	64	83	82
5	吴天	1062	75	96	86
6	王群	1013	93	85	72
7	小计				

图 7-45　执行求和操作

② 分别在 C2 和 C6 表单元中单击，确定选取表单元范围的第一个角点和第二个角点，显示并进入公式编辑状态，如图 7-46 和图 7-47 所示。

	A	B	C	D	E
1	姓名	考号	数学	物理	化学
2	杨军	1036	97	92	68
3	李杰	1045	88	79	74
4	王东鹤	1021	64	83	82
5	吴天	1062	75	96	86
6	王群	1013	93	85	72
7	小计				

图 7-46　选择要求和的表单元

	A	B	C	D	E
1	姓名	考号	数学	物理	化学
2	杨军	1036	97	92	68
3	李杰	1045	88	79	74
4	王东鹤	1021	64	83	82
5	吴天	1062	75	96	86
6	王群	1013	93	85	72
7	小计		=Sum(C2:C6)		

图 7-47　进入公式编辑状态

③ 单击“文字格式”工具栏中的 **确定** 按钮，求和结果如图 7-48 所示。依据类似方法，对其他表单元进行求和。

姓名	考号	数学	物理	化学
杨军	1036	97	92	68
李杰	1045	88	79	74
王东鹤	1021	64	83	82
吴天	1062	75	96	86
王群	1013	93	85	72
小计		417		

(a)

姓名	考号	数学	物理	化学
杨军	1036	97	92	68
李杰	1045	88	79	74
王东鹤	1021	64	83	82
吴天	1062	75	96	86
王群	1013	93	85	72
小计		417	435	382

(b)

图 7-48　显示求和结果

7.7　编辑表格

在 AutoCAD 中，用户可以方便地编辑表格内容，合并表单元，以及调整表单元的行高与列宽等。

7.7.1　选择表格与表单元

要调整表格外观，例如，合并表单元，插入或删除行或列，应首先掌握如何选择表格或表单元，具体方法如下。

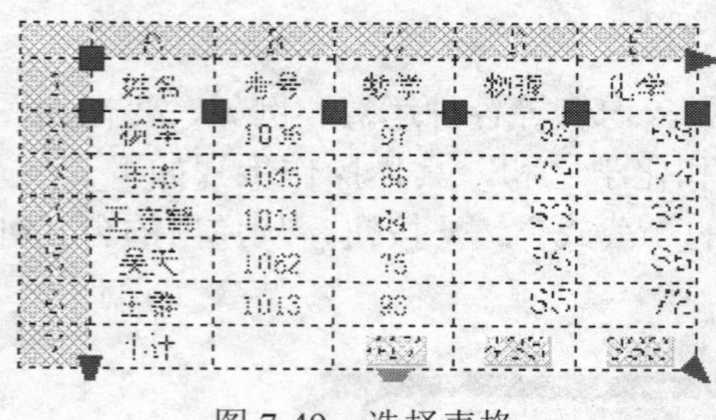

图 7-49　选择表格

① 要选择整个表格，可直接单击表线，或利用选择窗口选择整个表格。表格被选中后，表格框线将显示为断续线，并显示了一组夹点，如图 7-49 所示。

② 要选择一个表单元，可直接在该表单元中单击，此时将在所选表单元四周显示夹点，如图 7-50 所示。

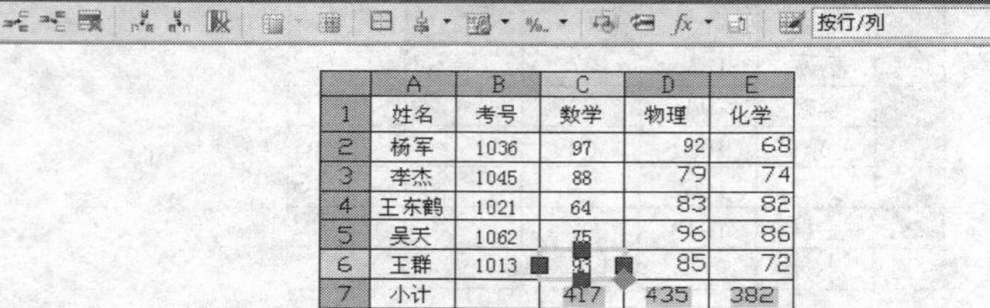

	A	B	C	D	E
1	姓名	考号	数学	物理	化学
2	杨军	1036	97	92	68
3	李杰	1045	88	79	74
4	王东鹤	1021	64	83	82
5	吴天	1062	75	96	86
6	王群	1013	93	85	72
7	小计		417	435	382

图 7-50　选择表单元

③ 要选择表单元区域，可首先在表单元区域的左上角表单元中单击，然后向表单元区域的右下角表单元中拖动，则释放鼠标后，选择框所包含或与选择框相交的表单元均被选中，如图 7-51 所示。此外，在单击选中表单元区域中某个角点的表单元后，按住【Shift】键，在表单元区域中所选表单元的对角表单元中单击，也可选中表单元区域。

	A	B	C	D	E
1	姓名	考号	数学	物理	化学
2	杨军	1036	97	92	68
3	李杰	1045	88	79	74
4	王东鹤	1021	64	83	82
5	吴天	1062	75	96	86
6	王群	1013	93	85	72
7	小计		417	435	382

图 7-51　选择表单元区域

④ 要取消表单元选择状态，可按【Esc】键，或者直接在表格外单击。

7.7.2　编辑表格内容

要编辑表格内容，只需用鼠标双击表单元进入文字编辑状态即可。要删除表单元中的内容，可首先选中表单元，然后按【Delete】键。

7.7.3　调整表格的行高与列宽

选中表格、表单元或表单元区域后，通过拖动不同夹点可移动表格的位置，或者调整表格的行高与列宽，这些夹点的功能如图 7-52 所示。

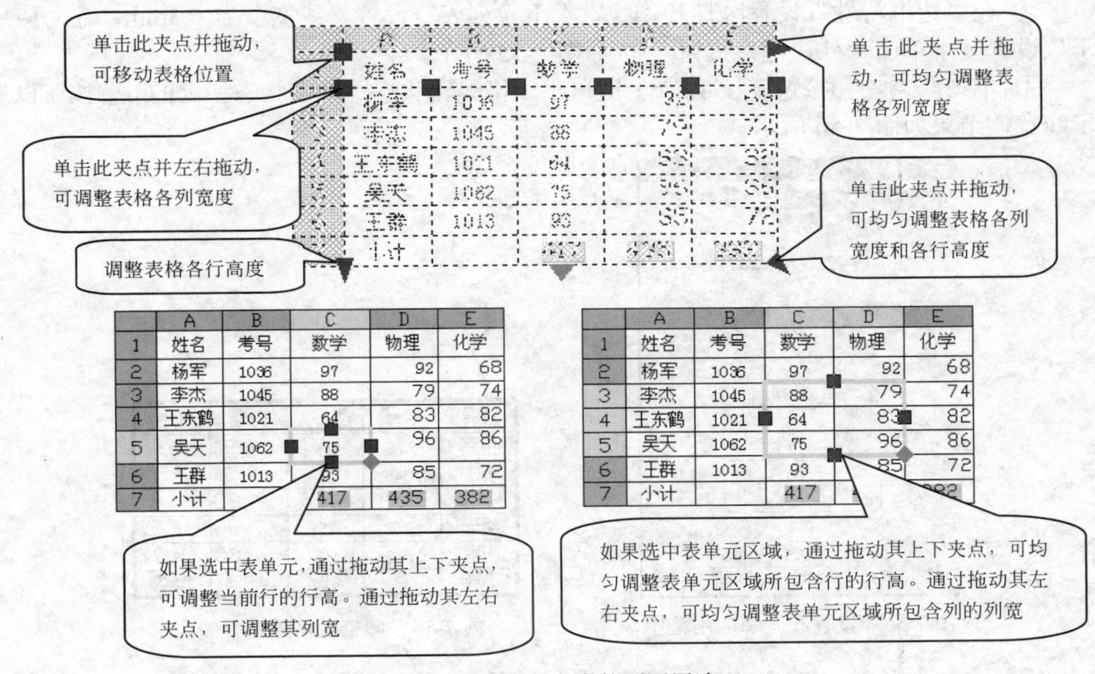

图 7-52　表格各夹点的不同用途

7.7.4　利用“表格”工具栏编辑表格

在选中表单元或表单元区域后，“表格”工具栏被自动打开，通过单击其中的按钮，可对表格插入或删除行或列，以及合并单元、取消单元合并、调整单元边框等。例如，要调整表格外边框，可执行如下操作。

（1）表格边框的编辑。

① 单击选择表格中的左上角表单元，然后按住【Shift】键，在表格右下角表单元处单

击，从而选中所有表单元，如图 7-53 所示。

② 单击“表格”工具栏中的“单元边框”按钮，打开图 7-54 所示“单元边框特性”对话框。

	A	B	C	D	E
1	姓名	考号	数学	物理	化学
2	杨军	1036	97	92	68
3	李杰	1045	88	79	74
4	王东鹤	1021	64	83	82
5	吴天	1062	75	96	86
6	王群	1013	93	85	72
7	小计		417	435	382

图 7-53　选中所有表单元

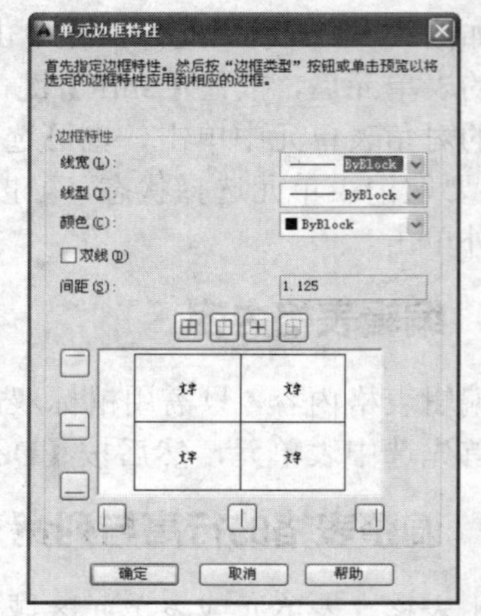

图 7-54　“单元边框特性”对话框

③ 在“边框特性”设置区打开“线宽”下拉列表，设置“线宽”为 0.3mm，在“应用于”设置区中单击“外边框”按钮，如图 7-55 所示。

④ 单击 确定 按钮，按【Esc】键退出表格编辑状态。单击状态栏上的 线宽 按钮以显示线宽，结果如图 7-56 所示。

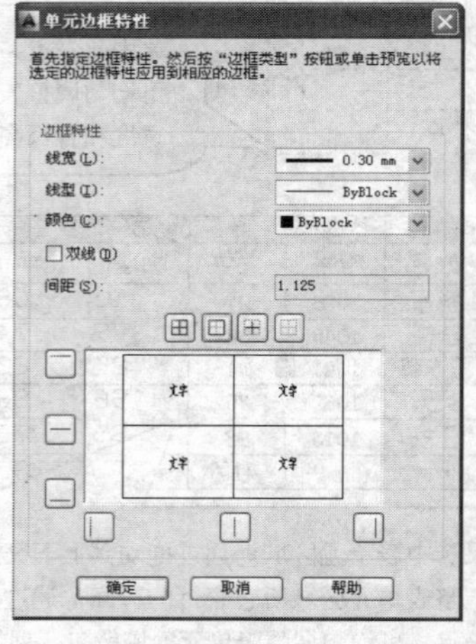

图 7-55　设置线宽和应用范围

姓名	考号	数学	物理	化学
杨军	1036	97	92	68
李杰	1045	88	79	74
王东鹤	1021	64	83	82
吴天	1062	75	96	86
王群	1013	93	85	72
小计		417	435	382

图 7-56　调整表格外边框线宽

（2）合并表格。

① 用鼠标左键选定 A1、B2 区域，系统弹出图 7-57 所示对话框。

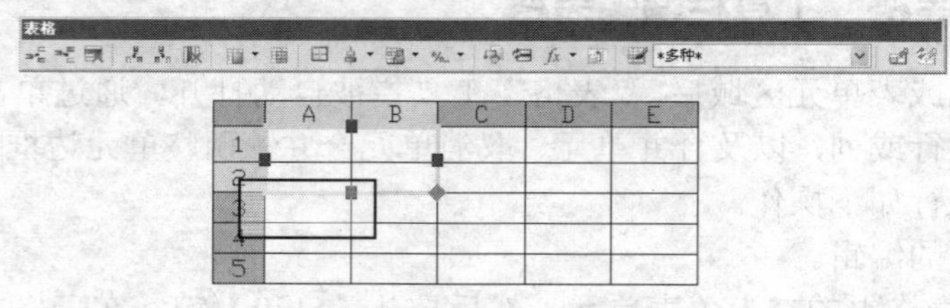

图 7-57　选定要合并的单元格

② 单击表格工具栏上 按钮，选择“全部”，表格合并完成，如图 7-58 所示。

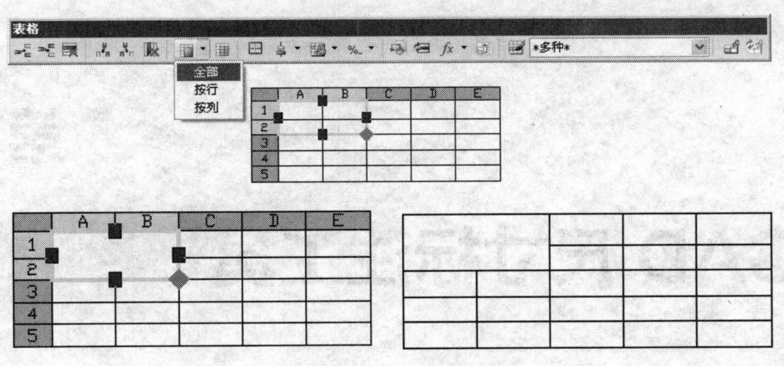

图 7-58 合并过程显示

思考题

1. 在绘图窗口输入文字时，为什么有时出现的是“？”？
2. 单行文字和多行文字输入文字时，各有什么特点？
3. 单行文字的“对正方式”有多少种？“中间对正”与“正中对正”方式一样吗？
4. 怎样改变文本的大小、样式、对正方式和文本内容？
5. 怎样用多行文字输入特殊符号？
6. 怎样创建表格的样式？
7. 怎样编辑表格中的文字内容？
8. 如何对表格进行合并和拆分？

练习题

用绘制表格方式，绘制如图 7-59 所示的标题栏。

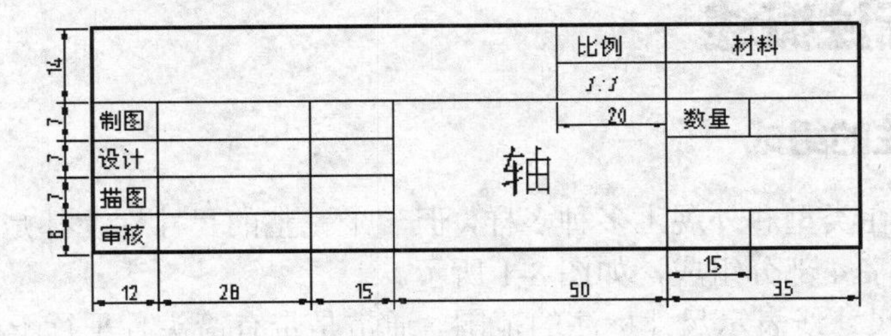

图 7-59 练习题图例

第8章

AutoCAD 尺寸标注工具

本章提要

尺寸标注是绘图过程中一项十分重要的内容，因为标注图形中的数字和其他符号，可以传达有关设计元素的尺寸信息，对施工或制造工艺进行注解。尺寸标注决定着图形对象的真实大小以及各部分对象之间的相互位置关系。本章重点讲解尺寸样式的设置、线性尺寸的标注、角度标注、弧长标注、直径和半径尺寸的标注、连续及基线尺寸标注、引线标注、形位公差的标注等内容。

通过本章学习，应达到如下基本要求。

① 通过本章学习，应能快速熟练标注工程图样中的各种尺寸。

② 掌握尺寸编辑命令的用法，对已经绘制好的图样能进行尺寸标注修改。

8.1 尺寸标注概述

8.1.1 尺寸标注的组成

尽管尺寸标注在类型和外观上多种多样，但一个完整的尺寸标注都是由尺寸线、尺寸界线、箭头和尺寸数字 4 部分组成，如图 8-1 所示。

（1）尺寸线。尺寸线表示尺寸标注的范围。通常是带有箭头且平行于被标注对象的单线段。标注文字沿尺寸线放置。对于角度标注，尺寸线可以是一段圆弧。

（2）尺寸界线。尺寸界线表示尺寸线的开始和结束。通常从被标注对象延长至尺寸线，一般与尺寸线垂直。有些情况下，也可以选用某些图形对象的轮廓线或中心线代替尺寸界线。

（3）箭头。箭头在尺寸线的两端，用于标记尺寸标注的起始和终止位置。AutoCAD 提供了多种形式的箭头，包括建筑标记、小斜线箭头、点和斜杠标记。读者也可以根据绘图需要创建自己的箭头形式。

（4）尺寸数字。尺寸数字用于表示实际测量值。可以使用由 AutoCAD 自动计算出的测量值，提供自定义的文字或完全不用文字。如果使用生成的文字，则可以附加“加 / 减公差、前缀和后缀”。

在 AutoCAD 中，通常将尺寸的各个组成部分作为块处理，因此，在绘图过程中，一个尺寸标注就是一个对象。

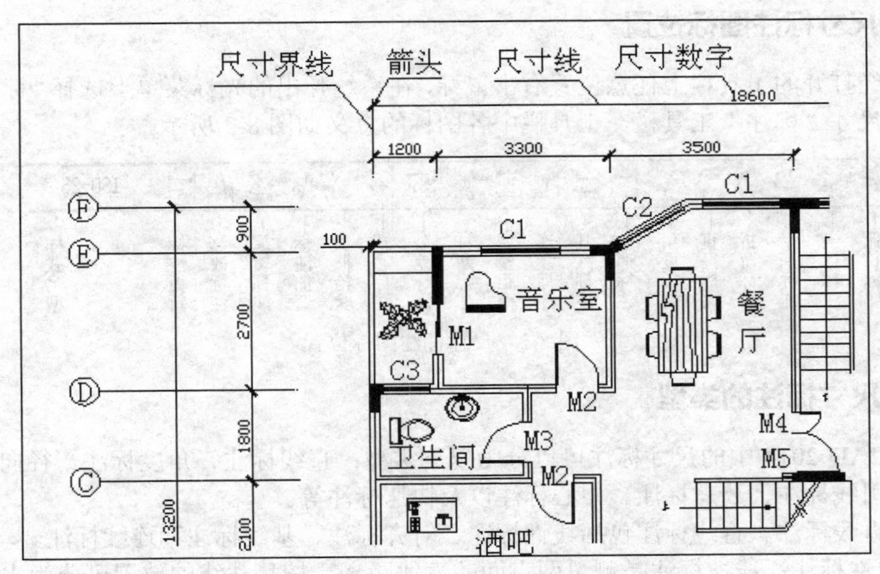

图 8-1　尺寸组成

8.1.2　尺寸标注规则

（1）尺寸标注的基本规则。

- 图形对象的大小以尺寸数值所表示的大小为准，与图线绘制的精度和输出时的精度无关。
- 一般情况下，采用毫米为单位时不需要注写单位，否则，应该明确注写尺寸所用单位。
- 尺寸标注所用字符的大小和格式必须满足国家标准。在同一图形中，同一类终端应该相同，尺寸数字大小应该相同，尺寸线间隔应该相同。
- 尺寸数字和图线重合时，必须将图线断开。如果图线不便于断开来表达对象时，应该调整尺寸标注的位置。

（2）AutoCAD 中尺寸标注的其他规则。一般情况下，为了便于尺寸标注的统一和绘图的方便，在 AutoCAD 中标注尺寸时应该遵守以下的规则。

- 为尺寸标注建立专用的图层。建立专用的图层，可以控制尺寸的显示和隐藏，和其他的图线可以迅速分开，便于修改、浏览。
- 为尺寸文本建立专门的文字样式。对照国家标准，应该设定好字符的高度、宽度系数、倾斜角度等。
- 设定好尺寸标注样式。按照我国的国家标准，创建系列尺寸标注样式，内容包括直线和终端、文字样式、调整对齐特性、单位、尺寸精度、公差格式和比例因子等。
- 保存尺寸格式及其格式簇，必要时使用替代标注样式。
- 采用 1∶1 的比例绘图。由于尺寸标注时可以让 AutoCAD 自动测量尺寸大小，所以采用 1∶1 的比例绘图，绘图时无须换算，在标注尺寸时也无需再键入尺寸大小。如果最后统一修改了绘图比例，相应应该修改尺寸标注的全局比例因子。
- 标注尺寸时应该充分利用对象捕捉功能准确标注尺寸，可以获得正确的尺寸数值。尺寸标注为了便于修改，应该设定成关联的。
- 在标注尺寸时，为了减少其他图线的干扰，应该将不必要的层关闭，如剖面线层等。

8.1.3 尺寸标注图标位置

在已经打开的工具栏上任意位置右击鼠标，在系统弹出的光标菜单上选择“标注”选项，系统弹出尺寸“标注”工具栏，工具栏中各图标的意义如图 8-2 所示。

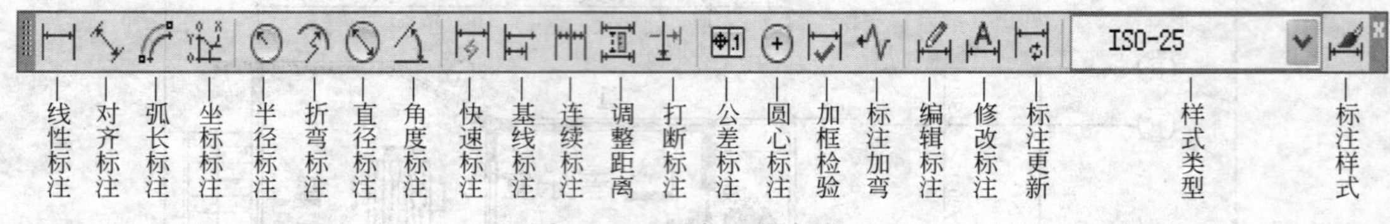

图 8-2 尺寸标注图标位置

8.1.4 尺寸标注的类型

AutoCAD 2014 中的尺寸标注可以分为以下类型：直线标注、角度标注、径向标注、坐标标注、引线标注、公差标注、中心标注以及快速标注等。

（1）直线标注。直线标注包括线性标注、对齐标注、基线标注和连续标注。

- 线性标注：线性标注是测量两点间的直线距离。按尺寸线的放置可分为水平标注、垂直标注和旋转标注三个基本类型。
- 对齐标注：对齐标注是创建尺寸线平行于尺寸界线起点的线性标注。
- 基线标注：基线标注是创建一系列的线性、角度或者坐标标注，每个标注都从相同原点测量出来。
- 连续标注：连续标注是创建一系列连续的线性、对齐、角度或者坐标标注，每个标注都是从前一个或者最后一个选定的标注的第二尺寸界线处创建，共享公共的尺寸界线。

（2）角度标注。角度标注用于测量角度。

（3）径向标注。径向标注包括半径标注、直径标注和弧长标注。

- 半径标注：半径标注是用于测量圆和圆弧的半径。
- 直径标注：直径标注是用于测量圆和圆弧的直径。
- 弧长标注：弧长标注是用于测量圆弧的长度，它是 AutoCAD 2014 新增功能。

（4）坐标标注。使用坐标系中相互垂直的 X 和 Y 坐标轴作为参考线，依据参考线标注给定位置的 X 或者 Y 坐标值。

（5）引线标注。引线标注用于创建注释和引线，将文字和对象在视觉上链接在一起。

（6）公差标注。公差标注用于创建形位公差标注。

（7）中心标注。中心标注用于创建圆心和中心线，指出圆或者是圆弧的中心。

（8）快速标注。快速标注是通过一次选择多个对象，创建标注排列。例如：基线、连续和坐标标注。

8.2 尺寸标注样式设置

8.2.1 创建尺寸样式

缺省情况下，在 AutoCAD 中创建尺寸标注时使用的尺寸标注样式是“ISO-25”，用户可以根据需要创建一种新的尺寸标注样式。

AutoCAD 提供的“标注样式”命令即可用来创建尺寸标注样式。启用“标注样式”命令后，系统将弹出“标注样式”对话框，从中可以创建或调用已有的尺寸标注样式。在创建新的尺寸标注样式时，用户需要设置尺寸标注样式的名称，并选择相应的属性。

启用“标注样式”命令有三种方法。

- 选择【格式】→【标注样式】菜单命令。
- 单击【样式】工具栏中的“标注样式管理器”按钮。
- 输入命令：DIMSTYLE。

启用“标注样式”命令后，系统弹出如图 8-3 所示的“标注样式管理器”对话框，各选项功能如下。

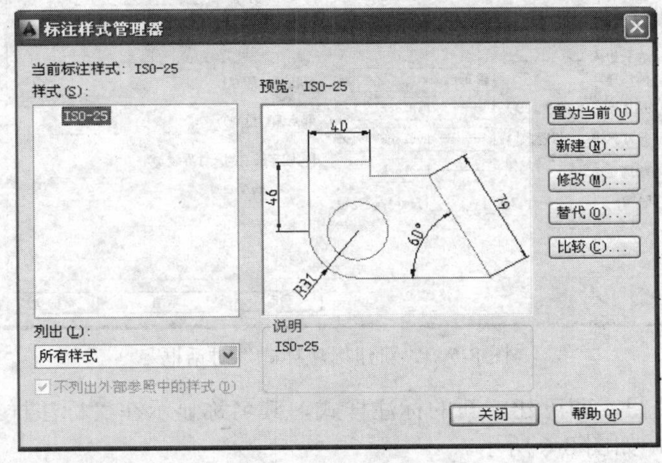

图 8-3 “标注样式管理器”对话框（一）

- 【样式】选项：显示当前图形文件中已定义的所有尺寸标注样式。
- 【预览】选项：显示当前尺寸标注样式设置的各种特征参数的最终效果图。
- 【列出】选项：用于控制在当前图形文件中是否全部显示所有的尺寸标注样式。
- 置为当前(U) 按钮：用于设置当前标注样式。对每一种新建立的标注样式或对原式样的修改后，均要置为当前设置才有效。
- 新建(N)... 按钮：用于创建新的标注样式。
- 修改(M)... 按钮：用于修改已有标注样式中的某些尺寸变量。
- 替代(O)... 按钮：用于创建临时的标注样式。当采用临时标注样式标注某一尺寸后，再继续采用原来的标注样式标注其他尺寸时，其标注效果不受临时标注样式的影响。
- 比较(C)... 按钮：用于比较不同标注样式中不相同的尺寸变量，并用列表的形式显示出来。

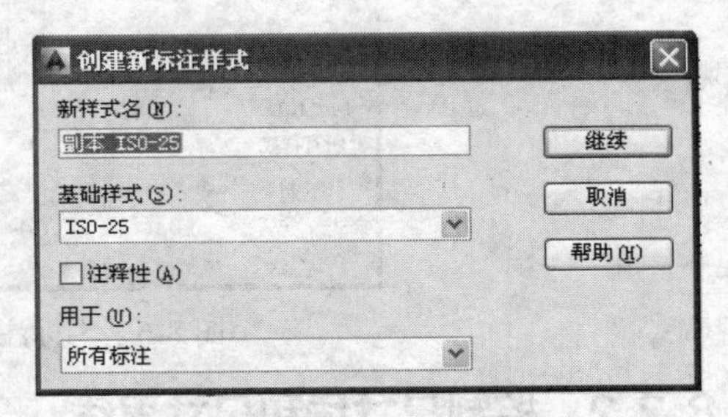

图 8-4 “创建新标注样式”对话框

创建尺寸样式的操作步骤如下。

① 利用上述任意一种方法启用“标注样式”命令，弹出“标注样式管理器”对话框，在“样式”列表下显示当前使用图形中已存在的标注样式。

② 单击新建按钮，弹出“创建新标注样式”对话框，在“新样式名”选项的文本框中输入新的样式名称；在“基础样式”选项的下拉列表中选择新标注样式是基于哪一种标注样式创建的；在“用于”选项的下拉列表中选择标注的应用范围，如应用于所有标注、半径标注、对齐标注等，如图 8-4 所示。

③ 单击继续按钮，弹出“新建标注样式”对话框，此时用户即可应用对话框中的 7 个

选项卡进行设置，如图 8-5 所示。

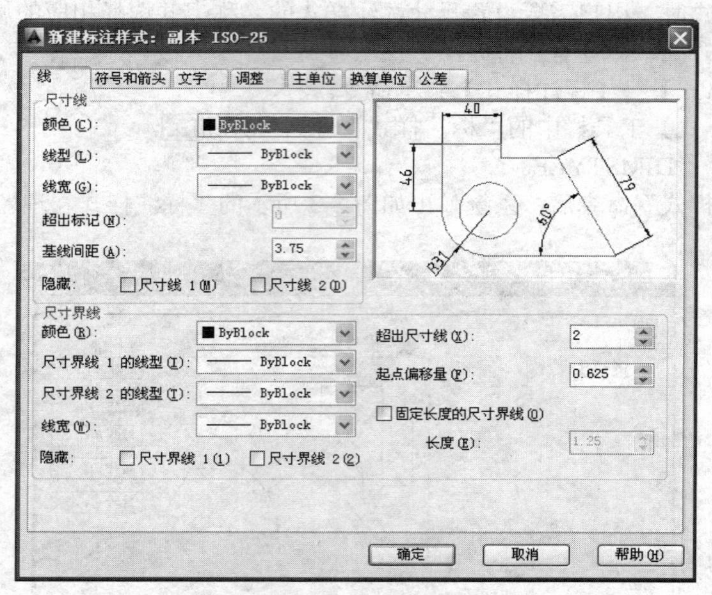

图 8-5　“新建标注样式”对话框

④ 单击确定按钮，即可建立新的标注样式，其名称显示在“标注样式管理器”对话框的“样式”列表下，如图 8-6 所示。

⑤ 在“样式”列表内选中刚创建的标注样式，单击置为当前按钮，即可将该样式设置为当前使用的标注样式。

⑥ 单击关闭按钮，即可关闭对话框，返回绘图窗口。

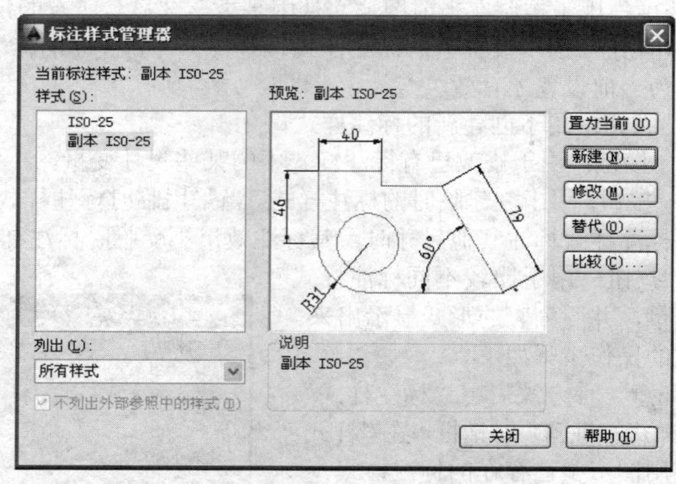

图 8-6　“标注样式管理器”对话框（二）

8.2.2　控制尺寸线和尺寸界线

在前面创建标注样式时，在图 8-5 所示的“新建标注样式”对话框中有 7 个选项卡来设置标注的样式，在“线”选项卡中，可以对尺寸线、尺寸界线进行设置，如图 8-7 所示。

（1）调整尺寸线。在“尺寸线”选项组中可以设置影响尺寸线的一些变量。

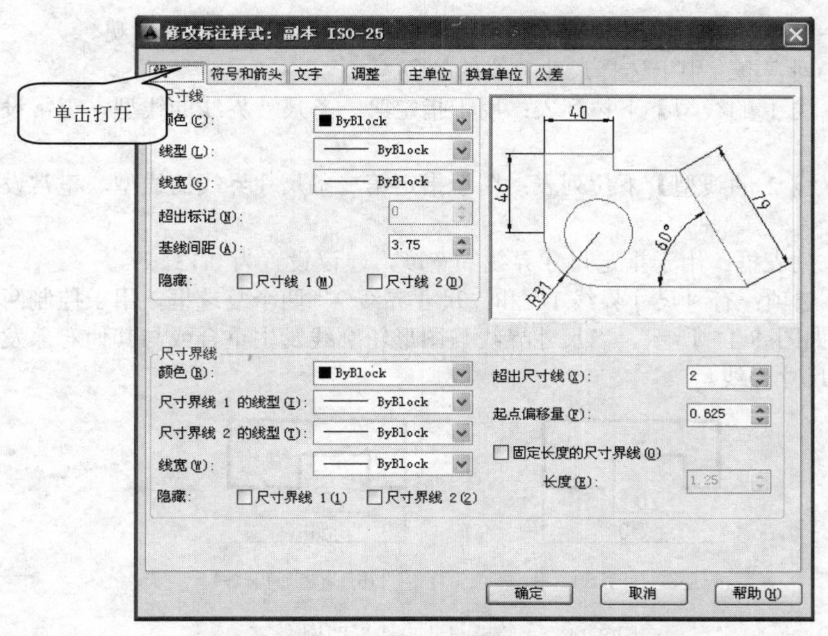

图 8-7　“尺寸线和尺寸界线”直线选项

- 【颜色】下拉列表框：用于选择尺寸线的颜色。
- 【线型】下拉列表框：用于选择尺寸线的线型，正常选择为连续直线。
- 【线宽】下拉列表框：用于指定尺寸线的宽度，线宽建议选择 0.13。
- 【超出标记】选项：指定当箭头使用倾斜、建筑标记、积分和无标记时尺寸线超过尺寸界线的距离，如图 8-8 所示。
- 【基线间距】选项：决定平行尺寸线间的距离。如：创建基线型尺寸标注时，相邻尺寸线间的距离由该选项控制，如图 8-9 所示。

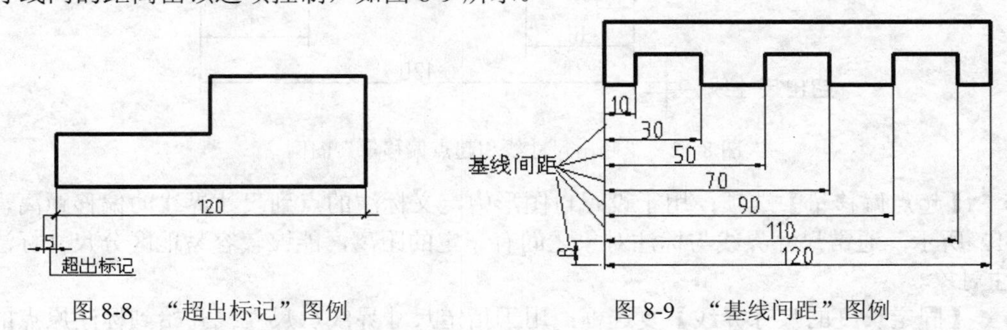

图 8-8　“超出标记”图例　　　　图 8-9　“基线间距”图例

- 【隐藏】选项：有“尺寸线 1”和“尺寸线 2”两个复选框，用于控制尺寸线两端的可见性，如图 8-10 所示。同时选中两个复选框时将不显示尺寸线。

(a) 隐藏尺寸线1　　　　(b) 隐藏尺寸线2

图 8-10　“隐藏尺寸线”图例

（2）控制尺寸界线。在“尺寸界线”选项组中可以设置尺寸界线的外观。

- 【颜色】列表框：用于选择尺寸界线的颜色。
- 【尺寸界线 1 的线型】下拉列表：用于指定第一条尺寸界线的线型，正常设置为连续线。
- 【尺寸界线 2 的线型】下拉列表：用于指定第二条尺寸界线的线型，正常设置为连续线。
- 【线宽】列表框：用于指定尺寸界线的宽度，建议设置为 0.13。
- 【隐藏】选项：有“尺寸界线 1”和“尺寸界线 2”两个复选框，用于控制两条尺寸界线的可见性，如图 8-11 所示。当尺寸界线与图形轮廓线发生重合或与其他对象发生干涉时，可选择隐藏尺寸界线。

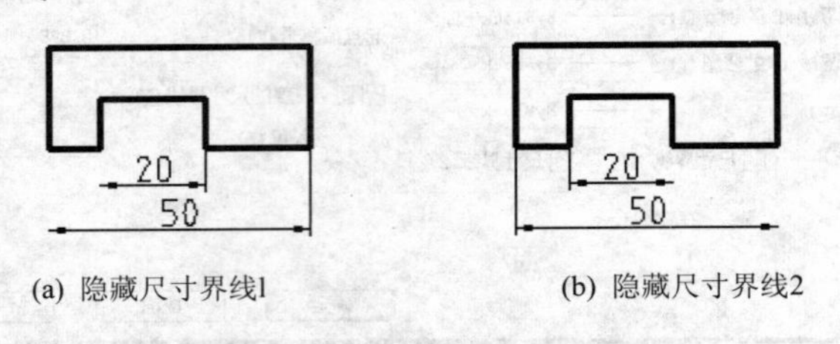

图 8-11 “隐藏尺寸界线”图例

- 【超出尺寸线】选项：用于控制尺寸界线超出尺寸线的距离，如图 8-12 所示。通常规定尺寸界线的超出尺寸为 2～3mm，使用 1∶1 的比例绘制图形时，设置此选项为 2 或 3。

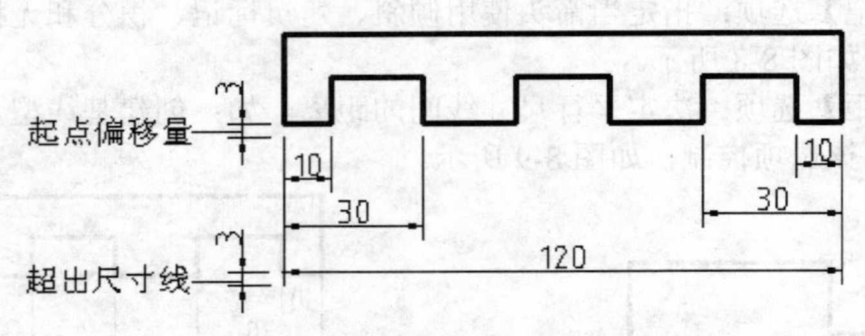

图 8-12 “超出尺寸线和起点偏移量”图例

- 【起点偏移量】选项：用于设置自图形中定义标注的点到尺寸界线的偏移距离，如图 8-12 所示。通常尺寸界线与标注对象之间有一定的距离，能够较容易地区分尺寸标注和被标注对象。
- 【固定长度的尺寸界线】复选框：用于指定尺寸界线从尺寸线开始到标注原点的总长度。

8.2.3 控制符号和箭头

在“符号和箭头”选项卡中，可以对箭头、圆心标记、弧长符号和半径折弯标注的格式和位置进行设置，如图 8-13 所示。下面分别对箭头、圆心标记、弧长符号和半径标注、折弯的设置方法进行详细的介绍。

（1）箭头的使用。在“箭头”选项组中，提供了对尺寸箭头的控制选项。

- 【第一个】下拉列表框：用于设置第一条尺寸线的箭头样式。
- 【第二个】下拉列表框：用于设置第二条尺寸线的箭头样式。当改变第一个箭头的类型时，第二个箭头将自动改变，以同第一个箭头相匹配。

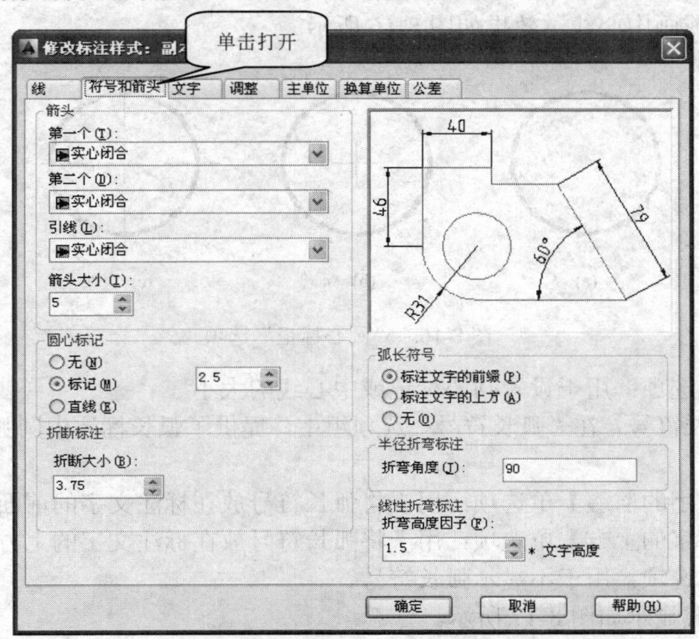

图 8-13 “符号和箭头”选项

AutoCAD 2014 提供了 19 种标准的箭头类型，其中设置有建筑制图专用箭头类型，如图 8-14 所示。可以通过滚动条来进行选取。要指定用户定义的箭头块，可以选择“用户箭头”命令，弹出“选择自定义箭头块”对话框，选择用户定义的箭头块的名称，如图 8-15 所示，单击确定按钮即可。

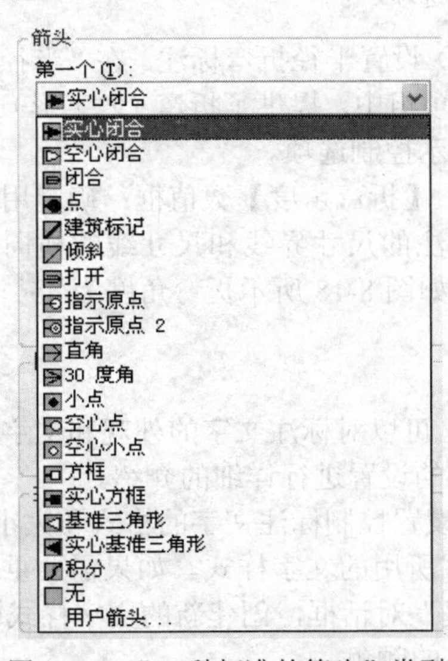

图 8-14 “19 种标准的箭头”类型

图 8-15 选择自定义箭头块

- 【引线】下拉列表框：用于设置引线标注时的箭头样式。
- 【箭头大小】选项：用于设置箭头的大小。

（2）设置圆心标记及圆中心线。在“圆心标记”选项组中提供了对圆心标记的控制选项。

- 【圆心标记】选项组：该选项组提供了“无”、“标记”和“直线”3 个单选项，可以设置圆心标记或画中心线，效果如图 8-16 所示。

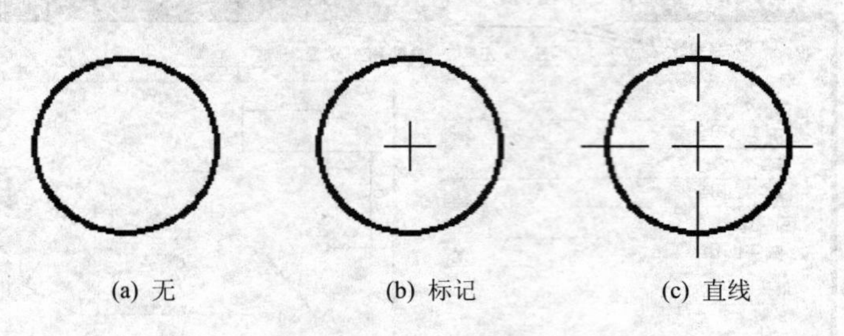
(a) 无　(b) 标记　(c) 直线

图 8-16 “圆心标记”选项

- 【大小】选项：用于设置圆心标记或中心线的大小。

（3）设置弧长符号。在“弧长符号”选项组中，提供了弧长标注中圆弧符号的显示控制选项。

- 【标注文字的前缀】单选项：用于将弧长符号放在标注文字的前面。
- 【标注文字的上方】单选项：用于将弧长符号放在标注文字的上方。
- 【无】单选项：用于不显示弧长符号。

三种不同方式显示如图 8-17 所示。

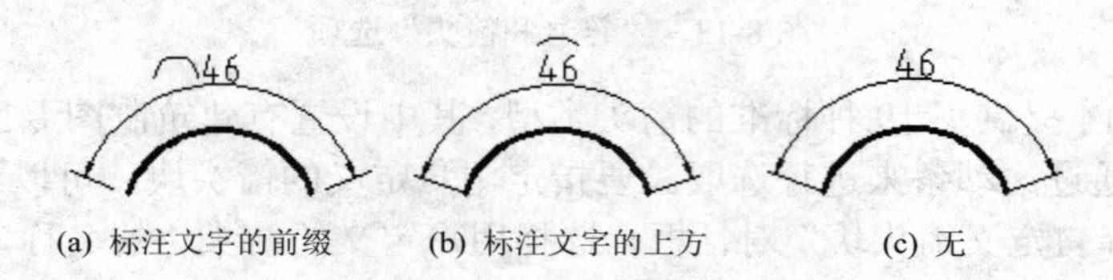

(a) 标注文字的前缀　(b) 标注文字的上方　(c) 无

图 8-17 “弧长符号”选项

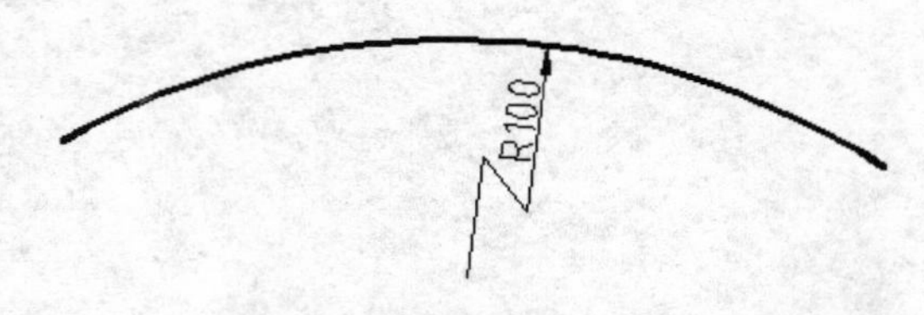

图 8-18 “折弯角度”数值

（4）设置半径折弯标注。在“半径折弯标注”选项组中，提供了折弯（Z 字形）半径标注的显示控制选项。

- 【折弯角度】数值框：确定用于连接半径标注的尺寸界线和尺寸线的横向直线的角度，如图 8-18 所示折弯角度为 45°。

8.2.4 控制标注文字外观和位置

在“修改标注样式”对话框的“文字”选项卡中，可以对标注文字的外观和文字的位置进行设置，如图 8-19 所示。下面对文字的外观和位置的设置进行详细的介绍。

（1）文字外观。在“文字外观”选项组中，可以设置控制标注文字的格式和大小。

- 【文字样式】下拉列表框：用于选择标注文字所用的文字样式。如果需要重新创建文字样式，可以单击右侧的按钮[...]，弹出“文字样式”对话框，创建新的文字样式即可。
- 【文字颜色】下拉列表框：用于设置标注文字的颜色。
- 【填充颜色】下拉列表框：用于设置标注中文字背景的颜色。
- 【文字高度】数值框：用于指定当前标注文字样式的高度。若在当前使用的文字样式中设置了文字的高度，此项输入的数值无效。
- 【分数高度比例】数值框：用于指定分数形式字符与其他字符之间的比例。只有在选择支持分数的标注格式时，才可进行设置。

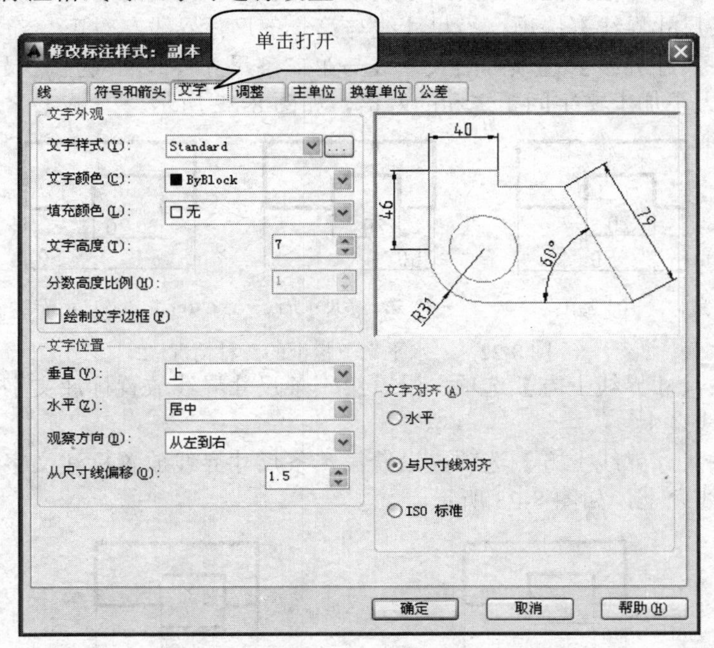

图 8-19 “文字”选项

- 【绘制文字边框】复选框：用于给标注文字添加一个矩形边框，如图 8-20 所示。

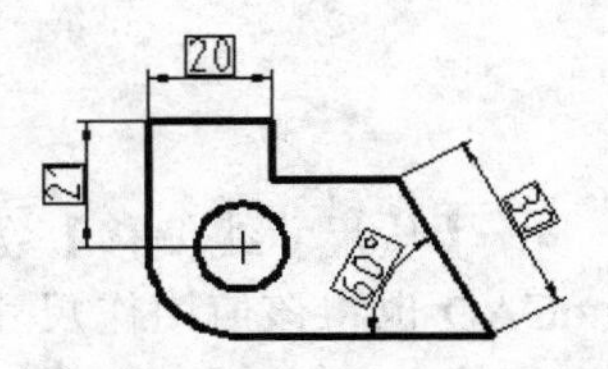

图 8-20 “绘制文字边框”图例

（2）文字位置。在“文字位置”选项组中，可以设置控制标注文字的位置。

在“垂直”下拉列表框：包含“居中”“上”“外部”和“JIS”4 个选项，用于控制标注文字相对尺寸线的垂直位置。选择某项时，在对话框的预览框中可以观察到标注文字的变化，如图 8-21 所示。

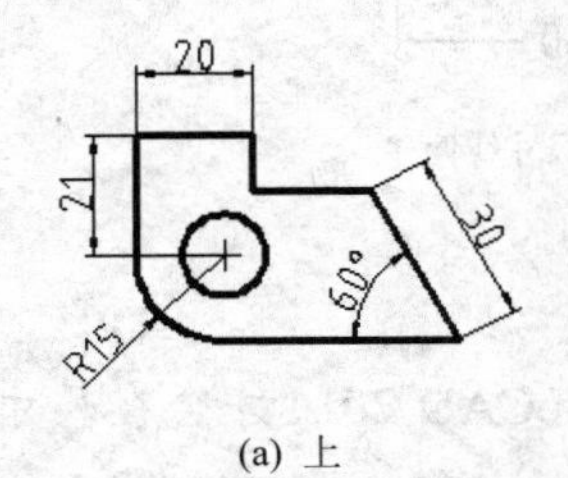

(a) 上

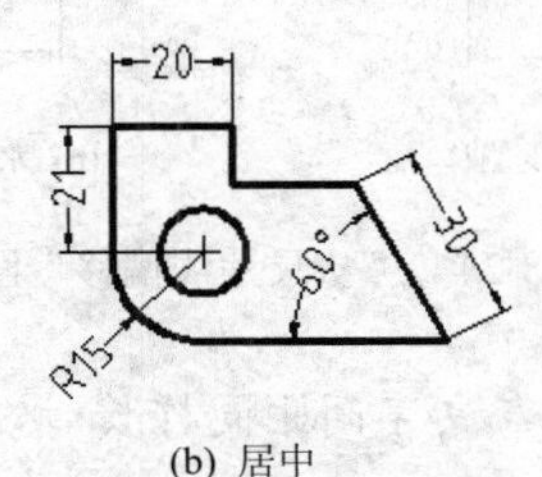

(b) 居中

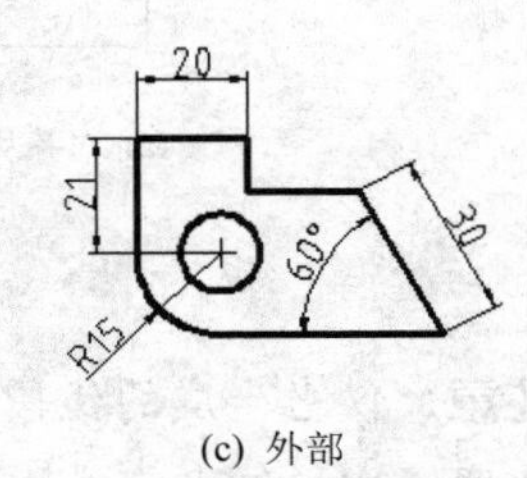

(c) 外部

图 8-21 “垂直”下拉列表框三种情况

- 【居中】选项：将标注文字放在尺寸线的两部分中间。
- 【上】选项：将标注文字放在尺寸线上方。
- 【外部】选项：将标注文字放在尺寸线上离标注对象较远的一边。
- 【JIS】选项：按照日本工业标准“JIS”放置标注文字。

在“水平”下拉列表框：包含“居中”“第一条尺寸界线”“第二条尺寸界线”“第一条尺寸界线上方”和“第二条尺寸界线上方”5 个选项，用于控制标注文字相对于尺寸线和尺寸界线的水平位置。

- 【居中】选项：把标注文字沿尺寸线放在两条尺寸界线的中间。
- 【第一条尺寸界线】选项：沿尺寸线与第一条尺寸界线左对正。
- 【第二条尺寸界线】选项：沿尺寸线与第二条尺寸界线右对正。尺寸界线与标注文字的距离是箭头大小加上文字间距之和的两倍，如图 8-22 所示。

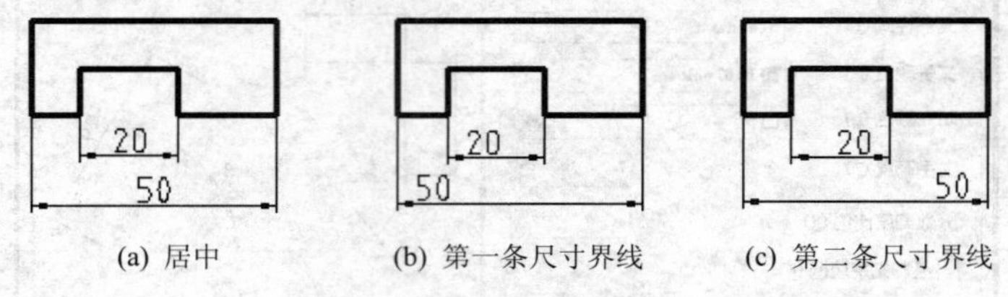

(a) 居中　　(b) 第一条尺寸界线　　(c) 第二条尺寸界线

图 8-22　“水平”下拉框的三种情况

- 【第一条尺寸界线上方】选项：沿着第一条尺寸界线放置标注文字或把标注文字放在第一条尺寸界线之上。
- 【第二条尺寸界线上方】选项：沿着第二条尺寸界线放置标注文字或把标注文字放在第二条尺寸界线之上，如图 8-23 所示。

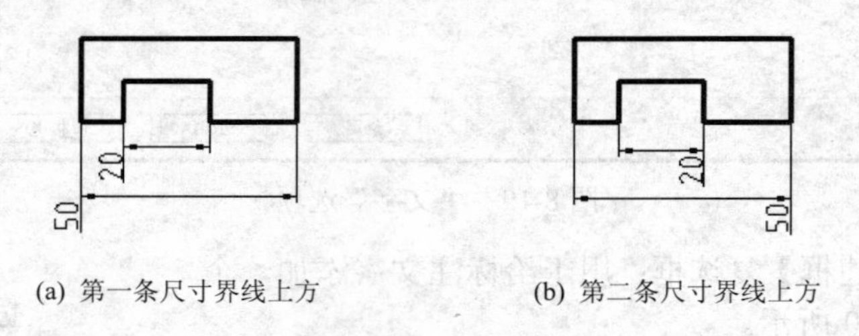

(a) 第一条尺寸界线上方　　(b) 第二条尺寸界线上方

图 8-23　“水平”下拉框的两种情况

- 【从尺寸线偏移】数值框：用于设置当前文字与尺寸线之间的间距，如图 8-24 所示。AutoCAD 也将该值用作尺寸线线段所需的最小长度。

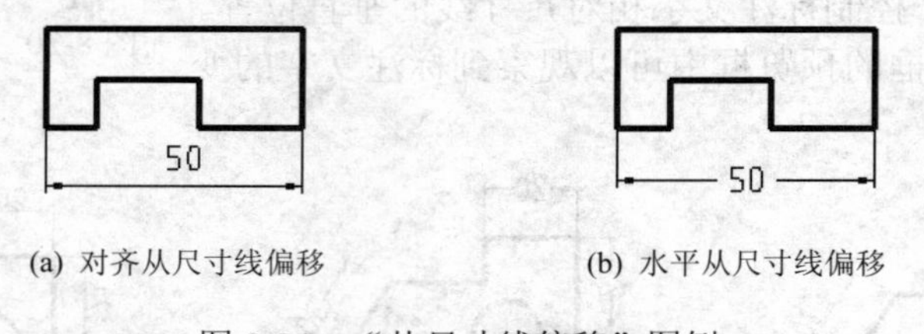

(a) 对齐从尺寸线偏移　　(b) 水平从尺寸线偏移

图 8-24　“从尺寸线偏移”图例

> **注意：**仅当生成的线段至少与文字间距同样长时，AutoCAD 2014 才会在尺寸界线内侧放置文字。仅当箭头、标注文字以及页边距有足够的空间容纳文字间距时，才将尺寸上方或下方的文字置于内侧。

- 【文字对齐】选项组：用于控制标注文字放在尺寸界线外边或里边时的方向，是保持水平还是与尺寸界线平行。
- 【水平】单选项：将水平放置标注文本，如图 8-25 所示。
- 【与尺寸线对齐】单选项：用于设置文本文字与尺寸线对齐，如图 8-26 所示。
- 【ISO 标准】单选项：当文字在尺寸界线内时，文字与尺寸线对齐；当文字在尺寸界线外时，文字水平排列，如图 8-27 所示。

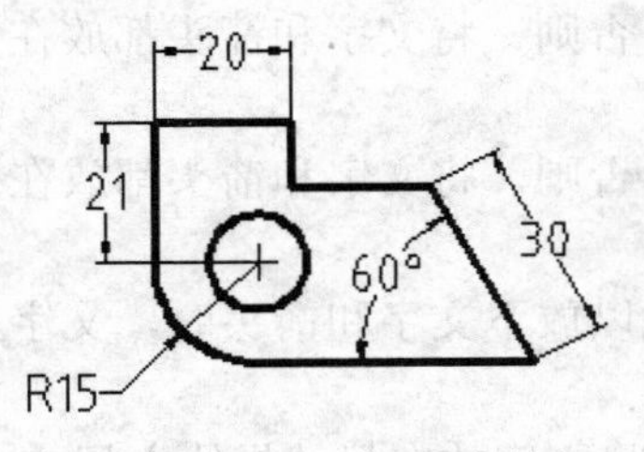

图 8-25 “水平”图例

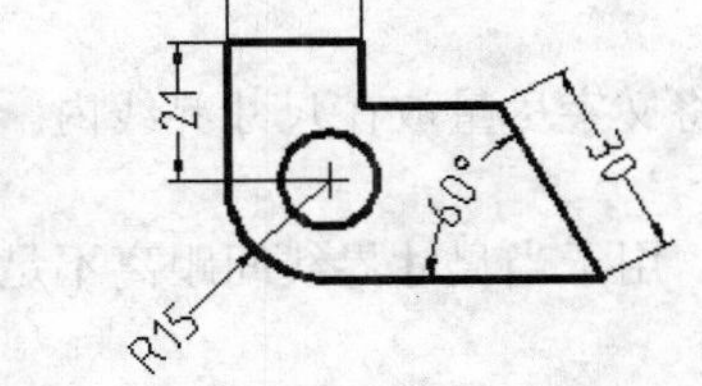

图 8-26 “与尺寸线对齐”图例

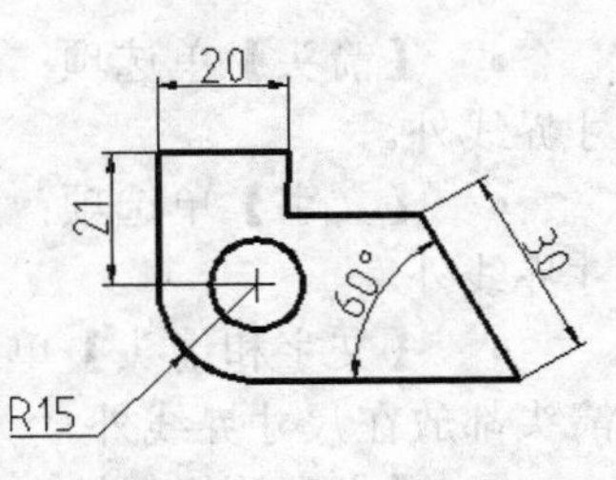

图 8-27 “ISO 标准”图例

8.2.5 调整箭头、标注文字及尺寸线间的位置关系

在“修改标注样式”对话框的调整选项卡中，可以对标注文字、箭头、尺寸界线之间的位置关系进行设置，如图 8-28 所示。下面对箭头标注文字及尺寸界线间位置关系的设置进行详细的说明。

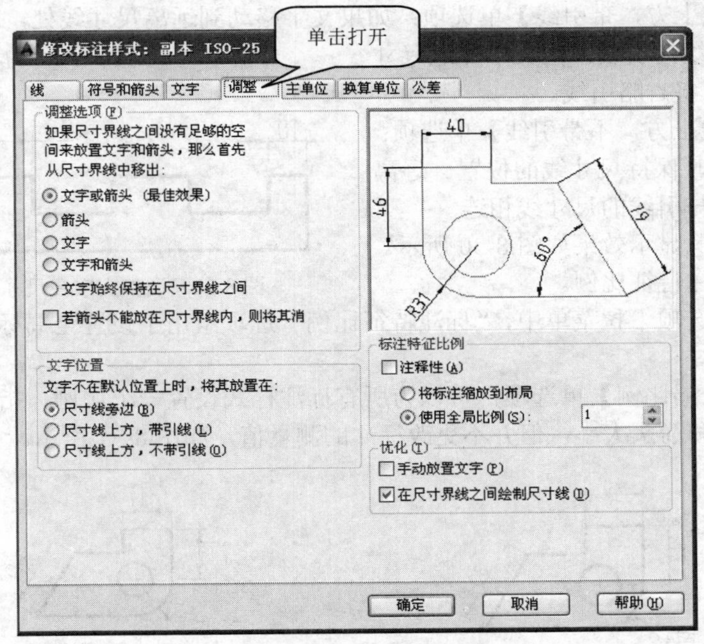

图 8-28 “调整”选项

（1）调整选项。调整选项主要用于控制基于尺寸界线之间可用空间的文字和箭头的位置，各项意义如下。

- 【文字或箭头（最佳效果）】单选项：当尺寸间的距离足够放置文字和箭头时，文字和箭头都放在尺寸界线内；否则，AutoCAD 2014 对文字及箭头进行综合的考虑，自动选择最佳效果移动文字或箭头进行显示；放置文字和箭头大致可分为以下几种表现形式，如图 8-29 所示。

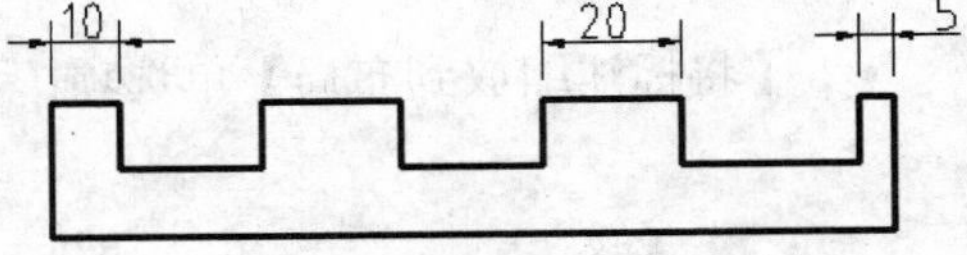

图 8-29 “放置文字和箭头”效果

特别提示：当尺寸间的距离仅够容纳文字时，文字放在尺寸线内，箭头放在尺寸线外；当尺寸界线间的距离仅够容纳箭头时，箭头放在尺寸界线内，文字放在尺寸界线外；当尺寸界线间的距离既不够放文字又不够放箭头时，文字和箭头都放在尺寸界线外。

- 【箭头】单选项：用于将箭头尽量放在尺寸界线内。否则，将文字和箭头都放在尺寸界线外。
- 【文字】单选项：用于将文字尽量放在尺寸界线内。否则，将文字和箭头都放在尺寸界线外。
- 【文字和箭头】单选项：用于当尺寸界线间距离不足以放下文字和箭头时，文字和箭头都放在尺寸界线外。
- 【文字始终保持在尺寸界线之间】单选项：用于始终将文字放在尺寸界线之间。
- 【若箭头不能放在尺寸界线内，则将其消】复选框：用于如果尺寸界线内没有足够的空间，则隐藏箭头。

（2）调整文字在尺寸线上的位置。在“调整”选项下拉菜单中，“文字位置”选项用于设置标注文字从默认位置移动时，标注文字的位置，各项意义如下。

- 【尺寸线旁边】单选项：用于将标注文字放在尺寸线旁边。
- 【尺寸线上方，带引线】单选项：如果文字移动到远离尺寸线处，AutoCAD 创建一条从文字到尺寸线的引线；但文字靠近尺寸线时，AutoCAD 将省略引线。
- 【尺寸线上方，不带引线】单选项：用于在移动文字时保持尺寸线的位置。远离尺寸线的文字不与引线的尺寸线相连。

以上三种情况显示效果如图 8-30 所示。

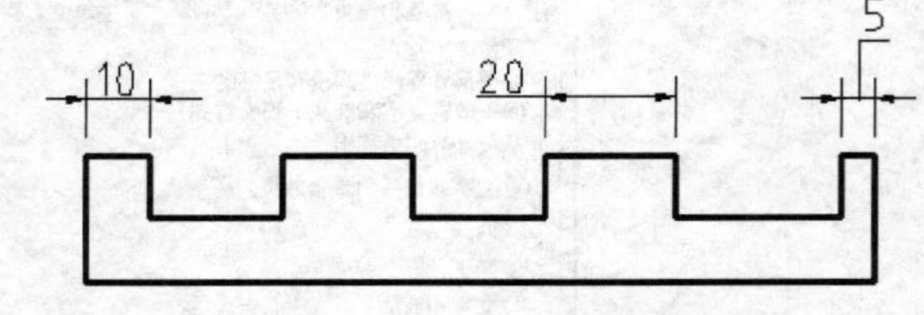

图 8-30　调整文字在尺寸线上的位置

（3）调整标注特征比例。

在“调整”选项下拉菜单中，“标注特征比例”选项组用于设置全局标注比例值或图纸空间比例。

- 【使用全局比例】单选项：可以为所有标注样式设置一个比例，指定大小、距离或间距，包括文字和箭头大小，但并不更改标注的测量值，如图 8-31 所示。

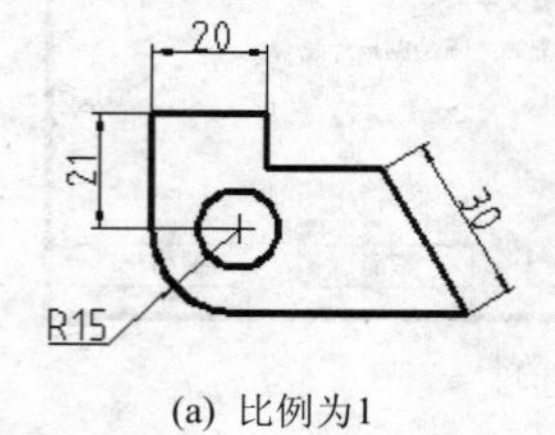

(a) 比例为1

(b) 比例为2

图 8-31　“使用全局比例”图例

- 【将标注缩放到布局】单选项：可以根据当前模型空间视口与图纸空间之间的比例确定比例因子。

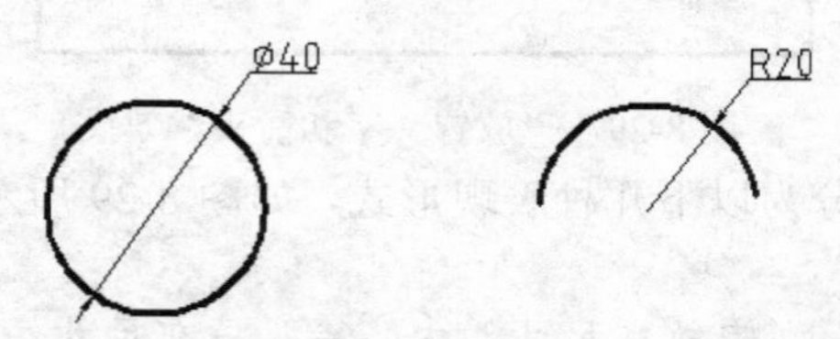

图 8-32　“在尺寸界线之间绘制尺寸线”图例

（4）调整优化。“优化”选项组用于放置标注文字的其他选项。

- 【手动放置文字】复选框：系统将忽略所有水平对正设置，并把文字放在“尺寸线位置”提示下指定的位置。
- 【在尺寸界线之间绘制尺寸线】复选框：始终在测量点之间绘制尺寸线，即使 AutoCAD 将箭头放在测量点之外，如图 8-32 所示。

8.2.6 设置文字的主单位

在“修改标注样式”对话框的“主单位”选项卡中，可以设置主标注单位的格式和精度，并设置标注文字的前缀和后缀，如图 8-33 所示。下面对“线性标注”和“角度标注”的设置进行详细的介绍。

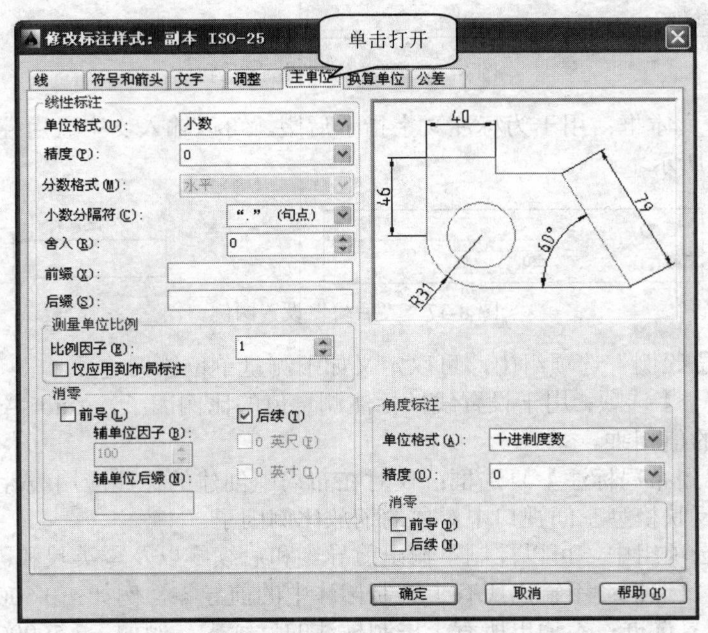

图 8-33 “主单位”选项

（1）设置线性标注。在“线性标注”选项组中，可以设置线性标注的格式和精度。

- 【单位格式】下拉列表框：用于选择设置除角度之外的标注类型的当前单位格式。
- 【精度】下拉列表框：用于设置标注文字中的小数位数。
- 【分数格式】下拉列表框：用于设置分数格式，可以选择“水平”“对角”“非堆叠”3 种方式，如图 8-34 所示。

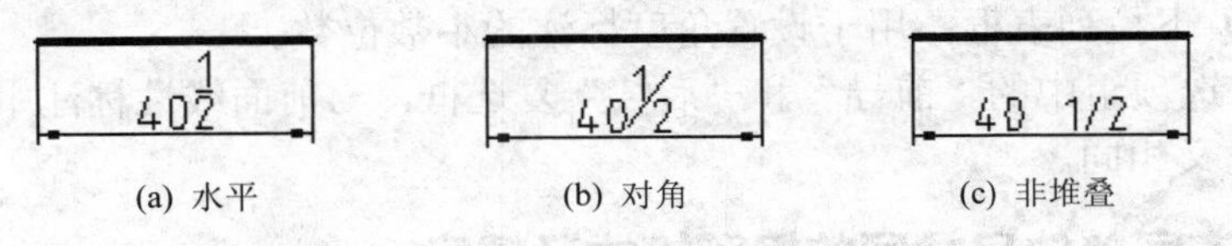

(a) 水平　(b) 对角　(c) 非堆叠

图 8-34 分数格式

- 【小数分隔符】下拉列表框：用于设置十进制格式的分隔符，如图 8-35 所示。

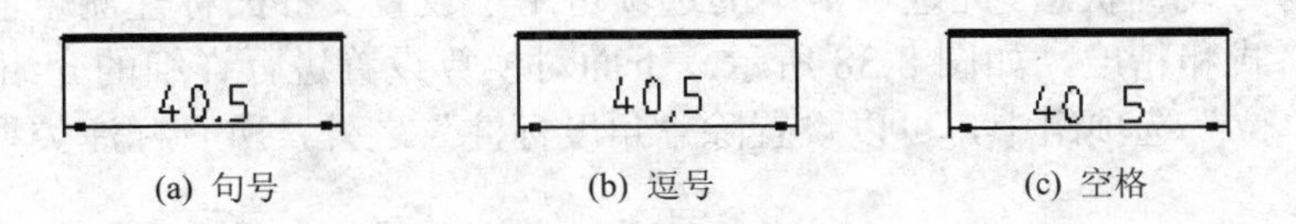

(a) 句号　(b) 逗号　(c) 空格

图 8-35 小数分隔符

- 【舍入】下拉列表框：用于对除角度之外的所有标注类型设置标注测量值的舍入规则。

- 【前缀】文本框：用于为标注文字指示前缀，可以输入文字或用控制代码显示特殊符号，如图 8-36 所示。

图 8-36 “前缀”设置图例

- 【后缀】文本框：用于为标注文字指示后缀，可以输入文字或用控制代码显示特殊符号，如图 8-37 所示。

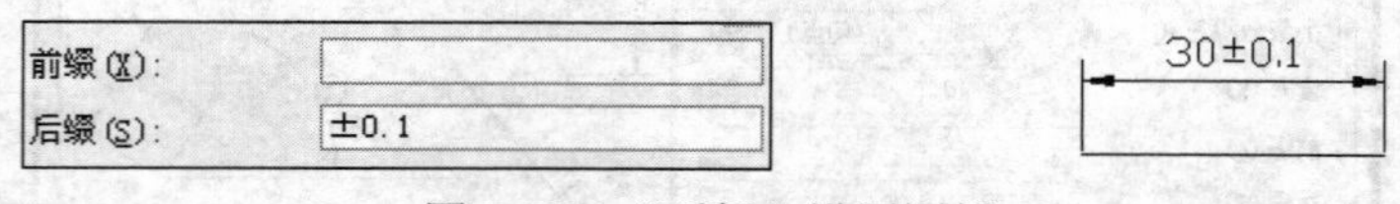

图 8-37 “后缀”设置图例

在“测量单位比例”选项组中，可以定义如下测量单位比例选项。

- 【比例因子】选项：用于设置线性标注测量值的比例因子。AutoCAD 2014 将标注测量值与此处输入的值相乘。
- 【仅应用到布局标注】复选框：仅对在布局中创建的标注应用线性比例值。这使长度比例因子可以反映模型空间视口中对象的缩放比例因子。

在“消零”选项组中，可以控制不输出前导零和后续零以及零英尺和零英寸部分。

- 【前导】复选框：不输出所有十进制标注中的前导零，例如：0.500 变成 .500。
- 【后续】复选框：不输出所有十进制标注的后续零，例如，3.50000 变成 3.5。
- 【0 英尺】复选框：用于当距离小于一英尺时，不输出“英尺-英寸型”标注中的英尺部分。
- 【0 英寸】复选框：用于当距离是整数英尺时，不输出“英尺-英寸型”标注中的英寸部分。

（2）设置角度标注。在“角度标注”选项组中，可以设置角度标注的当前角度格式。

- 【单位格式】下拉列表框：用于设置角度单位格式。
- 【精度】下拉列表框：用于设置角度标注的小数位数。

在“消零”选项组中的“前导”和“后续”复选框，与前面线性标注中的“消零”选项组中的复选框意义相同。

8.2.7 设置不同单位尺寸间的换算格式及精度

在“修改标注样式”对话框的“换算单位”选项卡中，选择“显示换算单位”复选框，当前对话框变为可设置状态。此选项卡中的选项可用于设置文件的标注测量值中换算单位的显示并设置其格式和精度，如图 8-38 所示。下面对换算设置进行详细的介绍。

在“换算单位”选项组中，可以设置除“角度标注”之外，所有标注类型的当前换算单位格式。

- 【单位格式】下拉列表框：用于设置换算单位的格式。
- 【精度】下拉列表框：用于设置换算单位中的小数位数。
- 【换算单位倍数】数值框：用于指定一个乘数作为主单位和换算单位之间的换算因子，长度缩放比例将改变缺省的测量值。此选项的设置对角度标注没有影响，也不用于舍入或者加减公差值。

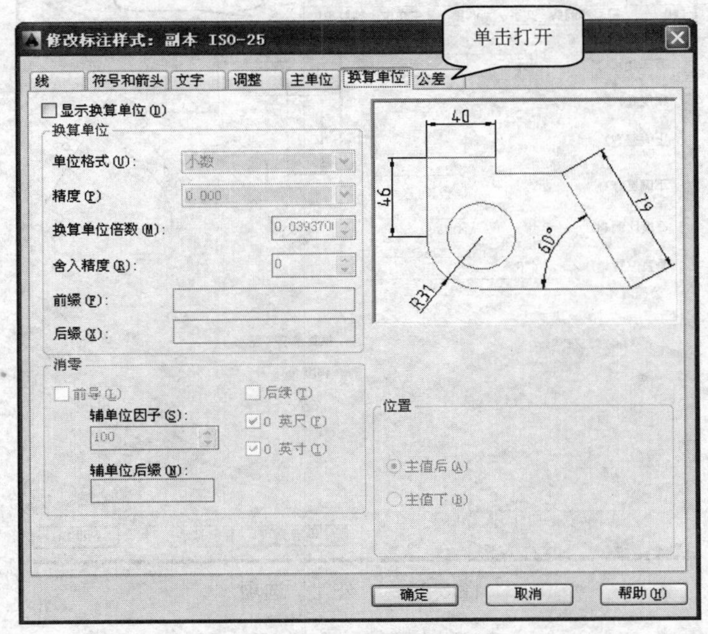

图 8-38　“换算单位”选项

• 【舍入精度】数值框：用于设置除角度之外的所有标注类型的换算单位的舍入规则。

• 【前缀】文本框：为换算标注文字指示前缀。

• 【后缀】文本框：在换算标注文字中包含后缀。

在“消零”选项组中，选择“前导”或“后续”复选项，设置控制不输出前导零和后续零以及零英尺和零英寸部分。

在“位置”选项组中，可以设置换算单位标注上的显示位置，选择“主值后”单选项时，换算单位将显示在主单位之后；选择“主值下”单选项时，换算单位将显示在主单位下面。

8.2.8　设置尺寸公差

在“修改标注样式”对话框的“公差”选项卡中，可以设置标注文字中公差的格式及显示，如图 8-39 所示。下面对公差的格式及偏差设置进行详细说明。

在“公差”选项组中，可以设置公差格式。

• 【方式】列表框：包括“无”“对称”“极限偏差”“极限尺寸”和“基本尺寸”5 个选项，用于设置公差的计算方法和表现方式，如图 8-40 所示。

在【方式】列表框中，各项的意义如下。

• 【无】选项：不添加公差，如果选择了该选项，在整个公差选项组全部为灰色，表示不能进行设置。

• 【对称】选项：用于添加公差的正负表达式，AutoCAD 将单个变量值应用到标注的测量值。可在“上偏差”数值框中输入公差值，表达式将以“±”号连接数值。

• 【极限偏差】选项：添加正负公差的表达式。可以将不同的正负变量值应用到标注测量值。正号“+”表示在“上偏差”数值框中输入的公差值；负号“–”表示在“下偏差”数值框中输入的公差值。

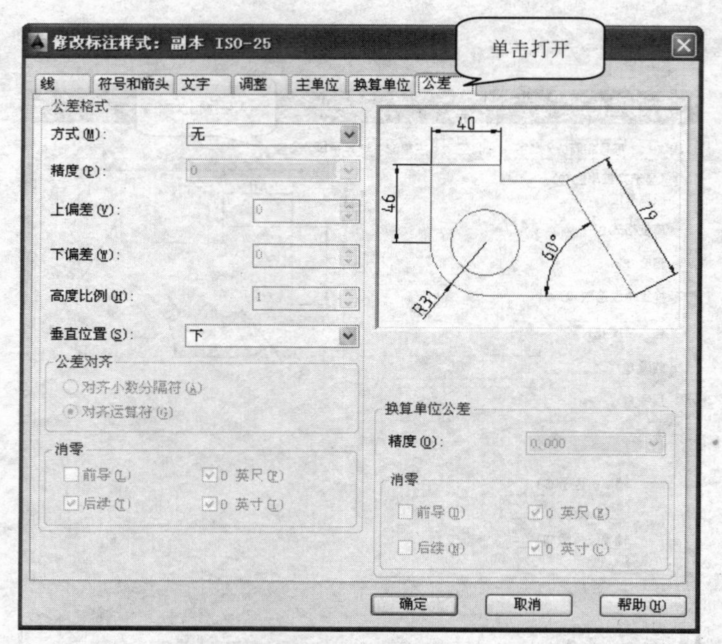

图 8-39　“公差”选项

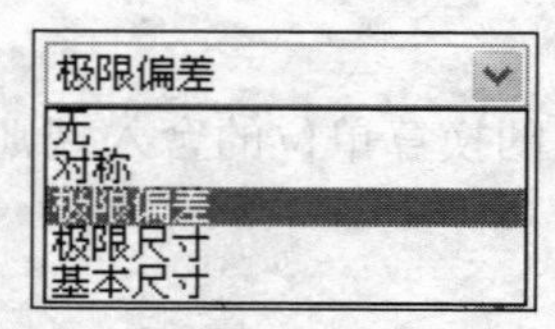

图 8-40　“方式”列表框

- 【极限尺寸】选项：用于创建最大值和最小值的极限标注，上面是最大值，等于标注值加上在“上偏差”数值框中输入的值；下面是最小值，等于标注值减去在“下偏差”数值框中输入的值。
- 【基本尺寸】选项：在整个标注范围周围绘制一个框。

以上五种情况显示效果如图 8-41 所示。

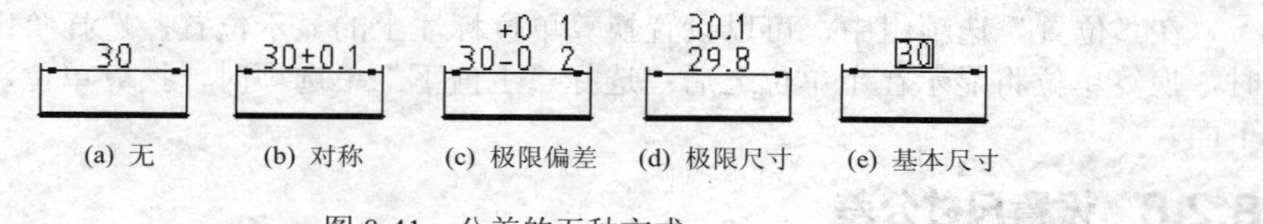

图 8-41　公差的五种方式

- 【精度】列表框：用于设置小数位数。
- 【上偏差】数值框：用于设置最大公差或上偏差。当在“方式”选项中选择“对称”时，AutoCAD 2014 将该值用作公差。
- 【下偏差】数值框：用于设置最小公差或下偏差。
- 【高度比例】数值框：用于设置公差文字的高度，如图 8-42 所示。
- 【垂直位置】列表框：包括“上”“中”和“下”3 个选项用于控制对称公差和极限公差的文字对正，如图 8-43 所示。

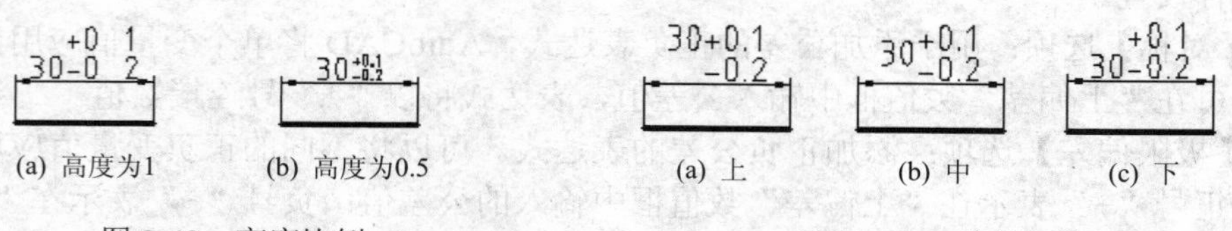

图 8-42　高度比例

图 8-43　垂直位置

在“消零”选项组中，选择“前导”或“后续”复选框，设置控制不输出前导零和后续零，以及零英尺和零英寸部分。

8.3 尺寸标注

在设定好“尺寸样式”后，即可以采用设定好的“尺寸样式”进行尺寸标注。按照标注尺寸的类型，可以将尺寸分成长度尺寸、半径、直径、坐标、指引线、圆心标记等，按照标注的方式，可以将尺寸分成水平、垂直、对齐、连续、基线等。下面按照不同的标注方法介绍标注命令。

8.3.1 线性尺寸标注

线性尺寸标注指可以通过指定两点之间的水平或垂直距离尺寸，也可以是旋转一定角度的直线尺寸。定义可以通过指定两点、选择直线或圆弧等能够识别两个端点的对象来确定。

启用“线性尺寸”标注命令有三种方法。

- 选择【标注】→【线性】菜单命令。
- 单击标注工具栏上的“线性标注”按钮。
- 输入命令：DIMLINEAR。

启用线性标注命令后，命令行提示如下：

```
命令: _dimlinear
指定第一条尺寸界线原点或 <选择对象>:
指定第二条尺寸界线原点:
指定尺寸线位置或[多行文字(M)/文字(T)/角度(A)/水平(H)/垂直(V)/旋转(R)]:
```

其中的参数：

- 【指定第一条尺寸界线原点】选项：定义第一条尺寸界线的位置，如果直接按【Enter】键，则出现选择对象的提示。
- 【指定第二条尺寸界线原点】选项：在定义了第一条尺寸界线起点后，定义第二条尺寸界线的位置。
- 【选择对象】选项：选择对象来定义线性尺寸的大小。
- 【多行文字(M)】选项：用于打开“文字格式”对话框和“文字输入”框。如图 8-44 所示，标注的文字是自动测量得到的数值。

图 8-44 “多行文字”标注尺寸

- 【文字(T)】选项：用于设置尺寸标注中的文本值。
- 【角度(A)】选项：用于设置尺寸标注中的文本数字的倾斜角度。
- 【水平(H)】选项：用于创建水平线性标注。
- 【垂直(V)】选项：用于创建垂直线性标注。
- 【旋转(R)】选项：用于创建旋转一定角度的尺寸。

【例 8-1】给图 8-45 标注边长尺寸。

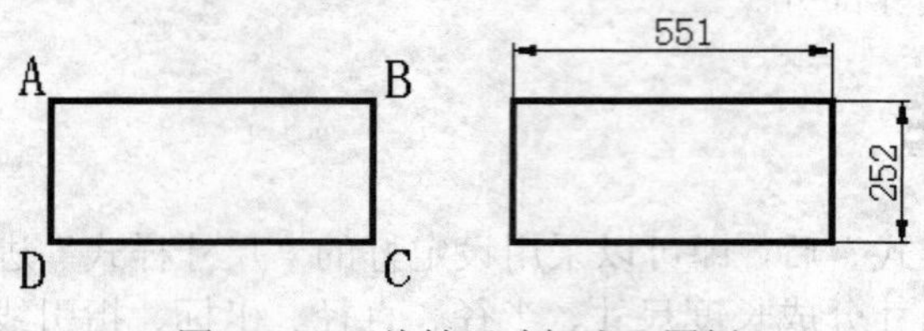

图 8-45 “线性尺寸标注”图例

```
命令: _dimlinear                                              //启用线性标注命令
指定第一条尺寸界线原点或 <选择对象>:<对象捕捉 开>              //单击 A 点
指定第二条尺寸界线原点:                                        //单击 B 点
指定尺寸线位置或[多行文字(M)/文字(T)/角度(A)/水平(H)/垂直(V)/旋转(R)]:
                                                              //在 AB 上方单击一点
标注文字 551
命令:_dimlinear                                               //按【Enter】键，重复标注
指定第一条尺寸界线原点或 <选择对象>:                           //单击 B 点
指定第二条尺寸界线原点:                                        //单击 C 点
指定尺寸线位置或[多行文字(M)/文字(T)/角度(A)/水平(H)/垂直(V)/旋转(R)]:
                                                              //在 BC 右侧单击一点
标注文字 252，结果如图 8-45 所示
```

8.3.2 对齐标注

对倾斜的对象进行标注时，可以使用【对齐】命令。对齐尺寸的特点是尺寸线平行于倾斜的标注对象。

启用“对齐”命令有三种方法。

- 选择【标注】→【对齐】菜单命令。
- 单击【标注】工具栏中的“对齐标注”按钮。
- 输入命令：DIMALIGNED。

启用对齐标注命令后，命令行提示如下：

```
命令: _dimaligned
指定第一条尺寸界线原点或<选择对象>:
指定第二条尺寸界线原点:
指定尺寸线位置或[多行文字(M) / 文字(T) / 角度(A)]:
```

其中的参数：

- 【指定第一条尺寸界线原点】：定义第一条尺寸界线的起点。如果直接回车，则出现“选择标注对象”的提示，不出现“指定第二条尺寸界线原点”的提示。如果定义了第一条尺寸界线的起点，则要求定义第二条尺寸界线的起点。
- 【指定第二条尺寸界线原点】：在定义了第一条尺寸界线起点后，定义第二条尺寸界线的位置。
- 【选择对象】：如果不定义第一条尺寸界线起点，则选择标注的对象来确定两条尺寸界线。
- 【指定尺寸线位置】：定义尺寸线的位置。
- 【多行文字(M)】：通过多行文字编辑器输入文字。

- 【文字(T)】：输入单行文字。
- 【角度(A)】：定义文字的旋转角度。

【例 8-2】采用对齐标注方式标注图 8-46 所示的边长。

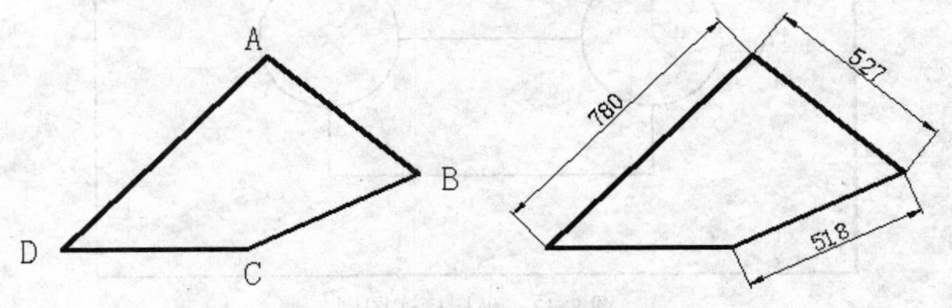

图 8-46 “对齐标注”图例

```
命令：_dimaligned                                         //启用对齐标注命令
指定第一条尺寸界线原点或 <选择对象>：                      //单击 A 点
指定第二条尺寸界线原点：                                  //单击 B 点
指定尺寸线位置或[多行文字(M)/文字(T)/角度(A)]：            //在直线 ABC 外侧单击一点
标注文字 527
命令： _dimlinear                                         //按【Enter】键，重复标注
指定第一条尺寸界线原点或 <选择对象>：                      //单击 B 点
指定第二条尺寸界线原点：                                  //单击 C 点
指定尺寸线位置或[多行文字(M)/文字(T)/角度(A)]：            //在直线 BC 外侧单击一点
标注文字 518
命令： _dimaligned                                        //按【Enter】键，重复标注
指定第一条尺寸界线原点或 <选择对象>：                      //按【Enter】键，选择对象
选择标注对象：                                            //单击直线 AD
指定尺寸线位置或[多行文字(M)/文字(T)/角度(A)]：            //在直线 AD 外侧单击一点
标注文字 780，结果如图 8-46 所示
```

8.3.3 坐标标注

坐标标注是标注图形对象某点，相对于坐标原点的 X 坐标值或 Y 坐标值。

启用坐标标注命令有三种方法。

- 选择【标注】→【坐标】菜单命令。
- 单击标注工具栏上的“坐标标注”按钮。
- 输入命令：Dor（Dimordinate）。

启用坐标命令后，命令行提示如下：

指定点坐标：

拾取要标注的点（如图 8-47 所示圆的中心）。AutoCAD 搜索对象上的一些重要的几何特征点（如交点、端点、圆心等），在拾取标注点时要用对象捕捉功能。指定的点，决定了正交线的原点（在正交模式下），引线指向要标注尺寸的特征。命令行提示：

指定引线端点或[X 基准(x)Ⅳ基准(Y) / 多行文字(M) / 文字(T) / 角度(A)]：

指定一点或单击右键，从弹出的快捷菜单中选择所需要的选项，即完成坐标标注。

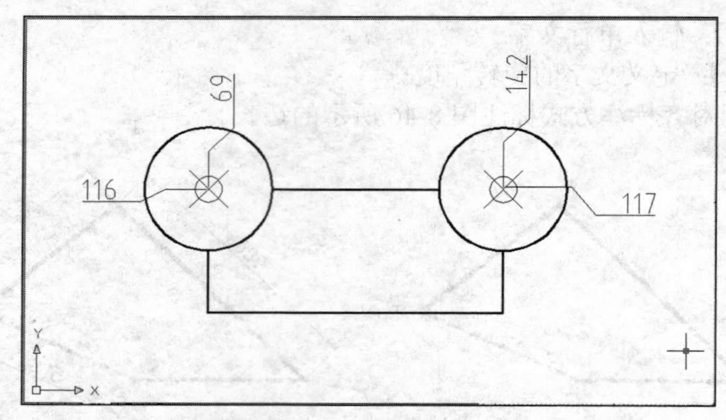

图 8-47　坐标标注图例

8.3.4　弧长标注

弧长尺寸标注是 AutoCAD 2014 新增的功能，用于测量圆弧或多段线弧线段上的距离。

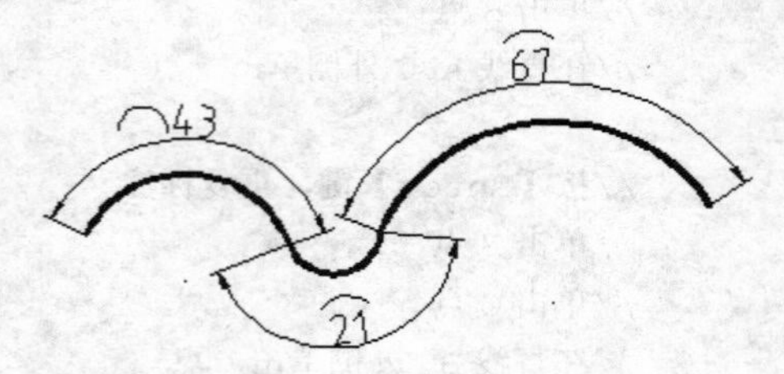

图 8-48　弧长标注图例

启用“弧长标注”命令有三种方法。

- 选择【标注】→【弧长】菜单命令。
- 单击【标注】工具栏中的“弧长”按钮。
- 输入命令：DIMARC。

选择“弧长”工具，光标变为拾取框，选择圆弧对象后，系统自动生成弧长标注，只需移动鼠标确定尺寸线的位置即可，效果如图 8-48 所示。

```
命令：_dimarc                                         //启用弧长标注命令
选择弧线段或多段线弧线段：                            //鼠标单击圆弧
指定弧长标注位置或 [多行文字(M)/文字(T)/角度(A)/部分(P)/]：
                                                      //移动鼠标，单击确定位置
标注文字=43，结果如图 8-48 所示
```

8.3.5　角度标注

角度尺寸标注用于标注圆或圆弧的角度、两条非平行直线间的角度、3 点之间的角。AutoCAD 提供了“角度”命令，用于创建角度尺寸标注。

启用“角度”命令有三种方法。

- 选择【标注】→【角度】菜单命令。
- 单击【标注】工具栏中的【角度标注】按钮。
- 输入命令：DIMANGULAR。

（1）圆或圆弧的角度标注。选择“角度标注”工具，在圆形上单击，选中圆形的同时，确定角度的顶点位置；再单击确定角度的第二端点，在圆形上测量出角度的大小。

【例 8-3】标注图 8-49 所示圆中 AB 弧段角度值。

```
命令：_dimangular                                     //启用角度标注命令
选择圆弧、圆、直线或 <指定顶点>：                     //单击圆的 B 点位置
指定角的第二个端点：                                  //单击圆的 A 点位置
指定标注弧线位置或 [多行文字(M)/文字(T)/角度(A)]：    //移动鼠标，单击确定位置
标注文字 =50
```

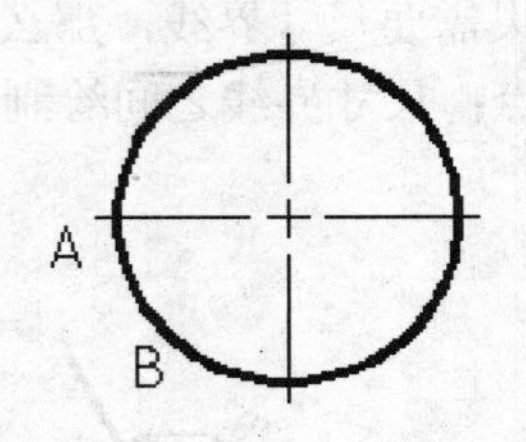

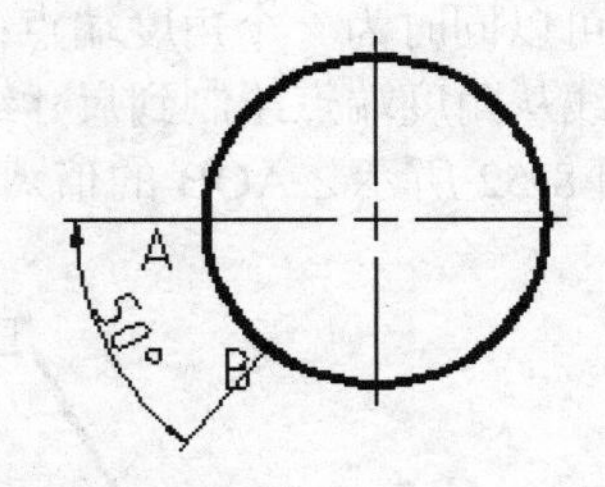

图 8-49　圆的角度标注

选择“角度标注”工具标注圆弧的角度时，选择圆弧对象后，系统自动生成角度标注，只需移动鼠标确定尺寸线的位置即可，效果如图 8-50 所示。

（2）两条非平行直线间的角度标注。使用“角度标注”工具，测量非平行直线间夹角的角度时，AutoCAD 2014 将两条直线作为角的边，直线之间的交点作为角度顶点来确定角度。如果尺寸线不与被标注的直线相交，AutoCAD 2014 将根据需要通过延长一条或两条直线来添加尺寸界线；该尺寸线的张角始终小于 180°，角度标注的位置由鼠标的位置来确定。

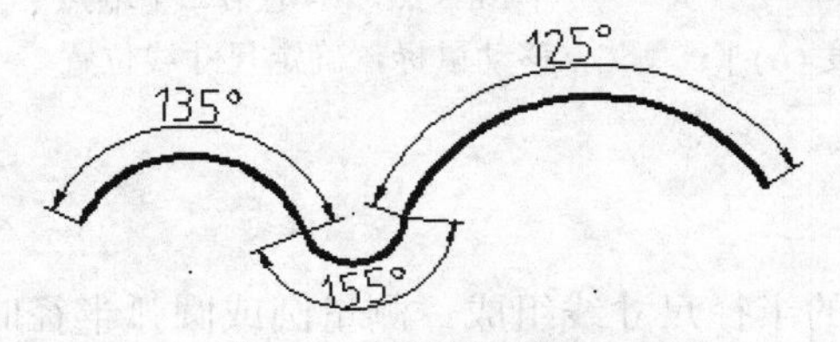

图 8-50　圆弧角度标注图例

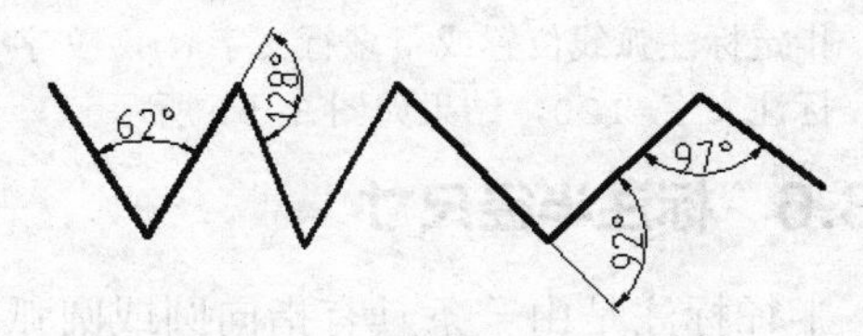

图 8-51　直线间角度的标注

【例 8-4】标注图 8-51 所示的角的不同方向尺寸。

```
命令:_dimangular                                        //启用角度标注命令
选择圆弧、圆、直线或 <指定顶点>:                          //单击锐角的一个边
选择第二条直线:                                          //单击锐角的另一个边
指定标注弧线位置或 [多行文字(M)/文字(T)/角度(A)]:         //移动鼠标到正上方,确定位置
标注文字=62
命令:_dimangular                                        //按【Enter】键，重复标注
选择圆弧、圆、直线或 <指定顶点>:                          //单击锐角的一个边
选择第二条直线:                                          //单击锐角的另一个边
指定标注弧线位置或 [多行文字(M)/文字(T)/角度(A)]:         //移动鼠标到左下方,确定位置
标注文字=128
命令:_dimangular                                        //启用角度标注命令
选择圆弧、圆、直线或 <指定顶点>:                          //单击锐角的一个边
选择第二条直线:                                          //单击锐角的另一个边
指定标注弧线位置或 [多行文字(M)/文字(T)/角度(A)]:         //移动鼠标到右下方,确定位置
标注文字=92
命令:_dimangular                                        //按【Enter】键，重复标注
选择圆弧、圆、直线或 <指定顶点>:                          //单击锐角的一个边
选择第二条直线:                                          //单击锐角的另一个边
指定标注弧线位置或 [多行文字(M)/文字(T)/角度(A)]:         //移动鼠标到正下方,确定位置
标注文字=97，结果如图 8-51 所示
```

（3）三点之间的角度标注。使用“角度标注”命令，测量自定义顶点及两个端点组成

的角度时，角度顶点可以同时为一个角度端点；如果需要尺寸界线，那么角度端点可用作尺寸界线的起点，尺寸界线从角度端点绘制到尺寸线交点；尺寸界线之间绘制的圆弧为尺寸线。

【例 8-5】 标注图 8-52 所示∠AOB 的值。

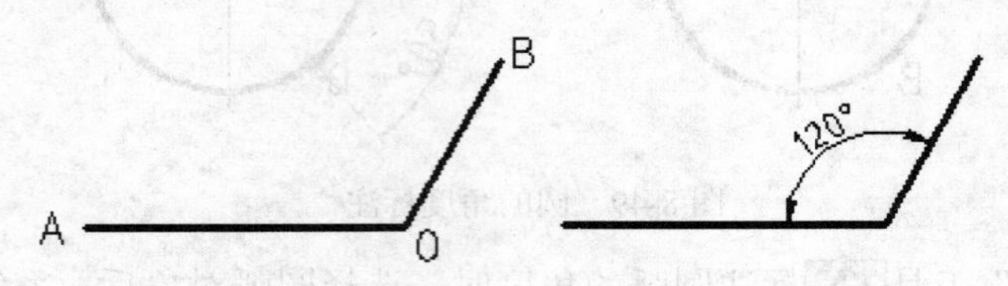

图 8-52　三点法标注角度

```
命令:_dimangular                                    //启用角度标注命令
选择圆弧、圆、直线或<指定顶点>:                     //按【Enter】键，选择三点法
指定角的顶点:<对象捕捉 开>                          //单击 O 点，确定顶点
指定角的第一个端点:                                 //单击 A 点，确定第一个端点
指定角的第二个端点:                                 //单击 B 点，确定第二个端点
指定标注弧线位置或 [多行文字(M)/文字(T)/角度(A)]:   //移动鼠标，确定尺寸线位置
标注文字=120，结果如图 8-52 所示
```

8.3.6　标注半径尺寸

半径标注是由一条具有指向圆或圆弧的箭头的半径尺寸线组成，测量圆或圆弧半径时，自动生成的标注文字前将显示一个表示半径长度的字母“R”。

启用“半径标注”命令有三种方法。

- 选择【标注】→【半径】菜单命令。
- 单击【标注】工具栏中的“半径标注”按钮。
- 输入命令：DIMRADIUS。

启用“半径标注”命令后，命令行提示如下：

```
命令:_dimradius
选择圆弧或圆:
标注文字=XX
指定尺寸线位置或 [多行文字(M)/文字(T)/角度(A)]:
```

其中的参数：

- 【选择圆弧或圆】：选择标注半径的对象。
- 【指定尺寸线位置】：定义尺寸线的位置，尺寸线通过圆心。确定尺寸线的位置的拾取点对文字的位置有影响，和尺寸样式对话框中文字、直线、箭头的设置有关。
- 【多行文字(M)】：通过多行文字编辑器输入标注文字。
- 【文字(T)】：输入单行文字。
- 【角度(A)】：定义文字旋转角度。

【例 8-6】 标注图 8-53 所示圆弧和圆的半径尺寸。

```
命令:_dimradius                                  //启用半径标注命令
选择圆弧或圆:                                    //鼠标单击圆弧 AB
标注文字=31
指定尺寸线位置或 [多行文字(M)/文字(T)/角度(A)]:  //移动鼠标，确定尺寸数字位置
命令:_dimradius                                  //启用半径标注命令
```

```
选择圆弧或圆:                                               //鼠标单击圆弧 CD
标注文字=42
指定尺寸线位置或 [多行文字(M)/文字(T)/角度(A)]:            //移动鼠标，确定尺寸数字位置
命令:_dimradius                                             //启用半径标注命令
选择圆弧或圆:                                               //鼠标单击圆 O
标注文字=19
指定尺寸线位置或 [多行文字(M)/文字(T)/角度(A)]:            //移动鼠标，确定尺寸数字位置，结果如图 8-53 所示
```

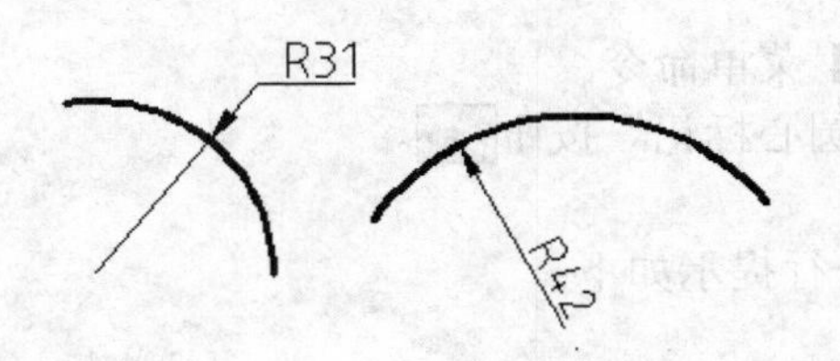

图 8-53　半径标注图例

8.3.7　标注直径尺寸

与圆或圆弧半径的标注方法相似。

启用“直径标注”命令有三种方法。

- 选择【标注】→【直径】菜单命令。
- 单击【标注】工具栏中的“直径标注”按钮。
- 输入命令：DIMDIAMETER。

启用“直径标注”命令后，命令行提示如下：

```
命令:_dimdiameter
选择圆弧或圆:
标注文字=XX
指定尺寸线位置或 [多行文字(M)/文字(T)/角度(A)]:
```

其中的参数：

- 【选择圆弧或圆】：选择标注直径的对象。
- 【指定尺寸线位置】：定义尺寸线的位置，尺寸线通过圆心。确定尺寸线的位置的拾取点对文字的位置有影响，和尺寸样式对话框中文字、直线、箭头的设置有关。
- 【多行文字(M)】：通过多行文字编辑器输入标注文字。
- 【文字(T)】：输入单行文字。
- 【角度(A)】：定义文字旋转角度。

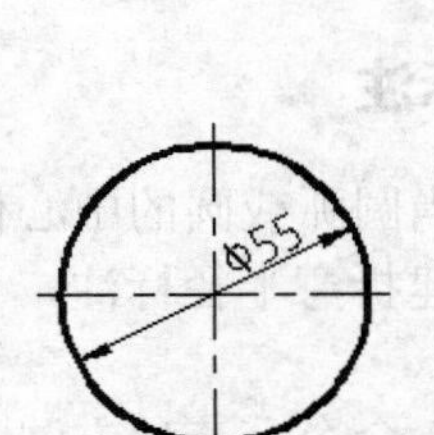

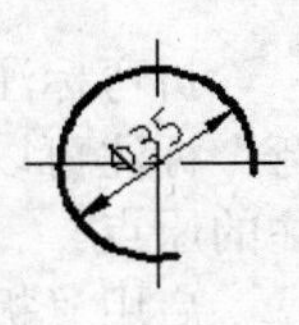

图 8-54　直径标注图例

【例 8-7】标注图 8-54 所示圆和圆弧的直径。

```
命令:_dimdiameter                                           //启用“直径标注”命令
选择圆弧或圆:                                               //鼠标单击圆
标注文字=55
指定尺寸线位置或[多行文字(M)/文字(T)/角度(A)]:             //移动鼠标，确定尺寸数字位置
```

命令:_dimdiameter //按【Enter】键，重复标注命令
选择圆弧或圆: //鼠标单击圆弧
标注文字=35
指定尺寸线位置或 [多行文字(M)/文字(T)/角度(A)]: //移动鼠标，确定尺寸数字位置

8.3.8 圆心标记

一般情况下是先定圆和圆弧的圆心位置再绘制圆或圆弧，但有时却是先有圆或圆弧再标记其圆心。AutoCAD 可以在选择圆或圆弧后，自动找到圆心，并进行指定的标记。

启用“圆心标记”命令有三种方法。

- 选择【标注】→【圆心标记】菜单命令。
- 单击【标注】工具栏中的“圆心标记”按钮。
- 输入命令：DIMCENTER。

启用“圆心标记”命令后，命令行提示如下：

命令: _dimcenter
选择圆弧或圆:

其中的参数：

- 【选择圆弧或圆】：选择要加标记的圆或圆弧。

【例 8-8】在图 8-55 所示的圆及圆弧中增加圆心标记，分别为“标记”和“直线”。

在“尺寸样式”中设置圆心标记为“+” 标记(M)

命令: _dimcenter //启用直径标注命令
选择圆弧或圆: //鼠标单击圆
在“尺寸样式”中设置圆心标记为“直线” 直线(E)
命令: _dimcenter //启用直径标注命令
选择圆弧或圆: //鼠标单击圆，结果如图 8-55 所示

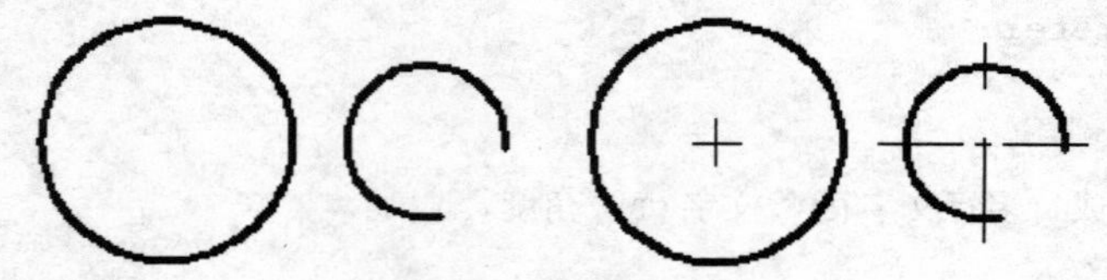

图 8-55 圆心标记图例

8.3.9 折弯标注

折弯标注是当圆弧或圆的中心位于布局外并且无法在其实际位置显示时使用，使用“折弯”标注可以创建折弯半径标注，也称为“缩放的半径标注”。可以在更方便的位置指定标注的原点。

启用“折弯”命令有三种方法。

- 选择【标注】→【折弯】菜单命令。
- 单击【标注】工具栏中的“折弯”按钮。
- 输入命令：DIMJOGGED。

使用“折弯标注”工具按钮进行标注时，鼠标单击圆弧边上的某一点，系统测量选定对象的半径，并显示前面带有一个半径符号的标注文字；接着指定新中心点的位置，用于替代实际中心点；然后确定尺寸线的位置；最后指定折弯的中点位置。

【例 8-9】用折弯标注法标注图 8-56 所示的圆弧的半径。

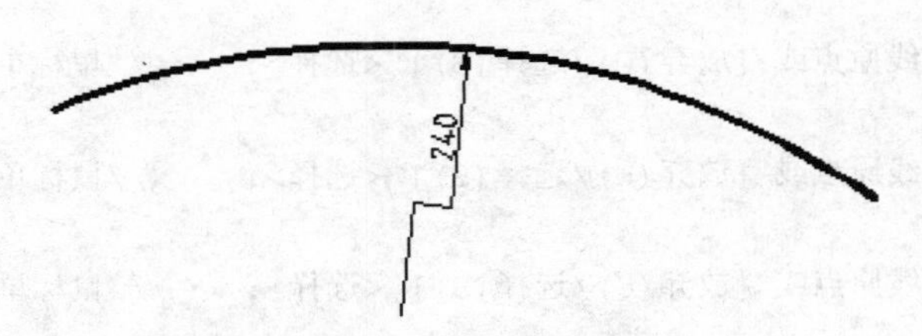

图 8-56　折弯标注图例

```
命令: _dimjogged                                    //启用折弯标注命令
选择圆弧或圆:                                        //单击选择圆弧
指定中心位置替代:                                    //单击指定折弯半径标注新中心点
标注文字=240
指定尺寸线位置或 [多行文字(M)/文字(T)/角度(A)]:      //移动鼠标，单击确定尺寸线位置
指定折弯位置:                          //移动鼠标，单击指定折弯的位置，结果如图 8-56 所示
```

8.3.10　连续标注

连续尺寸标注是工程制图（特别是多用于建筑制图）中常用的一种标注方式，指一系列首尾相连的尺寸标注。其中，相邻的两个尺寸标注间的尺寸界线作为公用界线。

启用“连续标注”命令有三种方法。

- 选择【标注】→【连续】菜单命令。
- 单击【标注】工具栏中的“连续”按钮。
- 输入命令：DCO（DIMCONTINUE）。

启用“连续标注”命令后，命令行提示如下：

```
命令: _dimcontinue
选择连续标注:
指定第二条尺寸界线原点或 [放弃(U)/选择(S)] <选择>:
```

其中的参数：

- 【选择连续标注】：选择以线性标注为连续标注的基准标注。如上一个标注为线性标注，则不出现该提示，自动以上一个线性标注为基准标注。否则，应选择“选择”参数并点取一个线性尺寸来确定连续标注。
- 【指定第二条尺寸界线原点】：定义连续标注中第二条尺寸界线，第一条尺寸界线由标注基准确定。
- 【放弃(U)】：放弃上一个连续标注。
- 【选择(S)】：重新选择一个线性尺寸为连续标注的基准。

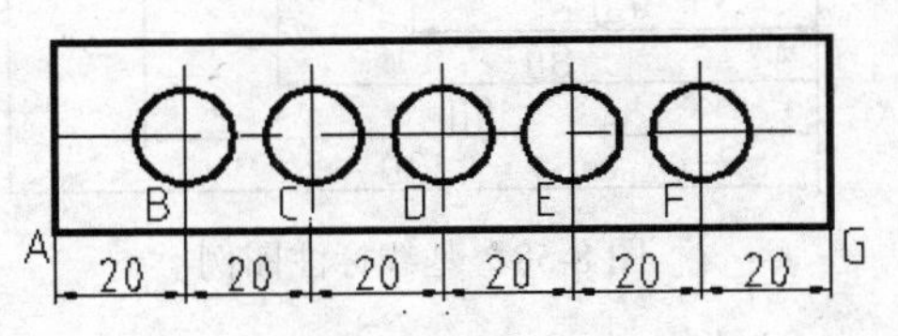

图 8-57　连续标注图例

【例 8-10】对图 8-57 中的图形进行连续标注。

```
命令: _dimlinear                          //启用线性标注命令，作为连续标注的基准
指定第一条尺寸界线原点或<选择对象>:        //鼠标单击 A 点
指定第二条尺寸界线原点:                    //鼠标单击 B 点
指定尺寸线位置或[多行文字(M)/文字(T)/角度(A)/水平(H)/垂直(V)/旋转(R)]:
                                          //移动鼠标，确定尺寸线位置
标注文字=20
命令: _dimcontinue                                  //启用连续标注命令
```

```
指定第二条尺寸界线原点或 [放弃(U)/选择(S)] <选择>:        //鼠标单击C点
标注文字=20
指定第二条尺寸界线原点或 [放弃(U)/选择(S)] <选择>:        //鼠标单击D点
标注文字=20
指定第二条尺寸界线原点或 [放弃(U)/选择(S)] <选择>:        //鼠标单击E点
标注文字=20
指定第二条尺寸界线原点或 [放弃(U)/选择(S)] <选择>:        //鼠标单击F点
标注文字=20
指定第二条尺寸界线原点或 [放弃(U)/选择(S)] <选择>:        //鼠标单击G点
标注文字= 20
指定第二条尺寸界线原点或 [放弃(U)/选择(S)] <选择>:        //按【Enter】键，结束标注，结
                                                          果如图8-57所示
```

8.3.11 基线标注

对于从一条尺寸界线出发的基线尺寸标注，可以快速进行标注，无须手动设置两条尺寸线之间的间隔。

启用“基线标注”命令有三种方法。

- 选择【标注】→【基线】菜单命令。
- 单击【标注】工具栏中的“基线”按钮。
- 输入命令：DIMBASELINE。

启用“基线标注”命令后，命令行提示如下：

```
命令: _dimbaseline
选择基准标注:
指定第二条尺寸界线原点或 [放弃(U)/选择(S)] <选择>:
```

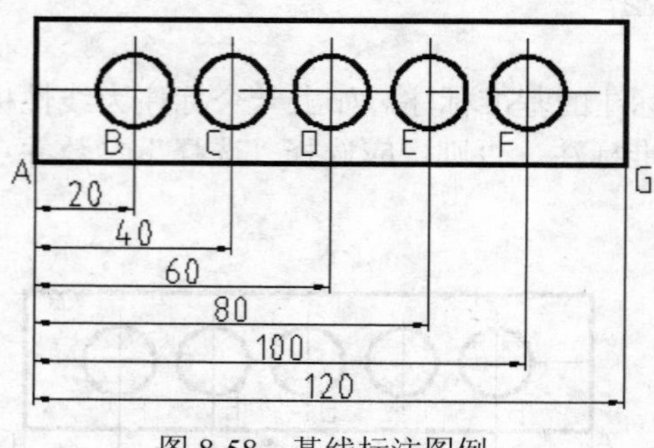

图 8-58 基线标注图例

其中的参数：

- 【选择基线标注】：选择基线标注的基准标注，后面的尺寸以此为基准进行标注。如果上一个命令进行了线性尺寸标注，则不出现该提示。
- 【指定第二条尺寸界线原点】：定义第二条尺寸界线的位置，第一条尺寸界线由基准确定。
- 【放弃(U)】：放弃上一个基线尺寸标注。
- 【选择(S)】：选择基线标注基准。

【例 8-11】采用基线标注方式标注图 8-58 中的尺寸。

```
命令: _dimlinear                          //启用线性标注命令，作为连续标注的基准
指定第一条尺寸界线原点或<选择对象>:        //鼠标单击A点
指定第二条尺寸界线原点:                    //鼠标单击B点
指定尺寸线位置或[多行文字(M)/文字(T)/角度(A)/水平(H)/垂直(V)/旋转(R)]:
                                           //移动鼠标，确定尺寸线位置
标注文字=20
命令: _dimbaseline                                  //启用基线标注命令
指定第二条尺寸界线原点或 [放弃(U)/选择(S)] <选择>:   //鼠标单击C点
标注文字=40
```

```
指定第二条尺寸界线原点或 [放弃(U)/选择(S)] <选择>:        //鼠标单击 D 点
标注文字=60
指定第二条尺寸界线原点或 [放弃(U)/选择(S)] <选择>:        //鼠标单击 E 点
标注文字=80
指定第二条尺寸界线原点或 [放弃(U)/选择(S)] <选择>:        //鼠标单击 F 点
标注文字=100
指定第二条尺寸界线原点或 [放弃(U)/选择(S)] <选择>:        //鼠标单击 G 点
标注文字=120
指定第二条尺寸界线原点或 [放弃(U)/选择(S)] <选择>:        //按【Enter】键，结束标注，结
                                                          果如图 8-58 所示
```

经验之谈：在使用连续标注和基线标注时，首先第一个尺寸要用线性标注，然后才可以用连续和基线标注，否则无法使用这两种标注方法。

8.3.12 快速标注

使用“快速标注”工具，可以快速创建或编辑基线标注、连续标注，或为圆、圆弧创建标注。可以一次选择多个对象，AutoCAD 将自动完成所选对象的标注。

启用“快速标注”命令有三种方法。

- 选择【标注】→【快速标注】菜单命令。
- 单击【标注】工具栏中的“快速标注”按钮。
- 输入命令：QDIM。

启用“快速标注”命令后，命令行提示如下：

```
命令: _qdim
关联标注优先级=端点
选择要标注的几何图形:
指定尺寸线位置或[连续(C)/并列(S)/基线(B)/坐标(O)/半径(R)/直径(D)/基准点(P)/编辑
(E)/设置(T)]<连续>:
```

其中的参数：

- 【选择要标注的几何图形】：选择对象用于快速标注尺寸。如果选择的对象不单一，在标注某种尺寸时，将忽略不可标注的对象。例如，同时选择了直线和圆，标注直径时，将忽略直线对象。
- 【指定尺寸线位置】：定义尺寸线的位置。
- 【连续(C)】：采用连续方式标注所选图形。
- 【并列(S)】：采用并列方式标注所选图形。
- 【基线(B)】：采用基线方式标注所选图形。
- 【坐标(O)】：采用坐标方式标注所选图形。
- 【半径(R)】：对所选圆或圆弧标注半径。
- 【直径(D)】：对所选圆或圆弧标注直径。
- 【基准点(P)】：设定坐标标注或基线标注的基准点。
- 【编辑(E)】：对标注点进行编辑，用于显示所有的标注节点，可以在现有标注中添加或删除点。
- 【设置(T)】：为指定尺寸界线原点，设置默认对象捕捉方式。

【例 8-12】采用快速标注方式标注图 8-59 所示尺寸。

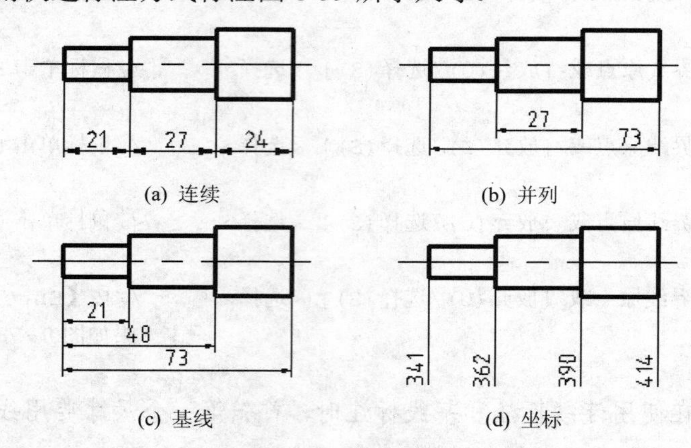

(a) 连续　(b) 并列

(c) 基线　(d) 坐标

图 8-59　快速标注图例

命令: _qdim　//启用快速标注命令

关联标注优先级=端点

选择要标注的几何图形: 指定对角点:找到 9 个　//窗口选择中心线下方的水平线

选择要标注的几何图形:　//按【Enter】键

指定尺寸线位置或[连续(C)/并列(S)/基线(B)/坐标(O)/半径(R)/直径(D)/基准点(P)/编辑(E)/设置(T)]<连续>:　//移动鼠标，确定尺寸线的位置，结果如图 8-59（a）所示

命令: _qdim　//启用快速标注命令

关联标注优先级=端点

选择要标注的几何图形: 指定对角点:找到 9 个　//窗口选择中心线下方的水平线

选择要标注的几何图形:　//按【Enter】键

指定尺寸线位置或[连续(C)/并列(S)/基线(B)/坐标(O)/半径(R)/直径(D)/基准点(P)/编辑(E)/设置(T)]<连续>:S　//输入字母“S”，选择并列，按【Enter】键移动鼠标，确定尺寸线的位置，结果如图 8-59（b）所示

命令: _qdim　//启用快速标注命令

关联标注优先级=端点

选择要标注的几何图形: 指定对角点:找到 9 个　//窗口选择中心线下方的水平线

选择要标注的几何图形:　//按【Enter】键

指定尺寸线位置或[连续(C)/并列(S)/基线(B)/坐标(O)/半径(R)/直径(D)/基准点(P)/编辑(E)/设置(T)]<连续>:B　//输入字母“B”，选择基线，按【Enter】键移动鼠标，确定尺寸线的位置，结果如图 8-59（c）所示

命令: _qdim　//启用快速标注命令

关联标注优先级=端点

选择要标注的几何图形: 指定对角点:找到 9 个　//窗口选择中心线下方的水平线

选择要标注的几何图形:　//按【Enter】键

指定尺寸线位置或[连续(C)/并列(S)/基线(B)/坐标(O)/半径(R)/直径(D)/基准点(P)/编辑(E)/设置(T)]<连续>:O　//输入字母“O”，选择坐标，按【Enter】键移动鼠标，确定尺寸线的位置，结果如图 8-59（d）所示

8.3.13 标注间距

标注间距可以自动调整平行的线性标注和角度标注之间的间距，或根据指定的间距值进行调整。除了调整尺寸线间距，还可以通过输入间距值 0 使尺寸线相互对齐。

启用“标注间距”命令有三种方法。

- 选择【标注】→【标注间距】菜单命令。
- 单击【标注】工具栏中的“标注间距”按钮。
- 输入命令：DIMSPACE。

【例 8-13】 调整图 8-60 所示线性标注的间距。

① 单击“标注”工具栏中的“标注间距”工具。

② 选择线性标注尺寸为 407 的标注作为基准标注。

③ 选择要产生间距的标注，单击线性尺寸标注为 925 和 1505 的标注，按【Enter】键，结束对象选取。

④ 按【Enter】键，选择自动（该项为默认选项），结果如图 8-60（b）所示。

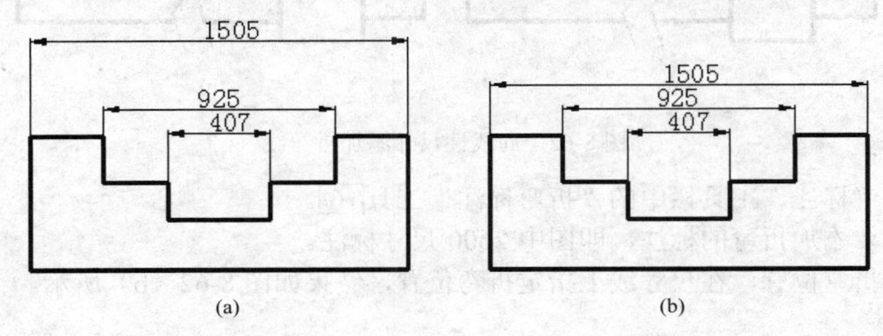

图 8-60　自动调整平行的线性标注间距

8.3.14 折断标注

折断标注可以在尺寸线或尺寸界线与几何对象或其他标注相交的位置将其打断。

启用“折断标注”命令有三种方法。

- 选择【标注】→【折断标注】菜单命令。
- 单击【标注】工具栏中的“折断标注”按钮。
- 输入命令：DIMBREAK。

【例 8-14】 将图 8-61（a）所示的尺寸标注，通过折断命令编辑成图 8-61（b）所示尺寸标注。

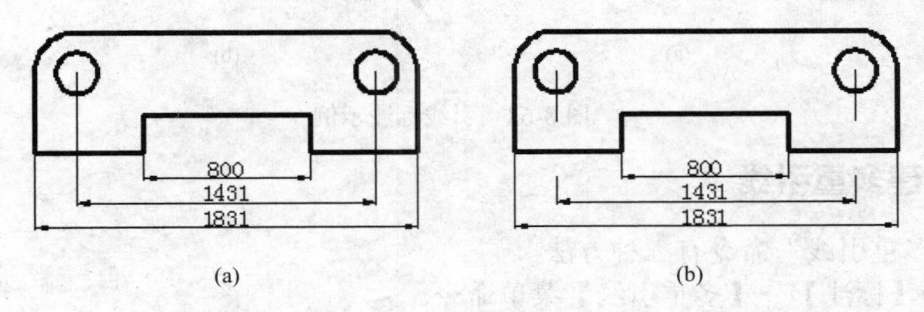

图 8-61　创建折断标注

① 单击“标注”工具栏中的“折断标注”按钮。

② 选择 1431 尺寸标注，输入 M 进行手动打断。

③ 选择适当的点，完成折断标注，如图 8-61（b）所示。

8.3.15 折弯线性

折弯线性可以向线性标注添加折弯线，以表示实际测量值与尺寸界线之间的长度不同。如果显示的标注对象小于被标注对象的实际长度，则通常使用折弯尺寸线表示。

启用“折弯线性”命令有三种方法。

- 选择【标注】→【折弯线性】菜单命令。
- 单击【标注】工具栏中的“折弯线性”按钮。
- 输入命令：DIMJOGI。

【例 8-15】向图 8-62（a）所示线性尺寸添加折弯线。

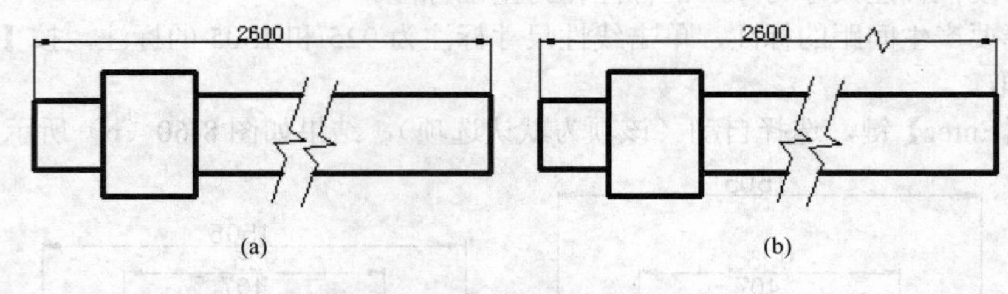

图 8-62 向线性尺寸添加折弯线

① 单击“标注”工具栏中的“折弯标注”工具。

② 选择要添加折弯的标注，即图中 2600 尺寸标注。

③ 指定折弯位置，在尺寸线上指定折弯位置，结果如图 8-62（b）所示。

8.4 多重引线标注

在机械上，引线标注通常用于为图形标注倒角、零件编号、形位公差等，在 AutoCAD 中，可使用多重引线标注命令（MLEADER）创建引线标注。多重引线标注由带箭头或不带箭头的直线或样条曲线（又称引线），一条短水平线（又称基线），以及处于引线末端的文字或块组成，如图 8-63 所示。

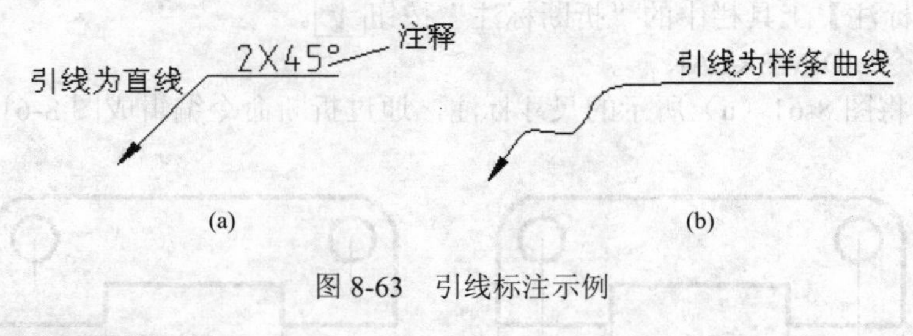

图 8-63 引线标注示例

8.4.1 创建多重引线

启用“多重引线”命令有三种方法。

- 选择【标注】→【多重引线】菜单命令。
- 单击【标注】工具栏中的“多重引线”按钮。
- 输入命令：DIMJOGI。

启动“多重引线”命令后，系统提示如下：

指定引线箭头的位置（箭头优先）或【引线基线优先(L)/内容优先(C)/选项(O)】:

各选择项的意义如下：

- 【指定引线箭头位置(箭头优先)】：首先指定多重引线对象箭头的位置，然后设置多重引线对象的引线基线位置，最后输入相关联的文字。
- 【引线基线优先(L)】：首先指定多重引线对象的基线的位置，然后设置多重引线对象的箭头位置，最后输入相关联的文字。
- 【内容优先(C)】：首先指定与多重引线对象相关联的文字或块的位置，然后输入文字，最后指定引线箭头位置。

学习提示：如果先前绘制的多重引线对象是箭头优先、引线基线优先或内容优先，则后面创建的多重引线对象将继承该特性，除非重新进行设置。

- 【选项(O)】：指定用于放置多重引线对象的选项。

【例 8-16】利用“多重引线”命令标注图 8-64 所示斜线段 AB 的倒角。

① 选择【标注】→【多重引线】菜单命令，依次单击点 C 和 D 处，分别指定引线箭头和引线基线的位置。

② 在打开的多行文字编辑器中输入“42×30°”，单击“文字格式”工具栏中的“确定”按钮，结束标注。

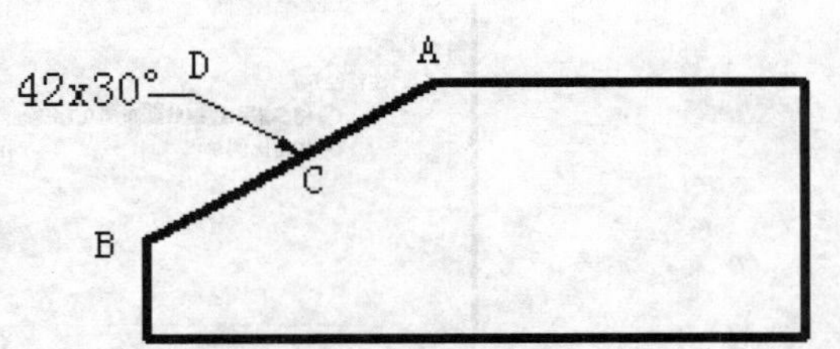

图 8-64　引线标注

8.4.2　创建和修改多重引线样式

多重引线样式可以控制引线的外观，即可以指定基线、引线、箭头和内容的格式。用户可以使用默认多重引线样式 Standard，也可以创建自己的多重引线样式。

创建多重引线样式的方法如下。

① 选择【格式】→【多重引线样式】菜单命令，打开“多重引线样式管理器”对话框，如图 8-65 所示。

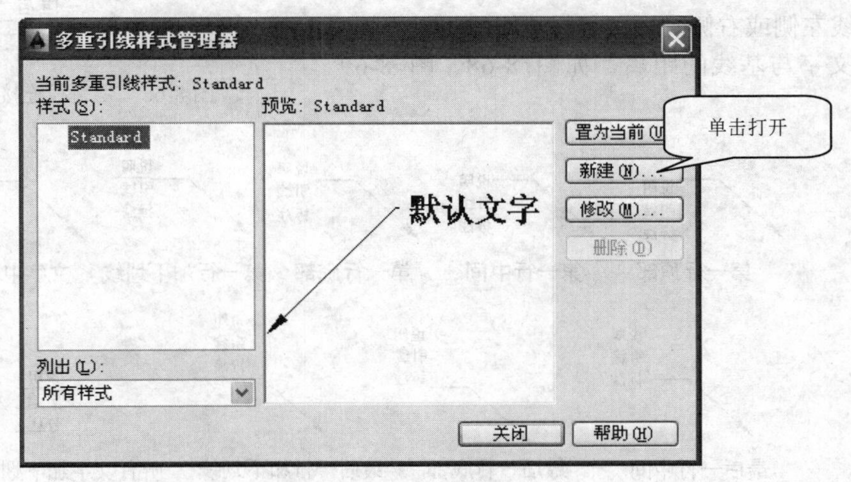

图 8-65　“多重引线样式管理器”对话框

② 单击“新建”按钮，在打开的“创建新多重引线样式”对话框中设置新样式的名称，

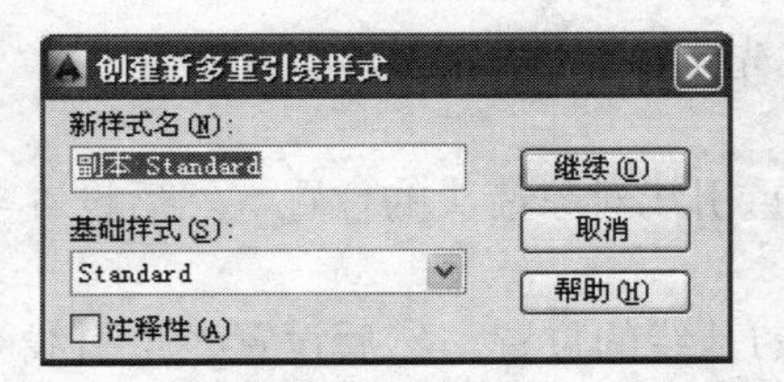

图 8-66　“创建新多重引线样式”对话框

然后单击“继续”按钮，如图 8-66 所示。

③ 打开“修改多重引线样式”对话框，在“引线格式”选项卡中可设置引线的类型、颜色、线型和线宽，引线前端箭头符号和箭头大小。

④ 打开“引线结构”选项卡，在此可设置“最大引线点数”，是否包含基线，以及基线长度，如图 8-67 所示。

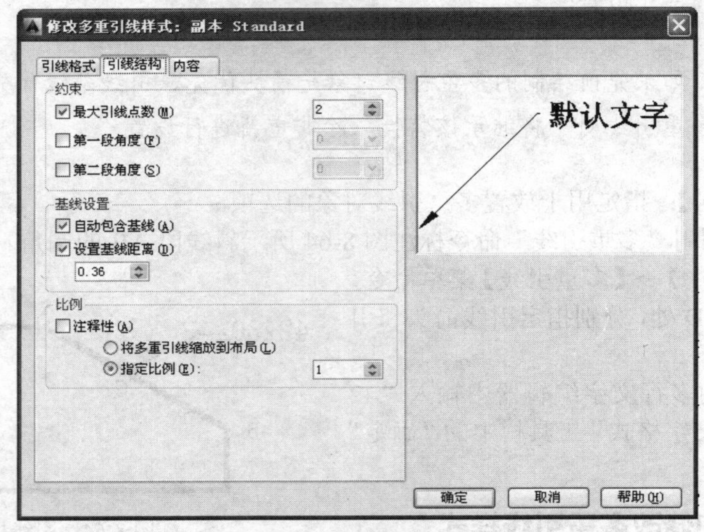

图 8-67　“引线格式”选项卡

⑤ 打开“内容”选项卡，在此可设置“多重引线类型”（多行文字或块）。如果多重引线类型为多行文字，还可设置文字的样式、角度、颜色、高度等。

⑥ “引线连接”设置区用于设置当文字位于引线左侧或右侧时，文字与基线的相对位置，以及文字与基线的距离，如图 8-68、图 8-69 所示。

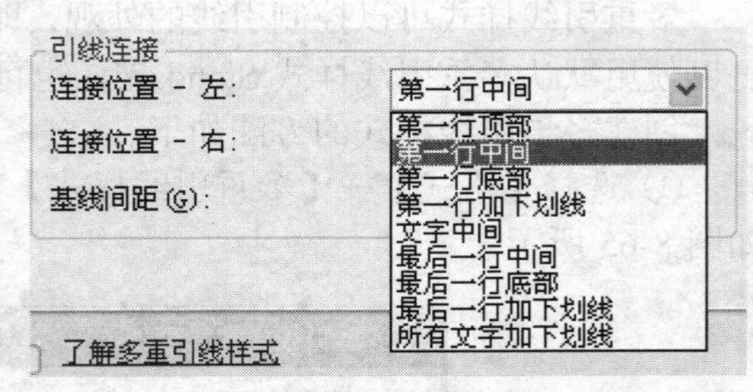

图 8-68　“引线连接”设置区

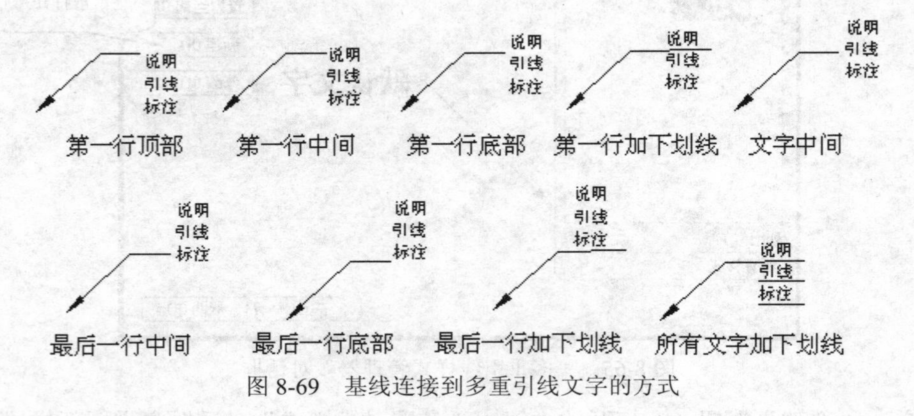

图 8-69　基线连接到多重引线文字的方式

⑦ 如果将“多重引线类型”设置为“块”，此时系统将显示“块选项”设置区，利用该设置区可设置块类型，块附着到引线的方式，以及块颜色等，如图 8-70 所示。

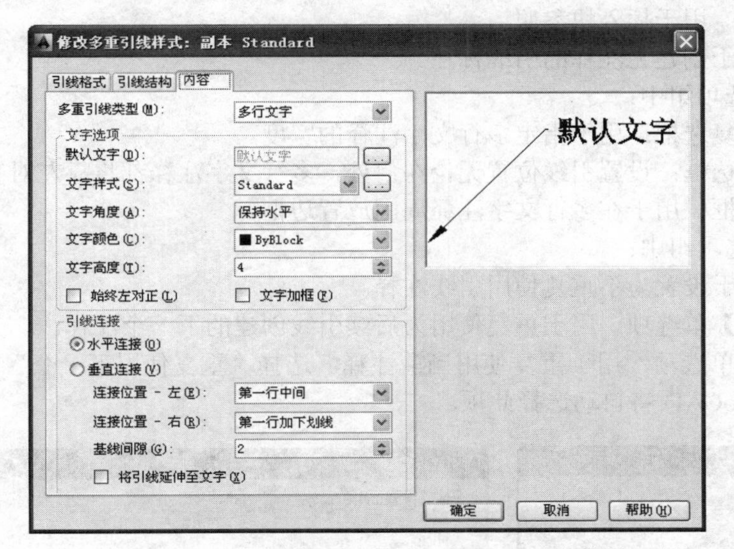

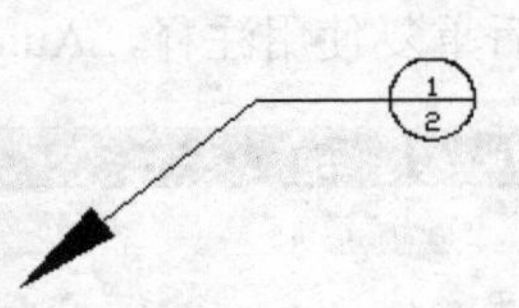

图 8-70　设置“多线引线类型”为块

学习提示：这里所说的块，实际上是一个带属性的注释信息块。例如，默认块类型为“详细信息标注”，利用这类多重引线样式创建多重引线标注时，在确定了引线和基线位置后，系统会提示用输入视图编号和图纸编号。输入结束后，效果如图 8-70 所示。

⑧ 设置结束后，单击“确定”按钮，返回“多重引线管理器”对话框。

⑨ 单击“关闭”按钮，关闭“多重引线样式管理器”对话框。

经验之谈：若要修改现有的多重引线样式，可在“多重引线样式管理器”对话框的“样式”列表中选中要修改的样式，然后单击“修改”按钮。

8.4.3　引线标注

启用“引线标注”命令后，就可以进行引线标注，依次指定引线上的点。通常情况下标注引线之前，首先要对引线标注进行设置。

（1）设置引线注释的类型。在引线标注时，在命令行中输入 QLEADER，按【Enter】键，命令行提示如下：

```
命令:_qleader
指定第一个引线点或 [设置(S)] <设置>:
```

在命令行的提示下，直接按【Enter】键，系统弹出如图 8-71 所示的“引线设置”对话框。

其中的参数：

在“注释类型”选项组中：

- 【多行文字】单选项：用于提示创建多行文字注释。
- 【复制对象】单选项：用于提示复制多行文字、单行文字、公差或块参照对象。

- 【公差】单选项：用于显示“公差”对话框，可以创建将要附着到引线上的特征控制框。
- 【块参照】单选项：用于插入块参照。
- 【无】单选项：用于创建无注释的引线标注。

在“多行文字选项”选项组中：

- 【提示输入宽度】复选框：用于指定多行文字注释的宽度。
- 【始终左对齐】复选框：设置引线位置无论在何处，多行文字注释都将靠左对齐。
- 【文字边框】复选框：用于在多行文字注释周围放置边框。

在“重复使用注释”选项组中：

- 【无】单选项：用于设置为不重复使用引线注释。
- 【重复使用下一个】单选项：用于重复使用为后续引线创建的下一个注释。
- 【重复使用当前】单选项：用于重复使用当前注释。选择“重复使用下一个”单选项之后重复使用注释，AutoCAD 将自动选择此项。

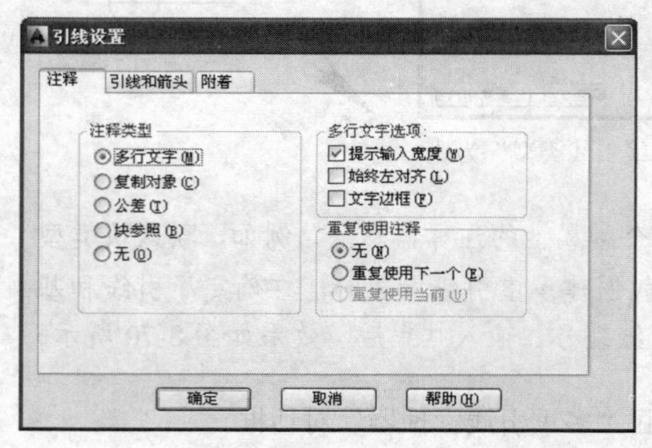

图 8-71　引线设置对话框中的“注释”选项

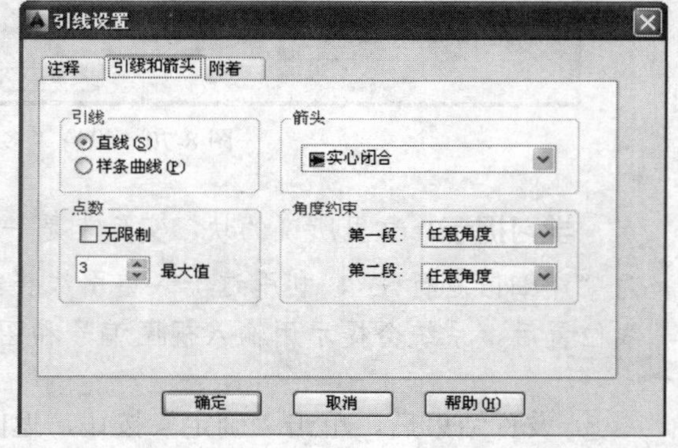

图 8-72　引线设置对话框中的“引线及箭头”选项

（2）控制引线及箭头的外观特征。用鼠标单击引线设置对话框中的“引线及箭头”选项卡，可以设置引线和箭头格式，如图 8-72 所示。

其中的参数：

在“引线”选项组中，可以设置引线格式。

- 【直线】单选项：用于设置在指定点之间创建直线段。
- 【样条曲线】单选项：用于设置指定的引线点作为控制点创建样条曲线对象。

在“箭头”选项组中，可以在下拉列表中选择适当的箭头类型，这些箭头与尺寸线中的可用箭头一样。

在“点数”选项组中，可以设置确定引线形状控制点的数量，可以在数值框中输入 2～999 之间的任意整数；如果选择“无限制”复选框时，系统将一直提示指定引线点，直到用户按键盘中的【Enter】键后确定。

在“角度约束”选项组中，可以设置第一条与第二条引线以固定的角度进行约束。

- 【第一段】下拉列表框：用于选择设置第一段引线的角度。
- 【第二段】下拉列表框：用于选择设置第二段引线的角度。

（3）设置引线注释的对齐方式。单击“引线设置”对话框中的“附着”选项卡，可以设置引线和多行文字注释的附着位置。在“注释”选项卡上选定“多行文字”单选项时，此选项卡才为可用状态，如图 8-73 所示。

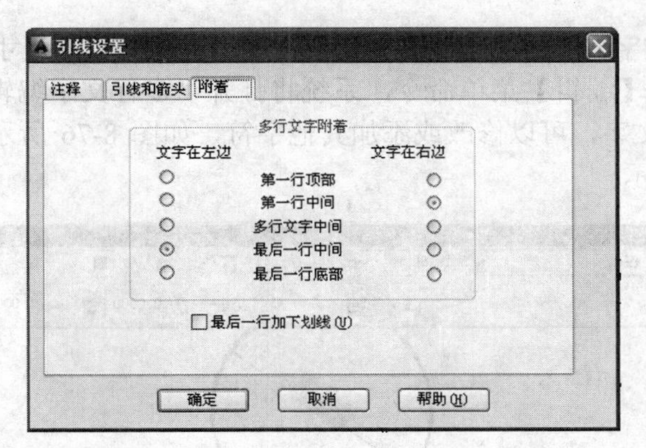

图 8-73　多行文字附着

在“多行文字附着”选项组中，每个选项的文字有“文字在左边”或“文字在右边”两种方式可供选择，用于设置文字附着的位置，如图 8-74 所示。

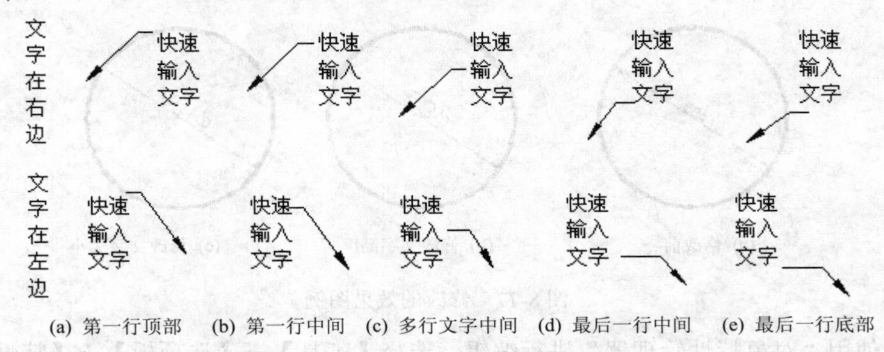

图 8-74　多行文字与引线末端的相对位置

- 【第一行顶部】单选项：将引线附着到多行文字的第一行顶部。
- 【第一行中间】单选项：将引线附着到多行文字的第一行中间。
- 【多行文字中间】单选项：将引线附着到多行文字的中间。
- 【最后一行中间】单选项：将引线附着到多行文字的最后一行中间。
- 【最后一行底部】单选项：将引线附着到多行文字的最后一行底部。
- 【最后一行加下划线】复选框：用于给多行文字的最后一行加下划线，如图 8-75 所示。

图 8-75　最后一行加下划线

8.5　尺寸编辑

在 AutoCAD 中，可以通过多种方法编辑标注。修改标注所应用的尺寸样式可以改变尺寸样式，但所有应用此样式的标注都将发生变化；想要单独改变某一处标注尺寸的外观和文字时，可以通过多种方法进行编辑。

8.5.1　编辑标注文字

在尺寸标注中，如果仅仅想对标注文字进行编辑，有以下两种方法。

（1）利用“多行文字编辑器”对话框进行编辑。选中需要修改的尺寸标注，选择【修改】→【对象】→【文字】→【编辑】菜单命令，系统将打开“多行文字编辑器”对话框，淡蓝色文本表示当前的标注文字，可以修改或添加其他字符，如图 8-76 所示，单击确定按钮，修改的效果如图 8-77 所示。

图 8-76　使用“多行文字编辑器”对话框进行编辑

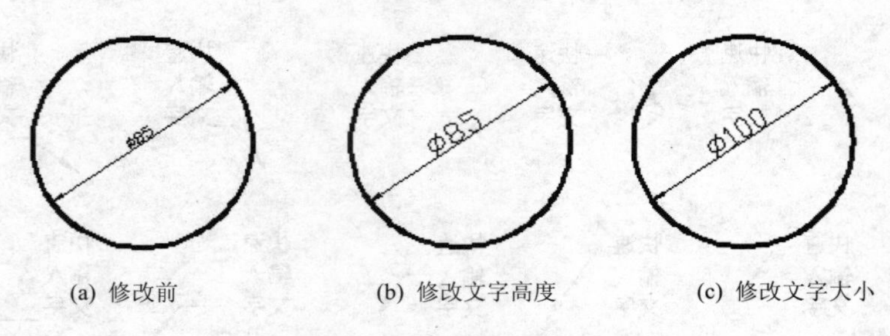

(a) 修改前　　(b) 修改文字高度　　(c) 修改文字大小

图 8-77　修改的效果图例

（2）使用“对象特性管理器”进行编辑。选择【工具】→【选项板】→【特性】菜单命令，打开“特性”对话框，选择需要修改的标注，拖动对话框的滑块到对话框的文字特性的控制区域，单击激活“文字替代”文本框，输入需要替代的文字。或者是先选择要编辑的尺寸，然后鼠标右击，在光标菜单中选择“特性”，也将弹出“特性”对话框，如图 8-78 所示。按键盘中的【Enter】键确认，按键盘中的【Esc】键，退出标注的选择状态，标注的修改效果如图 8-79 所示。

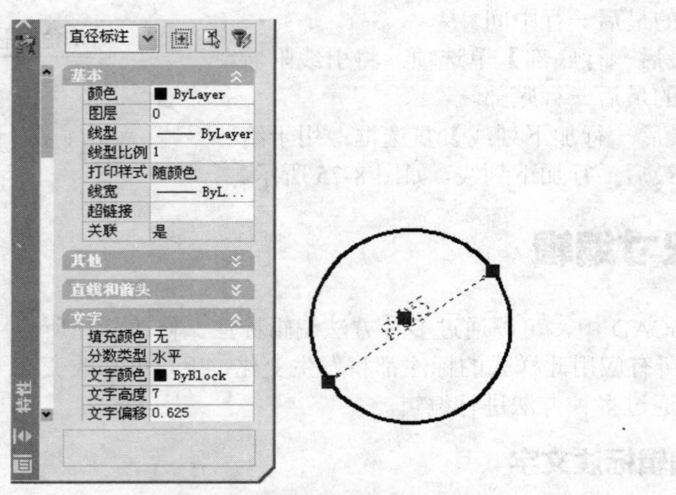

图 8-78　使用“对象特性管理器”进行编辑

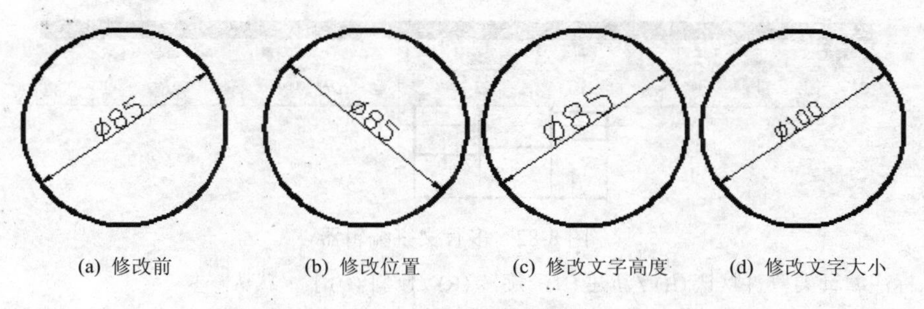

(a) 修改前　(b) 修改位置　(c) 修改文字高度　(d) 修改文字大小

图 8-79　修改的效果图例

技巧：若想将标注文字的样式还原为实际测量值，可直接将“文字替代”文本框中输入的文字删除。

8.5.2　编辑标注

用于改变已标注文本的内容、转角、位置，同时还可以改变尺寸界线与尺寸线的相对倾斜角。启用“编辑标注”命令有三种方法。

- 选择【标注】→【对齐标注】→【默认】菜单命令。
- 单击标注工具栏上的“编辑标注”按钮。
- 输入命令：DED（DIMEDIT）。

启用“编辑标注”命令后，命令行提示如下：

命令：_dimedit

输入标注编辑类型 [默认(H)/新建(N)/旋转(R)/倾斜(O)] <默认>:

其中的参数：

- 【默认(H)】：修改指定的尺寸文字到缺省位置，即回到原始点。
- 【新建(N)】：通过多行文字编辑器输入新的文字。
- 【旋转(R)】：按指定的角度旋转文字
- 【倾斜(O)】：将尺寸界线倾斜指定的角度。

【例 8-17】将图 8-80 所示的尺寸标注修改成图 8-81 所示的尺寸标注形式。

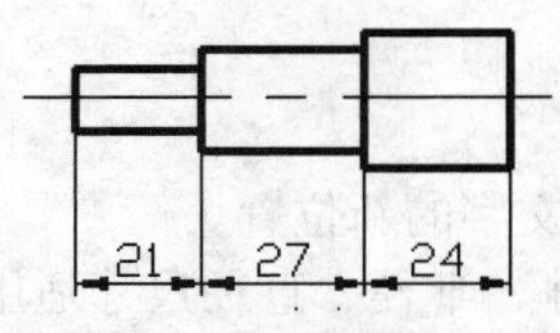

图 8-80　编辑标注图例

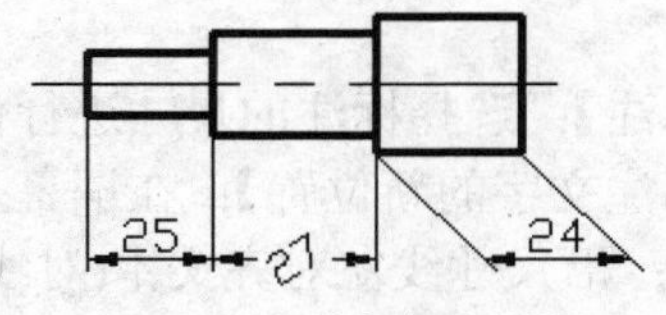

图 8-81　编辑标注图例

操作步骤如下。

① 命令：_dimedit　　//启用编辑标注命令

输入标注编辑类型 [默认(H)/新建(N)/旋转(R)/倾斜(O)] <默认>:N

//输入法字母“N”，选择新建选项，按【Enter】键，弹出如图 8-82 所示“多行文字编辑器”

② 在多行文字编辑器的蓝色文本框中输入新值“25”，按确定按钮，此时光标变为拾取“小方框”

③ 选择要新建的尺寸“21”，按【Enter】键，完成新建尺寸修改

④ 命令：_dimedit　　//启用编辑标注命令

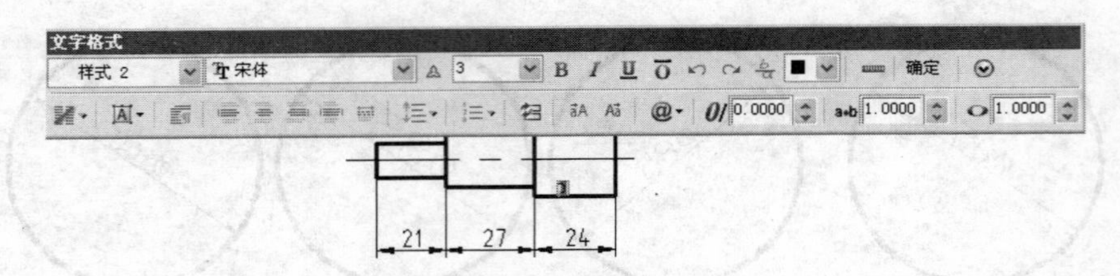

图 8-82　多行文字编辑器

输入标注编辑类型 [默认(H)/新建(N)/旋转(R)/倾斜(O)] <默认>:R
//输入字母“R”，选择旋转选项

⑤ 指定标注文字的角度:30　　//输入旋转角度，按【Enter】键

⑥ 选择对象:找到 1 个　　//选择尺寸“27”，按【Enter】键

⑦ 命令: _dimedit　　//启用编辑标注命令

输入标注编辑类型 [默认(H)/新建(N)/旋转(R)/倾斜(O)] <默认>:O

⑧ 选择对象:找到 1 个　　//输入字母“O”，选择倾斜选项

⑨ 输入倾斜角度 (按 ENTER 表示无):-45　　//输入倾斜角度，按【Enter】键，结果如图 8-80 所示

8.5.3　尺寸文本位置修改

尺寸文本位置有时会根据图形的具体情况不同适当调整。如覆盖了图线或尺寸文本相互重叠等。对尺寸文本位置的修改，不仅可以通过夹点直观修改，而且可以使用 DIMTEDIT 命令进行精确修改。

启用“尺寸文本位置修改”命令有三种方法。

- 选择【标注】→【对齐标注】→【默认、角度、左、中、右】菜单命令。
- 单击标注工具栏上的“编辑标注文字”按钮。
- 输入命令：DIMTEDIT。

启用尺寸文本位置修改命令后，命令行提示如下：

命令: _dimtedit

选择标注:

指定标注文字的新位置或 [左(L)/右(R)/中心(C)/默认(H)/角度(A)]:

命令：DIMTEDIT。

其中的参数：

- 【选择标注】：选择标注的尺寸进行修改。
- 【指定标注文字的新位置】：在屏幕上指定文字的新位置。
- 【左(L)】：沿尺寸线左对齐文本(对线性尺寸、半径、直径尺寸适用)。
- 【右(R)】：沿尺寸线右对齐文本(对线性尺寸、半径、直径尺寸适用)。
- 【中心(C)】：将尺寸文本放置在尺寸线的中间。
- 【缺省(H)】：放置尺寸文本在缺省位置。
- 【角度(A)】：将尺寸文本旋转指定的角度。

“调整文字的各种位置”如图 8-83 所示。

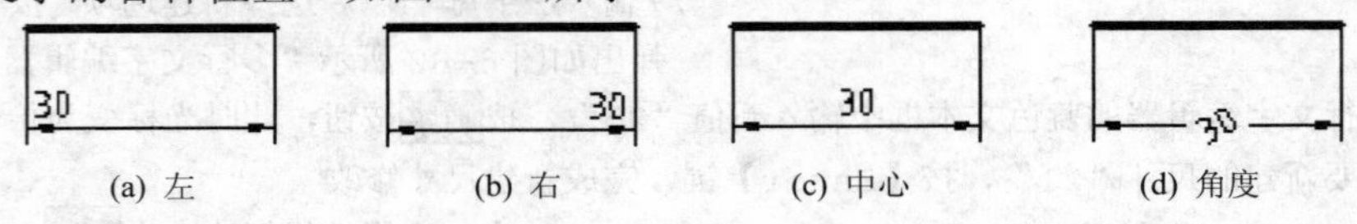

(a) 左　(b) 右　(c) 中心　(d) 角度

图 8-83　调整文字的各种位置

8.5.4 尺寸变量替换

“尺寸变量替换”可以在不影响当前尺寸类型的前提下，覆盖某一尺寸变量。要正确使用“尺寸变量替换”，应知道要修改的尺寸变量名。

启用“尺寸变量替换”命令有两种方法。

- 选择【标注】→【替代】菜单命令。
- 输入命令：DIMOVERRIDE。

启用“尺寸变量替换”命令后，命令提示如下：

```
命令：DIMOVERRIDE
输入要替代的标注变量名或[清除替代(C)]：
输入标注变量的新值<XX1>：XX2
输入要替代的标注变量名：
输入要替代的标注变量名或[清除替代(C)]：c
选择对象：
其中的参数：
```

- 【输入要替代的标注变量名】：输入欲替代的尺寸变量名。
- 【清除替代(C)】：清除替代，恢复原来的变量值。
- 【选择对象】：选择修改的尺寸对象。

【例 8-18】采用尺寸变量覆盖的方式，将图 8-84 中的尺寸 78 字高由 3 改为 5。

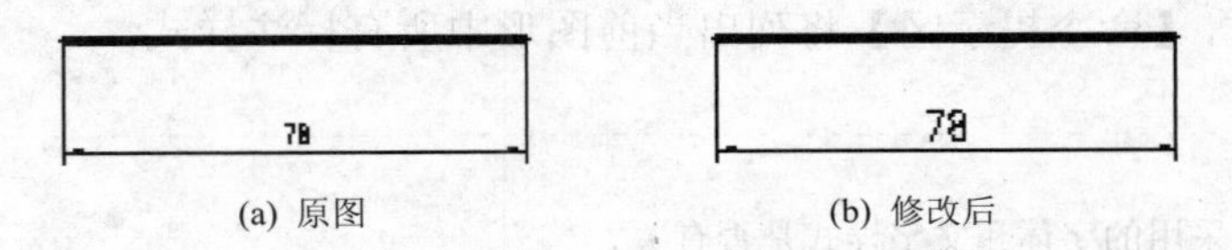

(a) 原图　　(b) 修改后

图 8-84　尺寸变量替换图例

```
命令：_dimoverride                              //启用“替代”命令
输入要替代的标注变量名或 [清除替代(C)]：dimtxt  //输入“覆盖变量”
输入标注变量的新值 <3.0000>：5                   //输入新的变量
输入要替代的标注变量名：                          //按【Enter】键
选择对象：找到 1 个                              //单击原图尺寸 78，按【Enter】键，
                                                  结果如图 8-84 所示
```

8.5.5 更新标注

在使用替代标注样式时，图形中已经存在的标注不会自动更新为替代样式，需要使用“更新”命令来更新所选标注，使它按当前替代的标注样式进行显示。

启用“更新”命令有三种方法。

- 选择【标注】→【更新】菜单命令。
- 单击【标注】工具栏中的“标注更新”工具按钮。
- 输入命令：DIMSTYIE。

启用选择“更新”命令后，光标变为拾取框，选择需要应用替代标注样式的尺寸标注，按【Enter】键确认选择，即可更新所选尺寸标注。如图 8-85 所示。

【例 8-19】将图 8-85（a）中的原尺寸样式“ISO-25”更新为图 8-85（b）所示“样式 1”形式。

```
命令：Dimstyle                          //启用“更新”命令
```

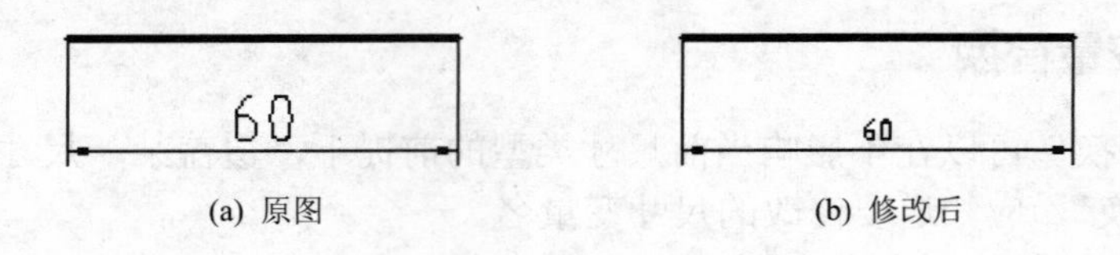

(a) 原图　　(b) 修改后

图 8-85　更新标注图例

```
当前标注样式：ISO-25
当前标注替代：
DIMTXSTY  样式 1
DIMTXT    5.0000
输入标注样式选项
[保存(S) / 恢复(R) / 状态(ST) / 变量(V) / 应用(A) / ?]<恢复>：_apply
选择对象：找到 1 个                    //选择要更新的尺寸标注，按【Enter】键
```

使用“标注更新”命令后，命令行中“输入标注样式选项”提示的意义如下。

- 【保存】选项：将标注系统变量的当前设置保存到标注样式。
- 【恢复】选项：将标注系统变量设置恢复为选定标注样式的设置。
- 【状态】选项：将显示所有标注系统变量的当前值；在列出变量后，该命令结束。
- 【变量】选项：不修改当前设置，列出某个标注样式或选定标注的标注系统变量设置。
- 【应用】选项：将当前尺寸标注系统变量设置应用到选定标注对象，永久替代应用于这些对象的任何现有标注样式。

输入【?】时，【命令提示区】将列出当前图形中所有标注样式。

思考题

1．标注尺寸时采用的字体和文字样式是否有关？
2．在 AutoCAD 中，可以使用的标注类型有哪些？
3．线性尺寸标注指的是哪些尺寸标注？
4．怎样修改尺寸标注中的箭头大小及样式？
5．在尺寸标注过程中，尺寸修改与尺寸替代有什么不同？
6．在采用基线标注和连续标注前，为什么要先标注出一个尺寸？
7．如果将图形中已标注的某一尺寸替换成新的尺寸文本，可以采用哪几种方法？
8．怎样在“尺寸样式管理器”对话框中创建符合我国制图标准的标注样式？

练习题

练习一

根据实际尺寸按 1∶1 比例绘制图 8-86 所示图形，并标注尺寸。

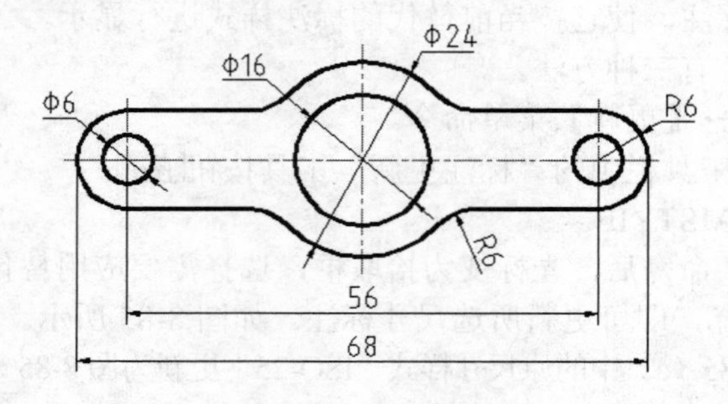

图 8-86　标注练习一

练习二

设置图形界线按 1∶1 绘制如图 8-87 所示的图形，建立尺寸标注层，设置合适的尺寸标注样式完成图形。

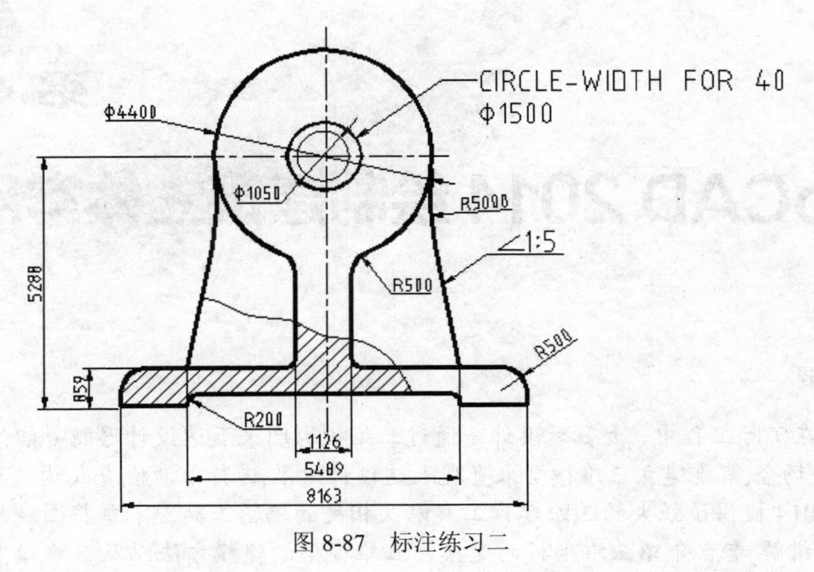

图 8-87　标注练习二

练习三

根据实际尺寸，设置合适的图形界限，绘制图 8-88 所示的房屋平面示意图。设置适当的尺寸标注样式，标注尺寸。（提示：设置适当的多线样式，用多线先绘制墙体，要绘制出房屋的中线，便于标注尺寸）

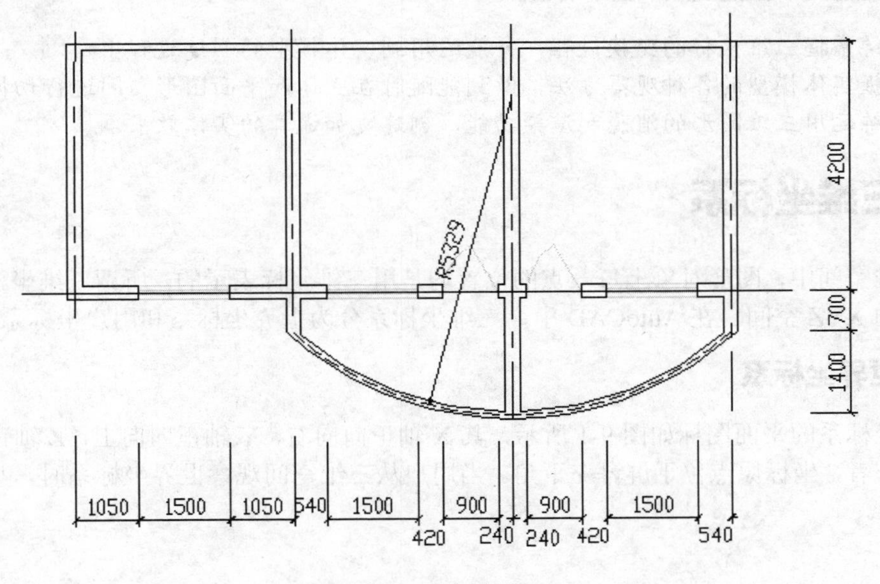

图 8-88　标注练习三

第9章

AutoCAD 2014 绘制建筑立体常用工具

本章提要

虽然，在实际工程中，大多数设计是通过二维投影图来表达设计思想并组织施工或加工的,但有很多场合,需要建立三维模型来直观表达设计效果,进行干涉检查或构造动画模型等。AutoCAD 2014 提供了强大的三维建模工具以及相关的编辑工具。本章将围绕基础的三维绘制命令展开讲解,重点介绍三维坐标的变换、三维模型的建模方法以及三维模型的观察、三维实体的渲染等内容。

通过本章学习，应达到如下基本要求。

① 熟练掌握三维坐标的变换过程，并能运用到实体模型的创建过程中。

② 掌握实体模型的各种观察方法，做到能随时在立体和平面图形之间进行切换。

③ 熟练运用三维图形的消隐和渲染功能，创建更加逼真的实体效果。

9.1 三维坐标系

在三维空间中，图形对象上每一点的位置均是用三维坐标表示的。所谓三维坐标，就是平时所说的 XYZ 空间。在 AutoCAD 中，三维坐标系分为世界坐标系和用户坐标系。

9.1.1 世界坐标系

世界坐标系的平面图标如图 9-1 所示，其 X 轴正向向右，Y 轴正向向上，Z 轴正向由屏幕指向操作者，坐标原点位于屏幕左下角。当用户从三维空间观察世界坐标系时，其图标如图 9-2 所示。

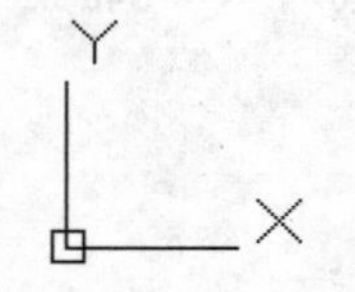

图 9-1 平面世界坐标系

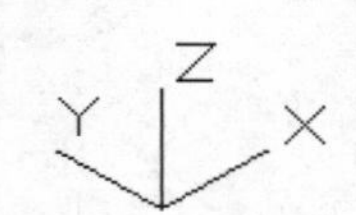

图 9-2 三维世界坐标系

在三维的世界坐标系中，其表示方法包括直角坐标、圆柱坐标以及球坐标等三种形式。

绝对坐标值的输入形式是：$r<\theta<\Phi$，其中，r 表示输入点与坐标系原点的距离，θ表示输

入点和坐标系原点的连线在 XY 平面上的投影与 X 轴的夹角，Φ 表示输入点和坐标系原点的连线与 XY 平面形成的夹角。

相对坐标值的输入形式是：@ r<θ<Φ，例如："100<60<30" 表示输入点与坐标系原点的距离为 100 个单位，输入点和坐标系原点的连线在 XY 平面上的投影与 X 轴的夹角为 60°，该连线与 XY 平面的夹角为 30°。

9.1.2 用户坐标系

在 AutoCAD 中绘制二维图形时，绝大多数命令仅在 XY 平面内或在与 XY 面平行的平面内有效。另外，在三维模型中，其截面的绘制也是采用二维绘图命令，这样当用户需要在某斜面上进行绘图时，该操作就不能直接进行。由于世界坐标系的 XY 平面与模型斜面存在一定夹角，因此不能直接进行绘制。此时用户必须先将模型的斜面定义为坐标系的 XY 平面，通过用户定义的坐标系就称为用户坐标系。

建立用户坐标系，主要有两种用途：一是可以灵活定位 XY 面，用二维绘图命令绘制立体截面；另一个是便于将模型尺寸转化为坐标值。

例如：如图 9-3 所示，当前坐标系为世界坐标系，用户需要在斜面上绘制一个新的圆锥体，由于世界坐标系的 XY 平面与模型斜面存在一定夹角，因此不能直接绘制，必须通过坐标变换，使世界坐标系的 XY 平面与斜面共面，转变为用户坐标系，这样才能绘制出圆锥体，如图 9-4 所示。

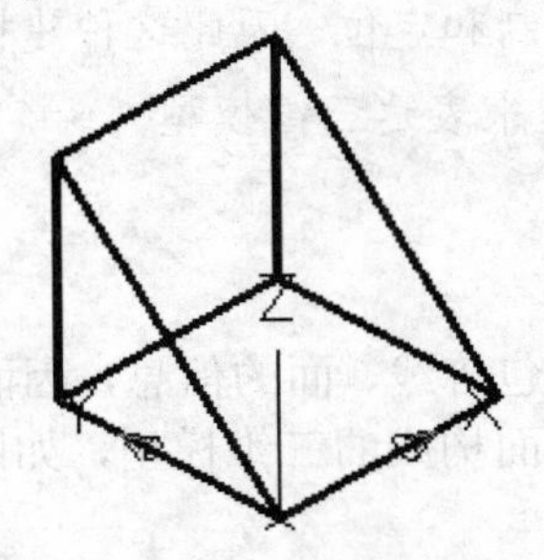

图 9-3 当前坐标系为世界坐标系

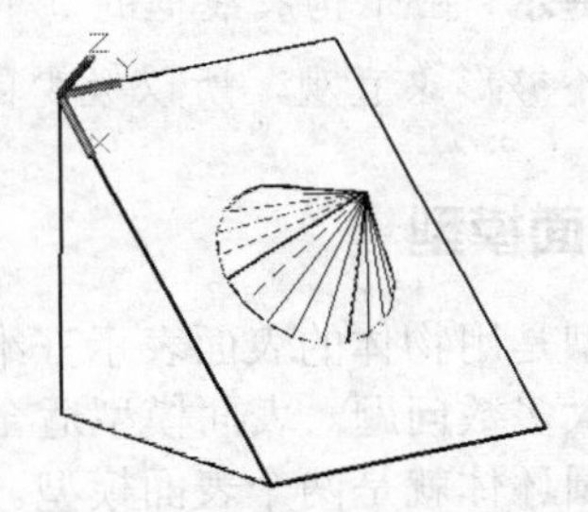

图 9-4 当前坐标系为用户坐标系

启用"用户坐标系"命令有三种方法。

- 选择【工具】→【新建 UCS】子菜单下提供的绘制命令，如图 9-5 所示"UCS"子菜单。
- 在已经打开的工具栏上右击，选择【UCS】选项，弹出如图 9-6 所示"UCS"工具栏。
- 输入命令：UCS。

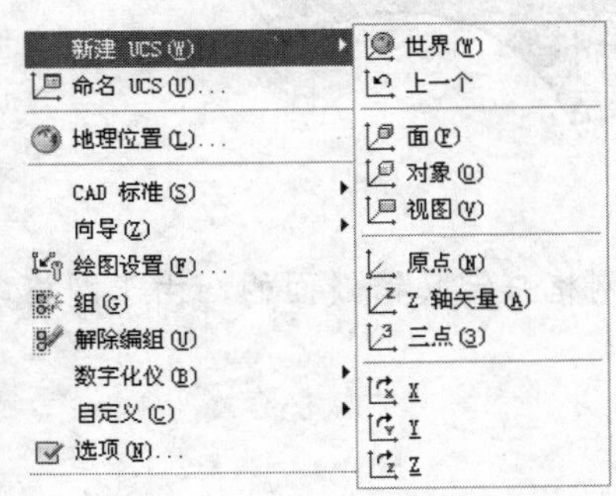

图 9-5 "UCS"子菜单

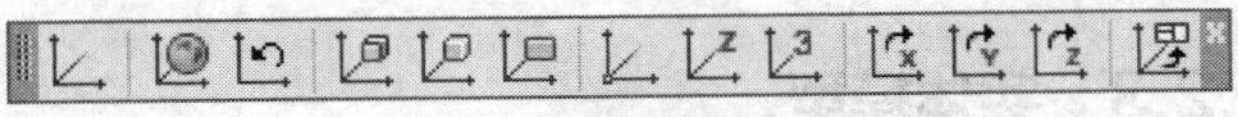

图 9-6 "UCS"工具栏

9.2 三维图形的类型

在 AutoCAD 中，三维图形有三种类型，分别为线框型、表面模型和实体模型。

9.2.1 线框模型

线框模型是用线条来表示三维图形，如图 9-7 所示，用 9 条线段来表示一个楔形体，用一个圆和两条线表示圆锥体，用两个圆和两条线段来表示一个圆柱体。

线框模型结构简单，易于绘制。但同时也存在一些不足，因为线框模型没有面和体的信息，所以线框模型不能着色和渲染。

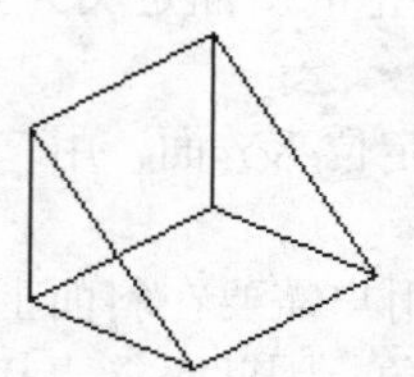
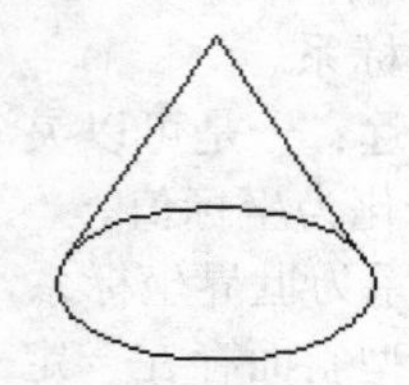
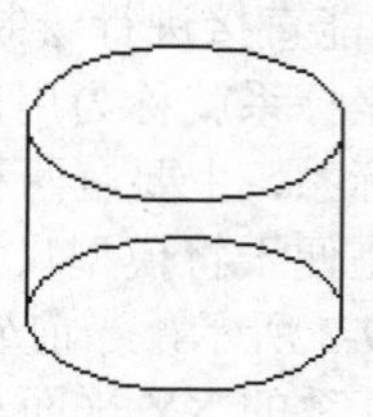

图 9-7　线框模型

学习提示：由于构成线框的每个对象必须单独绘制和定位，因此这种建模方式最耗时，而且不够形象直观，所以极少使用三维线框模型来表达三维模型。

9.2.2 表面模型

表面模型是用物体的表面表示三维物体。表面模型包含线、面的信息，因而可以解决与图形有关的大多数问题。表面模型适合于表示由复杂曲面构成的三维模型，如图 9-8 所示的曲面花饰和圆环体就是两个表面模型。

但是表面模型没有包含体的信息，因此表面模型不能进行布尔运算以及计算模型的体积、质量等。通常，表面模型用于近似表示薄壳状三维模型。

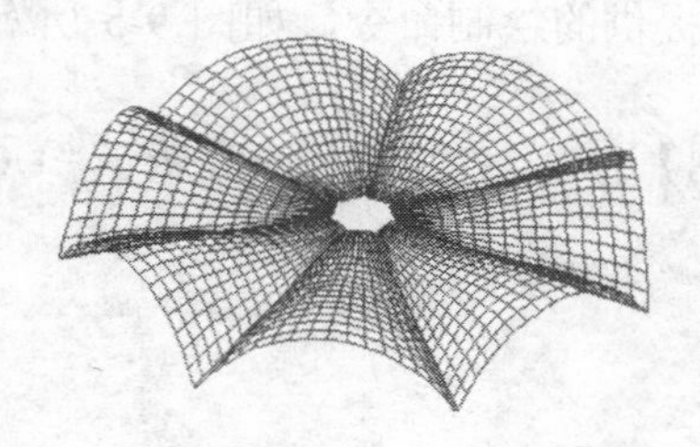
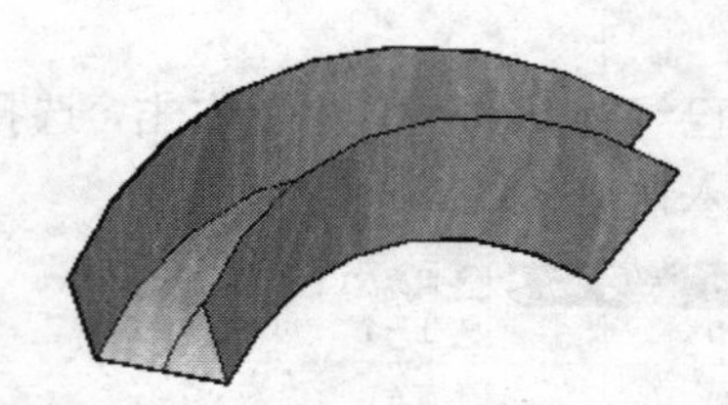

图 9-8　表面模型

学习提示：AutoCAD 中的表面模型是使用多边形网格来定义镶嵌面的，由于网格面是平面，因此网格只能近似于曲面。

9.2.3 实体模型

实体模型是三维模型中最高级的一种，包含线、面、体的全部信息。利用实体模型可以计算实体模型的体积、质量、重心、惯性矩等，在 AutoCAD 2014 中可以对实体模型设置颜色、材质并进行渲染，从而创建出一幅逼真的效果图。

绘制实体模型通常是先绘制简单的基本体，然后通过布尔运算、模型修改等操作形成组合体，如交、并、差等运算命令。在 AutoCAD 2014 中创建的实体模型如图 9-9 所示。

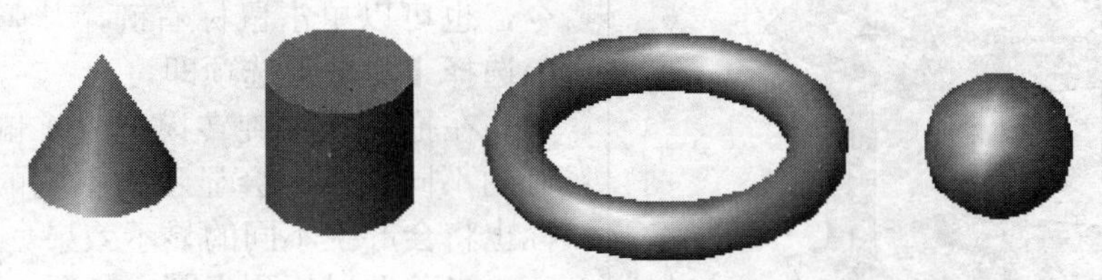

图 9-9　实体模型

9.3　三维观察

通常三维模型建立完成后，用户希望从多个角度对其进行观察，此时就需要用户对模型的观察方向进行定义。在 AutoCAD 2014 中用户可以采用系统提供的观察方向对模型进行观察，也可以自定义观察方向。另外，在 AutoCAD 2014 中用户还可以进行多视口观察。

9.3.1　标准视点观察

AutoCAD 2014 提供了 10 个标准视点，可供用户选择来观察模型，其中包括 6 个正交投影视图（主视图、后视图、俯视图、仰视图、左视图、右视图）、4 个等轴测视图（西南等轴测视图、东南等轴测视图、东北等轴测视图、西北等轴测视图）。

选择标准视点对模型进行观察，有两种方法。

- 选择【视图】→【三维视图】子菜单下提供的选项，如图 9-10 所示。
- 在已打开的工具栏上右击，单击选择“视图”选项，系统弹出【视图】工具栏，如图 9-11 所示。

图 9-10　三维视图子菜单　　　　图 9-11　视图工具栏

9.3.2　动态观察器

利用“动态观察器”对三维模型进行观察，有两种方法。

- 选择【视图】→【动态观察器】菜单命令。
- 在已打开的工具栏上右击，单击选择“动态观察器”选项，系统弹出“动态观察器”工具栏，单击“动态观察”按钮中的“自由动态观察”按钮。

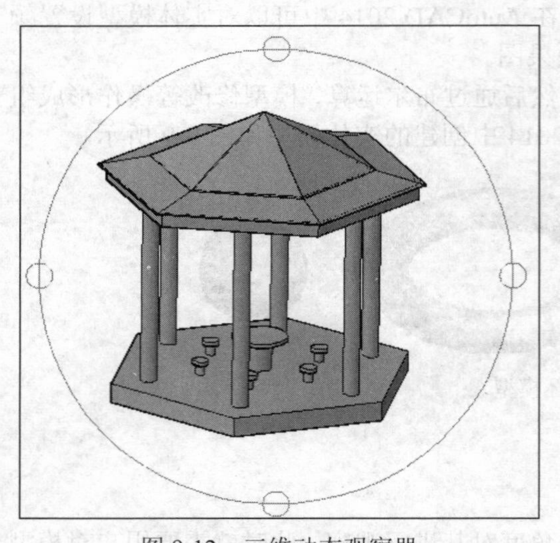

图 9-12　三维动态观察器

启用“动态观察器”命令后，系统将显示一个转盘，如图 9-12 所示。按住鼠标左键不放并拖动鼠标，三维模型将随之旋转，当到达所需视角后，按【Enter】键或是【ESC】键结束命令，也可以单击鼠标右键，从弹出的光标菜单中选择【退出】选项即可。

在拖动鼠标旋转模型时，鼠标指针指向转盘的不同部位，会显示为不同的形状，拖动鼠标也将会产生不同的显示效果。

当移动鼠标到大圆之外时，指针显示为，拖动鼠标，视图将绕通过转盘中心并垂直于屏幕的轴旋转。

当移动鼠标到大圆之内时，指针显示为，可以在水平、铅垂、对角方向拖动鼠标旋转视图。

当移动鼠标到左边或右边小圆之上时，指针显示为，拖动鼠标，视图将绕通过转盘中心的竖直轴旋转。

当移动鼠标到上边或下边小圆之上时，指针显示为，拖动鼠标，视图将绕通过转盘中心的水平轴旋转。

9.4　创建基本三维实体模型

AutoCAD 中提供了一些绘制常用的简单三维实体的命令，由这些简单三维实体可以编辑成各种实体模型。三维实体具有质量特性，形体内部是实心的，可以通过布尔运算进行打孔、挖槽和合并等操作来创建复杂的三维模型，而表面模型无法进行这些操作。

多段体、长方体、楔形体、圆锥体、球体、圆柱体、圆环体、棱锥体、螺旋以及平面曲面是最基本的三维模型，这些基本的三维模型通常是创建复杂三维模型的基础，一般在实体绘制过程中，为了提高效率，首先在已经打开的工具栏上鼠标右击，选择“建模”选项，调出绘制“建模”的工具栏。如图 9-13 所示，绘图时建议用户使用“建模”工具栏。

图 9-13　“建模”工具栏

9.4.1　绘制多段体

多段体可以看作是带矩形轮廓的多段线，只不过直接绘制出来就是实体，在建筑立体图中用多段体来创建墙体非常方便。

启动“绘制多段体”的命令有三种方法。

- 选择【绘图】→【建模】→【多段体】命令。
- 单击“建模”工具栏或“三维制作”面板中的按钮。
- 在命令行中执行 POLYSOLID 命令。

【**例 9-1**】绘制如图 9-14 所示多段体图形。

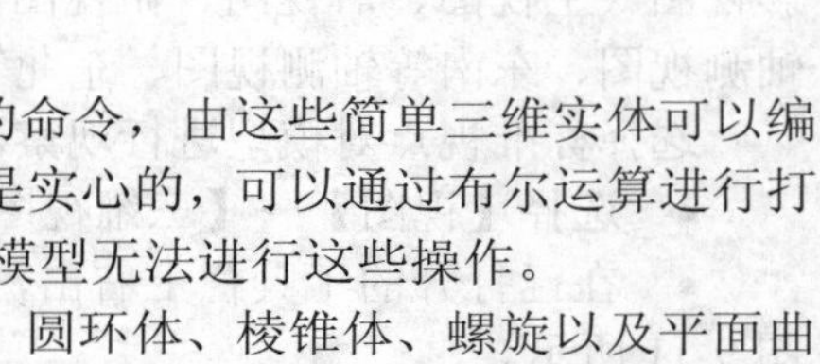

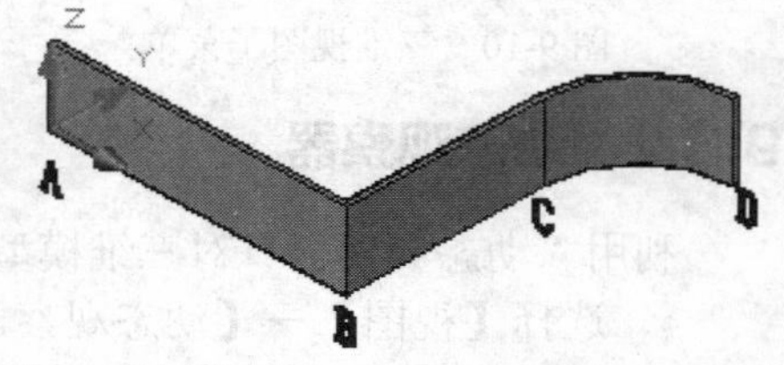

图 9-14　多段体图例

9.4.2 绘制长方体

长方体是最基本的实体模型之一，作为最基本的三维模型，其应用非常广泛。

绘制长方体的命令有三种方法。

- 选择【绘图】→【建模】→【长方体】菜单命令。
- 单击【建模】工具栏中的“长方体”按钮。
- 输入命令：BOX。

学习提示：绘制长方体比较简单，绘制长方体的默认方法是直接通过长方体两个角点及指定 Z 轴上的点进行绘制，如图 9-15 所示。如果没有已有的定位点，这种方式不能精确绘图，因此常通过指定长、宽、高的值进行绘制。

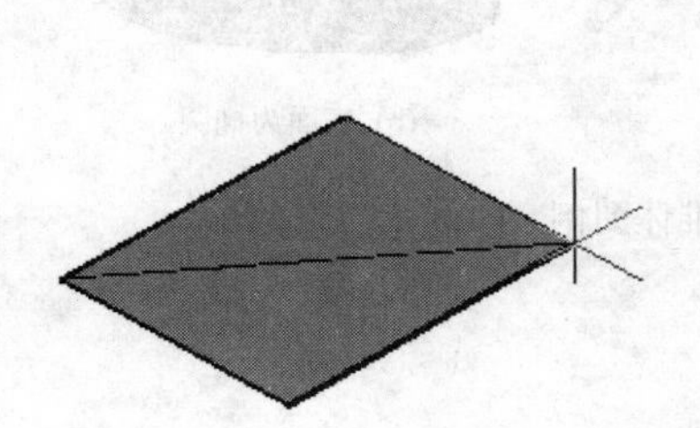

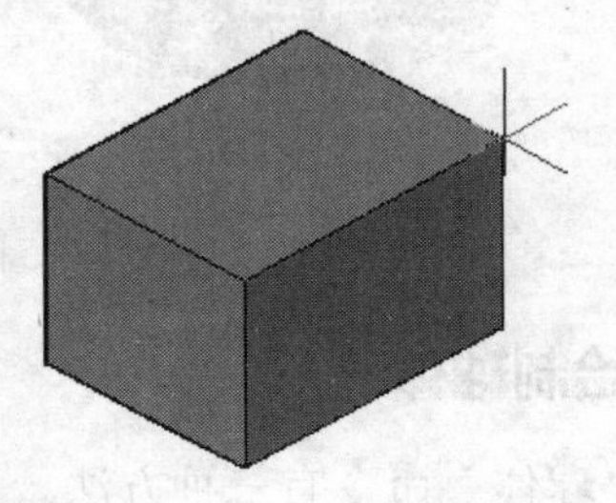

图 9-15　绘制长方体图例

9.4.3 绘制楔形体

启用“楔形体”命令有三种方法。

- 选择【绘图】→【建模】→【楔形体】菜单命令。
- 单击【建模】工具栏中的“楔形体”按钮。
- 输入命令：WEDGE。

学习提示：楔形体实际相当于将长方体从两个对角线处剖切来的实体，由于在机械建模中，经常需要创建的肋板等都是楔形体形状。绘制的高度是指从第一个角点（起点）开始向上的高度，如图 9-16 所示。

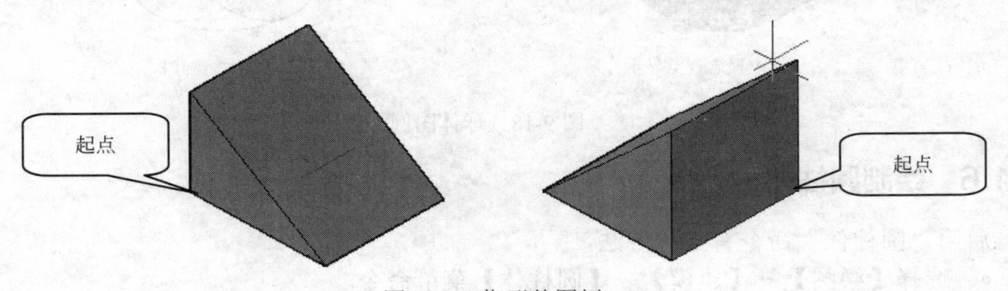

图 9-16　楔形体图例

9.4.4 绘制圆锥体

启用“圆锥体”命令有三种方法。

- 选择【绘图】→【建模】→【圆锥体】菜单命令。
- 单击【建模】工具栏或“三维制作”面板中的“圆锥体”按钮。
- 输入命令：CONE。

【例 9-2】分别绘制一个直径为 90mm、高为 90mm 的圆锥体，绘制一个以长轴为 90mm、短轴为 40mm 的椭圆底面、高为 90mm 的圆锥体，如图 9-17 所示。

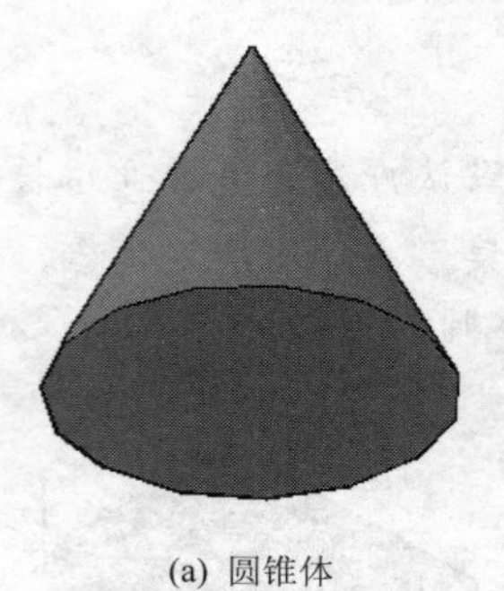

(a) 圆锥体　　(b) 底面为椭圆

图 9-17　圆锥体图例

9.4.5 绘制球体

启用“球体”命令有三种方法。

- 选择【绘图】→【建模】→【球体】菜单命令。
- 单击【建模】工具栏或“三维制作”面板中的“球体”按钮。
- 输入命令：SPHERE。

【例 9-3】绘制一个直径为 120mm 的球体，如图 9-18 所示。

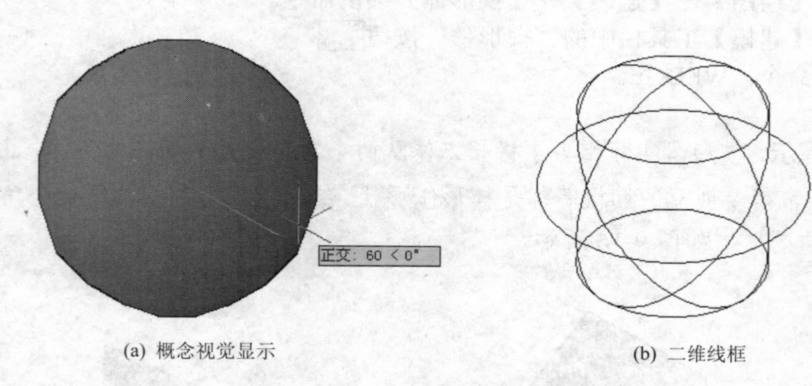

(a) 概念视觉显示　　(b) 二维线框

图 9-18　球体图例

9.4.6 绘制圆柱体

启用“圆柱体”命令有三种方法。

- 选择【绘图】→【建模】→【圆柱体】菜单命令。
- 单击【建模】工具栏或“三维制作”面板中的“圆柱体”按钮。
- 输入命令：CYLINDER。

【例 9-4】绘制直径为 200mm、高度为 100mm 的圆柱，如图 9-19 所示。

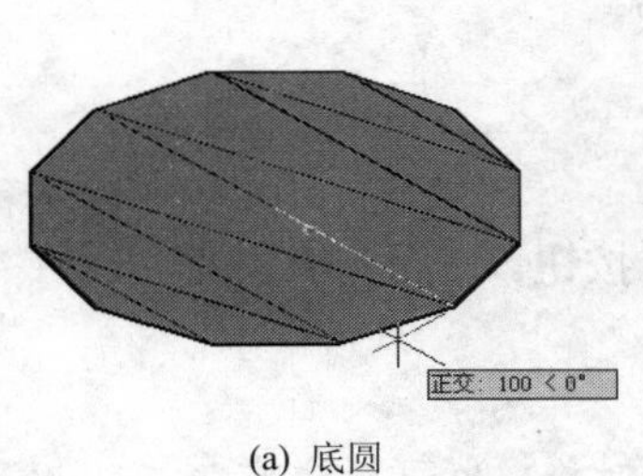

(a) 底圆

(b) 绘制圆柱

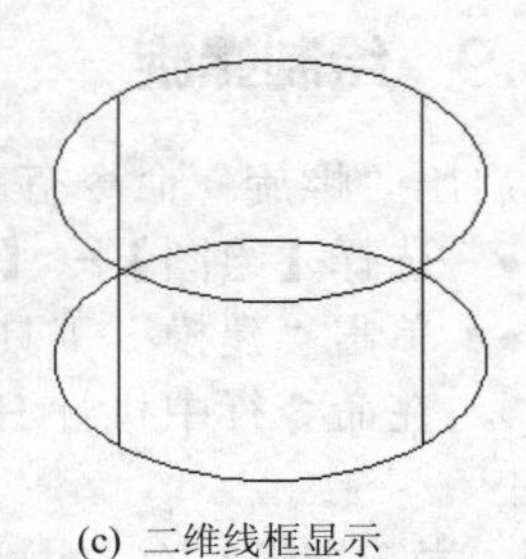

(c) 二维线框显示

图 9-19　绘制圆柱体图例

9.4.7　绘制圆环体

启用“圆环体”命令有三种方法。

- 选择【绘图】→【建模】→【圆环体】菜单命令。
- 单击【建模】工具栏或“三维制作”面板中的“圆环体”按钮。
- 输入命令：TORUS。

【**例 9-5**】绘制一个半径为 100mm、圆管半径为 20mm 的圆环体，如图 9-20 所示。

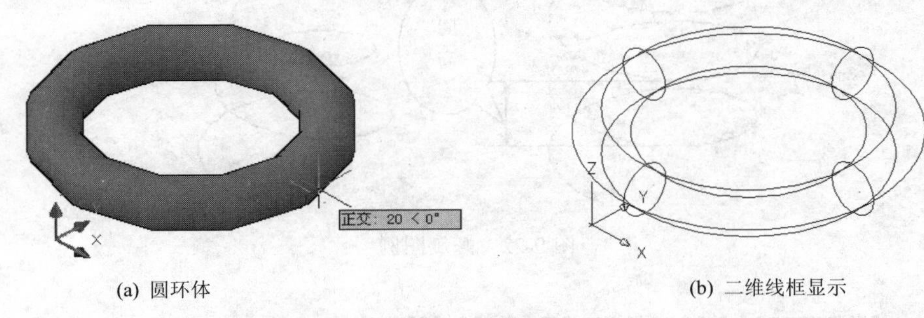

(a) 圆环体　　(b) 二维线框显示

图 9-20　圆环体图例

9.4.8　绘制棱锥体

棱锥体与圆锥体不同之处在于：圆锥体是回转面，而棱锥体除底面外，其他部分由平面组成。棱锥体命令可以创建 3～32 个侧面的棱锥体。

启用“棱锥体”命令有三种方法。

- 选择【绘图】→【建模】→【棱锥面】命令。
- 单击【建模】工具栏或“三维制作”面板中的“棱锥面”按钮
- 在命令行中执行 PYRAMID(PYR)命令。

【**例 9-6**】绘制如图 9-21 所示，棱锥底面内接圆半径为 200mm、高为 150mm 的六棱锥。

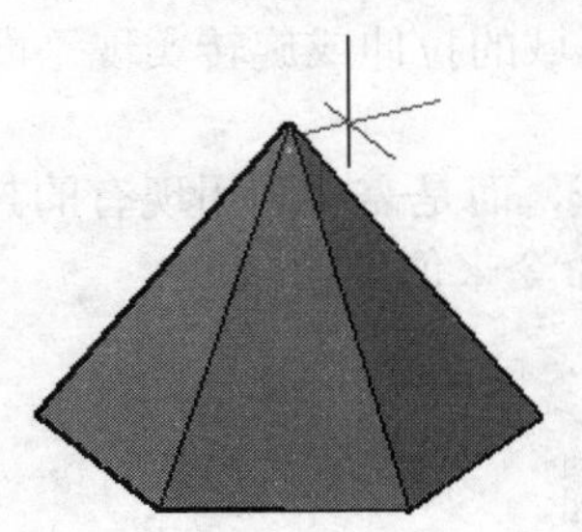

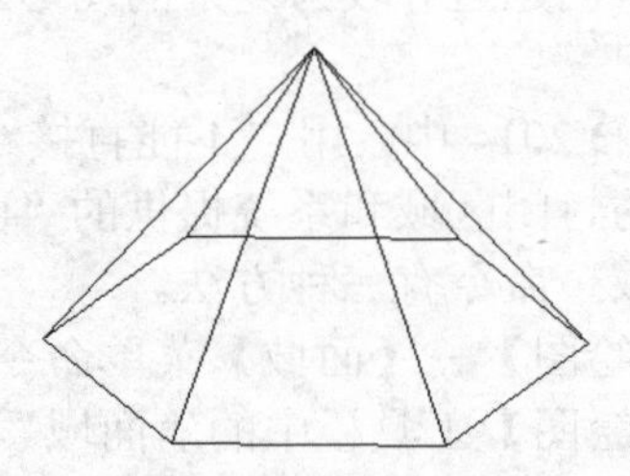

图 9-21　棱锥图例

9.4.9 绘制螺旋

启用“螺旋”命令有三种方法。

- 选择【绘图】→【螺旋】菜单命令。
- 单击“建模”工具栏或“三维制作”面板中的按钮。
- 在命令行中执行 HELIX 命令。

学习提示：在 AutoCAD 中，螺旋实际上是一个特殊对象，也可以说它是二维对象，这里归于三维实体模型，是由于其被放置在“建模”工具栏中，而且它同时位于不同的平面中，但直接用螺旋命令绘制出来的对象还不属于实体。

【例 9-7】分别绘制底圆半径为 100mm，顶圆半径为 100mm；底圆半径为 100mm，顶圆半径为 50mm，高度为 200mm 的螺旋，如图 9-22 所示。

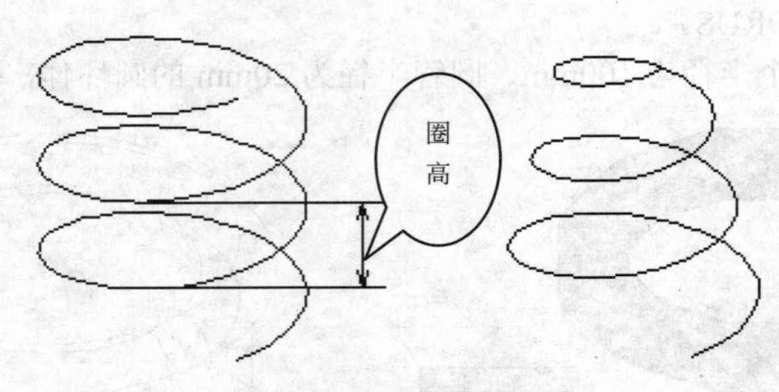

图 9-22 螺旋图例

9.5 二维图形转换成三维立体模型

三维建模不仅可以通过图素建立，也可以通过对二维图形的拉伸或旋转来产生。尤其在已有二维平面图形、已知曲面立体轮廓线的情况下，或立体包含圆角以及用其他普通剖面很难制作的细部图形时，通过拉伸和旋转操作产生三维建模非常方便。

9.5.1 创建面域

面域是用闭合的形状创建的二维区域，该闭合的形状可以由多段线、直线、圆弧、圆、椭圆弧、椭圆或样条曲线等对象构成。面域的外观与平面图形外观相同，但面域是一个单独对象，具有面积、周长、形心等几何特征。面域之间可以进行并、差、交等布尔运算，因此常常采用面域来创建边界较为复杂的图形。利用面域的拉伸或旋转实现平面到三维立体模型的转换。

在 AutoCAD 2014 中，用户不能直接绘制面域，而是需要利用现有的封闭对象，或者由多个对象组成的封闭区域和系统提供的“面域”命令来创建面域。

启用“面域”命令有三种方法。

- 选择【绘图】→【面域】菜单命令。
- 单击【绘图】工具栏中的“面域”按钮。
- 输入命令：REG(REGION)。

利用上述任意一种方法启用“面域”命令，选择一个或多个封闭对象，或者组成封闭区域的多个对象，然后按【Enter】键，即可创建面域，效果如图 9-23 所示。

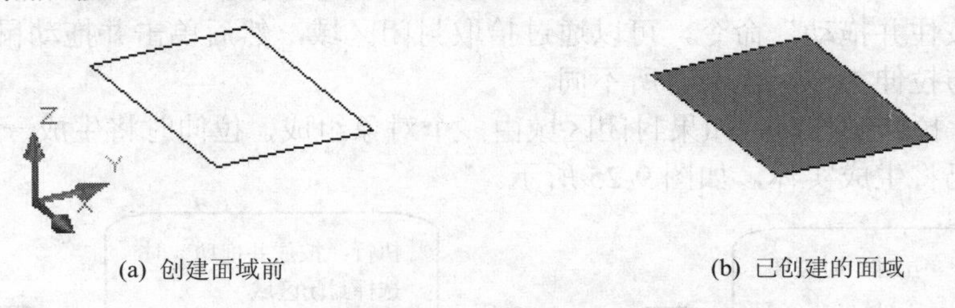

(a) 创建面域前　　(b) 已创建的面域

图 9-23　创建面域图例

教学提示： 缺省情况下，AutoCAD 在创建面域时将删除原对象，如果用户希望保留原对象，则需要将 DELOBJ 系统变量设置为 0。

9.5.2　通过拉伸二维图形绘制三维实体

通过拉伸将二维图形绘制成三维实体时，该二维图形必须是一个封闭的二维对象或由封闭曲线构成的面域，并且拉伸的路径必须是一条多段线。若拉伸的路径是由多条曲线连接而成的曲线时，则必须选择“编辑多段线”工具将其转化为一条多段线，该工具按钮位于“修改Ⅱ”工具栏中。

可作为拉伸对象的二维图形有：圆、椭圆、用正多边形命令绘制的正多边形、用矩形命令绘制的矩形、封闭的样条曲线、封闭的多义线等。而利用直线、圆弧等命令绘制的一般闭合图形则不能直接进行拉伸，此时用户需要将其定义为面域。

启用“拉伸”命令来创建三维实体有三种方法。

- 选择【绘图】→【建模】→【拉伸】菜单命令。
- 单击“建模”工具栏或“三维制作”面板中的“拉伸”按钮。
- 输入命令：EXTRUDE。

【例 9-8】如图 9-24 所示，通过拉伸平面图形，使之变成三维模型图例。

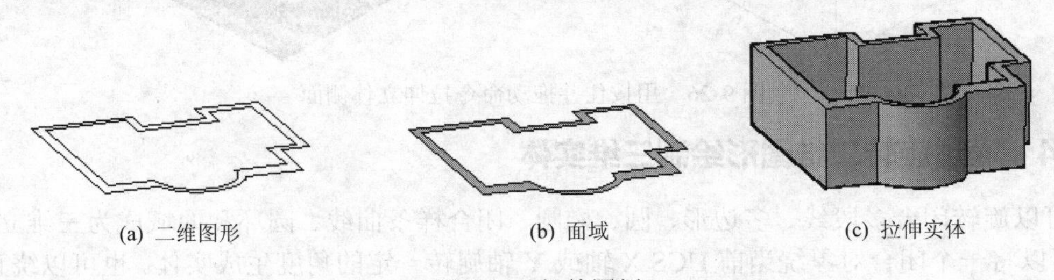

(a) 二维图形　　(b) 面域　　(c) 拉伸实体

图 9-24　拉伸图例

注意事项：不能拉伸具有相交或自交段的多段线。多段线应包含至少 3 个顶点，但不能多于 500 个顶点。如果选定的多段线具有宽度，将忽略其宽度，并且从多段线路经的中心线处拉伸；如果选定对象具有厚度，将忽略该厚度。如果是多个对象组成的封闭区域，则拉伸时将生成一组曲面。

9.5.3　通过按住并拖动创建实体

启用“按住并拖动”命令来创建三维实体有两种方法。

- 单击“建模”工具栏或“三维制作”面板中的“按住并拖动”按钮。
- 输入命令：PRESSPULL。

使用“按住并拖动”命令，可以通过拾取封闭区域，然后单击并拖动鼠标来创建实体。该命令与拉伸类似，但又有所不同。

（1）执行拉伸操作时，如果封闭区域由多个对象组成，拉伸时将生成一组曲面，而按住并拖动命令仍将生成实体，如图 9-25 所示。

图 9-25　执行“按住并拖动”与“拉伸”命令由多个对象组成区域效果对比

（2）执行拉伸操作时必须选中对象，而按住并拖动执行命令时，只需将光标移至封闭区域（无论它是由一个还是多个对象组成），系统会自动分析边界。

（3）执行拉伸操作时，原对象被删除，执行按住并拖动命令时，原对象被保留。

（4）执行拉伸操作时，只能创建新实体。执行按住并拖动命令时，如果生成的实体与另一个实体相交，则系统会自动执行布尔差集运算，即从已有实体中减去新生成的实体。

（5）拉伸只能对封闭的二维图形进行拉伸，而按住并拖动还可以对所形成的立体表面进行拉伸操作，如图 9-26 所示。这是以前 AutoCAD 版本所没有的功能。

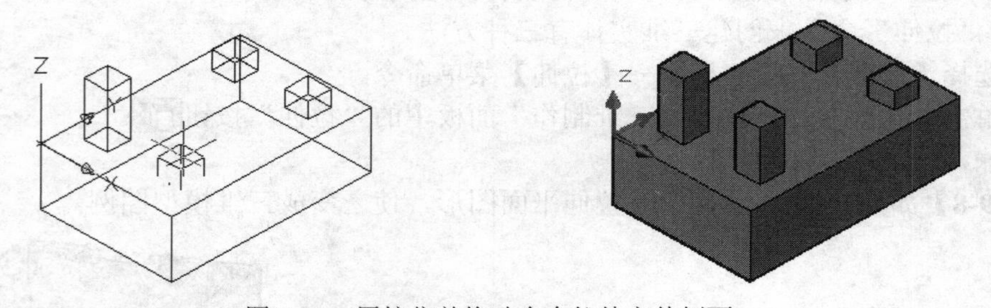

图 9-26　用按住并拖动命令拉伸立体侧面

9.5.4　通过旋转二维图形绘制三维实体

可以旋转闭合多段线、多边形、圆、椭圆、闭合样条曲线、圆环和面域成为三维立体模型。可以将一个闭合对象绕当前 UCS X 轴或 Y 轴旋转一定的角度生成实体。也可以绕直线、多段线或两个指定的点旋转对象。

启用“旋转”命令来创建三维实体有三种方法。

- 选择【绘图】→【建模】→【旋转】菜单命令。
- 单击实体工具栏或“三维制作”面板中的“旋转”按钮。
- 输入命令：REVOLVE。

【例 9-9】将图 9-27（a）所示的二维图形分别绕轴旋转 360°，形成如图 9-27（c）所示的实体。

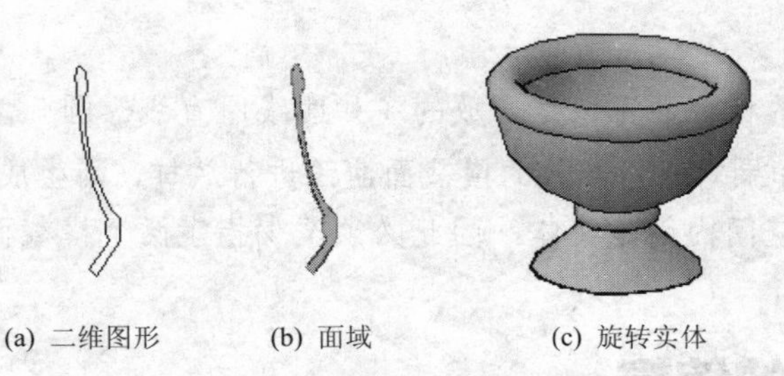

(a) 二维图形　　(b) 面域　　(c) 旋转实体

图 9-27　旋转二维图形绘制实体

9.5.5 通过扫掠创建实体

通过扫掠的方法可以将闭合的二维对象沿指定的路径创建出三维实体，用这种方法创建弹簧等需要同时在不同平面间转换的实体非常方便。

启用“扫掠”命令来创建三维实体有三种方法。

- 选择【绘图】→【建模】→【扫掠】菜单命令。
- 单击实体工具栏或“三维制作”面板中的“扫掠”按钮。
- 输入命令：SWEEP。

【例 9-10】将图 9-28（a）所示圆对螺旋进行扫掠，形成弹簧体。

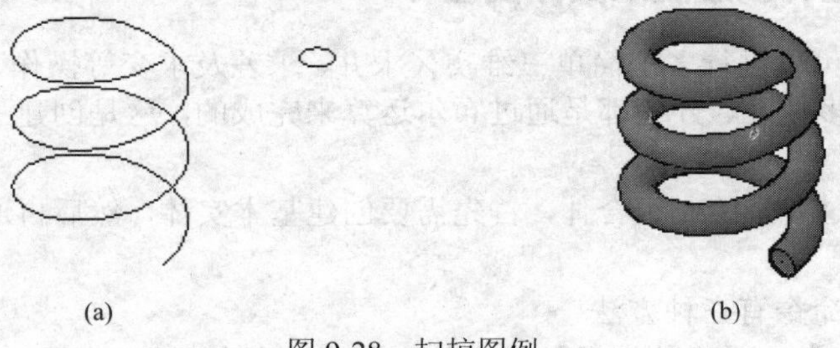

(a)　　(b)

图 9-28　扫掠图例

学习提示： 如果将开放的二维对象沿一条路径进行扫掠，则将生成表面模型。

9.5.6 通过放样创建实体

通过放样的方法可以将一系列闭合的横截面用来创建出新的实体，用这种方法创建极不规则的形体时比较方便，如山体等。

启用“放样”命令来创建三维实体有三种方法。

- 选择【绘图】→【建模】→【放样】菜单命令。
- 单击实体工具栏或“三维制作”面板中的“放样”按钮。
- 输入命令：LOFT。

【例 9-11】将图 9-29（a）所示图形通过“放样”变成实体模型。

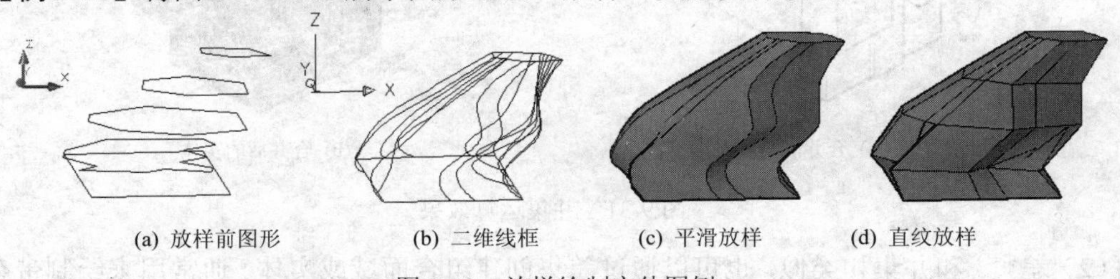

(a) 放样前图形　　(b) 二维线框　　(c) 平滑放样　　(d) 直纹放样

图 9-29　放样绘制实体图例

学习提示：放样的横截面可以是开放的（如曲线、直线、圆弧），也可以是闭合的（如正方形、圆等），如果对一组开放的横截面曲线进行放样，则生成表面模型。由于放样是在横截面之间的空间内创建实体，因此必须至少指定两个横截面才能进行。

9.6 三维实体的编辑

对三维实体可以进行旋转、镜像、阵列、倒角、对齐、倒圆角、并、差、交、剖切、干涉、压印、分割、抽壳、清除等编辑操作，同时可以对实体的边和面进行编辑。在已打开的工具上鼠标右击，在弹出的光标菜单中选取“实体编辑”选项，弹出如图 9-30 所示的工具栏，在进行实体编辑时使用此工具栏非常方便。

图 9-30 “实体编辑”工具栏

9.6.1 用布尔运算创建复杂实体模型

通过布尔运算可以进行多个简单三维实体求并、求差及求交等操作，从而创建出形状复杂的三维实体，许多挖孔、开槽都是通过布尔运算来完成的，这是创建三维实体使用频率非常高的一种手段。

（1）并集。通过并集绘制组合体，首先需要创建基本实体，然后再通过基本实体的并集产生新的组合体。

启用“并集”命令有三种方法。

- 选择【修改】→【实体编辑】→【并集】菜单命令。
- 单击【实体编辑】工具栏中的并集按钮。
- 输入命令：UNION。

【**例 9-12**】将图 9-31（a）所示的两个实体组合成一个实体。

(a) 合并前实体

(b) 合并后的实体

图 9-31 并集运算效果

（2）差集。和并集相类似，也可以通过差集创建组合面域或实体。通常用来绘制带有槽、孔等结构的组合体。

启用“差集”命令有三种方法。

- 选择【修改】→【实体编辑】→【差集】菜单命令。
- 单击实体编辑工具栏中的“差集”按钮。
- 输入命令：SUBTRACT。

【例 9-13】将图 9-32（a）所示的球体当中去掉圆柱体。

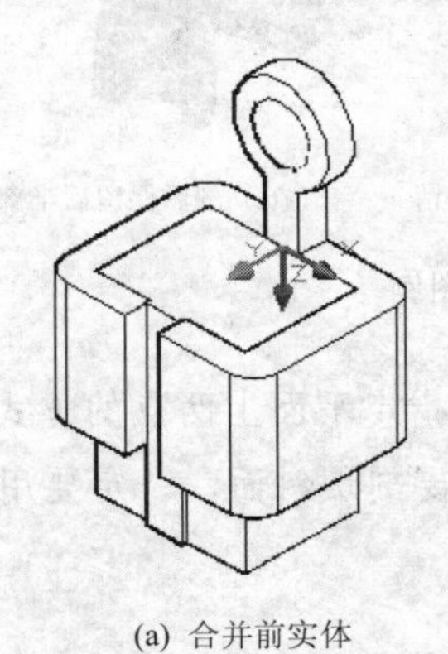

(a) 合并前实体　　(b) 合并后的实体

图 9-32　差集运算效果

（3）交集。和并集和差集一样，可以通过交集来产生多个面域或实体相交的部分。

启用“交集”命令有三种方法。

- 选择【修改】→【实体编辑】→【交集】菜单命令。
- 单击实体编辑工具栏中的“交集”按钮。
- 输入命令：INTERSECT。

【例 9-14】绘制图 9-33 所示的球体和圆柱体的相交的部分。

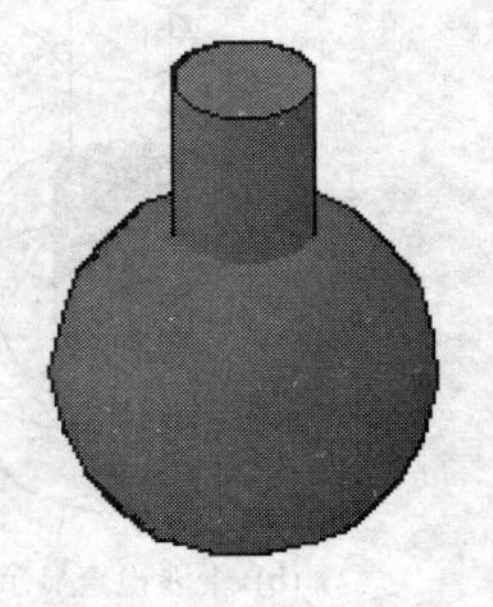

(a) 合并前实体

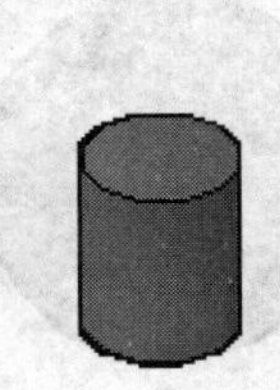

(b) 合并后的实体

图 9-33　交集运算效果

9.6.2　剖切实体

剖切实体是可以用平面剖切一组实体，从而将该组实体分成两部分或去掉其中的一部分。

启用“剖切”命令有三种方法。

- 选择【修改】→【三维操作】→【剖切】菜单命令。
- 单击“三维制作”面板上“剖切”按钮。
- 输入命令：SLICE。

【例 9-15】将图 9-34（a）所示的实体剖切成两部分。

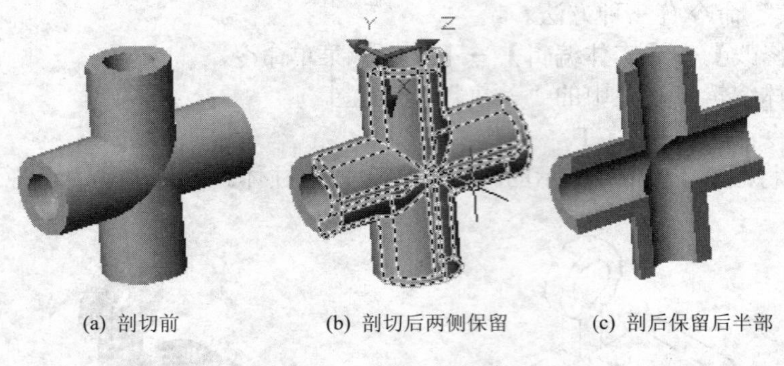

(a) 剖切前　(b) 剖切后两侧保留　(c) 剖后保留后半部

图 9-34　剖切实体图例

经验之谈： 执行剖切命令的过程中，系统默认指定平面上两点的方式进行，通过两点的剖切平面将垂直于当前 UCS 坐标系，如果想要剖切斜面，一定要用三点法剖切，这是与 AutoCAD 2006 不同的地方。

9.6.3　干涉检查

干涉检查是用来检查两个或者多个三维实体的公共部分的复合实体。

启用“干涉检查”命令有三种方法。

- 选择【修改】→【三维操作】→【干涉检查】菜单命令。
- 单击“三维制作”面板上“干涉”按钮。
- 输入命令：INTERFERE。

【例 9-16】检查图 9-35 所示圆柱和圆体的公用部分。

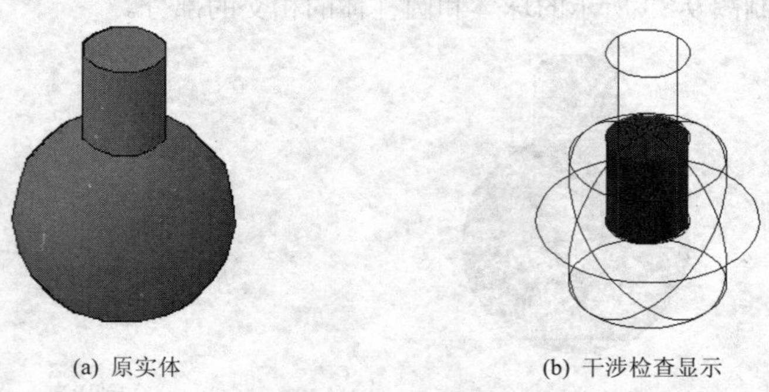

(a) 原实体　(b) 干涉检查显示

图 9-35　干涉实体图例

9.6.4　三维阵列

利用“三维阵列”命令可阵列三维实体。在操作过程中，用户需要输入阵列的列数、行数以及层数。其中，列数、行数、层数分别是指实体在 X、Y、Z 方向的数目。另外，根据实体的阵列特点，可分为矩形阵列与环形阵列。

启用“三维阵列”命令有两种方法。

- 选择【修改】→【三维操作】→【三维阵列】菜单命令。
- 输入命令：3DARRAY。

教学提示：在矩形阵列中，行、列、层分别沿当前 UCS 的 X、Y、Z 轴方向阵列。当命令行提示输入沿某方向的间距值时，可以输入正值，也可以输入负值。输入正值，将沿相应坐标轴的正方向阵列；否则，沿负方向阵列。

【例 9-17】将图 9-36 所示的小圆凳以桌子中轴线为轴进行 6 个环形阵列。

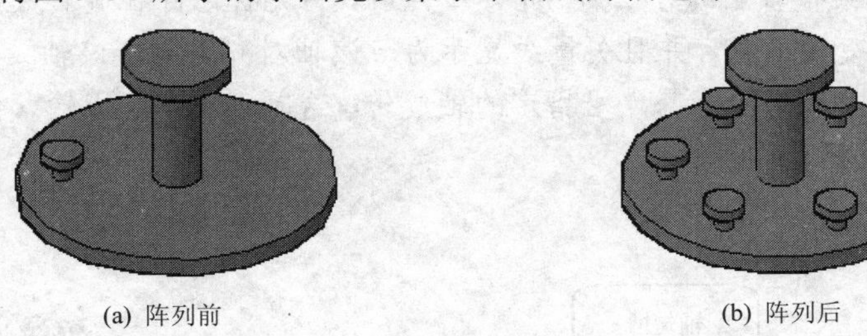

(a) 阵列前　　(b) 阵列后

图 9-36　环形阵列图例

【例 9-18】将图 9-37 所示的 10mm×10mm×10mm 小方框进行 5×5 矩形阵列，其中，行、列、层间距为 20mm。

(a) 阵列前　　(b) 阵列后

图 9-37　矩形阵列图例

9.6.5　三维镜像

三维镜像命令通常用于绘制具有对称结构的三维实体。

启用三维镜像命令有两种方法。

- 选择【修改】→【三维操作】→【三维镜像】菜单命令。
- 输入命令：MIRROR3D。

【例 9-19】将图 9-38（a）所示的两个小圆球进行三维镜像。

(a) 镜像前　　(b) 镜像后

图 9-38　三维镜像图例

9.6.6　三维旋转

通过“三维旋转”命令可以灵活定义旋转轴，并对三维实体进行任意旋转。

启用“三维旋转”命令有三种方法。

- 选择【修改】→【三维操作】→【三维旋转】菜单菜命令。
- 单击“实体编辑”工具栏或“三维制作”面板中的 按钮。
- 输入命令：ROTATE3D。

学习提示：AutoCAD 2006 版本的旋转命令在 AutoCAD 2014 中同样可以使用。AutoCAD 2014 版中三维旋转增加了新功能，应用更快捷和方便，执行三维旋转命令并选择要旋转的对象后，显示旋转夹点工具，如图 9-39 所示。利用旋转夹点工具可以将旋转约束到某根轴上。

将旋转约束到某根轴上的方法为：指定基点后，将光标悬停在旋转夹点工具上的轴句柄上，直到光标变为黄色，并且矢量线显示为与该轴对齐时单击该轴线，然后移动鼠标光标时，选择的对象将围绕基点沿指定的轴旋转，这时可以单击或输入值来指定旋转的角度，如图 9-40 所示。

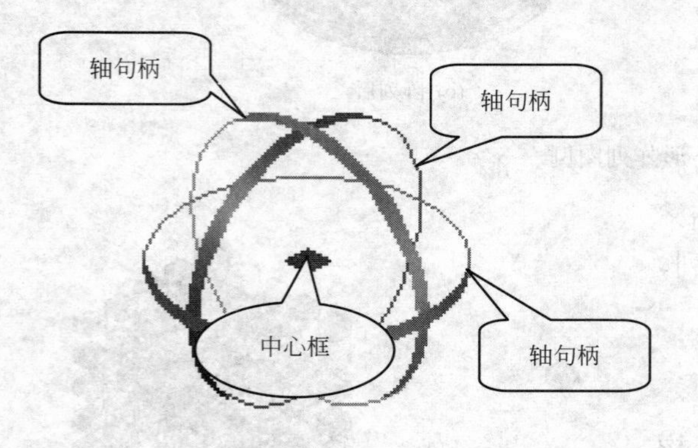

图 9-39　旋转夹点工具

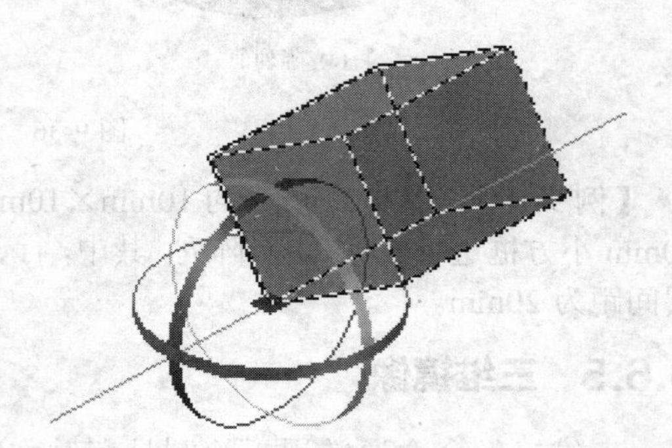

图 9-40　选择旋转轴

9.6.7　三维平移

三维移动可以在三维空间中将对象沿指定方向移动指定的距离，与二维移动的方法相似，不同的只是移动时可以在三维空间中任意移动。

启用“三维移动”命令有两种方法。

- 选择【修改】→【三维操作】→【三维移动】菜单菜命令。
- 单击“实体编辑”工具栏或“三维制作”面板中的按钮。
- 输入命令：3DMOVE。

学习提示：执行命令的过程中，“位移”选项的含义与二维移动时的选项含义相同，与二维移动不同的是：执行三维移动命令后，将出现如图 9-41 所示的移动夹点工具。在 AutoCAD2006 及之前的版本中没有三维移动命令，要实现任意方向上的移动必须通过辅助点来确定，或用二维移动命令移动两次，而使用三维移动命令则可成倍地提高工作效率。

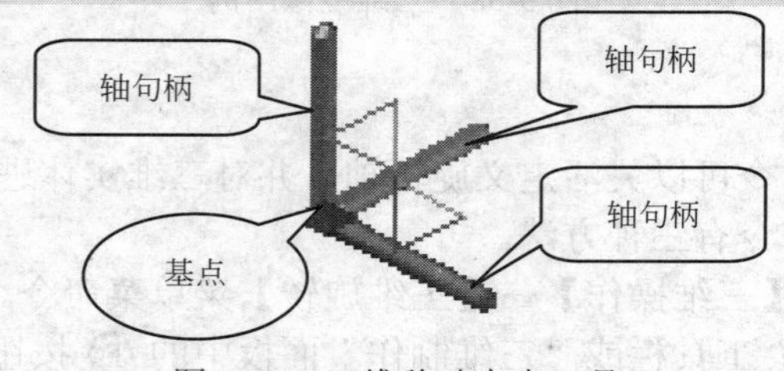

图 9-41　三维移动夹点工具

利用移动夹点工具，可以将移动约束到某根轴或某个平面上，其方法分别如下。

- 将移动约束到轴：指定选择要移动的对象并指定基点后，将光标悬停在夹点工具的某条轴句柄上，当出现的矢量线显示为与该轴对齐时，单击该轴句柄，然后拖动鼠标，选择的对象将始终沿指定的轴移动，如图 9-42 所示。

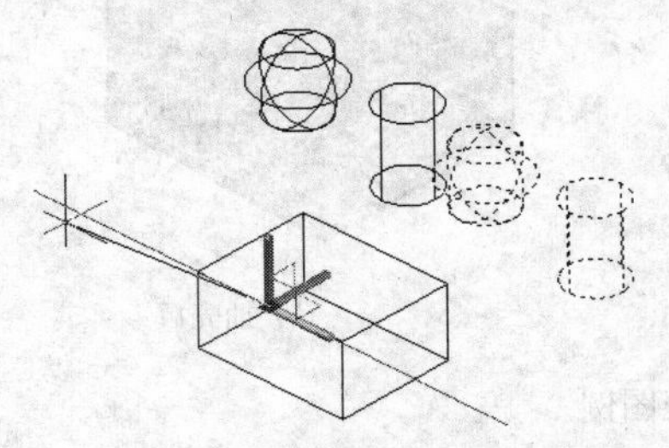

图 9-42　将移动约束在轴上

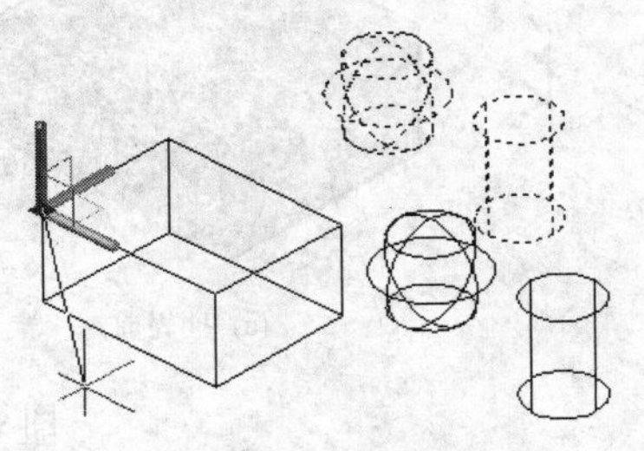

图 9-43　将约束移动到面上

- 将移动约束到面：指定选择要移动的对象并将移动夹点工具移动到要约束到的面上指定基点，将光标悬停在两条远离轴句柄（用于确定平面）的直线汇合处的点上，当直线变为黄色时单击该点，之后移动鼠标光标时，选择的对象将始终沿指定的平面移动，如图 9-43 所示。

9.6.8　对齐

对齐是指通过移动、旋转一个实体使其与另一个实体对齐。在对齐的操作过程中，关键的是选择合适的源点与目标点。其中，源点是在被移动、旋转的对象上选择；目标点是在相对不动、作为放置参照的对象上选择。

启用“对齐”命令，有两种方法。

- 选择【修改】→【三维操作】→【对齐】菜单命令。
- 输入命令：ALIGN。

【例 9-20】将图 9-44 所示的楔形体在指定点和长方体对齐。

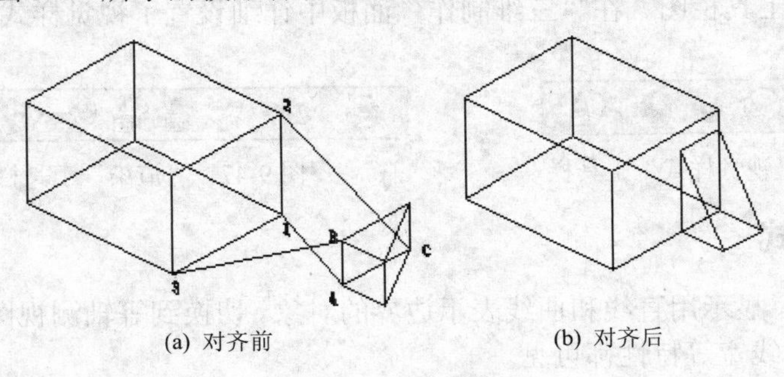

(a) 对齐前　　(b) 对齐后

图 9-44　对齐图例

学习提示：执行三维对齐命令时，如果只指定一对点就结束操作，则可将两个对象对齐到指定的点；如果指定两对点后结束操作，可将两个对象对齐到某边，并可缩放对象。

9.6.9　抽壳

抽壳命令常用于绘制壁厚相等的壳体。

启用“抽壳”命令有两种方法。

- 选择【修改】→【实体编辑】→【抽壳】菜单命令。

- 单击【实体编辑】工具栏中的“抽壳”按钮。

【例 9-21】将如图 9-45 所示的 30mm×30mm 长方体绘制成前面开口、壁厚为 3mm 的壳体。

(a) 抽壳前

(b) 抽壳后

图 9-45　抽壳图例

学习提示：壳体厚度值可为正值或负值。当厚度值为正值时，实体表面向内偏移形成壳体；厚度值为负值时，实体表面向外偏移形成壳体。

9.7　三维模型的后期处理

创建三维实体后，默认是以线框方式显示的，为了进一步获得逼真的模型图像，用户通常需要设置视觉样式，或者赋予材质并渲染，以观察所建模型是否满意。改变视觉样式后，当前视图中的所有表面模型与实体模型的视觉样式都会被改变。以可以对实体对象进行视觉样式和渲染处理，增加色泽感。

AutoCAD 特别设置了“视觉样式”与“渲染”工具栏，在图形进行逼真图像处理前，先在已打开的工具栏上鼠标右击，选择“视觉样式”与“渲染”，在绘图区域弹出如图 9-46 和图 9-47 所示的工具栏图。在“三维制作”面板中详细设置了视觉样式和渲染功能，应用起来非常方便。

图 9-46　“视觉样式”工具栏

图 9-47　“渲染”工具栏

9.7.1　视觉样式

（1）二维线框。显示用直线和曲线表示边界的对象。切换到等轴测视图后默认为该模式，该模式下时线型和线宽等特性都可见。

（2）三维线框。显示对象时使用直线和曲线表示边界。在该模式下，在绘图区中将显示一个已着色的三维 UCS 坐标系图标，但不会显示线型特征，如图 9-48 所示。

图 9-48　三维线框显示

图 9-49　三维隐藏显示

（3）三维隐藏。显示用三维线框表示的对象，并隐藏模型内部及背面等从当前视点无法直接看见的线条，如图 9-49 所示。

学习提示：在以前版体的 AutoCAD 中，改变视觉样式称为着色，在 AutoCAD 2014 中系统将自动调用“视觉样式”进行着色处理。三维隐藏也称消隐，可选择→【视图】→【消隐】命令，或单击“渲染”工具栏上按钮。

（4）真实。着色多边形平面间的对象，并使对象的边平滑化，如图 9-50 所示。

（5）概念。着色多边形平面间的对象，并使对象的边平滑化。用这种方式着色时会产生冷色和暖色之间的过渡，效果缺乏真实感，但可以更方便地查看模型的细节，如图 9-51 所示。

图 9-50 真实显示

图 9-51 概念显示

（6）设置视觉样式。单击“视觉样式”工具栏中的按钮，将打开“图形样式管理器”面板，在该面板中可以设置各种视觉样式的显示参数，如轮廓素线数量、显示精度等，如图 9-52 所示。

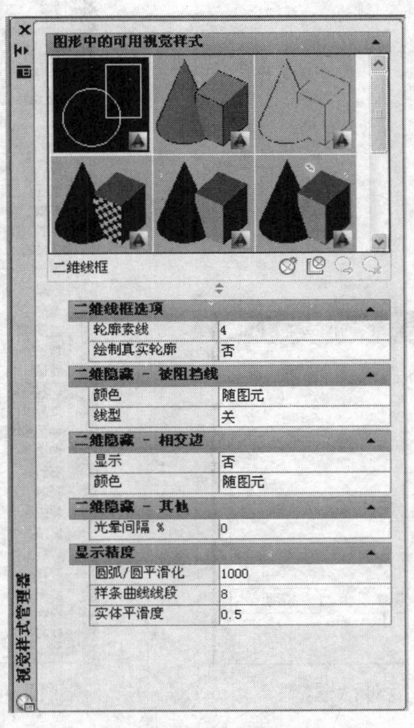

图 9-52 图形样式管理器对话框

9.7.2 渲染

三维图形的渲染是在图形中设置了光源、背景、场景，并为三维图形的表面附着材质，使其产生非常逼真的效果。一般来说，渲染图用于创建产品的三维效果图。在 AutoCAD 中，用户可以通过选择【视图】→【渲染】菜单中的各子菜单项执行渲染操作外，还可以通过打开“渲染”工具栏以简化操作。

（1）设置光源。在 AutoCAD 中，正确的光源设置对于着色三维模型和创建渲染非常重要。AutoCAD 为用户提供了默认光源、自定义光源、阳光等几类光源，这些光源的特点如下。

- 默认光源：默认情况下，AutoCAD 为视口提供了一个默认光源，又称环境光。使用默认光源时，模型中所有的面均被照亮。默认情况下，默认光源是打开的，但是一旦创建了自定义光源，系统会自动关闭默认光源。
- 自定义光源：通过为场景设置自定义光源，可改善场景的渲染效果，从而使物体看起来更加真实。要新建自定义光源，可选择【视图】→【渲染】→【光源】菜单中的相关子菜单项。
- 阳光：阳光是一种类似于平行光的特殊光源。用户可通过指定的地理位置、日期和时间定义阳光的角度，并且可以更改阳光的强度和颜色。默认情况下，太阳光源是关闭的。通过选择【视图】→【渲染】→【光源】→【阳光特性】菜单，可打开“阳光特性”面板对其特性进行设置。

（2）设置渲染环境和材质。通过选择【视图】→【渲染】→【渲染环境】菜单命令，可以在渲染时为图像增加雾化效果，执行命令时系统将打开如图 9-53 所示对话框。渲染对象时，我们还可以通过为对象赋予材质来改善渲染效果，为了方便用户，AutoCAD 提供了一些先定义的材质库，它们位于工具选项板中，如图 9-54 所示。

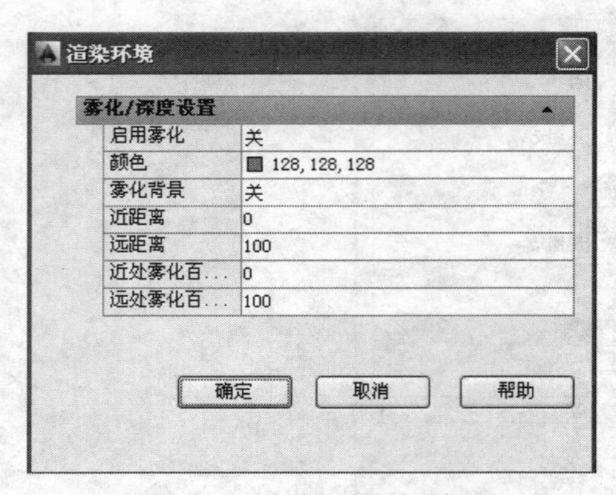

图 9-53 渲染环境对话框

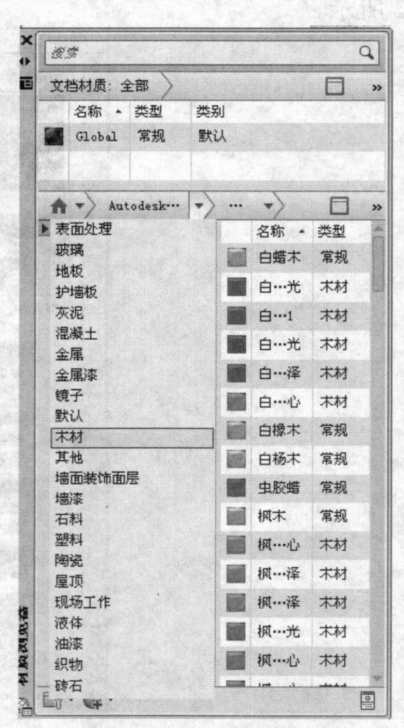

图 9-54 材质库工具栏

学习提示：如果选择材质较暗淡，可以在前添加光源，光源的调节可以在界面右侧的“光源”面板中调节亮度、对比度和中间色调即可。单击“光源”面板右上角的 按钮可以在灯光和太阳光光源模式间切换，单击可以启用或关闭阳光，如图 9-55 所示。

（3）渲染三维模型。设置好光源和材质后便可以进行三维模型的渲染工作了。启用“渲染”命令有三种方法。

- 选择【视图】→【渲染】→【渲染】菜单命令。
- 单击“渲染”工具栏或“三维制作”面板上的 按钮。
- 输入命令：RENDER。

执行命令后，将打开“渲染”窗口，并开始按设置渲染三维模型，渲染完毕，在窗口左侧显示图像信息，如图 9-56 所示。

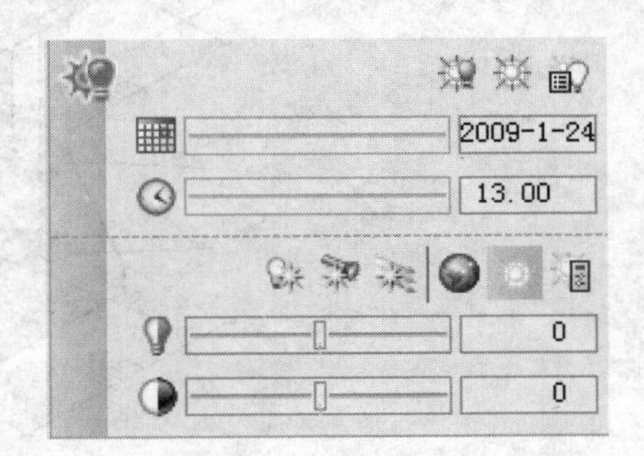

图 9-55　光源调节

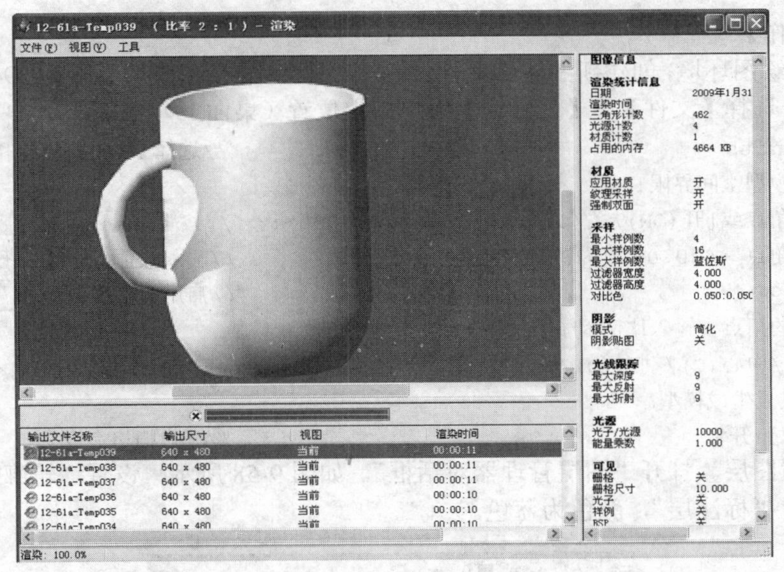

图 9-56　渲染过程

学习提示：渲染完毕，按【Esc】或单击“渲染”窗口右上角的“关闭”按钮，将返回主界面。如果要保存渲染后的效果图，可以选择【文件】→【保存】命令，然后再打开的“渲染输出文件”对话框中设置图片的格式、名称与保存位置，将当前渲染效果保存为 BMP、PCX、TGA、TIF、JPGE 或 PNG 格式的图像文件。

9.8　上机操作实例

【题目】建立新文件，绘制如图 9-57 所示的“亭子”三维图形。

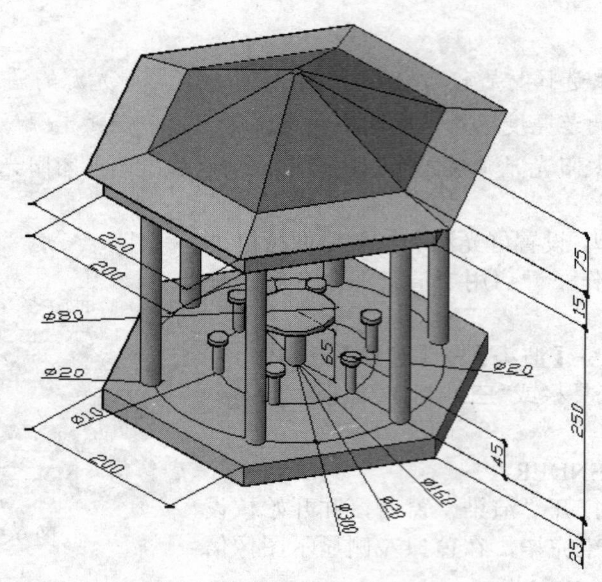

图 9-57　亭子

【上机操作】

(1)设置绘图环境，创建新的图形文件。根据视图尺寸，设置图形界限为 594mm×420mm 的绘图区域。选择【文件】→【另存为】用户指定位置（桌面上），名称为“亭子三维绘图”。

命令：_limits　　//选择【格式】→【图形界限】菜单命令
重新设置模型空间界限：
指定左下角点或[开(ON)/关(OFF)]<0.0000,0.0000>:　　//按【Enter】键
指定右上角点 <420.0000,297.0000>:594，420　　//输入数值，按【Enter】键
命令：_zoom　　//启用全部缩放命令
指定窗口的角点，输入比例因子(nX 或 nXP)，或者
[全部(A)/中心(C)/动态(D)/范围(E)/上一个(P)/比例(S)/窗口(W)/对象(O)]<实时>:
_all 正在重生成模型。
命令:<栅格 开>　　//开启栅格命令

（2）设置图层。打开“图层管理器对话框”，如图 9-58 所示，设置“轮廓线”层，颜色为黑色；设置“标注层”，颜色为蓝色。

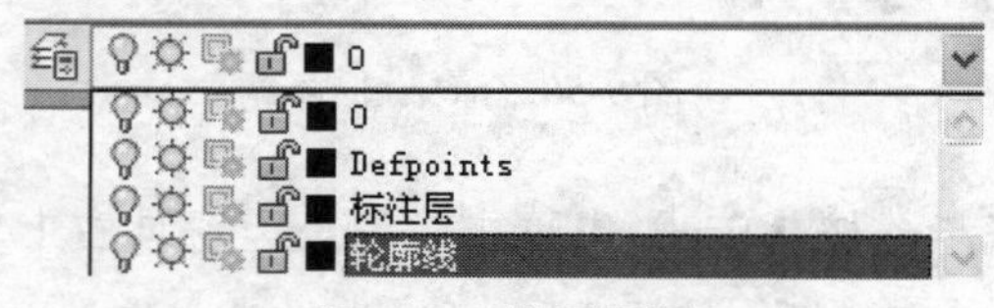

图 9-58　设置图层

（3）绘制立体图。

① 将设置好的图形环境通过【视图】→【三维视图】→【东南等轴测】转换到三维空间中来，如图 9-59 所示。

② 绘制六边形。

命令：_polygon 输入边的数目 <6>:6　　//启用“正多边形”命令
指定正多边形的中心点或 [边(E)]:e　　//边长转换
指定边的第一个端点：指定边的第二个端点:200　　//输入边长值，结果如图 9-60 所示

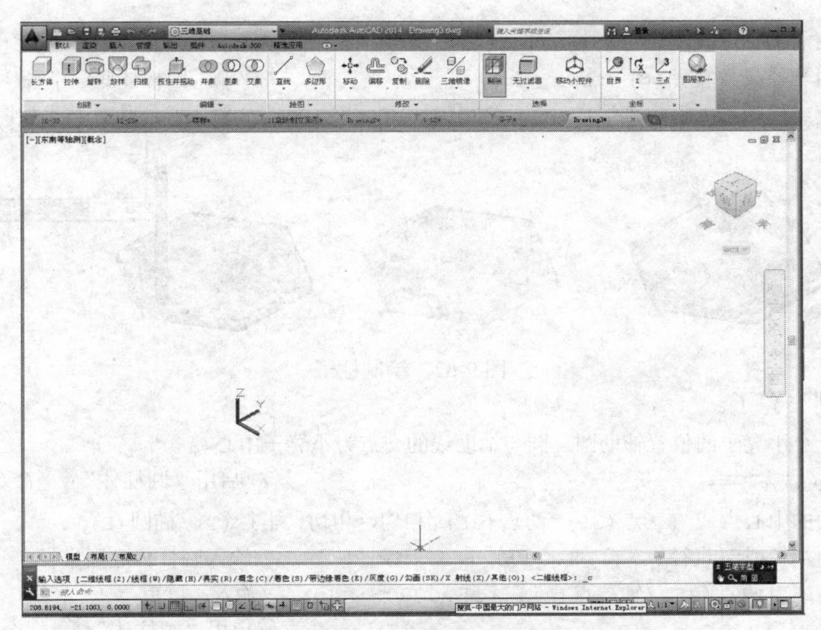

图 9-59　三维绘图环境

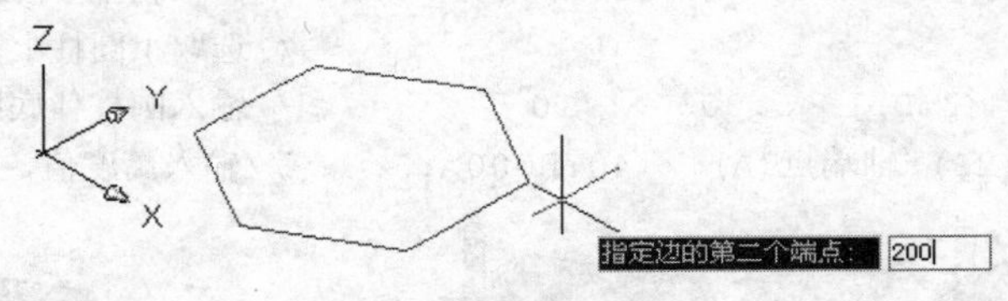

图 9-60　绘制六边形

③ 绘制底座。

命令： _region　　//启用“面域”命令

选择对象：指定对角点：找到 1 个　　//选取六边形

已提取 1 个环

已创建 1 个面域　　//面域创建完成

命令： _extrude　　//启用“拉伸”命令

当前线框密度： ISOLINES=4

选择要拉伸的对象：指定对角点：找到 1 个　　//选取六边形面域

选择要拉伸的对象：　　//按【Enter】键

指定拉伸的高度或 [方向(D)/路径(P)/倾斜角(T)]<25.0000>:25　　//输入拉伸高度值，结果如图 9-61 所示

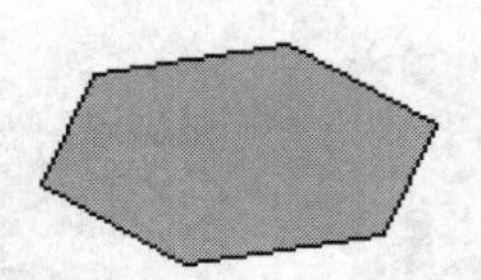

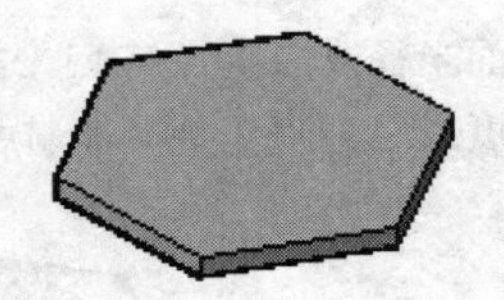

图 9-61　绘制底座

④ 绘制柱子。

作辅助线和辅助圆，线与圆的交点为柱子的圆心点。

命令： _cylinder　　//启用“圆柱体” 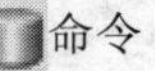 命令

指定底面的中心点或 [三点(3P)/两点(2P)/相切、相切、半径(T)/椭圆(E)]:
指定底面半径或 [直径(D)]:10　　　　　　　　　　//输入圆柱体底圆半径
指定高度或 [两点(2P)/轴端点(A)] <25.0000>: 250　　//输入高度值，结果如图 9-62 所示

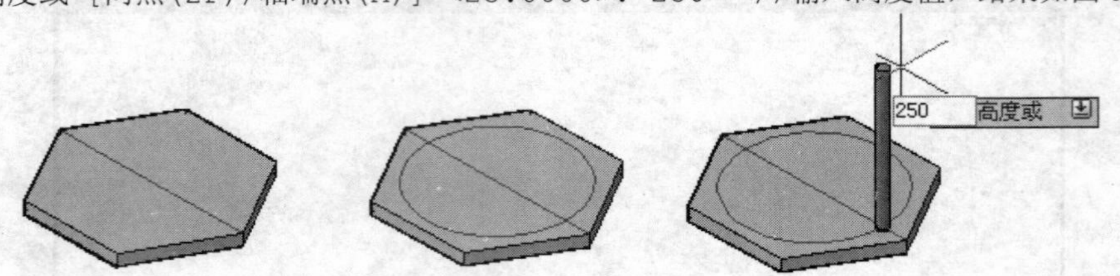

图 9-62　绘制柱子

⑤ 绘制小凳子。

首先作一个小凳子的位置辅助圆，圆与辅助线的交点为小凳子中心。
命令: _cylinder　　　　　　　　　　　　　　　//启用“圆柱体”命令
指定底面的中心点或 [三点(3P)/两点(2P)/相切、相切、半径(T)/椭圆(E)]:
指定底面半径或 [直径(D)] <5.0000>: 5　　　　　//输入圆柱体底圆半径
指定高度或 [两点(2P)/轴端点(A)] <15.0000>: 40　//输入高度值
命令: _cylinder　　　　　　　　　　　　　　　//启用“圆柱体”命令
指定底面的中心点或 [三点(3P)/两点(2P)/相切、相切、半径(T)/椭圆(E)]:
　　　　　　　　　　　　　　　　　　　　　　　//选取小圆柱上圆心
指定底面半径或 [直径(D)] <5.0000>: 10　　　　//输入圆柱体底圆半径
指定高度或 [两点(2P)/轴端点(A)] <40.0000>:5　　//输入高度值，结果如图 9-63 所示

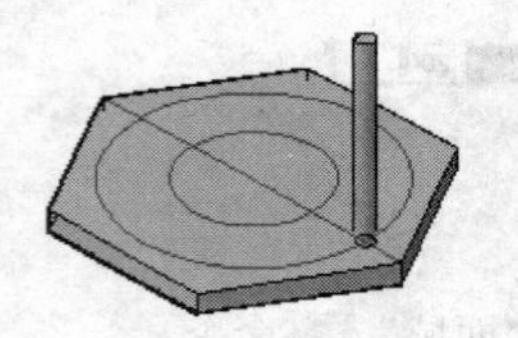
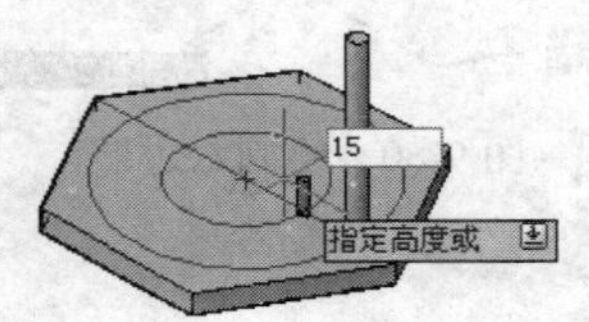

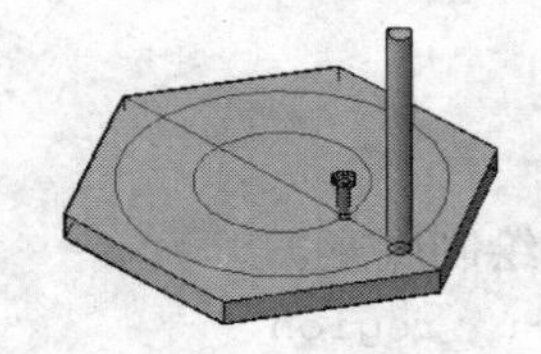

图 9-63　绘制小凳子

⑥ 绘制圆桌。
命令: _cylinder　　　　　　　　　　　　　　　//启用“圆柱体”命令
指定底面的中心点或 [三点(3P)/两点(2P)/相切、相切、半径(T)/椭圆(E)]:
指定底面半径或 [直径(D)] <5.0000>: 10　　　　//输入圆柱体底圆半径
指定高度或 [两点(2P)/轴端点(A)] <15.0000>: 60 //输入高度值
命令: _cylinder　　　　　　　　　　　　　　　//启用“圆柱体”命令
指定底面的中心点或 [三点(3P)/两点(2P)/相切、相切、半径(T)/椭圆(E)]:
　　　　　　　　　　　　　　　　　　　　　　　//选取小圆柱上圆心
指定底面半径或 [直径(D)] <5.0000>: 40　　　　//输入圆柱体底圆半径
指定高度或 [两点(2P)/轴端点(A)] <40.0000>:5　　//输入高度值，结果如图 9-64 所示

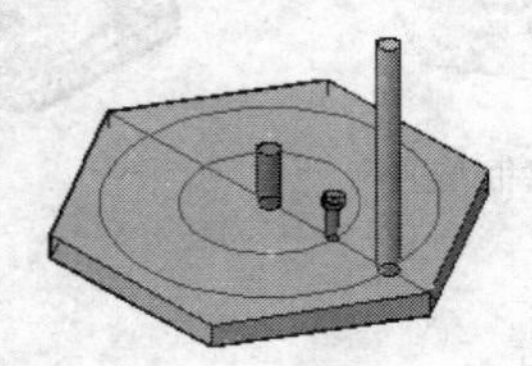
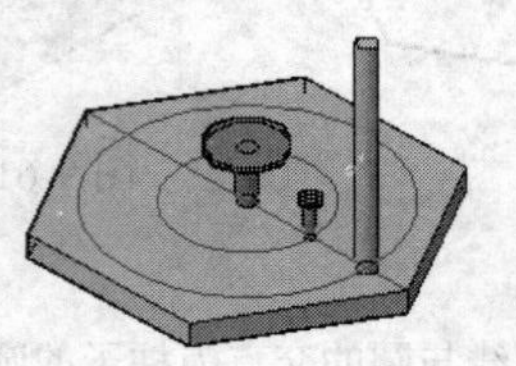

图 9-64　绘制圆桌

⑦ 阵列柱子和小凳子。

命令：_3darray　　//选择→【修改】→【三维操作】→【三维阵列】命令
选择对象：指定对角点：找到 1 个　　//选取圆柱
选择对象：找到 1 个，总计 2 个　　//选取小凳子座
选择对象：找到 1 个，总计 3 个　　//选取小凳子柱
输入阵列类型 [矩形(R)/环形(P)] <矩形>:P //选取环形阵列
输入阵列中的项目数目：6　　//输入阵列数目
指定要填充的角度 (+=逆时针，-=顺时针) <360>:
旋转阵列对象？ [是(Y)/否(N)] <Y>: Y
指定阵列的中心点：　　//选取圆桌面圆心
指定旋转轴上的第二点：　　//选取圆桌柱圆心，结果如图 9-65 所示

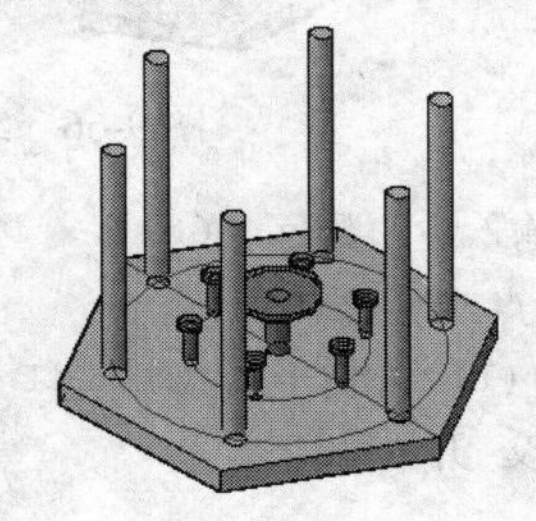

图 9-65　阵列柱子和小凳子

⑧ 绘制亭子盖座。

首先作一个辅助线。

命令：_line 指定第一点：　　//启用“直线” 命令，选取圆柱上一点
指定下一点或 [放弃(U)]:　　//选取另一个圆柱的上圆心点
命令：_polygon 输入边的数目 <6>:6　　//启用“正多边形” 命令
指定正多边形的中心点或 [边(E)]:　　//选取辅助线的中点
输入选项 [内接于圆(I)/外切于圆(C)] <I>:　　//按【Enter】键
指定圆的半径：<正交 开> 200　　//输入半径
命令：_offset　　//启用“偏移” 命令
当前设置：删除源=否　图层=源　OFFSETGAPTYPE=0
指定偏移距离或 [通过(T)/删除(E)/图层(L)] <9.6079>:60　　//输入偏移距离
选择要偏移的对象，或 [退出(E)/放弃(U)] <退出>:　　//选取六边形
指定要偏移的那一侧上的点，或 [退出(E)/多个(M)/放弃(U)] <退出>:　　//向内侧
命令：_extrude　　//启用“拉伸” 命令
当前线框密度：ISOLINES=4
选择要拉伸的对象：指定对角点：找到 2 个　　//选取两个六边形
选择要拉伸的对象：　　//按【Enter】键
指定拉伸的高度或 [方向(D)/路径(P)/倾斜角(T)] <25.0000>:30　　//输入拉伸高度值
命令：_subtract 选择要从中减去的实体或面域...　　//启用“差集” 命令
选择对象：找到 1 个　　//选取大六棱柱
选择要减去的实体或面域...　　//选取小六棱柱，结果如图 9-66 所示

⑨ 绘制第一阶盖。

首先作一个辅助线。

命令：_line 指定第一点：　　//启用“直线” 命令，选取六棱柱一点
指定下一点或 [放弃(U)]:　　//选取六棱柱的对角点

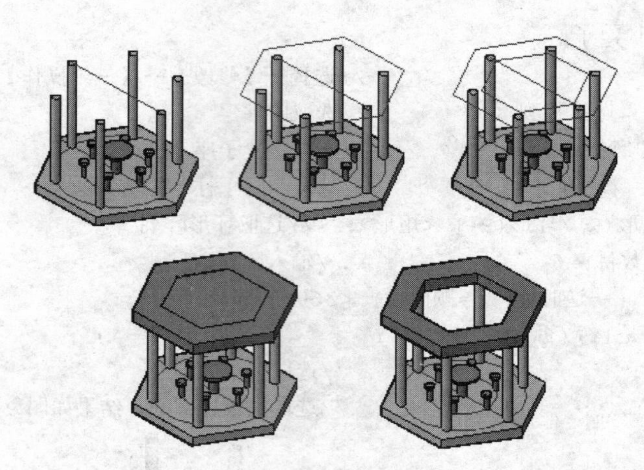

图 9-66　绘制亭子盖座

```
命令：_polygon 输入边的数目 <6>:6                //启用"正多边形"命令
指定正多边形的中心点或 [边(E)]：                 //选取辅助线的中点
输入选项 [内接于圆(I)/外切于圆(C)] <I>：         //按【Enter】键
指定圆的半径：<正交 开> 220                      //输入半径
命令：_offset                                    //启用"偏移"命令
当前设置：删除源=否  图层=源  OFFSETGAPTYPE=0
指定偏移距离或 [通过(T)/删除(E)/图层(L)] <9.6079>:30          //输入偏移距离
选择要偏移的对象，或 [退出(E)/放弃(U)] <退出>：               //选取六边形
指定要偏移的那一侧上的点，或 [退出(E)/多个(M)/放弃(U)] <退出>：  //向内侧
命令：_extrude                                   //启用"拉伸"命令
当前线框密度： ISOLINES=4
选择要拉伸的对象：找到 1 个
选择要拉伸的对象：找到 1 个，总计 2 个           //选取两个六边形
指定拉伸的高度或 [方向(D)/路径(P)/倾斜角(T)]:t   //拉伸角度转换
指定拉伸的倾斜角度 <45>:75                       //输入拉伸角度
指定拉伸的高度或 [方向(D)/路径(P)/倾斜角(T)] <30.0000>:15   //输入拉伸高度
命令：_subtract 选择要从中减去的实体或面域...    //启用"差集"命令
选择对象：找到 1 个                              //选取大六棱台
选择要减去的实体或面域...                        //选取小六棱台，结果如图 9-67 所示
```

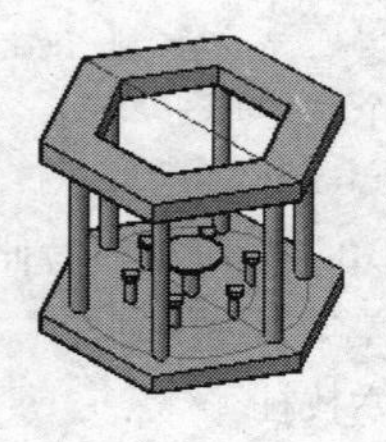 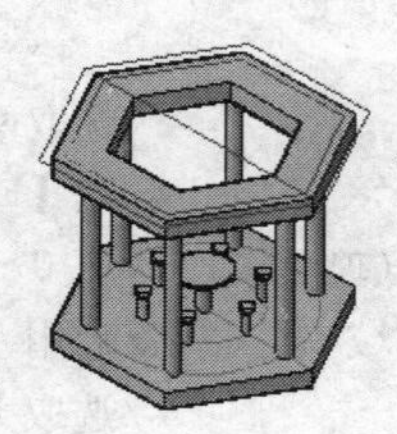  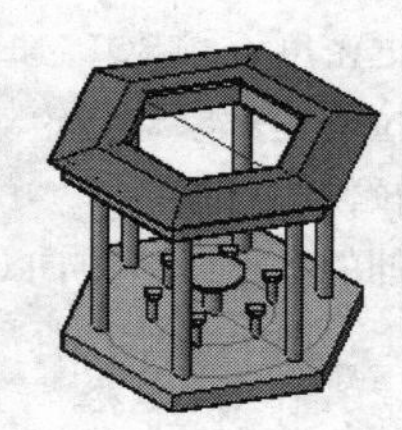

图 9-67　绘制第一阶盖

⑩ 绘制第二阶盖。

```
命令：_pline                                     //启用"多段线"命令
在圆台顶上连接六个顶点，绘制两个封闭的六边形
命令：_extrude                                   //启用"拉伸"命令
```

```
当前线框密度： ISOLINES=4
选择要拉伸的对象：找到 1 个
选择要拉伸的对象：                                        //选择内侧六边形
指定拉伸的高度或 [方向(D)/路径(P)/倾斜角(T)] <75.0000>:t     //转换拉伸角度
指定拉伸的倾斜角度 <45>:60                                  //输入角度值
指定拉伸的高度或 [方向(D)/路径(P)/倾斜角(T)] <75.0000>:70    //输入拉伸高度
命令： _extrude                                           //启用“拉伸”命令
当前线框密度： ISOLINES=4
选择要拉伸的对象：找到 1 个
选择要拉伸的对象：                                          //选择外侧六边形
指定拉伸的高度或 [方向(D)/路径(P)/倾斜角(T)] <75.0000>:t     //转换拉伸角度
指定拉伸的倾斜角度 <45>:60                                  //输入角度值
指定拉伸的高度或 [方向(D)/路径(P)/倾斜角(T)] <75.0000>:75    //输入拉伸高度
命令： _subtract 选择要从中减去的实体或面域...                 //启用“差集”命令
选择对象：找到 1 个                                         //选取大六棱锥
选择要减去的实体或面域...                                    //选取小六棱锥，结果如图 9-68 所示
```

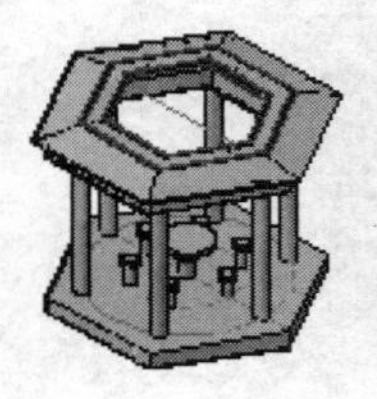
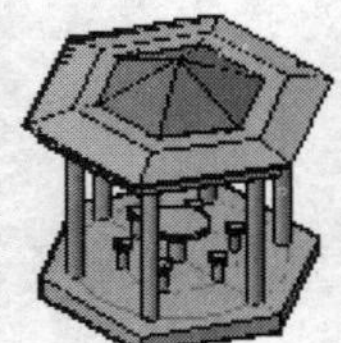

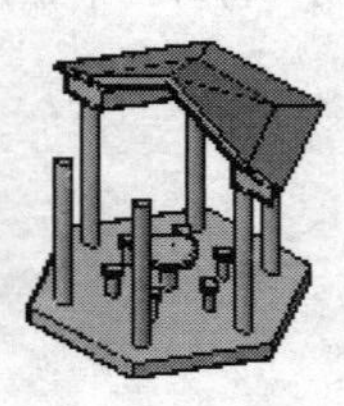

图 9-68 绘制第二阶盖

⑪ 标注尺寸。

设置尺寸样式，标注的尺寸，完成图形如图 9-57 所示。

练习题

练习一

1．建立新图形文件，图形区域自定。

2．按图 9-69 所示尺寸绘制三维图形。

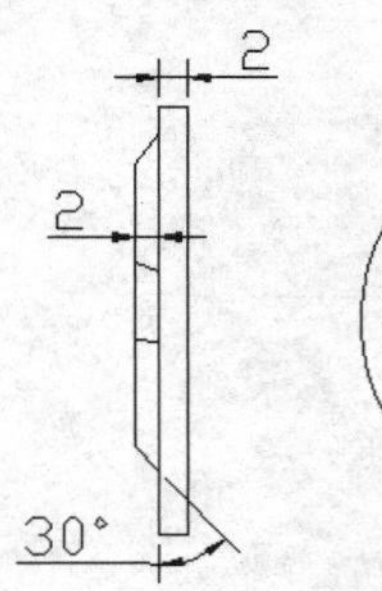

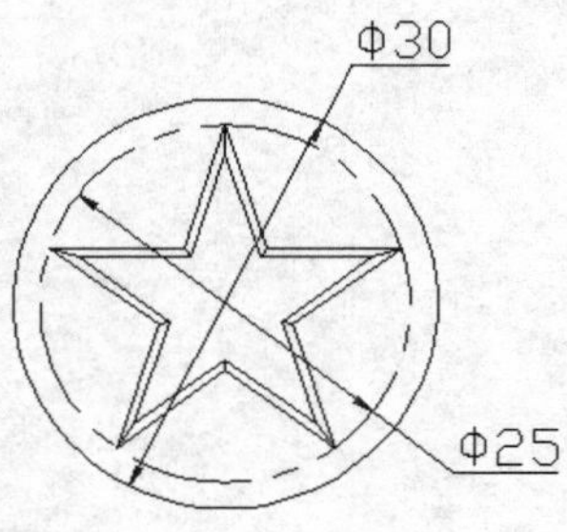

图 9-69 三维练习实例一

3．绘制完成后进行着色处理。

（提示：操作步骤为：绘制圆和正五边形→修剪后转为面域→在西南等轴测绘图环境下分别进行实体拉伸，五边形拉伸角度为 30°）

练习二

1．建立新的图形文件，图形区域自定。

2．按图 9-70 绘制，尺寸自定。

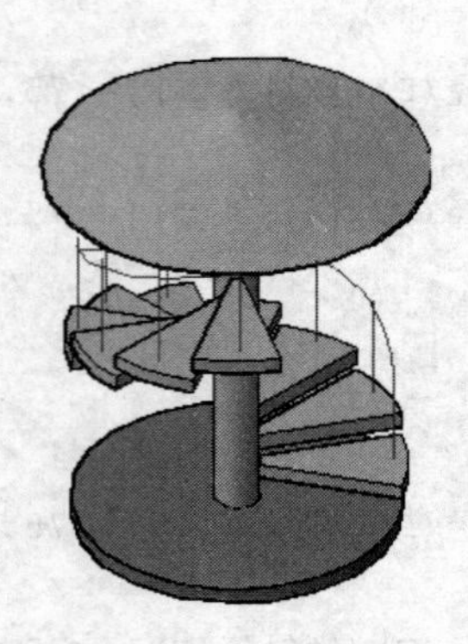

图 9-70　三维练习实例二

3．绘制完成后进行着色处理。

（提示：操作步骤为：将大圆分成 10 等分→中间小圆与大圆作一个扇形面域→立体拉伸→将拉伸的立体进行阵列→将每一个立体沿轴向立体移动→作圆锥体）

第10章 绘制建筑总平面图

本章提要

本章讲述建筑总平面图基本内容、建筑总平面图的绘制方法。

通过本章学习，应达到如下基本要求。

① 掌握建筑总平面图基本内容。
② 掌握绘制建筑总平面图基本要求和基本步骤。
③ 熟练绘制建筑总平面图。

10.1 概述

建筑总平面图反映新建工程的总体布局，表示原有的和新建房屋的位置、标高、道路、构筑物、地形、地貌等情况。根据总平面图可以进行房屋定位、施工放线、土方施工、施工总平面布置和总平面中其他环境设施等，图 10-1 为某学校的建筑总平面图。

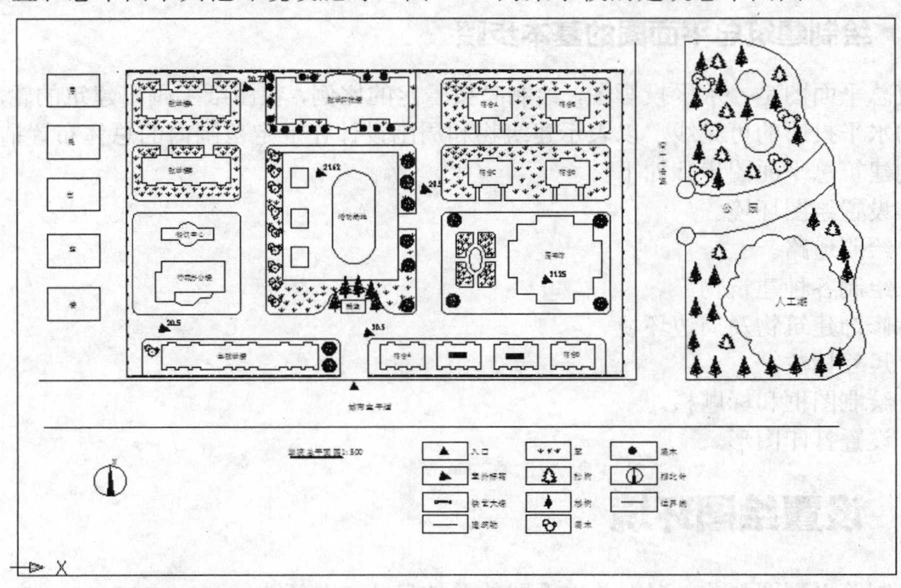

图 10-1 某学校建筑总平面图

10.1.1 建筑总平面图的内容

（1）基本内容。

① 表明新建区的总体布局：用地范围、各建筑物及构筑物的位置（原有建筑、拆除建筑、新建建筑、拟建建筑）、道路、交通等的总体布局。

② 确定新建建筑物的平面位置：a. 根据原有房屋和道路定位，若新建房屋周围存在原有建筑、道路，此时新建房屋定位是以新建房屋的外墙到原有房屋的外墙或到道路中心线的距离。b. 修建成片住宅、规模较大的公共建筑、工厂或地形较复杂时，可用坐标定位。

③ 建筑物首层室内地面、室外整平地面的绝对标高：要标注室内地面的绝对标高和相对标高的相互关系，如：±0.000=48.25，室外整平地面的标高符号为涂黑的实心三角形，标高注写到小数点后两位，可注写在符号上方、右侧或右上角。若建筑基地的规模大，且地形有较大的起伏时，总平面图除标注必要的标高外，还要绘出建设区内的等高线，从等高线的分布可知建设区内地形的坡向，从而确定建筑物室外的排水方向及平场需开挖、填方的土石方量。

④ 指北针和风玫瑰图：根据图中所绘制的指北针可知新建建筑物的朝向，风玫瑰图可了解新建房屋地区常年的盛行风向（主导风向）以及夏季风主导风方向。有的总平面图中绘出风玫瑰图后就不绘指北针。

⑤ 水、暖、电等管线及绿化布置情况：给水管、排水管、供电线路尤其是高压线路，采暖管道等管线在建筑基地的平面布置。

（2）图示特点。

① 绘图比例较小：总平面图所要表示的地区范围较大，除新建房物外，还要包括原有房屋和道路、绿化等总体布局。因此，在《建筑制图国家标准》中规定，总平面图的绘图比例应选用1∶500、1∶1000、1∶2000。

② 用图例表示其内容：由于总平面图绘图比例较小，图中的原有房屋、道路、绿化、桥梁边坡、围墙及新建房屋等均是用图例表示，书中列出了建筑总平面图的常用图例。在较复杂的总平面图中，如用了《国标》中没有的图例，应在图纸中的适当位置绘出新增加的图例。

③ 图中尺寸单位为米，注写到小数点后两位。

10.1.2 绘制建筑总平面图的基本步骤

建筑总平面图是一水平投影图，绘制时按一定的比例，在图纸上画出建筑的轮廓线及其他设施的水平投影的可见线，以表示建筑物和周围设计在一定范围内的总体布置情况。

绘制建筑总平面图步骤如下。

（1）设置绘图环境。

（2）绘制道路。

（3）绘制各种建筑物。

（4）修饰建筑物及周边环境。

（5）尺寸标注。

（6）绘制图框和标题栏。

（7）设置打印图形。

10.2 设置绘图环境

在绘制总平面图之前，根据总平面图的总体尺寸，在新建的AutoCAD 2014空白文件下设置绘图环境。

10.2.1 新建图形文件

新建图形文件有两种方法。

- 选择【文件】→【新建】菜单命令。
- 单击标准工具栏上“新建”按钮。

系统弹出“选择样板”对话框，单击“打开”按钮旁边的下三角按钮，选择“无样板打开—公制”选项，如图 10-2 所示。

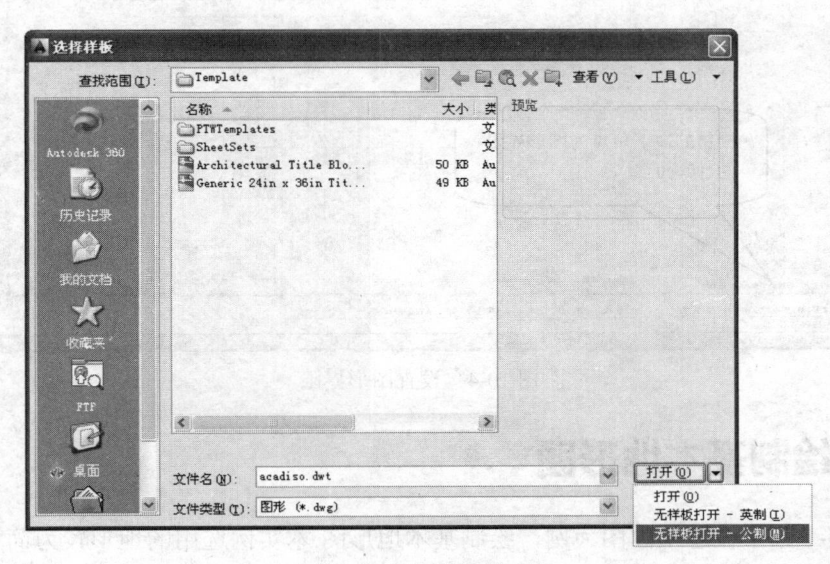

图 10-2　新建图形文件

10.2.2 设置绘图单位

- 选择【格式】→【单位】菜单命令。

系统弹出“图形单位”对话框，在“长度”选项区域的“类型”下拉列表框中选择“小数”选项，在“精度”下拉列表框中选择“0.00”选项，即数据只精确到百分位，如图 10-3 所示。

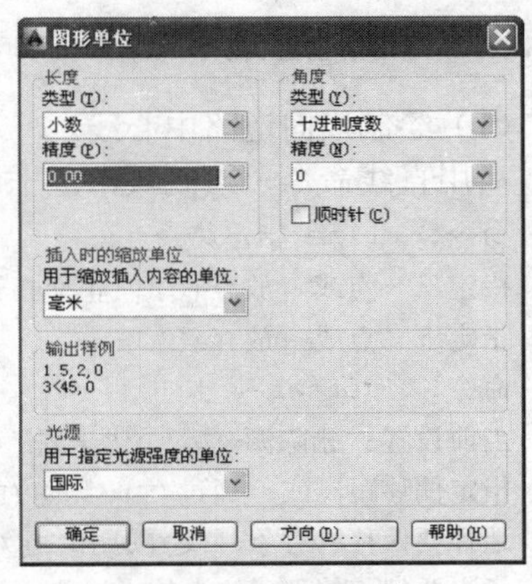

图 10-3　设置图形单位

10.2.3 设置图形界限

- 选择【格式】→【图形界限】菜单命令。

在命令行输入区域的左下角及右上角点，按系统提示，设置图形界限。

```
命令:_limits                                             //启用“图形界限”命令
重新设置模型空间界限:
指定左下角点或 [开(ON)/关(OFF)]<0.0000,0.0000>:           //按【Enter】键
指定右上角点<420.0000,2107.0000>:5104,420                 //输入新的图形界限,
单击绘图窗口内缩放工具栏上全部缩放按钮，使整个图形界限显示在屏幕上。
单击状态栏中的栅格按钮，栅格显示所设置的绘图区域，如图 10-4 所示
```

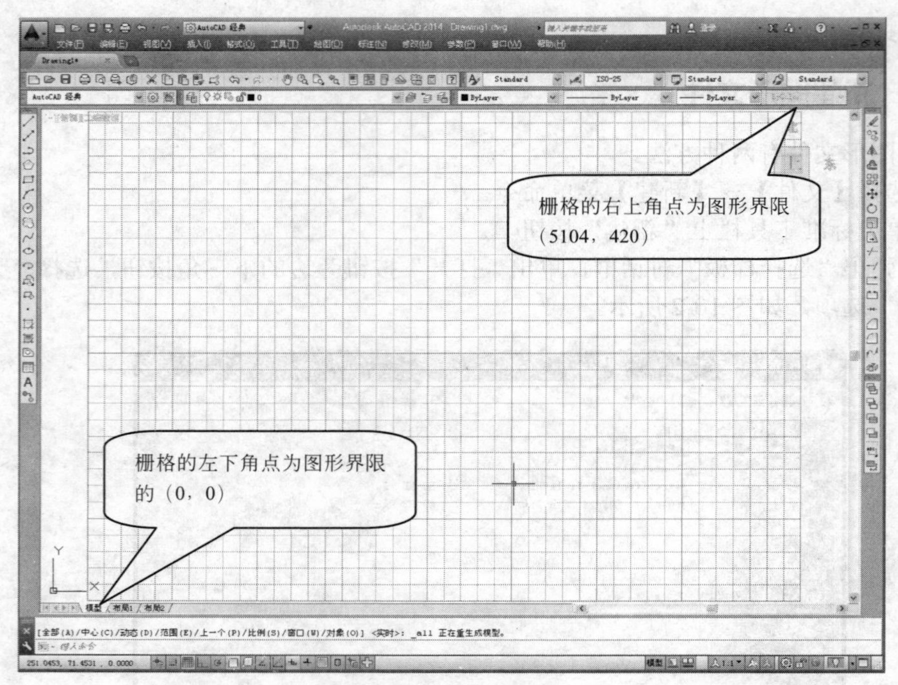

图 10-4　设置图形界限

10.3　绘制基本地形图

以图 10-1 某学校总平面图为例，绘制基本地形图.本实例选用的地形较为简单，直接运用 AutoCAD 2014 绘图。

10.3.1　绘制道路中心线

（1）绘制横向道路中心线。

启用直线命令，绘制城市主干道 a，校内道路 b、c、d、e。

```
命令: _line 指定第一点:                                  //启用直线“ ”命令，在 a 点单击
指定下一点或 [放弃(U)]:正交打开，输入 5100                //确定中心线的长度
指定下一点或 [放弃(U)]:                                   //按【Enter】键，完成中心 a 的绘制
命令: _offset                                             //启用偏移“ ”命令
当前设置: 删除源=否  图层=源  OFFSETGAPTYPE=0
指定偏移距离或 [通过(T)/删除(E)/图层(L)] <11.5000>:63       //输入偏移距离
选择要偏移的对象，或 [退出(E)/放弃(U)] <退出>:              //选取直线 a
指定要偏移的那一侧上的点，或 [退出(E)/多个(M)/放弃(U)] <退出>:
                                                 //在 a 的上方单击，获得中心线 b
命令: _offset                                             //启用偏移“ ”命令
当前设置: 删除源=否  图层=源  OFFSETGAPTYPE=0
指定偏移距离或 [通过(T)/删除(E)/图层(L)] <11.5000>:108      //输入偏移距离
选择要偏移的对象，或 [退出(E)/放弃(U)] <退出>:              //选取直线 b
指定要偏移的那一侧上的点，或 [退出(E)/多个(M)/放弃(U)] <退出>:
                                           //在 b 的上方单击，获得中心线 c 和 d
```

命令：_offset　　　　　　　　　　　　　　　　　　　　　//启用偏移“”命令
当前设置：删除源=否　图层=源　OFFSETGAPTYPE=0
指定偏移距离或 [通过(T)/删除(E)/图层(L)] <11.5000>:54　　　//输入偏移距离
选择要偏移的对象，或 [退出(E)/放弃(U)] <退出>:　　　　　　　//选取直线 c
指定要偏移的那一侧上的点，或 [退出(E)/多个(M)/放弃(U)] <退出>:
//在 c 的上方单击，获得中心线 e，结果如图 10-5 所示

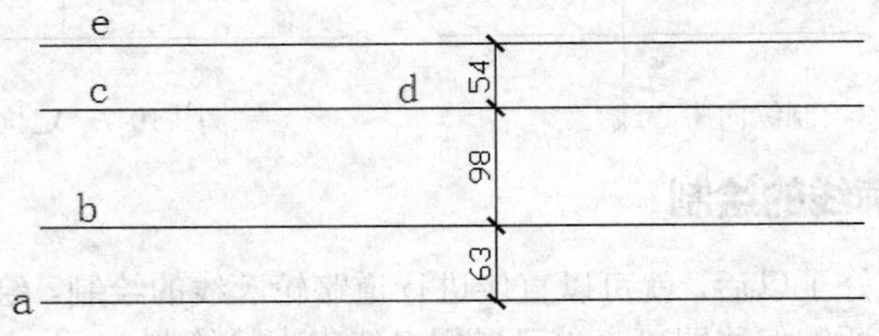

图 10-5　绘制横向道路中心线

（2）绘制纵向道路中心线。

启用直线命令，绘制城市主干道 h，校内道路 g、i、f。

命令：_line 指定第一点：　　　　　　　　　　　//启用直线“”命令，在 a 上方单击
指定下一点或 [放弃(U)]:正交打开，向下　　　　//直接用单击选取
指定下一点或 [放弃(U)]:　　　　　　　　　　　//按【Enter】键，完成中心 h 的绘制
命令：_offset　　　　　　　　　　　　　　　　//启用偏移“”命令
当前设置：删除源=否　图层=源　OFFSETGAPTYPE=0
指定偏移距离或 [通过(T)/删除(E)/图层(L)] <11.5000>:184　　//输入偏移距离
选择要偏移的对象，或 [退出(E)/放弃(U)] <退出>:　　　　　//选取直线 h
指定要偏移的那一侧上的点，或 [退出(E)/多个(M)/放弃(U)] <退出>:
//在 h 的左侧单击，获得中心线 g
命令：_offset　　　　　　　　　　　　　　　　//启用偏移“”命令
当前设置：删除源=否　图层=源　OFFSETGAPTYPE=0
指定偏移距离或 [通过(T)/删除(E)/图层(L)] <11.5000>:60　　//输入偏移距离
选择要偏移的对象，或 [退出(E)/放弃(U)] <退出>:　　　　　//选取直线 g
指定要偏移的那一侧上的点，或 [退出(E)/多个(M)/放弃(U)] <退出>:
//在 h 的左侧单击，获得中心线 i
命令：_offset　　　　　　　　　　　　　　　　//启用偏移“”命令
当前设置：删除源=否　图层=源　OFFSETGAPTYPE=0
指定偏移距离或 [通过(T)/删除(E)/图层(L)] <11.5000>:140　　//输入偏移距离
选择要偏移的对象，或 [退出(E)/放弃(U)] <退出>:　　　　　//选取直线 g
指定要偏移的那一侧上的点，或 [退出(E)/多个(M)/放弃(U)] <退出>:
//在 g 的上方单击，获得中心线 f，结果如图 10-6 所示

（3）修剪后完成道路中心线，如图 10-7 所示。

学习提示： 由于总平面图的比例为 1:500，因此绘图时输入的长度应为实际尺寸的 1/500，所以上面执行“偏移”命令绘制道路中心线之间的距离时，输入 184，而实际测量尺寸为 102m。

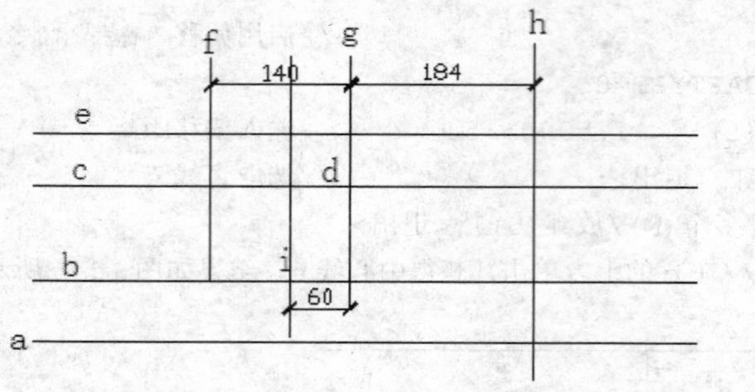

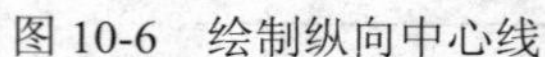

图 10-6 绘制纵向中心线

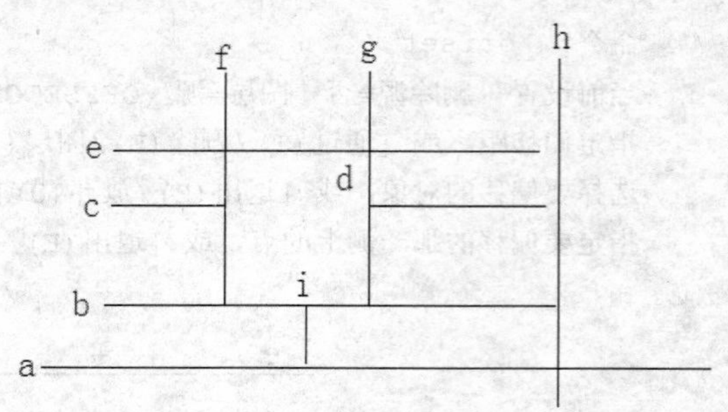

图 10-7 定位道路中心线

10.3.2 道路轮廓线的绘制

道路中心线绘制好了以后，就可以直接进行道路轮廓线的绘制。绘制道路轮廓线可用偏移命令，将中心线向两侧偏移即可，也可以用多线来直接绘制。

下面运用“多线”命令绘制道路，其过程如下所示。

```
命令: _mline                                                  //启用“多线”命令
当前设置：对正 = 无，比例 = 20.00，样式 = STANDARD
指定起点或 [对正(J)/比例(S)/样式(ST)]:s                          //设置比例
输入多线比例 <20.00>:  40                                       //输入比例值
当前设置：对正 = 无，比例 = 40.00，样式 = STANDARD
指定起点或 [对正(J)/比例(S)/样式(ST)]:  j
输入对正类型 [上(T)/无(Z)/下(B)] <无>:  Z
当前设置：对正 = 无，比例 = 40.00，样式 = STANDARD
指定起点或 [对正(J)/比例(S)/样式(ST)]:                            //在 a 点处单击
指定下一点:                                                      //单击中心线 a 另一端点
指定下一点或 [放弃(U)]:                                          //按【Enter】键，完成道路 a 绘制
```

重复上述命令，完成纵向道路 h 的绘制，如图 10-8 所示。

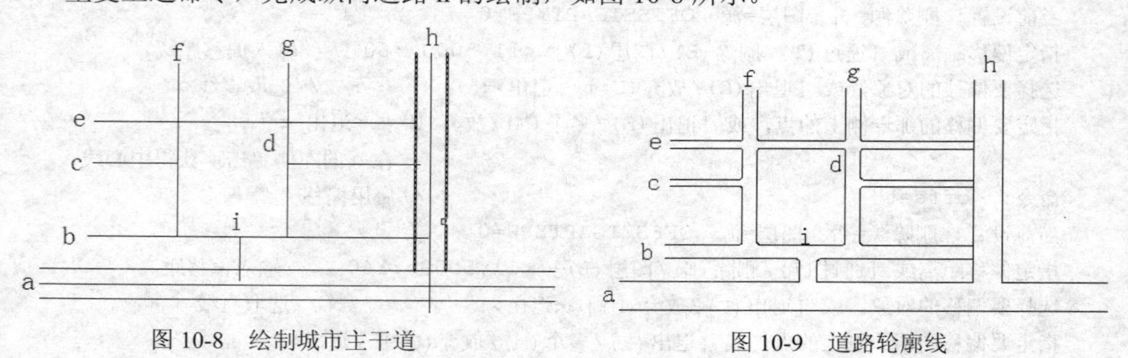

图 10-8 绘制城市主干道　　图 10-9 道路轮廓线

用同样的方法，分别设置比例为 10、20 绘制校内道路，并对其进行修剪和倒圆角，结果如图 10-9 所示。

10.3.3 建筑物的绘制

绘制总平面图中的建筑物时，一般新建建筑物用粗实线表示，待拆建筑物或原有建筑物用细实线表示，拟建建筑物用粗虚线表示。主要通过“直线”“偏移”“复制”“镜像”等基本命令完成。根据图 10-1 所示的校园总平面图中，建筑物种类较多，现以宿舍 A 为例，绘制步骤如下。

（1）确定宿舍 A 在总平面图上的基点 0。

根据图中测量尺寸，将横向道路向下偏移 5，纵向道路向右偏移 10.73，交点即为基点 0。

命令：_offset //启用 “偏移” 命令
当前设置：删除源=否 图层=源 OFFSETGAPTYPE=0
指定偏移距离或 [通过(T)/删除(E)/图层(L)] <通过>: 5 //输入距离
选择要偏移的对象，或 [退出(E)/放弃(U)] <退出>: //单击横向线
指定要偏移的那一侧上的点，或 [退出(E)/多个(M)/放弃(U)] <退出>: //向下单击
命令：_offset //启用“偏移” 命令
当前设置：删除源=否 图层=源 OFFSETGAPTYPE=0
指定偏移距离或 [通过(T)/删除(E)/图层(L)] <5.0000>: 10.73 //输入距离
选择要偏移的对象，或 [退出(E)/放弃(U)] <退出>: //单击纵向线
指定要偏移的那一侧上的点，或 [退出(E)/多个(M)/放弃(U)] <退出>: //向右单击
两线的交点即为基点 0，如图 10-10 所示

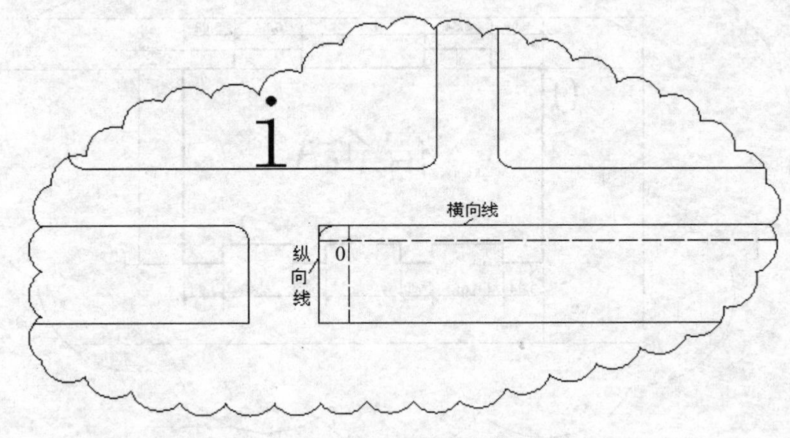

图 10-10 绘制宿舍在平面图中基点

（2）绘制宿舍 A 的轮廓线。

命令：_line 指定第一点： //启用 “直线” 命令
指定下一点或 [放弃(U)]:正交打开光标向右，输入 5.02 //按【Enter】键
指定下一点或 [放弃(U)]:正交打开光标向上，输入 1.101 //按【Enter】键
指定下一点或 [闭合(C)/放弃(U)]：正交打开光标向右，输入 6.54 //按【Enter】键
指定下一点或 [闭合(C)/放弃(U)]：正交打开光标向下，输入 1.101 //按【Enter】键
指定下一点或 [闭合(C)/放弃(U)]：正交打开光标向右，输入 11.87 //按【Enter】键
指定下一点或 [闭合(C)/放弃(U)]：正交打开光标向上，输入 1.101 //按【Enter】键
指定下一点或 [闭合(C)/放弃(U)]：正交打开光标向右，输入 6.54 //按【Enter】键
指定下一点或 [闭合(C)/放弃(U)]：正交打开光标向下，输入 1.101 //按【Enter】键
指定下一点或 [闭合(C)/放弃(U)]：正交打开光标向右，输入 5.02 //按【Enter】键
指定下一点或 [闭合(C)/放弃(U)]：正交打开光标向下，输入 20 //按【Enter】键
指定下一点或 [闭合(C)/放弃(U)]：正交打开光标向左，输入 3.104 //按【Enter】键
指定下一点或 [闭合(C)/放弃(U)]：正交打开光标向上，输入 1.107 //按【Enter】键
指定下一点或 [闭合(C)/放弃(U)]：正交打开光标向左，输入 6.81 //按【Enter】键
指定下一点或 [闭合(C)/放弃(U)]：正交打开光标向下，输入 1.107 //按【Enter】键
指定下一点或 [闭合(C)/放弃(U)]：正交打开光标向左，输入 3.08 //按【Enter】键

指定下一点或 [闭合(C)/放弃(U)]: 正交打开光标向上，输入1.107　//按【Enter】键
指定下一点或 [闭合(C)/放弃(U)]: 正交打开光标向左，输入6.81　//按【Enter】键
指定下一点或 [闭合(C)/放弃(U)]: 正交打开光标向下，输入1.107　//按【Enter】键
指定下一点或 [闭合(C)/放弃(U)]: 正交打开光标向左，输入3.08　//按【Enter】键
指定下一点或 [闭合(C)/放弃(U)]: 正交打开光标向上，输入1.107　//按【Enter】键
指定下一点或 [闭合(C)/放弃(U)]: 正交打开光标向左，输入6.81　//按【Enter】键
指定下一点或 [闭合(C)/放弃(U)]: 正交打开光标向下，输入1.107　//按【Enter】键
指定下一点或 [闭合(C)/放弃(U)]: 正交打开光标向左，输入3.104　//按【Enter】键
指定下一点或 [闭合(C)/放弃(U)]: 正交打开光标向上，输入20　//按【Enter】键
指定下一点或 [闭合(C)/放弃(U)]: 　//按【Enter】键，结果如图10-11所示

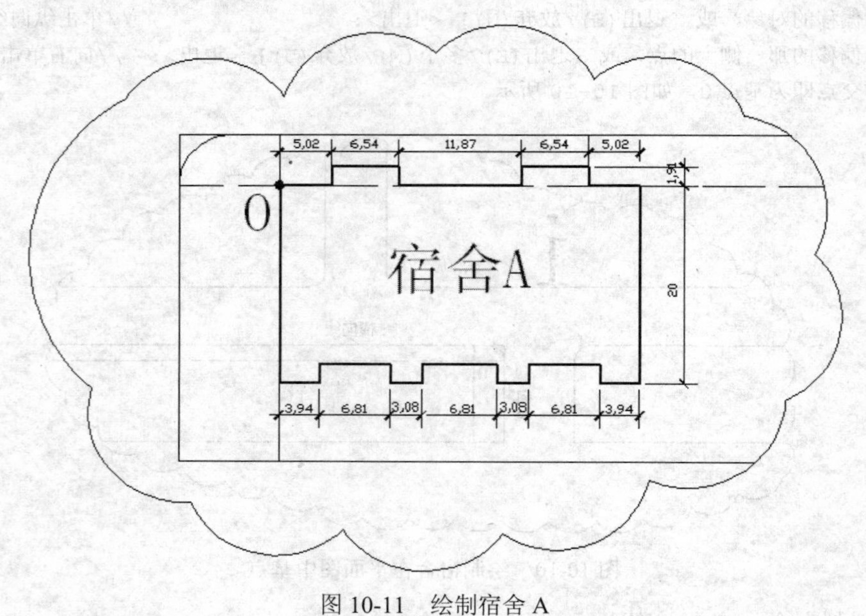

图 10-11　绘制宿舍 A

总平面图中的图书室、住宅、教学实验楼、教学楼、餐饮中心、行政办公楼、主教学楼都可以通过道路确定位置，根据尺寸进行绘制。

10.3.4　建筑物周边环境的绘制

本例中校园周边的环境主要包括左侧的居民住宅和右侧的公园。校园内建筑物周边环境主要是树木、草坪、灌木等。由于图例是一种示意的画法，没有过多的变化形式，不用精确绘制，可以通过复制图形、外部参照文件、CAD 设计中心等途径获得。

（1）居民住宅和公园的绘制。

左侧居民住宅用四边形表示，绘制一个后，其他用复制命令进行复制即可。

命令: _rectang　//启用长方形"□"命令
指定第一个角点或 [倒角(C)/标高(E)/圆角(F)/厚度(T)/宽度(W)]: //单击确定右上角点
指定另一个角点或 [面积(A)/尺寸(D)/旋转(R)]:@-40.104,-26.47　//确定左下角点，结果如图10-12所示

绘制公园前应先进行定位，以两条城市主干道交点为基准点，尺寸如图 10-13 所示，可运用直线、圆、圆弧、云线、样条曲线等命令进行绘制。

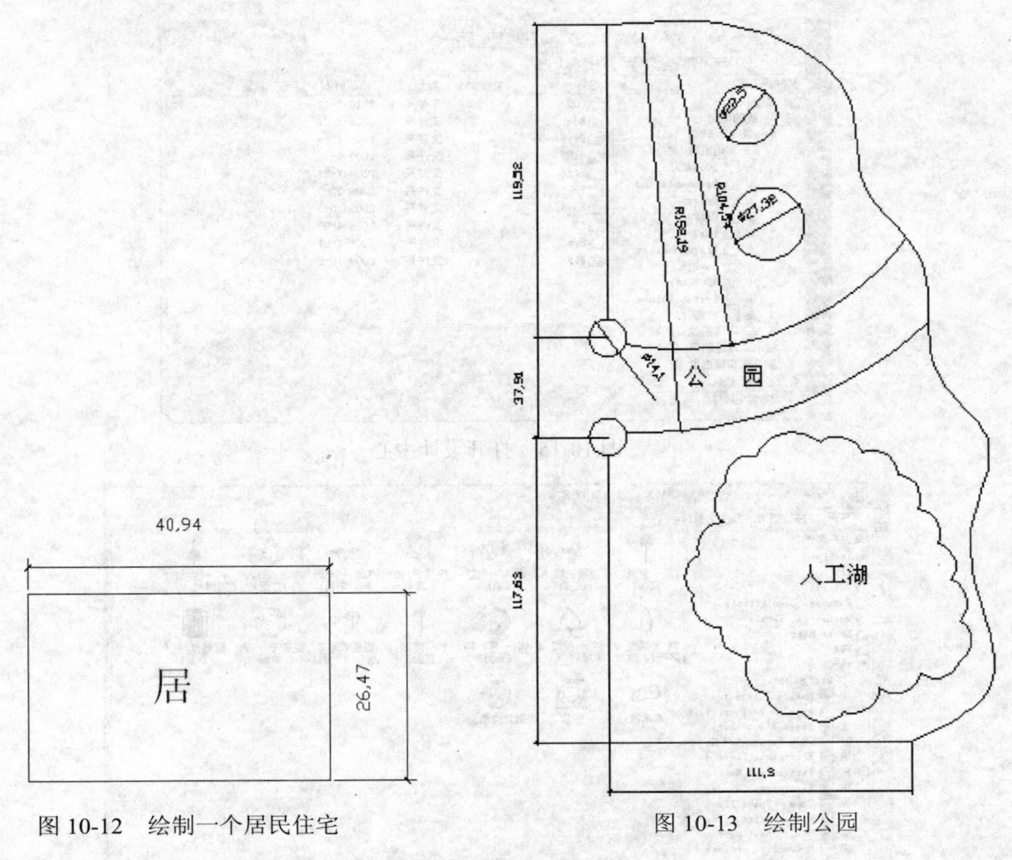

图 10-12 绘制一个居民住宅　　　　图 10-13 绘制公园

道路和建筑物及周边环境绘制完成后，如图 10-14 所示。

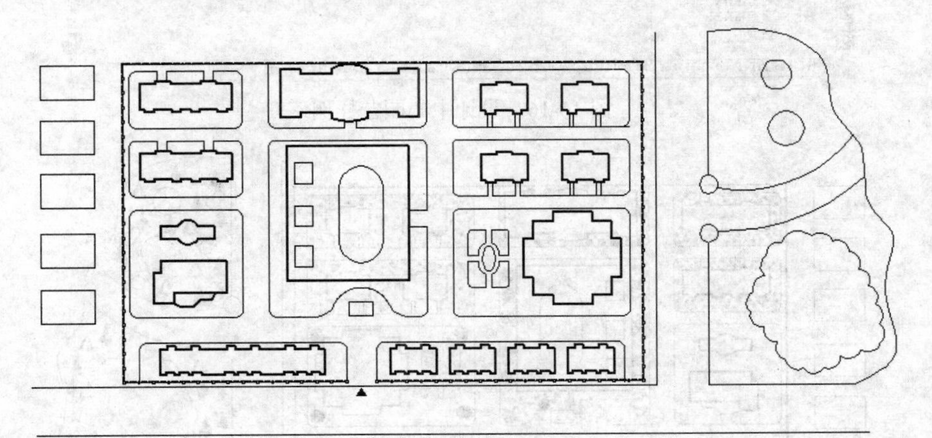

图 10-14 总平面轮廓图

（2）绘制绿色植物。

绿色植物可以从 CAD 设计中心选取图块。

选择标准工具栏中的设计中心命令，打开如图 10-15 所示对话框。

选择→本地磁盘 (C:) →Program Files→Autodesk→AutoCAD 2014→Sample→zh-CN →Landscaping.dwg→块双击，打开设计中心园艺样例,如图 10-16 所示。将其中的图块按一定的比例插入到部平面图中的适当位置，如图 10-17 所示。

图 10-15　打开设计中心

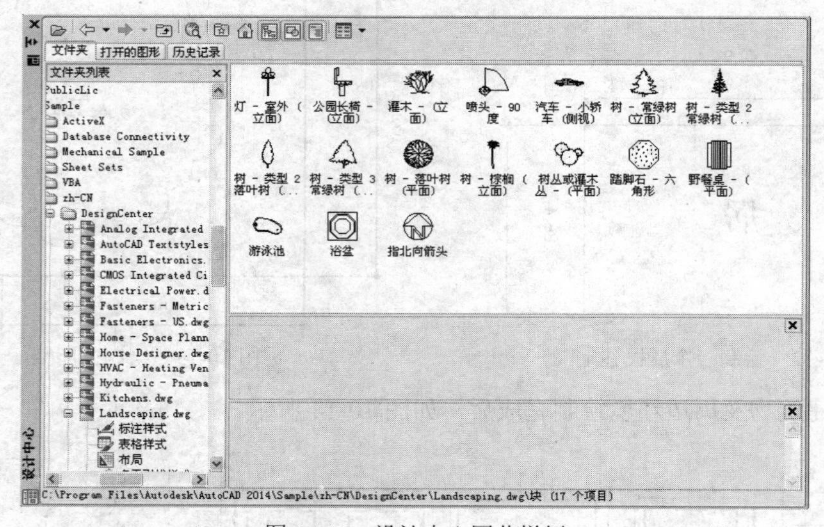

图 10-16　设计中心园艺样例

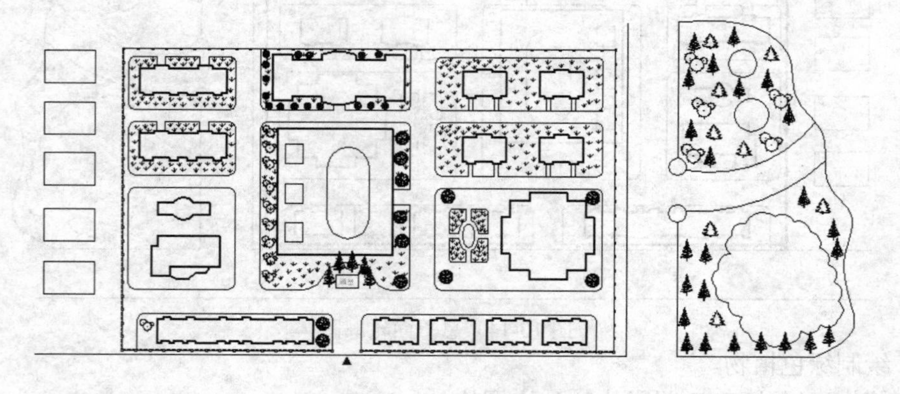

图 10-17　绘制绿色植物

10.3.5　标注尺寸和文字及绘制标高图例

尺寸标注用来精确地在图形对象周围表示长度、角度、径度、说明及注释等图形尺度信息。总平面图中的尺寸标注内容一般较少，主要标注建筑物的精确位置及标高等信息。

本例中的总平面图尺寸、文字可通过设置尺寸和文字样式来进行标注。最后完成整个总平面图 10-1 的绘制。

练习题

根据图 10-18 所示尺寸，绘制建筑总平面图。

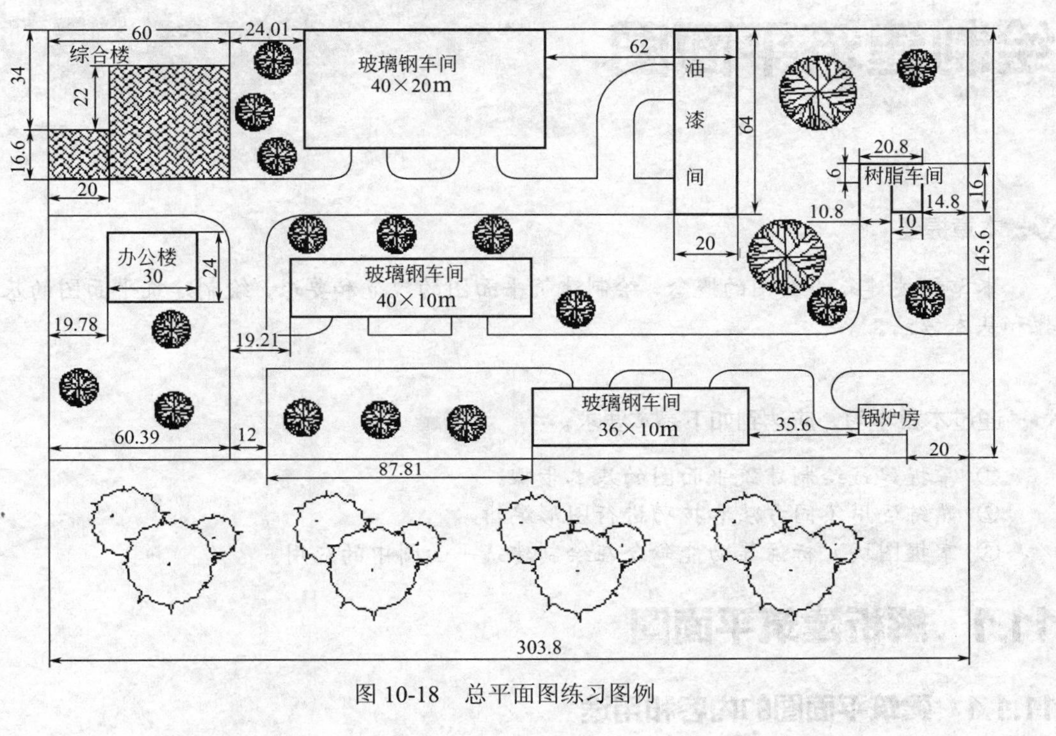

图 10-18　总平面图练习图例

第11章

绘制建筑平面图

本章提要

本章讲述建筑平面图的概念，绘制建筑平面图的规范和要求，绘制建筑平面图的基本步骤和基本方法。

通过本章学习，应达到如下基本要求。

① 掌握建筑绘制建筑平面图的基本步骤。
② 熟练运用不同方法和技巧进行图形编辑。
③ 掌握图块、标注等功能命令在绘制建筑平面图中的应用。

11.1 解析建筑平面图

11.1.1 建筑平面图的内容和用途

建筑平面图应在建筑物的门窗洞口处，假想用一个水平的剖切平面将房屋剖开，所得到的水平剖面图（俯视），简称平面图。它反映出房屋的平面形状、大小和房间的布置、墙（或柱）的位置及断面形状、所用的材料、门、窗位置、大小和开启方向等情况。它是房屋施工时进行测量、放线和门窗安装等工作的依据。建筑平面图应包括被剖切到的断面、可见的建筑构造和必要的尺寸、标高等内容。

一般房屋有几层，就应有几个平面图。沿一层门窗洞口剖切所得平面图称为一层平面图或底层平面图，沿二层门窗洞口剖切所得平面图称为二层平面图，以此类推，三层平面图、四层平面图……若中间有几层完全相同，可画成一个标准层平面图。最高一层平面称为顶层平面图。平面布置较复杂，如错层较多、有夹层等情况，用楼层对平面命名较困难时，可用平面的相对标高进行命名，如±0.000 平面图、9.900 平面图等。

11.1.2 建筑平面图绘图规范和要求

由于平面图一般采用 1∶50、1∶100、1∶200 的比例绘制，各层平面图中的楼梯、门窗、卫生设备等都不能按照实际形状画出，均采用国家标准规定的图例来表示，而相应的具体构造用较大的比例的详图表达。

平面图上标注的尺寸有外部尺寸和内部尺寸两种。所标注的尺寸以 mm 为单位，标高以

m 为单位。

外部应标注三道尺寸，最里面一道是细部尺寸，标注外墙、门窗洞、窗与墙尺寸，这道尺应从轴线标注起；中间一道是轴线尺寸，标注房间的开间与进深尺寸，是承重构件的定位尺寸；最外面一道是总尺寸，标注房屋的总长、总宽。如果房屋是对称的，一般在图形的左侧和下方标注外部尺寸，如果平面图不对称，则须在各个方向标注尺寸，或在不对称的部分标注外部尺寸。

应标注房屋内墙门窗洞、墙厚及轴线的关系、柱子截面、门垛等细部尺寸，房间长、宽方向净空尺寸。底层平面图中还应有室外散水、台阶等尺寸。

平面图上应标注各层楼地面、门窗洞底、楼梯休息平台面、台阶顶面、阳台顶面和室外地坪的相对标高，以表示各部位对于标高±0.00 的相对高度。

此外，对于有断面图或详图的地方，还应有剖切符号及断面图的编号，在平面图中标注清楚，以配合平面图的识读。

11.2 绘制建筑平面图

本节以图 11-1 所示的建筑平面图为例，介绍建筑平面图的绘制方法。

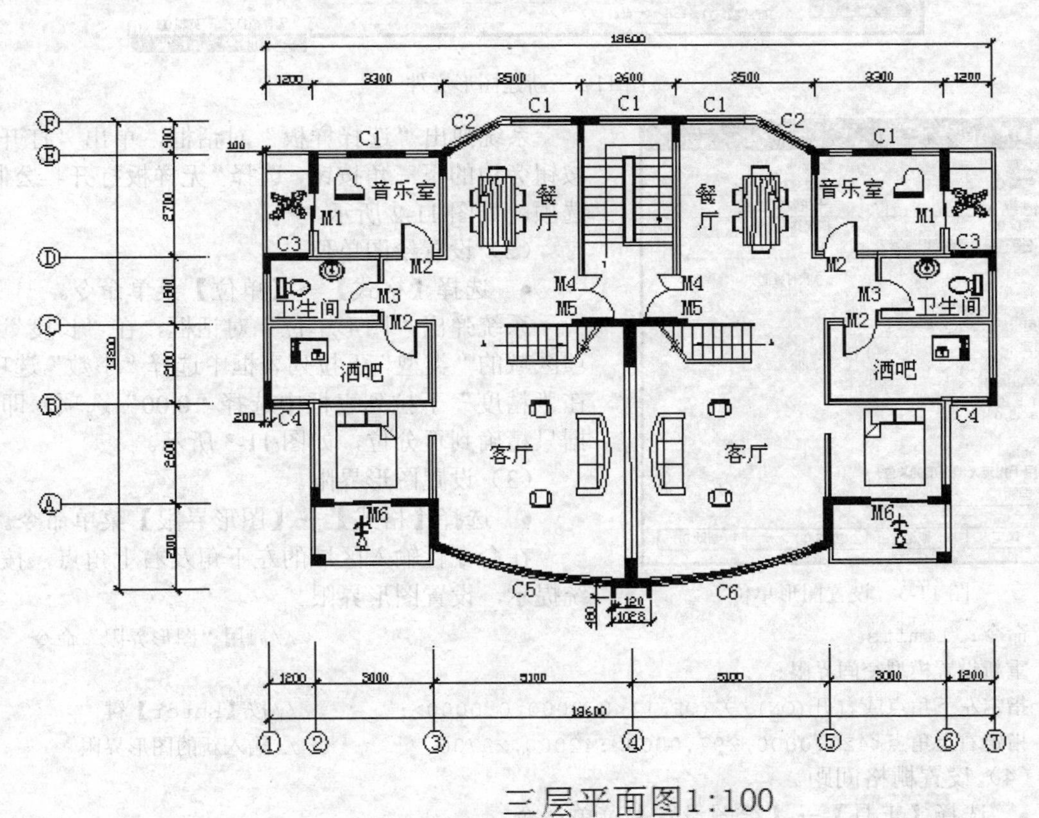

图 11-1 建筑平面图例

11.2.1 设置绘图环境

（1）新建图形文件。

新建图形文件有两种方法。

- 选择【文件】→【新建】菜单命令。
- 单击标准工具栏上“新建”按钮。

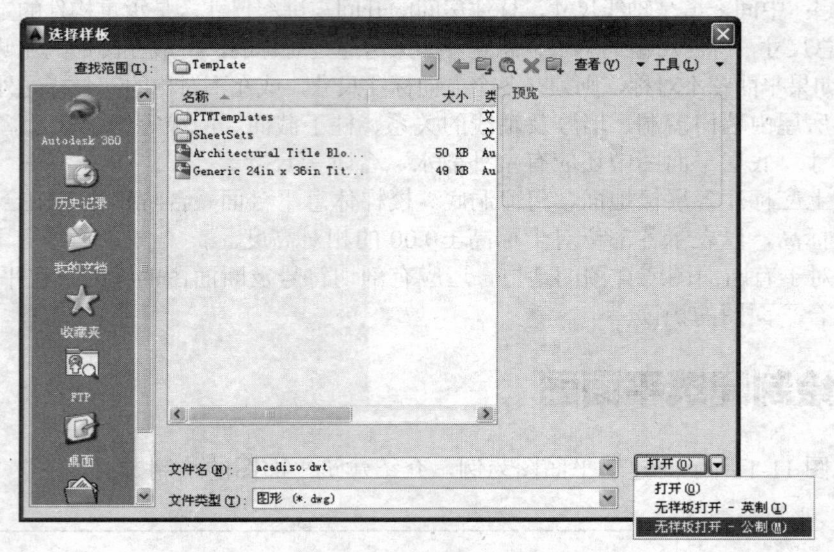

图 11-2　新建图形文件

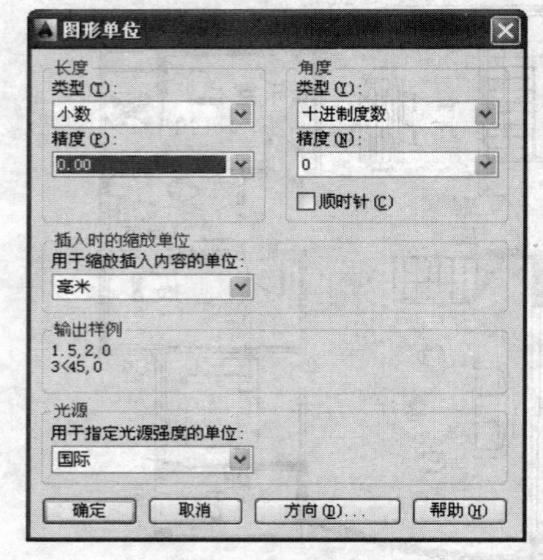

图 11-3　设置图形单位

系统弹出“选择样板”对话框，单出“打开”按钮旁边的下三角按钮，选择“无样板打开—公制”选项，如图 11-2 所示。

（2）设置绘图单位。

- 选择【格式】→【单位】菜单命令。

系统弹出“图形单位”对话框，在“长度”选项区域的“类型”下拉列表框中选择“小数”选项，在“精度”下拉列表框中选择“0.00”选项，即数据只精确到百分位，如图 11-3 所示。

（3）设置图形界限。

- 选择【格式】→【图形界限】菜单命令。

在命令行输入区域的左下角及右上角点，按系统提示，设置图形界限。

```
命令:_limits                                          //启用“图形界限”命令
重新设置模型空间界限:
指定左下角点或 [开(ON)/关(OFF)]<0.0000,0.0000>:        //按【Enter】键
指定右上角点<420.0000,297.0000>:42000,29700            //输入新的图形界限
```

（4）设置栅格间距。

- 选择【工具】→【绘图设置】菜单命令。

系统弹出“草图设置”对话框，在设置“捕捉和栅格”选项区域，其参数设置如图 11-4 所示。

栅格设置后，单击绘图窗口内缩放工具栏上全部缩放按钮，使整个图形界限显示在屏幕上。单击状态栏中的栅格按钮，栅格显示所设置的绘图区域，如图 11-5 所示。

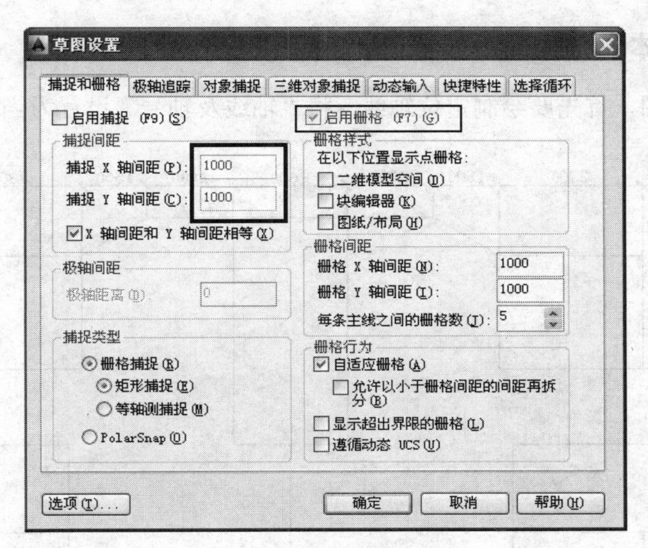

图 11-4　设置栅格间距

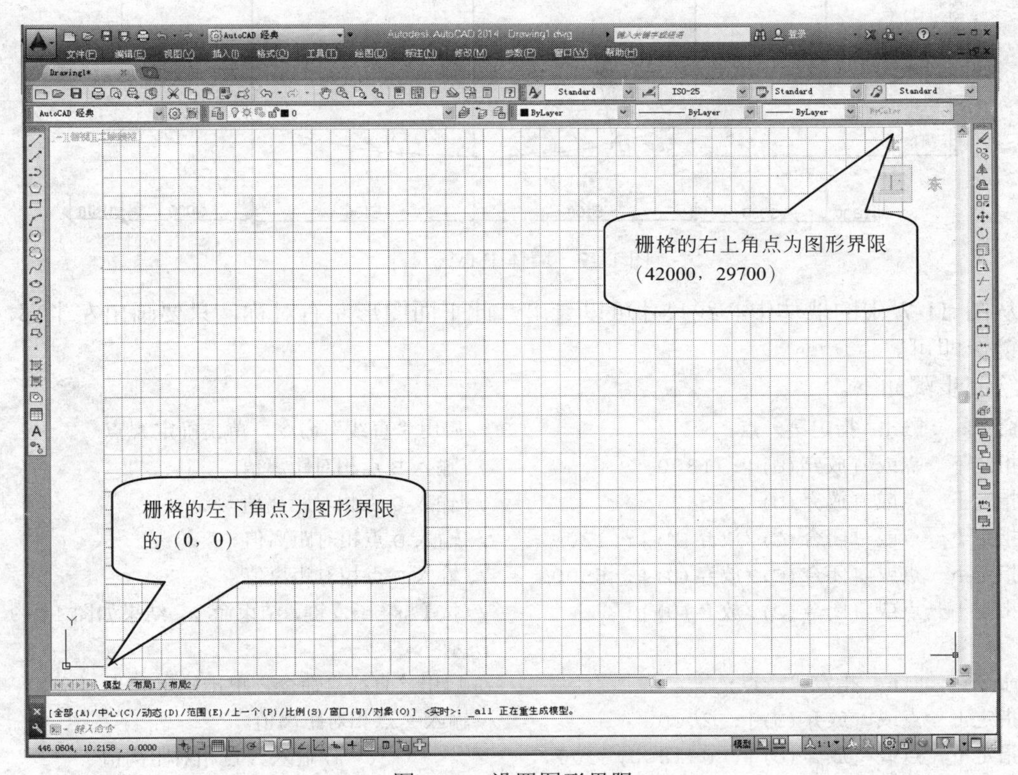

图 11-5　设置图形界限

（5）设置图层。

● 选择【格式】→【图层】菜单命令，或者单击“图层”工具栏上的命令。

系统弹出如图 11-6 所示“图层特性管理器”对话框，并根据图形要求设置图层。

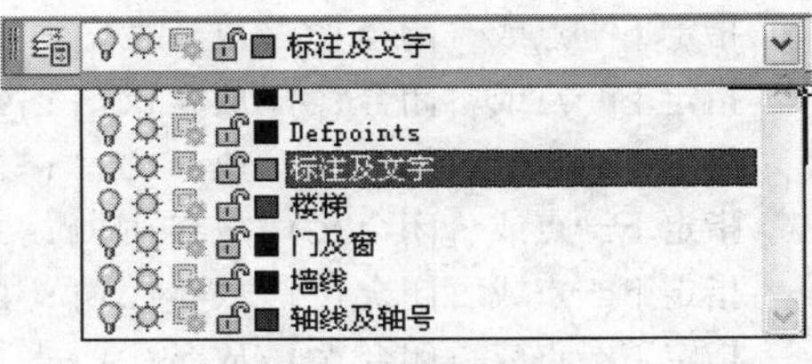

图 11-6　设置图层

11.2.2 绘制墙体中心线

绘制建筑平面图，首先要绘制定位轴线，将“轴线及轴号”设置为当前图层，尺寸如图11-7所示。

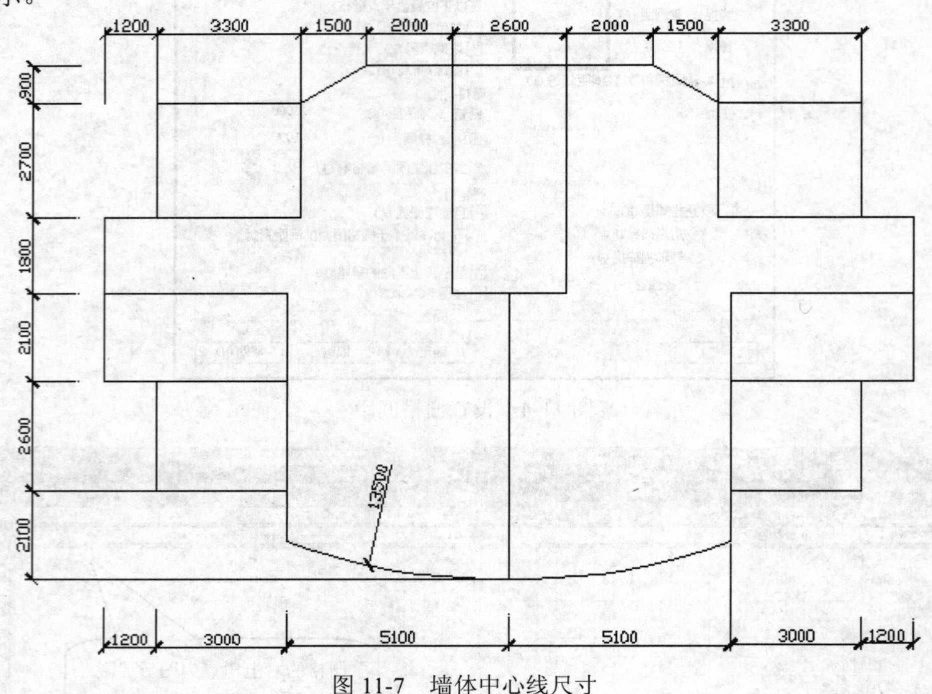

图11-7　墙体中心线尺寸

从图 11-7 中的墙体中心线尺寸可以看出，此平面图形左右对称，只要画出左半部，右半部镜像即可。

绘制步骤如下。

```
命令: _line 指定第一点:                          //启用“直线”命令，单击确定A点
指定下一点或 [放弃(U)]: 1300                     //输入B点相对距离值
指定下一点或 [放弃(U)]: 5400                     //输入C点相对距离值
指定下一点或 [闭合(C)/放弃(U)]: 1300             //输入D点相对距离值
指定下一点或 [闭合(C)/放弃(U)]: 6800             //输入E点相对距离值
指定下一点或 [闭合(C)/放弃(U)]:                  //按【Enter】键，结束命令，结果如图11-8(a)
                                                  所示
命令: _line 指定第一点:                          //启用“直线”命令，单击确定B点
指定下一点或 [放弃(U)]: 2000                     //输入F点相对距离值
指定下一点或 [放弃(U)]: @-1500,-900                       //输入G点相对距离值
指定下一点或 [闭合(C)/放弃(U)]:  <正交 开> 3300           //输入J点相对距离值
指定下一点或 [闭合(C)/放弃(U)]: 2700                      //输入K点相对距离值
指定下一点或 [闭合(C)/放弃(U)]: 1200                      //输入L点相对距离值
指定下一点或 [闭合(C)/放弃(U)]: 3900                      //输入M点相对距离值
指定下一点或 [闭合(C)/放弃(U)]: 1200                      //输入N点相对距离值
指定下一点或 [闭合(C)/放弃(U)]: 2600                      //输入O点相对距离值
指定下一点或 [闭合(C)/放弃(U)]: 3000                      //输入P点相对距离值
```

指定下一点或 [闭合(C)/放弃(U)]: 2110　　//输入Q点相对距离值
指定下一点或 [闭合(C)/放弃(U)]:　　//按【Enter】键，结束命令，结果如图11-8（b）所示
命令: _line 指定第一点:　　//启用“直线”命令，单击确定P点
指定下一点或 [放弃(U)]: <对象捕捉追踪 开> <正交 开> 2600　　//输入I点相对距离值
指定下一点或 [放弃(U)]: 3000　　//输入N点相对距离值
指定下一点或 [闭合(C)/放弃(U)]:　　//按【Enter】键，结束命令
命令: LINE 指定第一点:　　//启用“直线”命令，单击确定I点
指定下一点或 [放弃(U)]: 2110　　//输入S点相对距离值
指定下一点或 [放弃(U)]: 4200　　//输入T点相对距离值
指定下一点或 [闭合(C)/放弃(U)]:　　//按【Enter】键，结束命令
命令:LINE 指定第一点:　　//启用“直线”命令，单击确定K点
指定下一点或 [放弃(U)]: 3300　　//输入U点相对距离值
指定下一点或 [放弃(U)]: 2700　　//输入G点相对距离值
指定下一点或 [闭合(C)/放弃(U)]:　　//按【Enter】键，结束命令，结果如图11-8（c）所示
命令:LINE 指定第一点:　　//启用“直线”命令，单击确定E点
指定下一点或 [放弃(U)]: 13500　　//输入V点相对距离值,即圆弧的圆心位置
命令: _circle 指定圆的圆心或 [三点(3P)/两点(2P)/相切、相切、半径(T)]:
　　//启用“圆”命令，单击确定圆心V点
指定圆的半径或 [直径(D)]: 13500　　//输入半径值，修剪后，结果如图11-8（d）所示

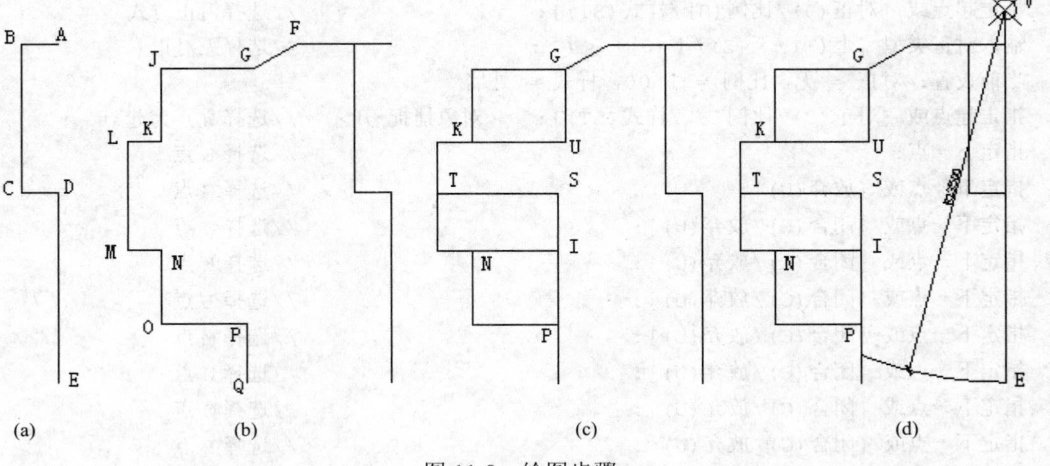

图11-8　绘图步骤

命令: _mirror　　//启用“镜像”命令
选择对象:　　//选择图11-8（d）所有图形
指定镜像线的第一点: <对象捕捉 开> 指定镜像线的第二点:
要删除源对象吗? [是(Y)/否(N)] <N>:
镜像后结果如图11-7所示。

11.2.3 绘制墙体线

（1）绘制外墙线。
将外墙线设置为“墙线”图层。

• 选择【格式】→【多线样式】菜单命令，系统弹出如图 11-9 所示对话框，对外墙进行设置。

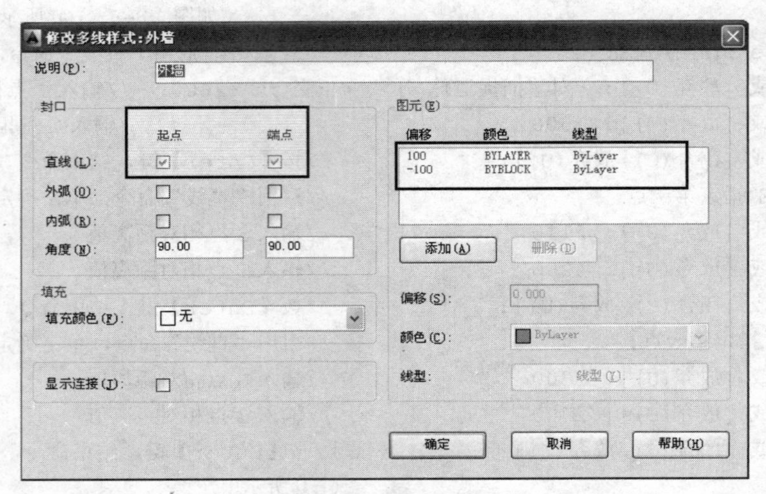

图 11-9 设置外墙多线样式

```
命令: _mline                    //选择→【绘图】→【多线】启用“多线”命令
当前设置: 对正 = 上，比例 = 1.00，样式 = 外墙                //当前样式
指定起点或 [对正(J)/比例(S)/样式(ST)]:  s                    //选择比例
输入多线比例 <1.00>:                                         //输入比例值
指定起点或 [对正(J)/比例(S)/样式(ST)]:  j                    //选择对正方式
输入对正类型 [上(T)/无(Z)/下(B)] <上>:  z                   //选择无对正
当前设置: 对正 = 无，比例 = 1.00，样式 = 外墙
指定起点或 [对正(J)/比例(S)/样式(ST)]:   <对象捕捉 开>      //选择 W 点为起点
指定下一点:                                                  //选择 E 点
指定下一点或 [放弃(U)]:                                      //选择 G 点
指定下一点或 [闭合(C)/放弃(U)]:                              //选择 J 点
指定下一点或 [闭合(C)/放弃(U)]:                              //选择 K 点
指定下一点或 [闭合(C)/放弃(U)]:                              //选择 L 点
指定下一点或 [闭合(C)/放弃(U)]:                              //选择 M 点
指定下一点或 [闭合(C)/放弃(U)]:                              //选择 N 点
指定下一点或 [闭合(C)/放弃(U)]:                              //选择 O 点
指定下一点或 [闭合(C)/放弃(U)]:                              //选择 P 点
指定下一点或 [闭合(C)/放弃(U)]:                              //选择 Q 点
指定下一点或 [闭合(C)/放弃(U)]:                              //按【Enter】键，结束命令
命令: _offset                                                //启用“偏移”命令
当前设置: 删除源=否  图层=源  OFFSETGAPTYPE=0
指定偏移距离或 [通过(T)/删除(E)/图层(L)] <110.0000>:         //输入偏移距离
选择要偏移的对象，或 [退出(E)/放弃(U)] <退出>:               //选择圆弧
指定要偏移的那一侧上的点，或 [退出(E)/多个(M)/放弃(U)] <退出>:     //向内侧单击
选择要偏移的对象，或 [退出(E)/放弃(U)] <退出>:                     //选择圆弧
指定要偏移的那一侧上的点，或 [退出(E)/多个(M)/放弃(U)] <退出>:     //向外侧单击
选择要偏移的对象，或 [退出(E)/放弃(U)] <退出>:        //按【Enter】键，结束命令，结果
```

如图 11-10 所示

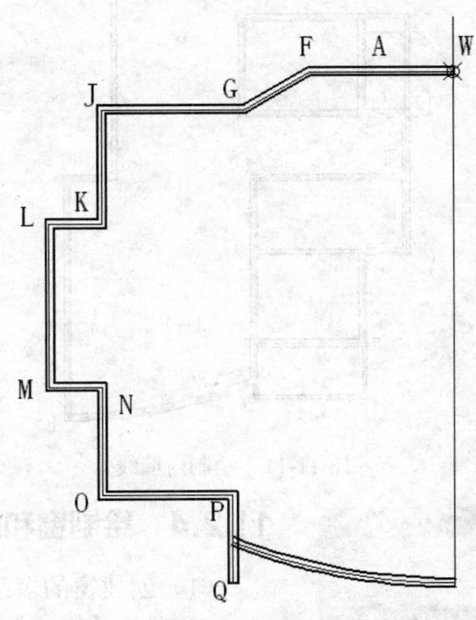

图 11-10　绘制外墙线

（2）绘制内墙线。

命令: _mline　　　　　　　//选择→【绘图】→【多线】启用“多线”命令
当前设置：对正 = 上，比例 = 1.00，样式 = 外墙　　　　//当前样式
指定起点或 [对正(J)/比例(S)/样式(ST)]:　s　　　　//选择比例
输入多线比例 <1.00>:0.8　　　　//输入比例值
指定起点或 [对正(J)/比例(S)/样式(ST)]:　j　　　　//选择对正方式
输入对正类型 [上(T)/无(Z)/下(B)] <上>:　z　　　　//选择无对正
当前设置：对正 = 无，比例 = 1.00，样式 = 外墙
指定起点或 [对正(J)/比例(S)/样式(ST)]:　<对象捕捉 开>　　//选择 A 点为起点
指定下一点:　　//选择 X 点
指定下一点或 [放弃(U)]:　　//选择 Y 点
指定下一点或 [闭合(C)/放弃(U)]:　　//选择 E 点
指定下一点或 [闭合(C)/放弃(U)]:　　//按【Enter】键，结束命令
指定下一点或 [闭合(C)/放弃(U)]:　　//选择 G 点
指定下一点或 [闭合(C)/放弃(U)]:　　//选择 U 点
指定下一点或 [闭合(C)/放弃(U)]:　　//选择 K 点
指定下一点或 [闭合(C)/放弃(U)]:　　//按【Enter】键，结束命令
指定下一点或 [闭合(C)/放弃(U)]:　　//选择 T 点
指定下一点或 [闭合(C)/放弃(U)]:　　//选择 S 点
指定下一点或 [闭合(C)/放弃(U)]:　　//选择 I 点
指定下一点或 [闭合(C)/放弃(U)]:　　//选择 N 点
指定下一点或 [闭合(C)/放弃(U)]:　　//选择 I 点
指定下一点或 [闭合(C)/放弃(U)]:　　//选择 P 点

选择直线、偏移、修剪等命令绘制阳台。

将多线用分解命令分解，经修剪后，结果如图 11-11 所示。

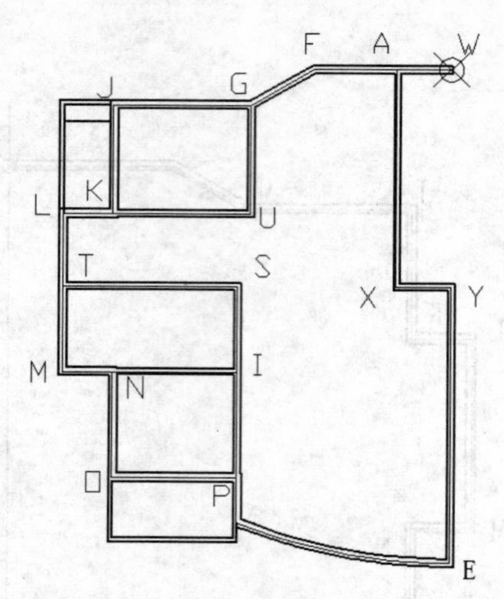

图 11-11　绘制内墙线

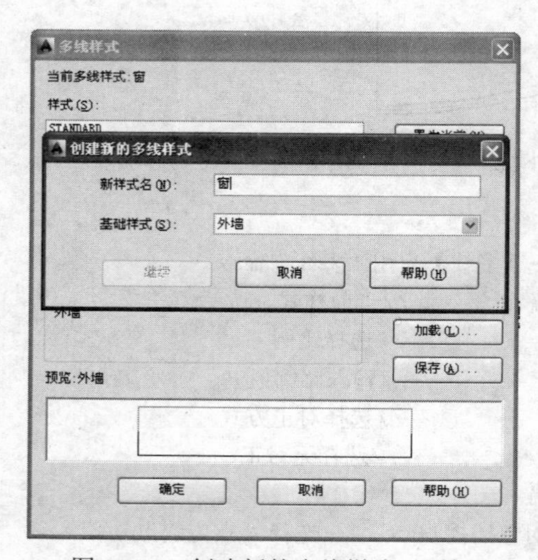

图 11-12　创建新的多线样式对话框

11.2.4　绘制窗和门

（1）创建窗的多线样式。

• 选择【格式】→【多线样式】菜单命令，系统弹出如图 11-12 所示对话框，单击 新建(N)... 按钮，弹出创建新建样式对话框，输入新样式名“窗”，单击 继续 按钮，弹出如图 11-13 所示新建样式对话框，设置多线样式。

（2）绘制窗口。

选择直线偏移命令，将 A 点处轴线向左偏移 250mm，经修剪后，得到窗口的右侧线，将右侧线向左偏移 1500mm，得到窗口左侧线 B，用分解命令将墙线进行分解，修剪后如图 11-14 所示。

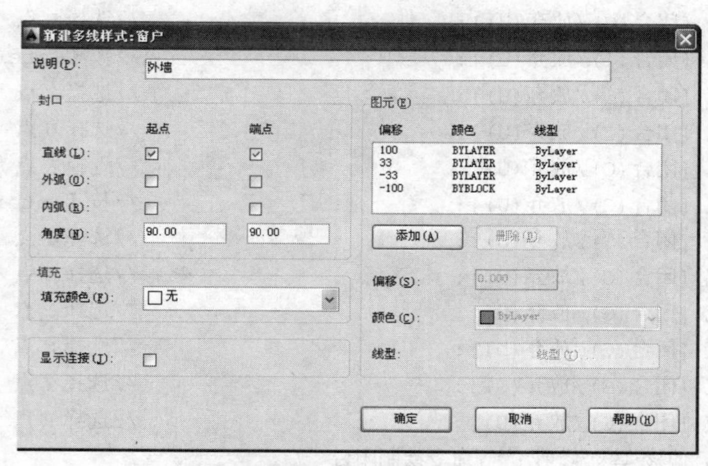

图 11-13　新建多线样式对话框

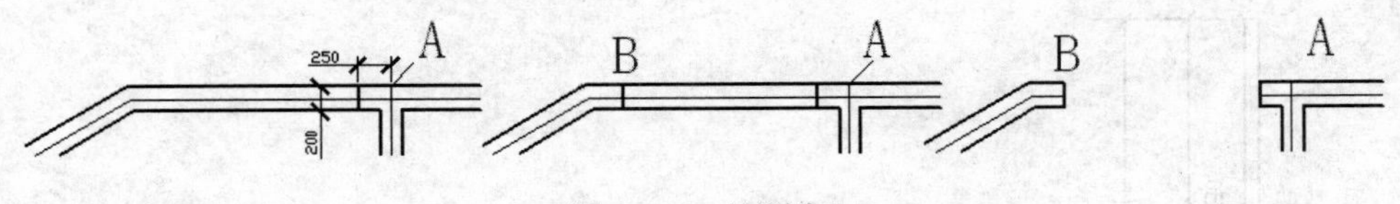

图 11-14　绘制窗口

（3）绘制窗户。

```
MLINE                                                    //启用“多线”命令
当前设置：对正 = 无，比例 = 0.80，样式 = 窗              //选择“窗”多线样式
指定起点或 [对正(J)/比例(S)/样式(ST)]： s
输入多线比例 <0.80>： 1                                  //输入比例值
当前设置：对正 = 无，比例 = 1.00，样式 = 窗
指定起点或 [对正(J)/比例(S)/样式(ST)]：   <对象捕捉 开>   //单击 A 点
指定下一点：                                             //单击 B 点
指定下一点或 [放弃(U)]：                                 //按【Enter】键，结束命令，
结果如图 11-15 所示
```

（4）绘制门。

① 在图形中插入门图块。★ 选择→【工具】→【选项板】→【工具选项板】按钮，系统弹出“工具选项板”对话框。如图 11-16 所示，选择【建筑】选项，单击【门-公制】按钮，在绘图区域合适位置单击，插入门图块。选中门图块，出现如图 11-16 所示的自定义夹点，拖动自定义夹点来修改门的大小为 800mm。修改门的角度为 90°。利用对齐夹点将门块参照与图形中的墙体图形对齐。

图 11-15　绘制窗户

按相同的方法在其他的墙体上插入门的图块，绘制窗户，并对多线进行编辑。

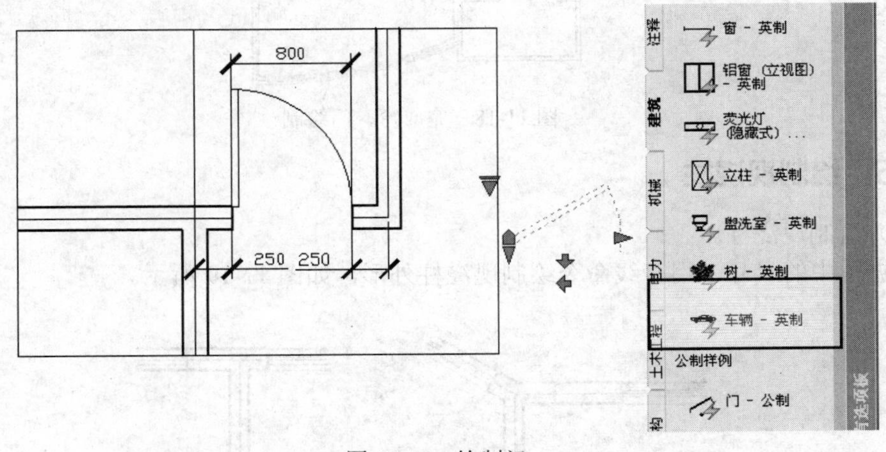

图 11-16　绘制门

② 拉门的绘制。拉门的图块名为“M1”和“M2”，尺寸如图 11-17 所示。

按图 11-17 中尺寸，窗、门绘制完成后效果如图 11-18 所示。

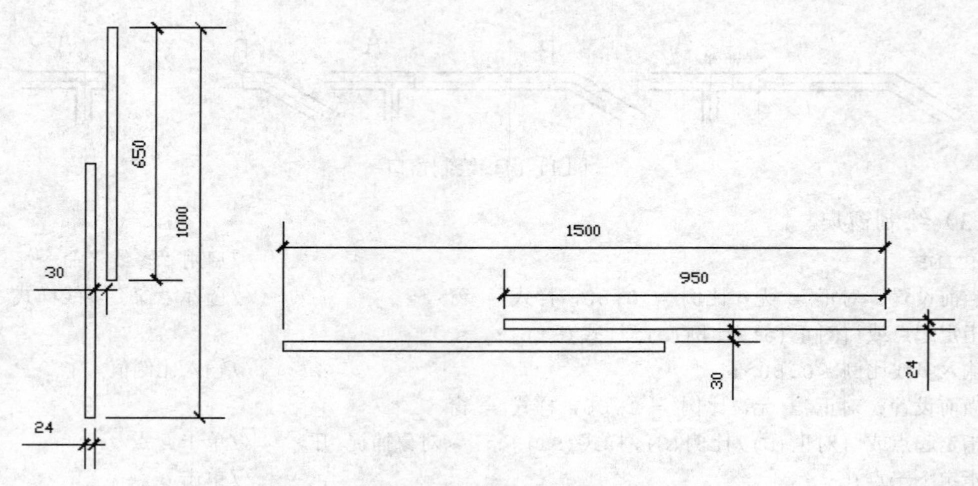

图 11-17　拉门的尺寸

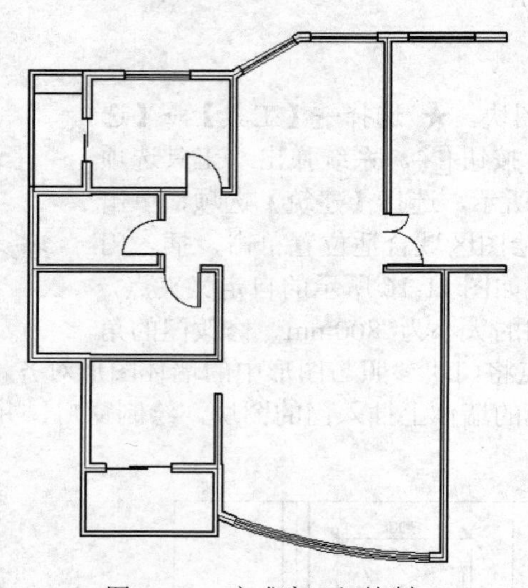

图 11-18　完成窗、门绘制

11.2.5　绘制现浇柱

（1）绘制现浇柱。

根据图中的尺寸，用直线命令绘制现浇柱外形，如图 11-19 所示。

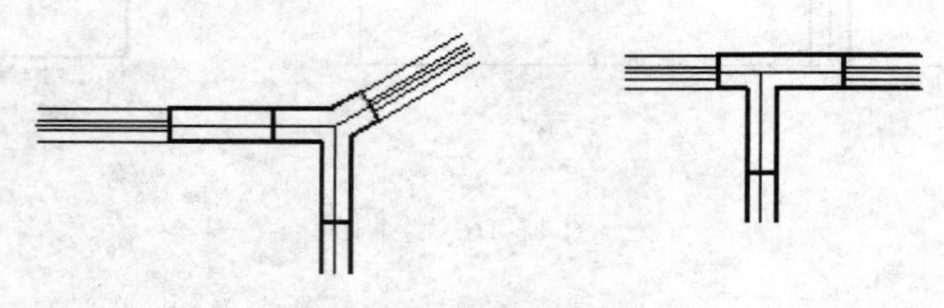

图 11-19　绘制现浇柱

（2）对现浇柱图案填充。

选择“图案填充”命令，系统弹出“图案填充和渐变色”对话框，设置图案为黑色，填充效果如图 11-20 所示。

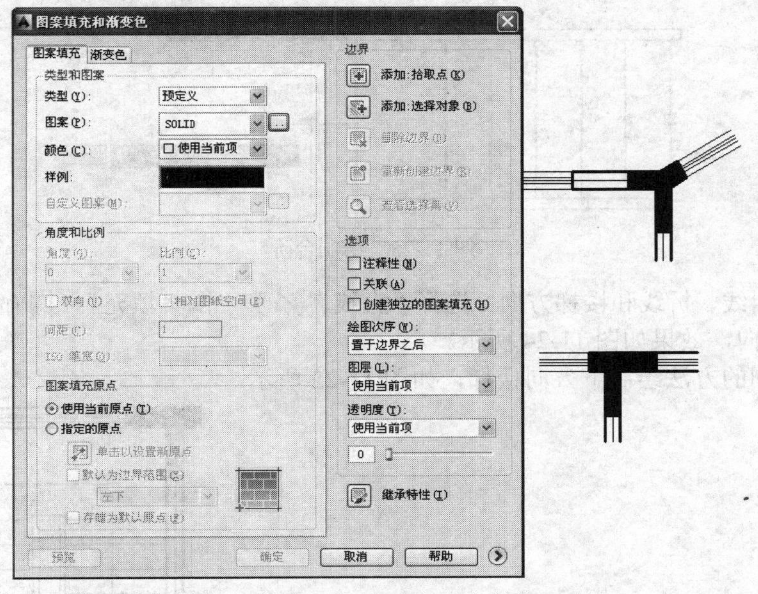

图 11-20　对现浇柱图案填充

按相同的方法绘制所有平面图形中的现浇柱，图形效果如图 11-21 所示。

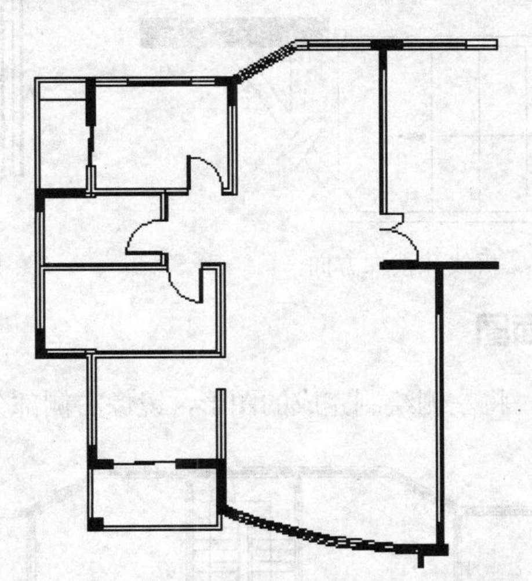

图 11-21　绘制所有平面图形中的现浇柱

11.2.6　绘制楼梯

（1）绘制扶手。

如图 11-22 所示，选择“直线” 命令，绘制楼梯扶手。

（2）绘制台阶。

① 绘制台阶线。选择“直线” 命令，绘制台阶线，选择“阵列” 命令，对台阶线进行阵列，参数为“1 行、9 列、列间距为 250”，效果如图 11-23 所示。

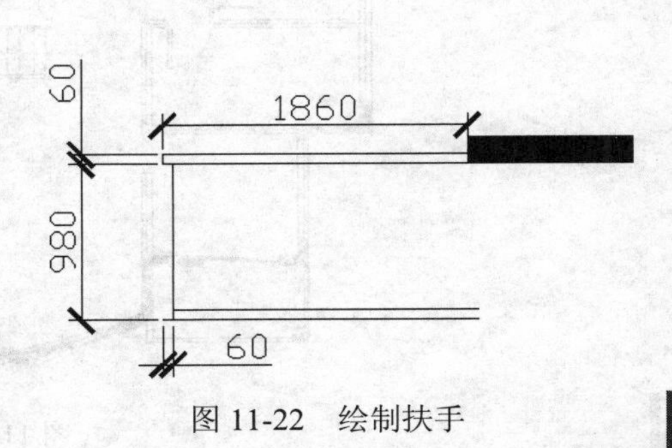

图 11-22　绘制扶手

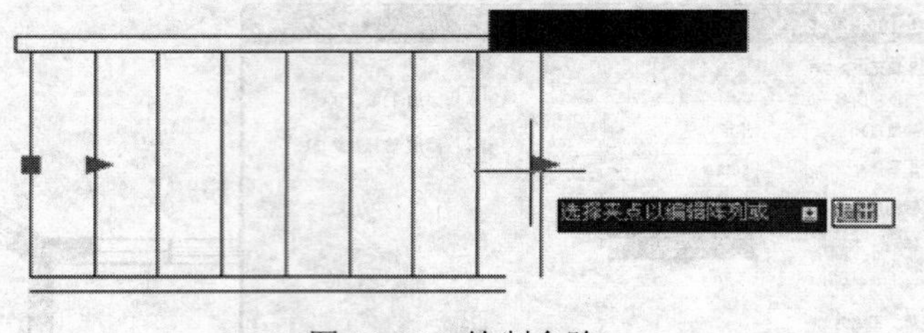

图 11-23　绘制台阶

② 绘制斜线、折线和楼梯方向。选择“直线”和“图案填充”命令，绘制斜线、折线和楼梯方向，效果如图 11-24 所示。

③ 用相同的方法绘制下方向楼梯，如图 11-25 所示。

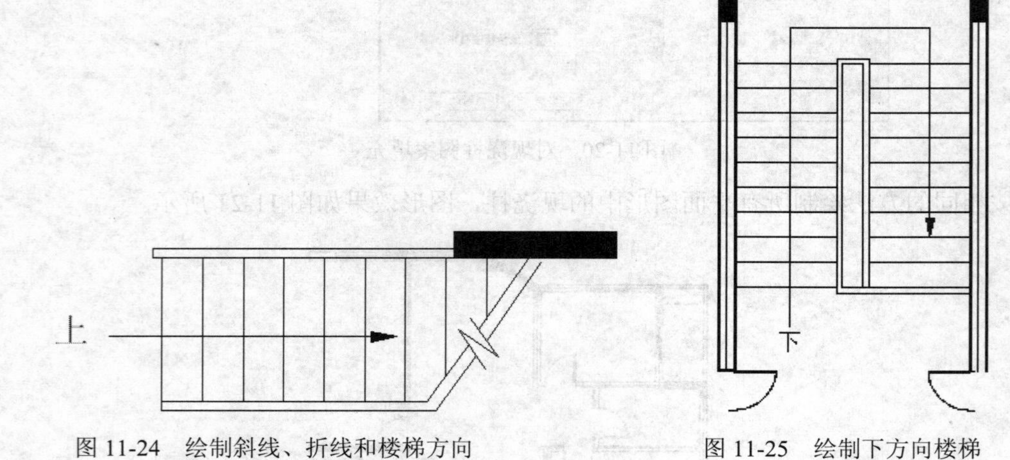

图 11-24　绘制斜线、折线和楼梯方向　　　图 11-25　绘制下方向楼梯

11.2.7　完善建筑平面图

选择“镜像”命令，将左侧绘制完成的图形，镜像右侧部分，图形效果如图 11-26 所示。

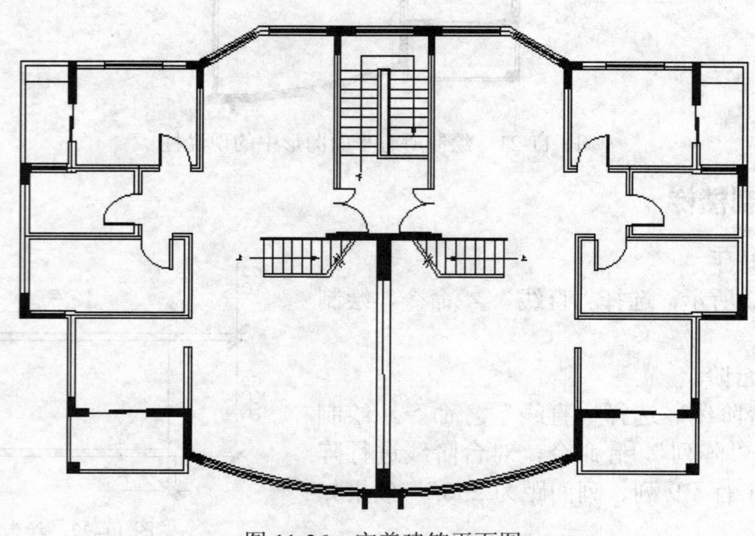

图 11-26　完善建筑平面图

11.3 绘制其他设施

本图例中，其他设施包括沙发、床、小吧台、跑步机、钢琴、花等。这些设施可以通过 CAD 设计中心，以图块的形式插入。

选择标准工具栏中的设计中心命令，选择→本地磁盘(C:) →Program Files →AutoCAD 2014 →Sample →DesignCenter →Home - Space Planner →块双击，打开设计中心家居布置样例，如图 11-27 所示。将其中的图块按一定的比例插入到平面图中的适当位置。

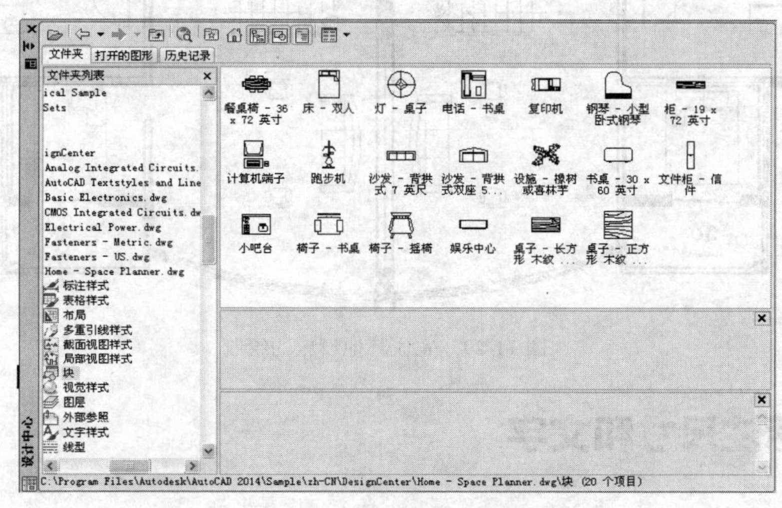

图 11-27 设计中心家居布置样例

选择标准工具栏中的设计中心命令，选择→本地磁盘(C:) →Program Files →AutoCAD 2014 →Sample →DesignCenter →House Designer.dwg →块双击，打开设计中心卫生间布置样例，如图 11-28 所示。将其中的图块按一定的比例插入到平面图中的适当位置。

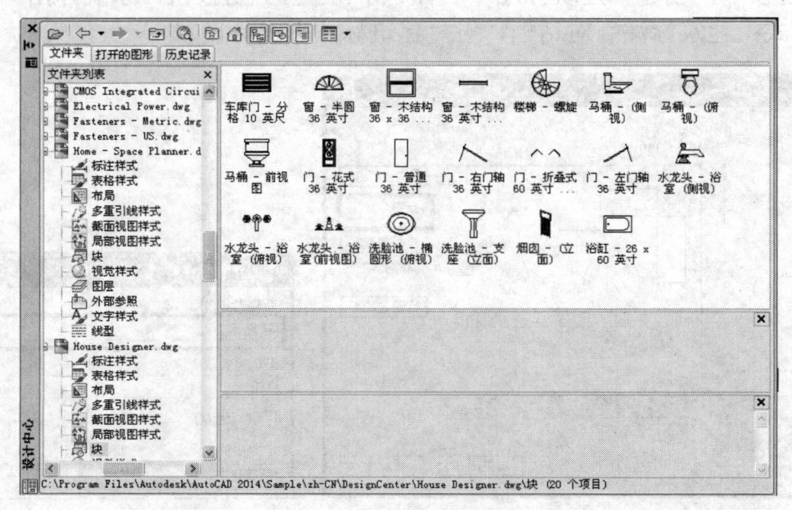

图 11-28 设计中心卫生间布置样例

其他设施绘制完成效果如图 11-29 所示。

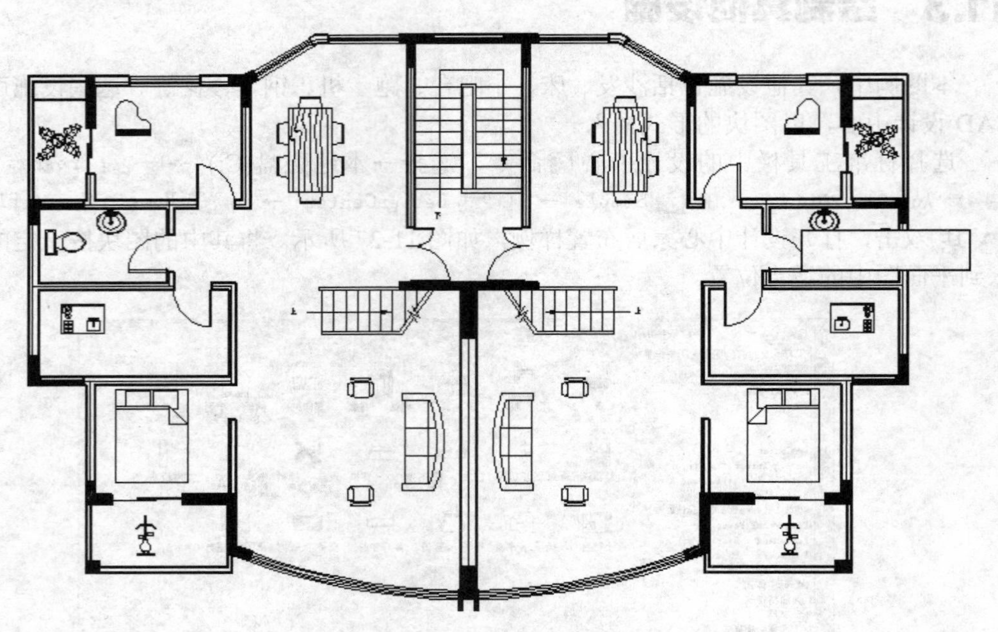

图 11-29 完成其他设施的绘制

11.4 标注尺寸和文字

11.4.1 标注尺寸

（1）设置尺寸样式。

- 选择【格式】→【标注样式】菜单命令，系统弹出如图 11-30 所示“标注样式管理器”对话框。单击 新建(N)... 按钮，系统弹出如图 11-31 所示“创建新标注样式”对话框。在新样式名选项中，创建“建筑标注”名称。单击 继续 按钮，系统弹出如图 11-32 所示“新建标注样式：建筑标注”对话框，对“建筑标注”进行设置。

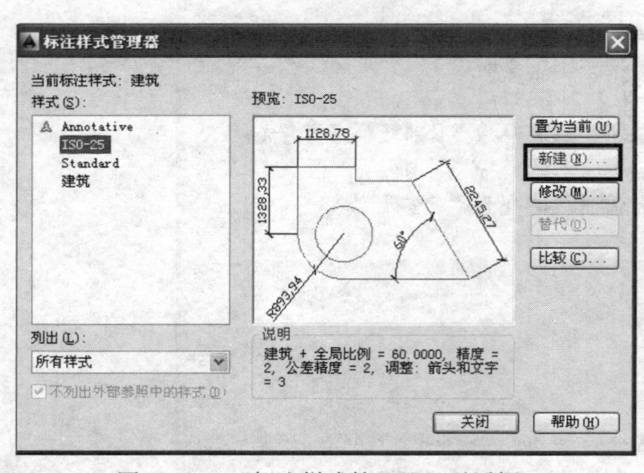

图 11-30 “标注样式管理器”对话框

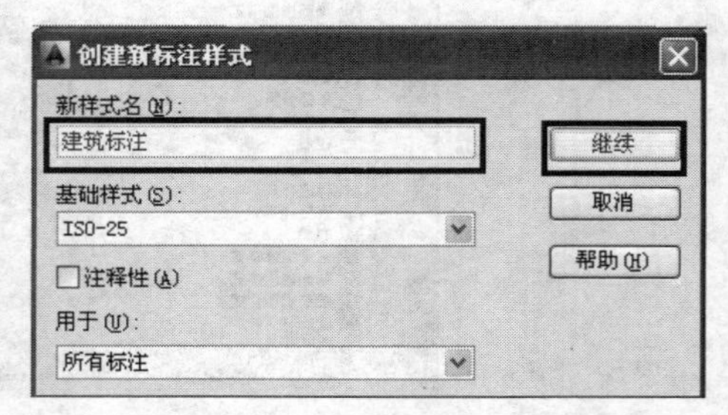

图 11-31 “创建新标注样式”对话框

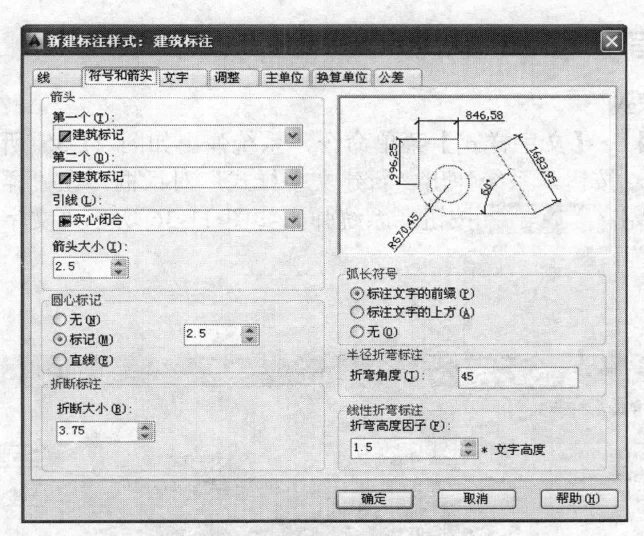

图 11-32　“新建标注样式：建筑标注”对话框

学习提示：在对“新建标注样式：建筑标注”进行设置时，箭头高为建筑标记，在“调整”中全局比例高为 80，在“主单位”选项中，精度高为 0。

（2）尺寸标注。

运用“线性标注”，“连续标注”命令进行标注，如图 11-33 所示。

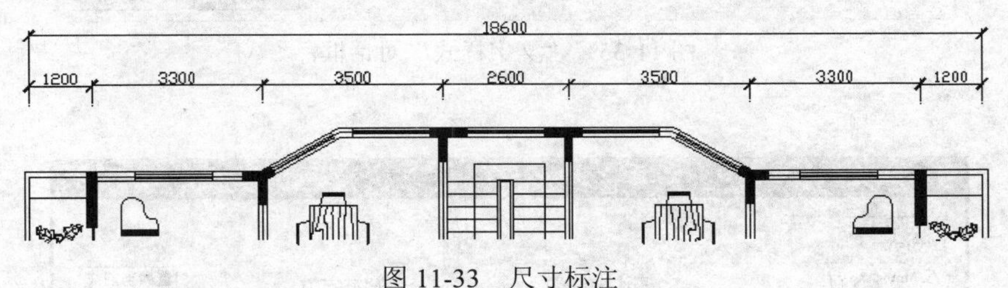

图 11-33　尺寸标注

11.4.2　轴线符号标注

在相应的轴线位置，画一个圆，在圆中注写上数字即可，其他可以通过复制和修改获得。如图 11-34 所示。

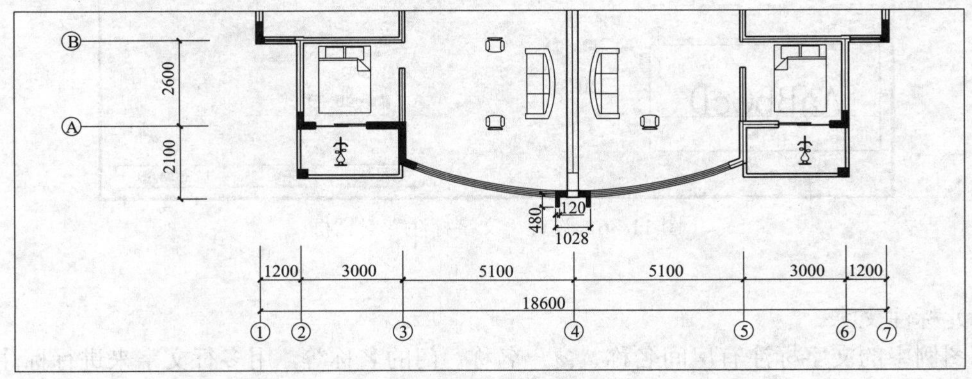

图 11-34　轴线符号标注

11.4.3 文字注写

（1）设置文字样式

- 选择【格式】→【文字样式】菜单命令，系统弹出如图 11-35 所示“文字样式”对话框。单击 新建(N)... 按钮，系统弹出“新建文字样式”对话框。在“样式名”选项中，创建“文字”名称。单击 确定 按钮，系统弹出如图 11-36 所示“文字样式”对话框，对“文字样式”进行设置。

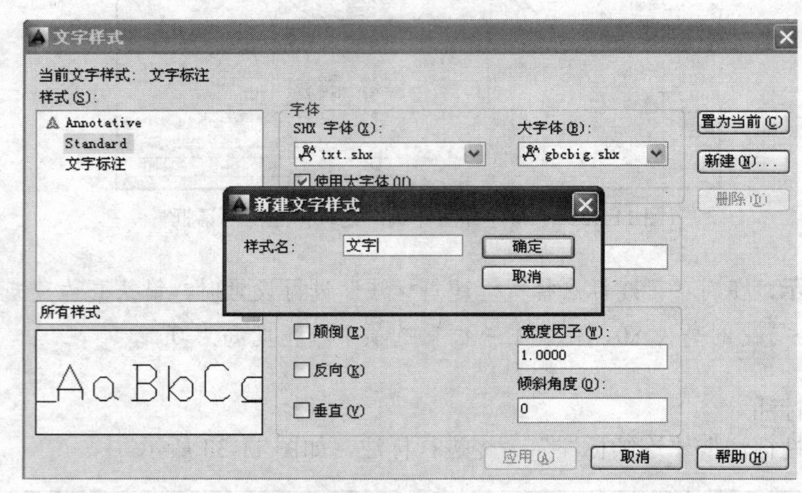

图 11-35 “文字样式”对话框

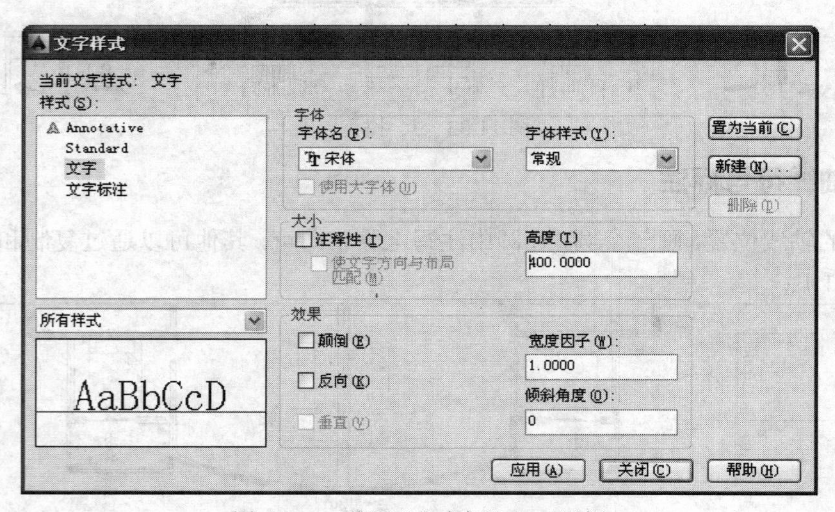

图 11-36 设置“文字标注”对话框

（2）标注文字。

本图例中的文字标注有房间名称、窗户名称、门的名称等，用多行文字来进行标注，如图 11-37 所示。

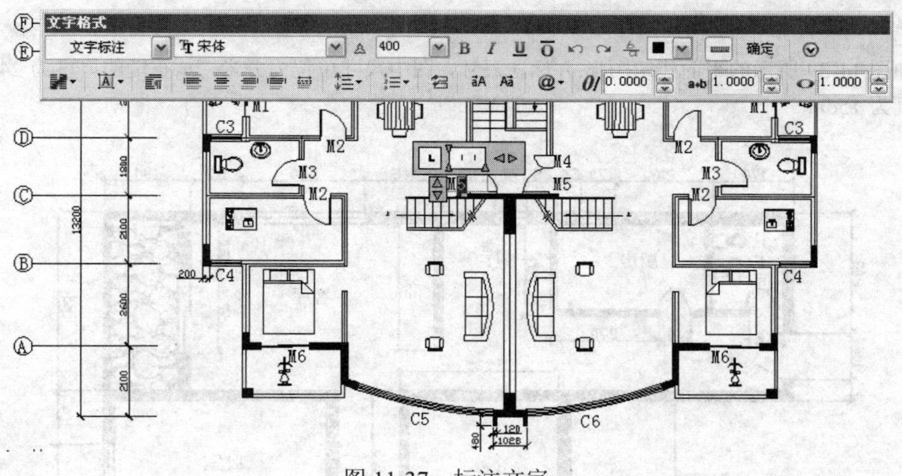

图 11-37　标注文字

练习题

练习一

根据图 11-38 所示尺寸，绘制建筑平面图形。

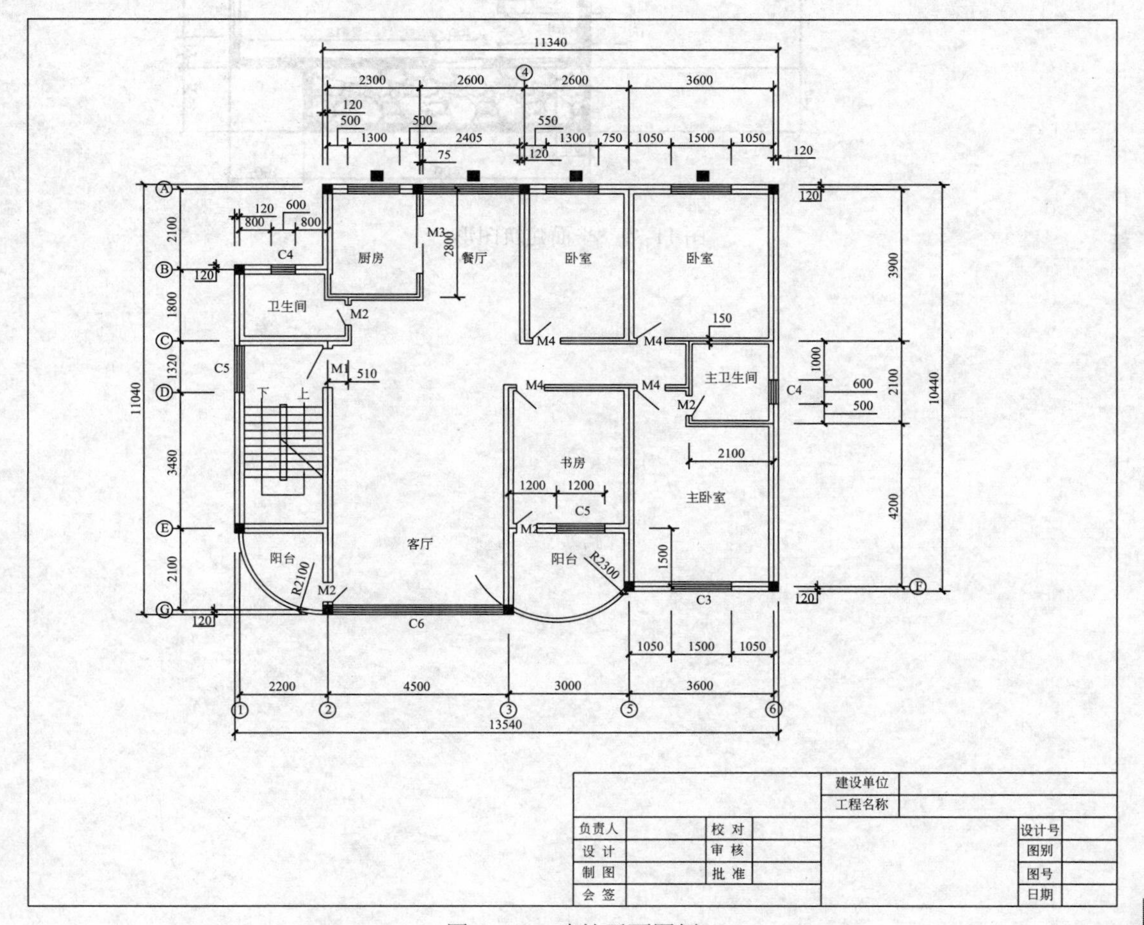

图 11-38　建筑平面图例

练习二

绘制如图 11-39 所示的平面建筑图形,并标注尺寸，图中尺寸单位为分米，承重墙的厚度为 24dm，非承重墙的厚度为 15dm。

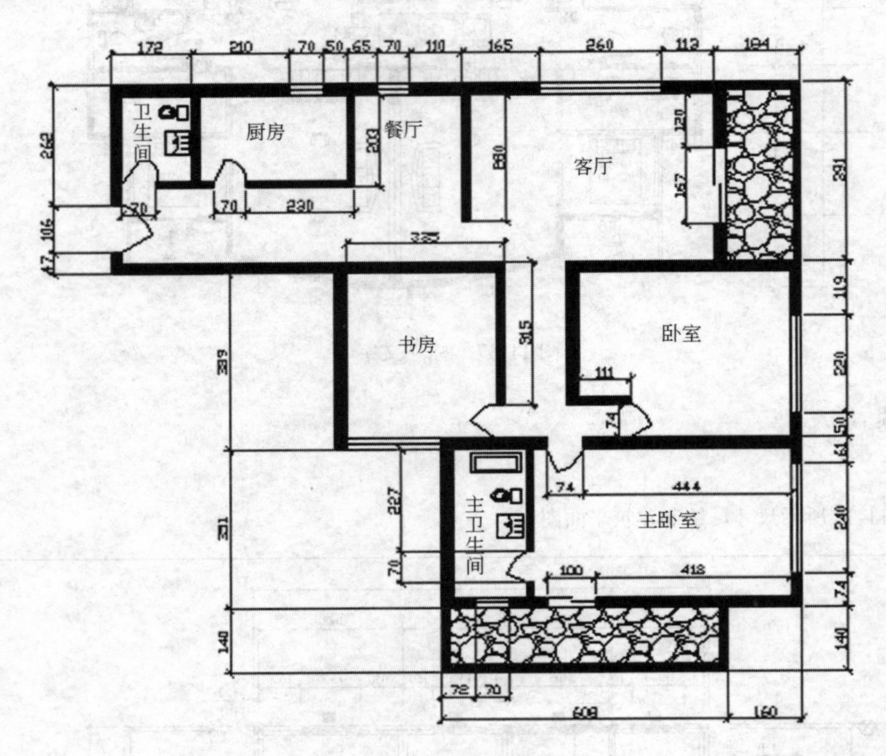

图 11-39　平面建筑图形

第12章 绘制建筑立面图

本章提要

本章讲述建筑立面图的内容和用途，绘制建筑立面图的规范和要求，绘制建筑立面图的基本步骤和基本方法。

通过本章学习，应达到如下基本要求。

① 掌握绘制建筑立面图的基本步骤。
② 熟练运用不同方法和技巧进行图形编辑。
③ 掌握图块、标注等功能命令在绘制建筑立面图中的应用。

12.1 解析建筑立面图

12.1.1 建筑立面图的内容和用途

建筑立面图是平行于建筑各方向外墙面的正投影图，即站在面对建筑物的位置时它的水平视图。建筑立面图简称立面图，也可以称为立视图。它可以表示建筑物的体型和外貌，即可以表示建筑物从外面看到的样子，窗户、门等是如何嵌入墙壁中等。有的建筑立面图还标明外墙装饰要求等。

立面图表示建筑物体型和外貌，主要为建筑施工和室外装修用，其主要内容包括以下几个方面。

（1）图名、比例。

（2）立面图两端的定位轴线及其编号。

（3）室外地面线及建筑物可见的外轮廓线。

（4）门窗的形状、位置及其开启方向。

（5）各种墙面、台阶、雨篷、阳台、雨水管、窗台等建筑构造和构配件的位置、形状、做法等。

（6）外墙各主要部位的标高及必要的局部尺寸。

（7）详图索引符号及其他文字说明等。

12.1.2 建筑立面图绘图规范和要求

（1）命名。

通常一个房屋有四个朝向，立面图可以根据房屋的朝向来命名，如东立面、西立面等。也可根据主要出入口或房屋外貌的主要等征来命名，如正立面、背立面、左侧立面和右侧立面等。还可以根据立面图两端轴线的编号来命名，如①～⑨立面图等。

通常情况下，图纸中应包括四个方向的立面图，即主视图、后视图、左视图、右视图。有时还按建筑物的朝向确定立面图的名称为等轴测视图。

（2）比例。

立面图的比例通常与平面图相同，常用 1∶50、1∶100 和 1∶200 的较小比例绘制。

（3）定位轴线。

在立面图中一般只画出建筑物的轴线及编号，以便与平面图对照阅读，确定立面图的观看方向。

（4）图线。

为了加强立面图的表达效果，使建筑物的轮廓突出、层次分明，通常选用的线型如下：层脊线和外墙最外轮廓线用粗实线（b），室外地坪线用加粗实线（1.4b），所有凹凸部位，如阳台、雨篷、线脚、门、窗洞等用中实线（0.5b），其他部分，如门窗扇、雨水管、尺寸线、标高等用细实线（0.35b）。

（5）图例。

由于比例小，按投影很难将所有细部都表达清楚，如门、窗等都是用图例来绘制，且只画出主要轮廓线及分格线，门窗框用双线。常用构造及配件图例可参阅相关的建筑制图书籍或国家标准。

（6）尺寸和标高。

立面图中高度方向的尺寸主要是用标高的形式标注，主要包括建筑物室内外地坪、各楼层地面、窗台、门窗洞顶部、檐口、阳台底部、女儿墙压顶及水箱顶部等。在所标注处画水平引出线，标高符号一般画在图形外，符号大小应一致，整齐排列在同一铅垂线上。为了更清楚起见，必要时可标注在图内，如楼梯间的窗台面标高。标高符号的注法及形式，如图 12-1 所示。若建筑立面图左右对称，标高应标注在左侧，否则两侧均应标注。

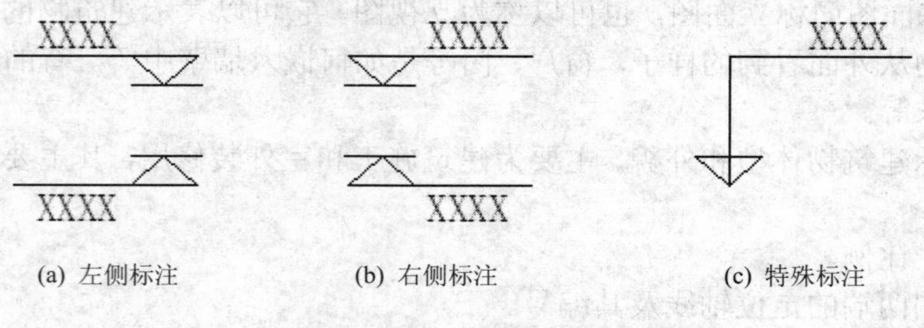

图 12-1 标高符号

除标注标高尺寸外，在竖直方向还应标注三道尺寸。最外一道标注建筑的总高尺寸，中间一道标注层高尺寸，最里面一道标注室内外高差、门窗洞度、垂直方向窗间墙、窗下墙、檐口高度等尺寸。

立面图上水平方向一般不标注尺寸，但有时须标注出无详图的局部尺寸。

（7）其他标注。

房屋外墙面的各部分装饰材料、具体做法、色彩等用指引线引出并用文字加以说明，如东西端外墙为浅红色马赛克贴面，窗洞周边、檐口及阳台栏板边为白水泥粉面等。这部分内容也可以在建筑室内外工程做法说明表中给予说明。

（8）详图索引符号。

为了反映建筑物的局部构造及具体做法，常配以较大比例的详图，并用文字和符号加以说明。凡要绘制详图的部位，均应画上详图索引符号，其要求和平面图相同。

12.2 绘制建筑立面图

本节介绍绘制建筑立面图的主要步骤，图形效果如图 12-2 所示。

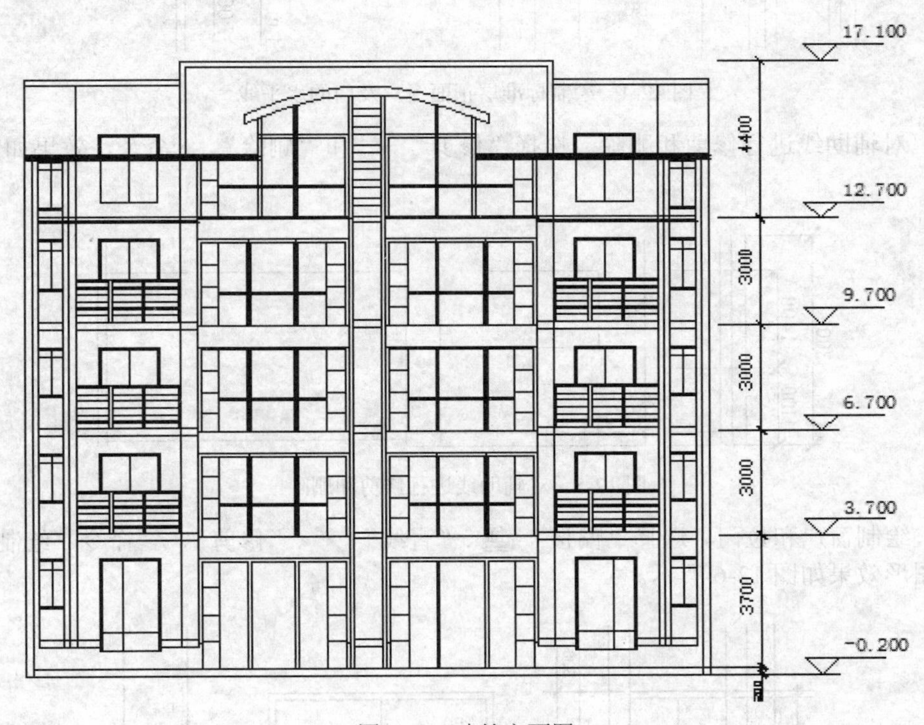

图 12-2 建筑立面图

12.2.1 绘制标准层

（1）创建“立面”图层，并设置为当前图层。

（2）绘制辅助线。从墙体和窗户边界开始，绘制垂直和水平辅助线。选择“构造线”命令，绘制立面图的垂直辅助线。选择“构造线”命令，绘制立面图的水平辅助线，图形效果如图 12-3 所示。

（3）绘制标准层正面窗户及门的水平线。选择“偏移”命令，依次向上偏移水平辅助线，偏移距离值如图 12-4 所示。

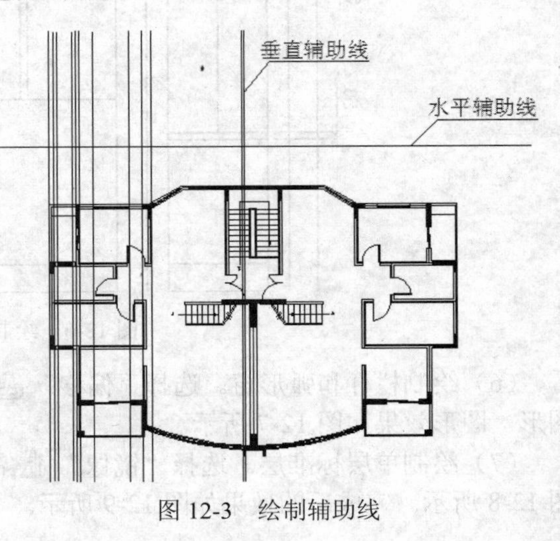

图 12-3 绘制辅助线

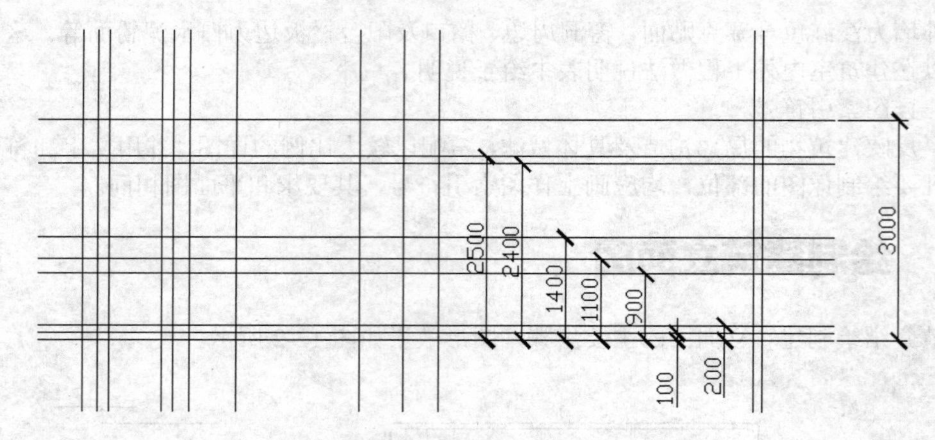

图 12-4　绘制标准层正面窗户及门的水平线

（4）对辅助线进行修剪和删除。选择“修剪”和“删除”命令，效果如图 12-5 所示。

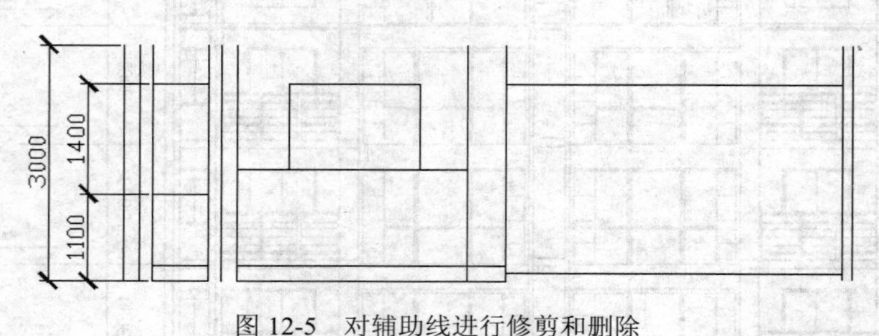

图 12-5　对辅助线进行修剪和删除

（5）绘制窗户和拉门。选择“偏移”、“直线”、“修剪”命令，绘制窗户和拉门，图形效果如图 12-6 所示。

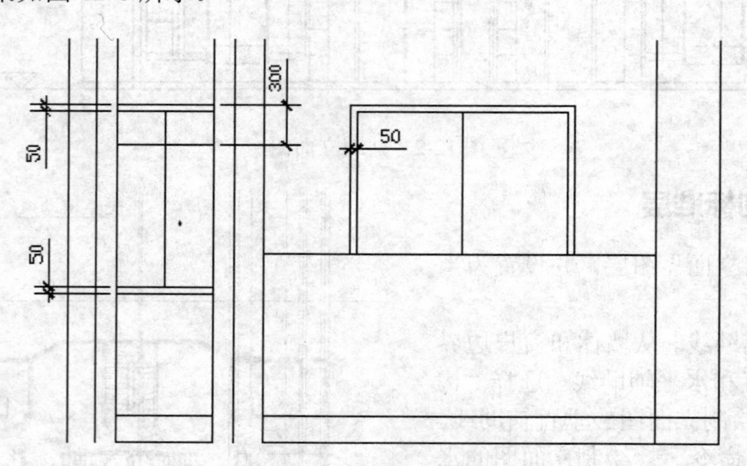

图 12-6　绘制窗户和拉门

（6）绘制栏杆和弧形窗。选择“偏移”、“直线”、“修剪”命令，绘制栏杆图形，图形效果如图 12-7 所示。

（7）绘制单层标准层。选择“镜像”命令，选取左侧图形，镜像立面右侧部分，如图 12-8 所示。完成后的效果如图 12-9 所示。

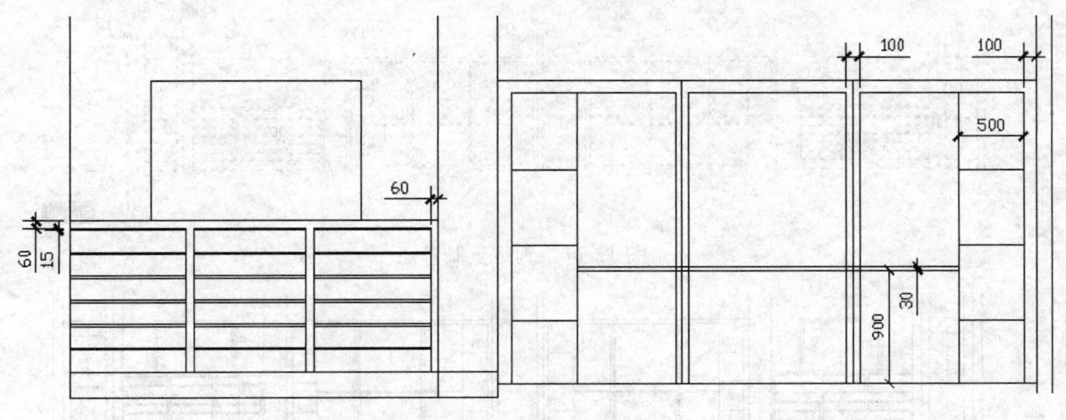

图 12-7　绘制栏杆和弧形窗

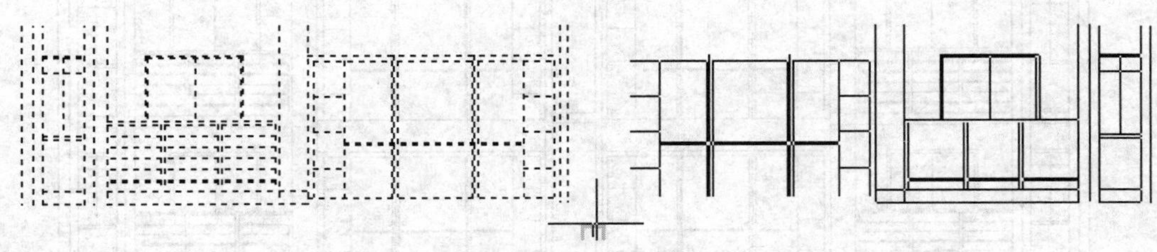
图 12-8　镜像右侧图形

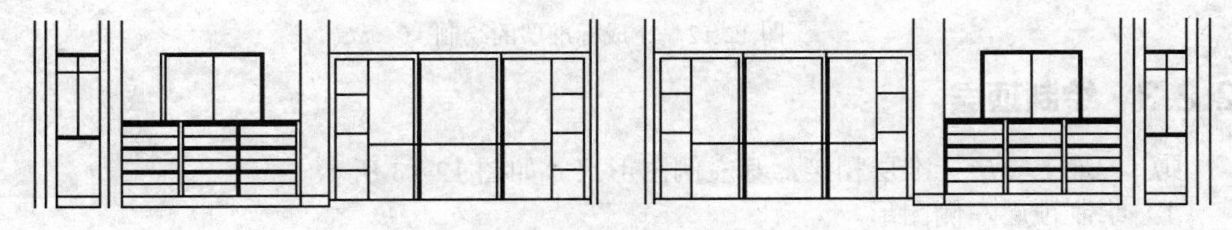
图 12-9　绘制单层标准层

（8）完善标准层的绘制。选择“直线”和“偏移”命令，绘制两条直线左右部分连接线，图形效果如图 12-10 所示。

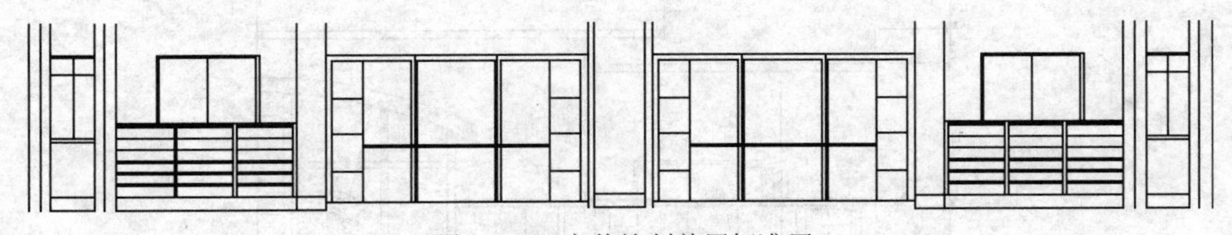
图 12-10　完善绘制单层标准层

12.2.2　复制标准层

（1）确定复制基点。

选择“复制”命令，选取单层标准层，以图形的右下角点 A 为复制基点，如图 12-11 所示。

（2）复制标准层。

以 A 点为基点，复制到 B 点，效果如图 12-12 所示。

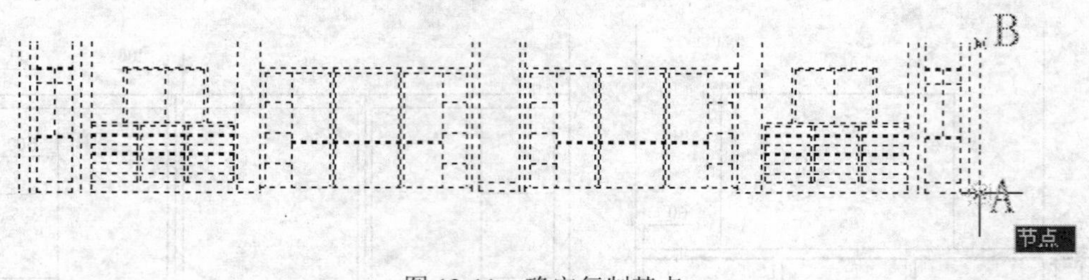

图 12-11　确定复制基点

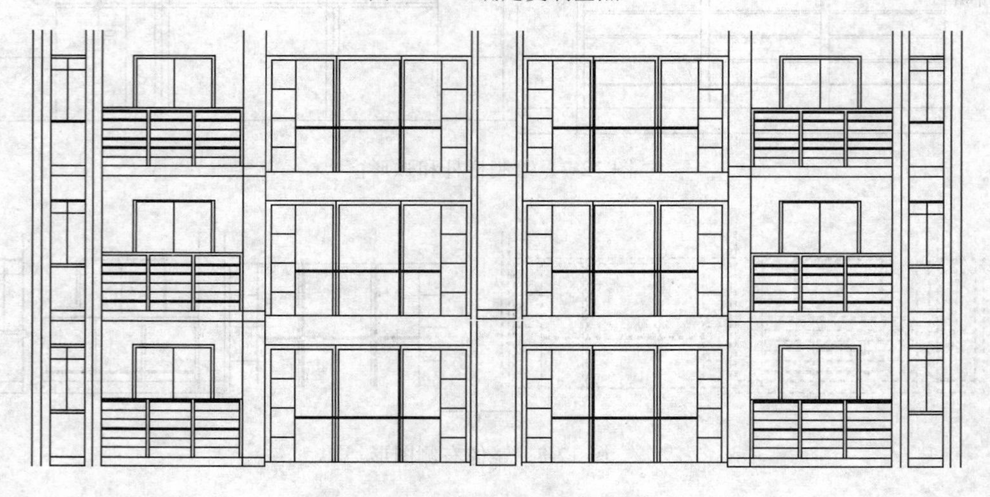

图 12-12　完成标准层的绘制

12.2.3　绘制顶层

顶层与最上一层标准层相接，其左侧图形尺寸如图 12-13 所示。

（1）绘制顶层左侧图形。

选择“直线”、“偏移”、“复制”、“修剪”、“圆”、“删除”等命令，按图中尺寸和标准层中的尺寸进行绘制。

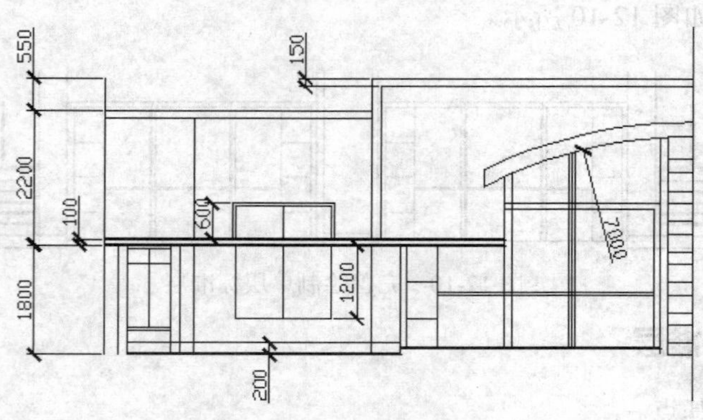

图 12-13　顶层左侧尺寸

（2）复制右侧图形。

选择“镜像”命令，选取左侧图形，镜像右侧图形，效果如图 12-14 所示。

（3）与标准层连接。

选择“移动”命令，以顶层的左下角点为基点，将顶层立面图移动到标准层的左上角点。效果如图 12-15 所示。

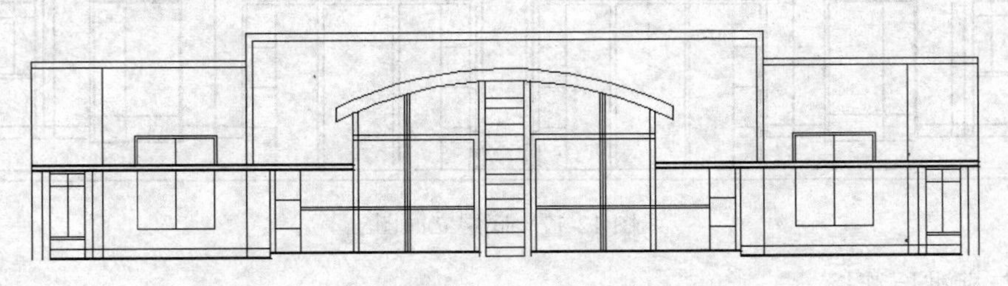

图 12-14　顶层立面图

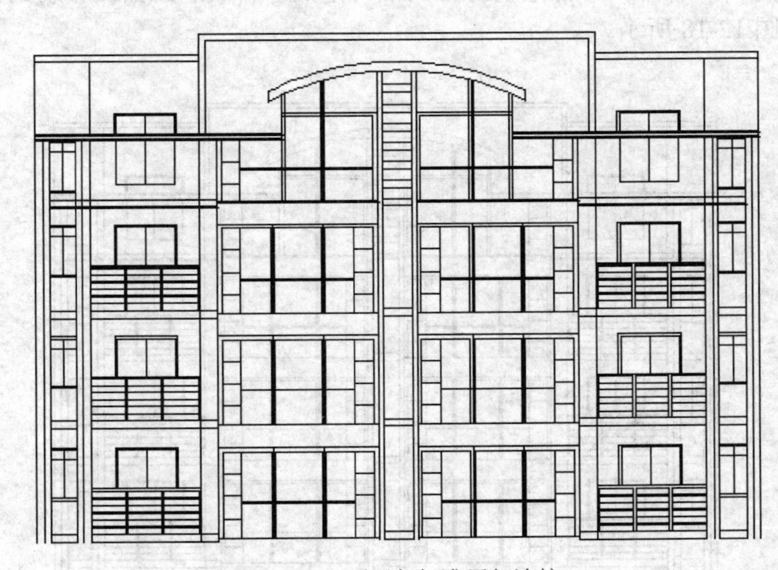

图 12-15　顶层与标准层相连接

12.2.4　绘制底层

底层与最下一层标准层相接，其左侧图形尺寸如图 12-16 所示。

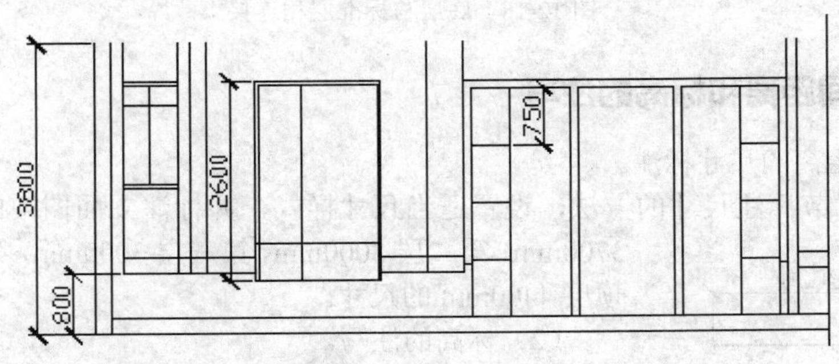

图 12-16　底层左侧图形尺寸

（1）绘制底层左侧图形。

选择“直线”、“偏移”、“复制”、“修剪”、“圆”、“删除”等命令，按图中尺寸和标准层中的尺寸进行绘制。

（2）复制右侧图形。

选择“镜像”命令，选取左侧图形，镜像右侧图形，效果如图 12-17 所示。

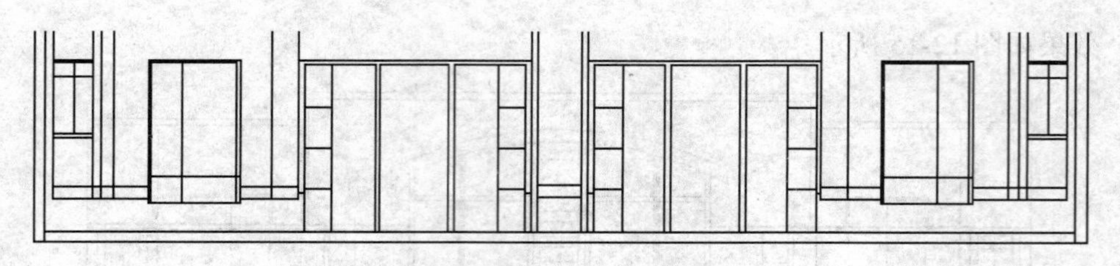

图 12-17　底层立面图

（3）与标准层连接。

选择“移动”命令，以底层的左上角点为基点，将底层立面图移动到标准层的左下角点。效果如图 12-18 所示。

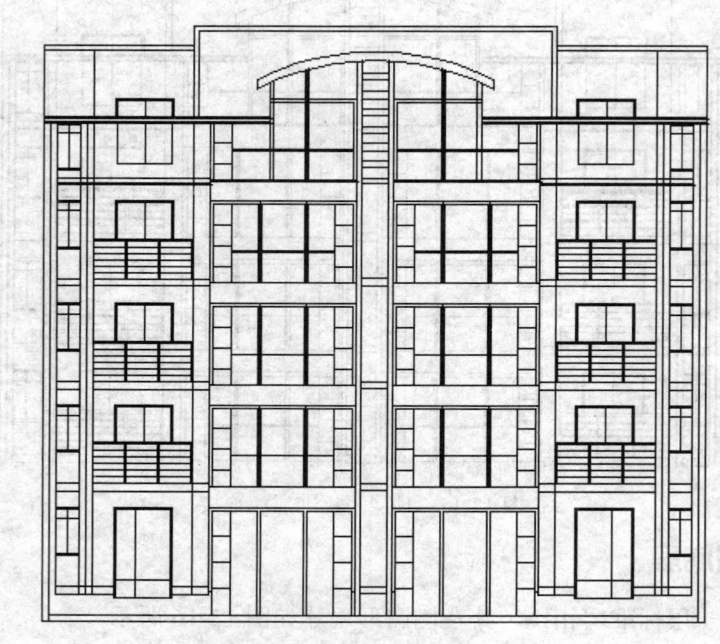

图 12-18　底层与标准层相连接

12.2.5　楼间距离和标高的注写

（1）楼间距离的尺寸标注。

按 10.3 章节标注尺寸的方法，设置适当尺寸样式，并标注立面图中的楼间高度底层 3700mm，第二层 3000mm，第三层 3000mm，第四层 3000mm，顶层 4400mm 的尺寸。

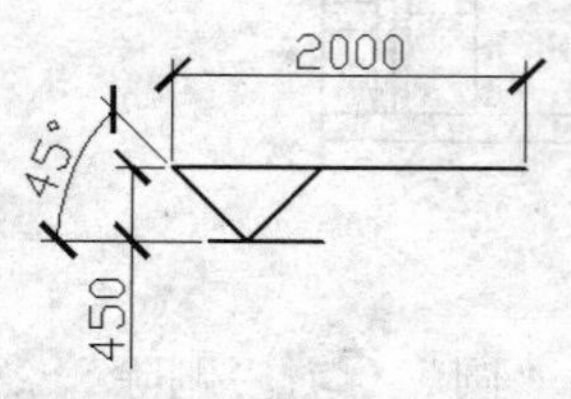

图 12-19　绘制标高图形

（2）标高的注写。

① 绘制标高图形。选择“直线”、“修剪”命令，绘制如图 12-19 所示的图形。

② 定义图块属性。选择【绘图】→【块】→【定义属性】菜单命令，系统弹出图 12-20 所示“属性定义”对话框，对属性、插入点、文字进行设置完成后，按 确定 按钮，将属性标记放在图形合适位置，如图 12-21 所示。

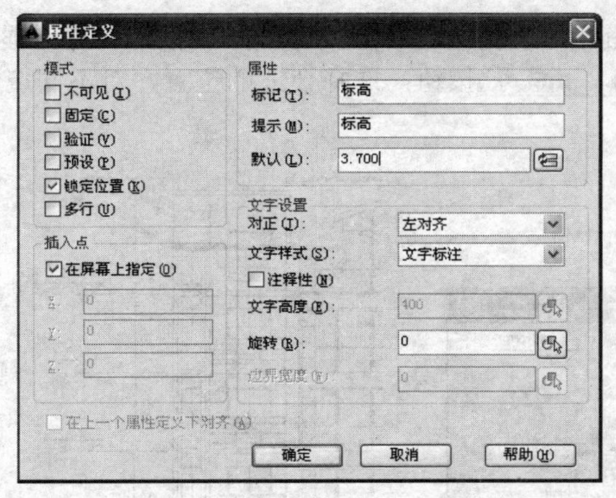

图 12-20 “属性定义”对话框

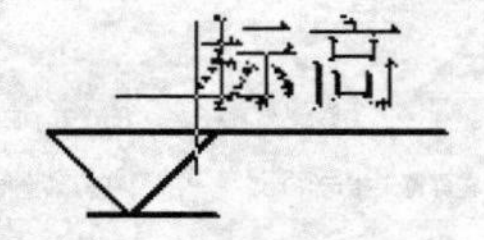

图 12-21 确定属性在图形中的位置

③ 创建块。选择“创建块”命令，系统弹出图 12-22 所示，“块定义”对话框，名称为标高，对基点、对象、方式进行设置完成后，按 确定 按钮，系统弹出图 12-23 所示“编辑属性”对话框，按 确定 按钮，标高图块创建完成，如图 12-24 所示。

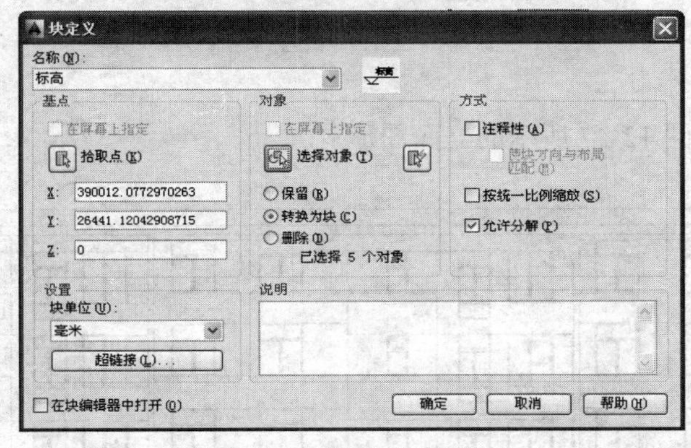

图 12-22 “块定义”对话框

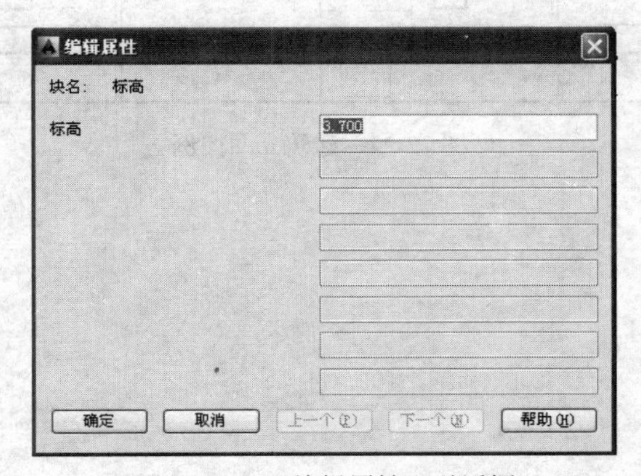

图 12-23 “编辑属性”对话框

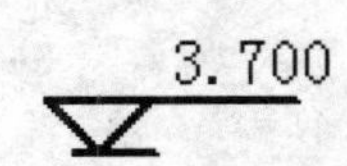

图 12-24 标高图块

④ 插入图块。选择"插入块" 命令，系统弹出图 12-25 所示，"插入"对话框，对名称为标高的图块插入点设置完成后，按 确定 按钮，选择合适的位置，对不同属性的图块进行插入，效果如图 12-26 所示。

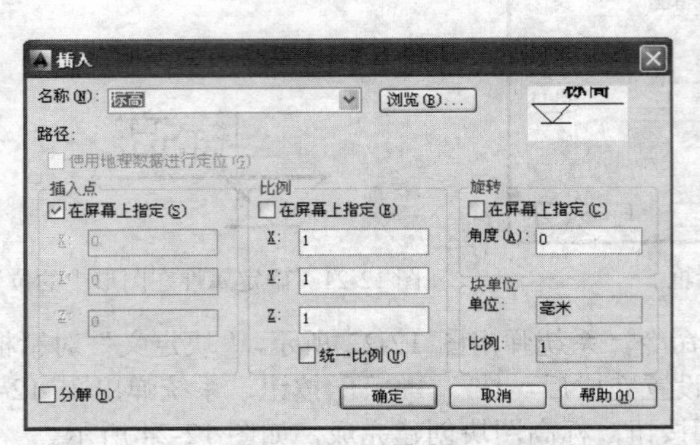

图 12-25 "插入"对话框

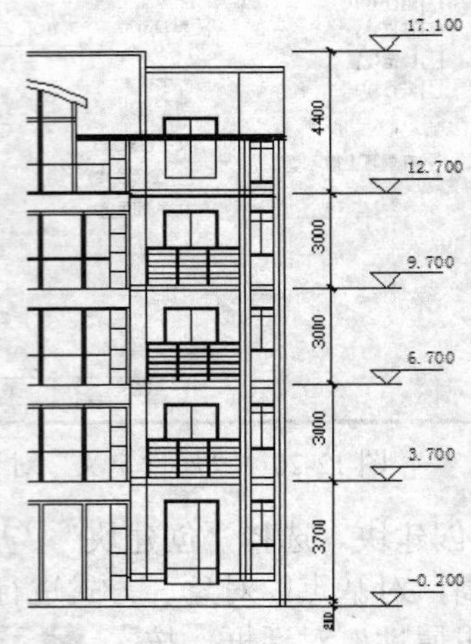

图 12-26 楼层间距离和标高的标注效果

练习题

尺寸自定，绘制图 12-27 所示的立面图形。

图 12-27 建筑立面图例

第13章

绘制建筑断面图

本章提要

本章讲述建筑断面图的内容和用途，绘制建筑断面图的设计思路和绘制方法。

通过本章学习，应达到如下基本要求。

① 掌握绘制建筑立面图的基本步骤。

② 熟练运用不同方法和技巧进行图形编辑。

③ 掌握图块、标注等功能命令在绘制建筑断面图中的应用。

13.1 解析建筑断面图

13.1.1 建筑断面图的内容和用途

断面图就是相当于用一个或多个垂直于轴线的铅垂平面沿指定的位置将建筑物断切开，沿剖切方向进行平行投影得到的平面图。断面图是简要的表示建筑物的结构形式、高度及内分层情况。例如：屋顶的形式、屋顶的坡度、楼梯的形式、楼板的搁置方式以及位置等。断面图的基本内容分为两个方面。

（1）表明建筑物各部分的高度：断面图中用标高及尺寸线表明建筑总高、室内外地坪高、各层标高、门窗及窗台高度等。

（2）表明建筑物主要承重构件的相互关系：如各层梁、板的位置及其与墙柱的关系，屋顶结构形式等。

13.1.2 建筑断面图的设计思路和绘制方法

（1）建筑断面图的设计思路。

建筑断面设计须要考虑的因素包括：确定房部的剖面形状、各部分层高、层数、剖面组合空间组合等。

① 剖面形状。房间的剖面形状主要根据房间的功能要求确定，同时必须考虑剖面形状与组合后竖向部分空间的特点、具体的物质技术、经济条件的空间的艺术效果等方面的影响，既要实用又要美观。

② 层高与净高。对矩形剖面建筑而言，层高指该层楼地面到上一层楼面之间的垂直距离。而房间的净高是指楼地面到结构层（梁、板）底面或悬吊顶棚下表面之间的垂直距离，一般情况下净高小于层高。层高通常是根据使用要求，如室内家具、设备、人体活动、采光通风、技术经济条件以及室内空间比例等因素要求，综合考虑而确定。在定层高之前，一般先确定室内的净高。而房间的净高与人体活动尺度有很大关系，一般情况下应不低于2.2m。其次，不同类型的房间由于使用人数不同，房间面积大小不同，对净高要求也不同。对于住宅中的卧室、起居室，因使用人数少、房间面积小，净高可低一些，一般大于2.4m，层高在2．8m左右；中学的教室，由于使用人数较多、面积较大，净高宜高一些，一般取3.3m左右，层高在3.6～3.9m之间。

③ 层数。房屋层数主要从建筑本身的使用要求、规划要求、建筑技术的要求这三方面来考虑。建筑使用性质不同，层数也有所不同，用于儿童、门诊之类的用房一般低层为好，用于集中住宅的房屋可建多层或高层。规划往往重视与环境的关系，决定建筑物层数时要求做到改善城市面貌，节约用地，与周围建筑物、道路、绿化相协调。建筑技术的核心反映在建筑的结构、材料及施工水平上，技术不同，所选建筑的层数也不同。例如，砖混结构用于低层，钢筋混凝土框架结构可建多层、高层，钢结构可建超高层。总之，确定层数时，使用要求、规划要求是第一位的，建筑技术可随第一位的要求而改变。

④ 空间组合。建筑剖面空间的组合，主要是由建筑物中各类房间的高度和剖面形状，房屋的使用要求和结构布置特点等因素决定的。在进行建筑空间组合时，应根据使用性质的使用特点将各房间进行合理的垂直分区，做到分区明确、使用方便、流线清晰、合理利用空间，同时应注意结构合理、设备管线集中。

（2）绘制建筑断面图的步骤。

利用全局建筑三维图生成整体断面图或局部断面图的方法很简单，就是把IJCS坐标系定义在用户想要的平面上，然后再作简单的修改就可以完成，具体步骤如下。

① 绘制建筑物的室内地坪线和室外地坪线、各个定位轴线以及各层的楼面、屋面，并根据轴线绘制所有的墙体断面轮廓以及尚未切到的墙体轮廓。

② 绘制剖面门、窗洞口位置、楼梯平台、女儿墙、檐口以及其他所有的可见轮廓线。

③ 绘制各种梁（如门、窗洞口上方的横向过梁，被剖切的承重梁，可见的但未被剖切的主次梁）的轮廓和具体的断面图形。

④ 绘出楼梯、室内外的固定设备、室外的台阶、阳台以及其他可以看到的一切细节。

⑤ 标注必要的尺寸及建筑物各个楼层地面、屋面、平台面的标高。

⑥ 添加详细的索引符号及必要的文字说明。

⑦ 绘制图框和标题，并打印输出。

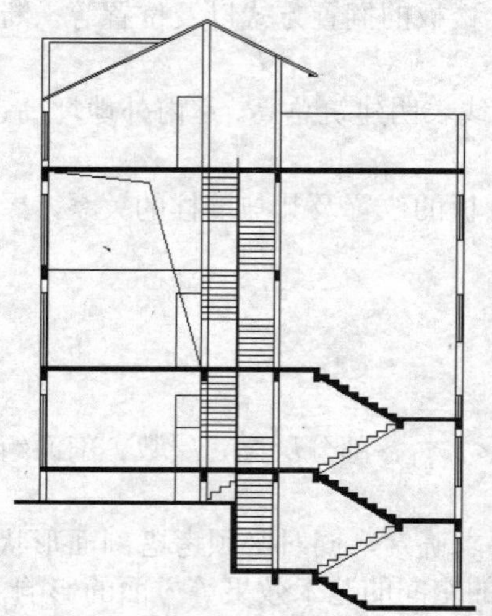

图13-1　楼房断面图

13.2　绘制建筑断面图

本节将以第11章和第12章的平面图和立面图为基础，为了能反映层顶结构、窗户、楼梯及层间结构，绘制如图13-1所示的断面图。以此为例介绍绘制建筑断面图的主要步骤。

13.2.1　设置绘图环境

在原绘制平面图形的绘图环境下，打开图层特性管理器，新增加“断面”图层，如图 13-2 所示。将原平面图形全部删除，将新文件另存即可。

图 13-2　新加“断面”图层

13.2.2　绘制剖切符号和辅助线

（1）确定所绘制的对象。

调出前两章所绘制的楼房的正立面和三层平面图，并确定主视图和俯视图的位置，如图 13-3 所示。

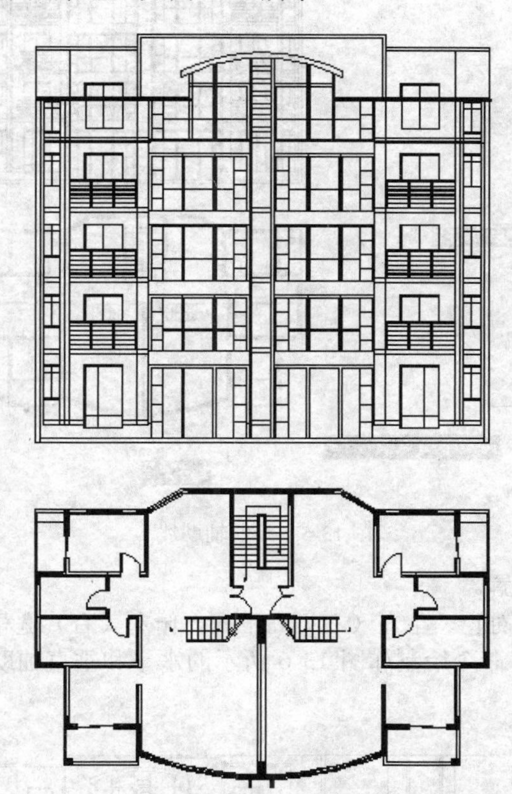

图 13-3　确定立面图和平面图的位置

（2）选择剖切位置绘制剖切符号。

将线宽设置为 0.5，选择“直线” 、“多行文字” A 命令，在平面图形的适当位置绘制剖切符号，如图 13-4 所示。

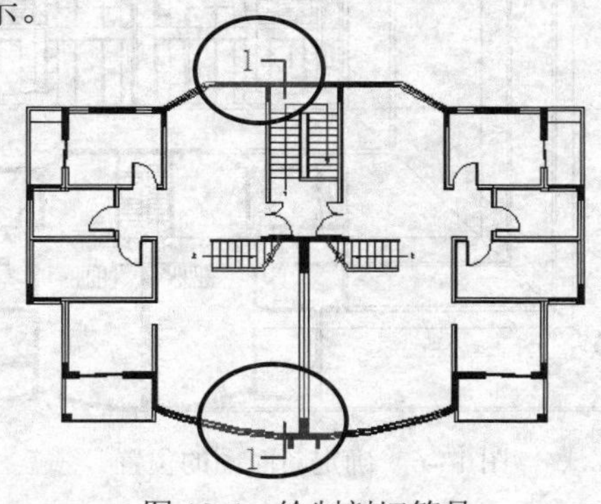

图 13-4　绘制剖切符号

（3）绘制辅助线。

选择“射线” 命令，以立面图左下角点为基点，绘制一条与水平方向成 225° 的射线，如图 13-5 所示。

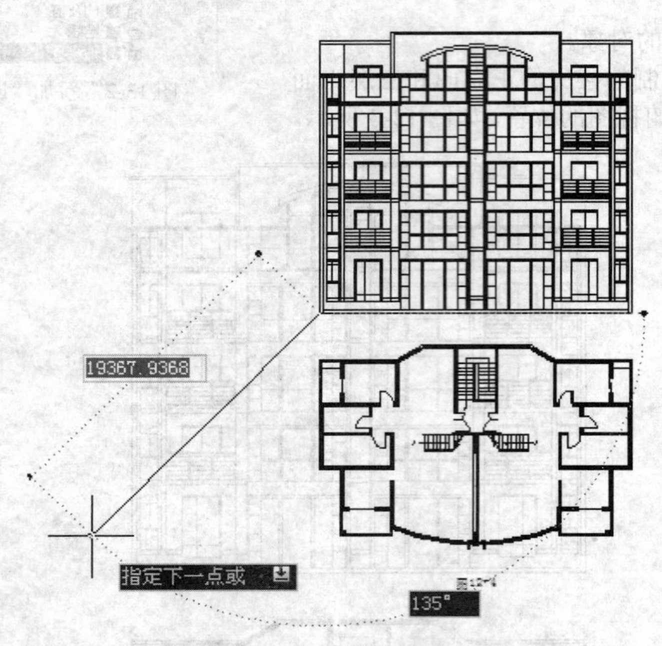

图 13-5　绘制辅助线

（4）确定断面图的位置。

根据三视图“主俯长对正、主左（右）高平齐、俯左（右）宽相等”的基本原则，选择“直线” 、“修剪” 命令绘制如图 13-6 所示的水平和垂直辅助线，确定“断面图”的上下左右位置。

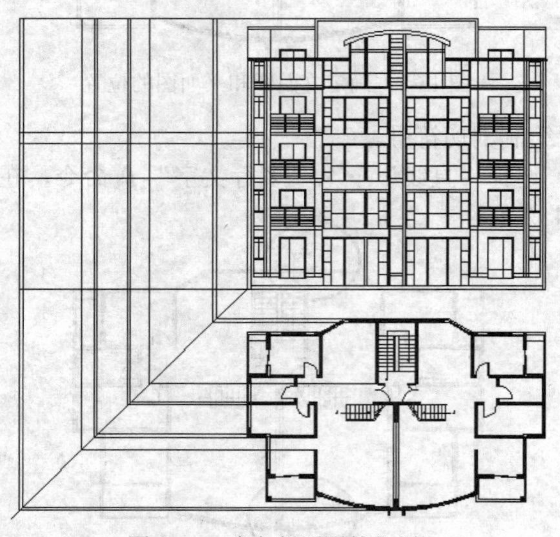

图 13-6　确定断面图的位置

13.2.3　绘制剖切墙体断面

（1）绘制楼板。

选择“直线”、“修剪”、“图案填充”命令，绘制如图 13-7 所示的楼板地面。

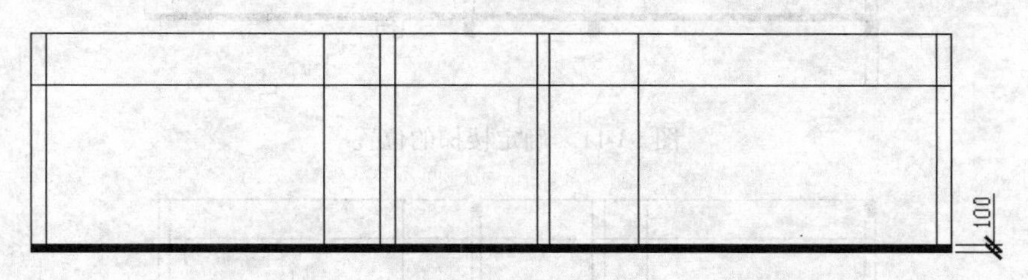

图 13-7　绘制楼板

（2）绘制梁。

选择“直线”、“修剪”、“图案填充”命令，绘制如图 13-8 所示的梁。

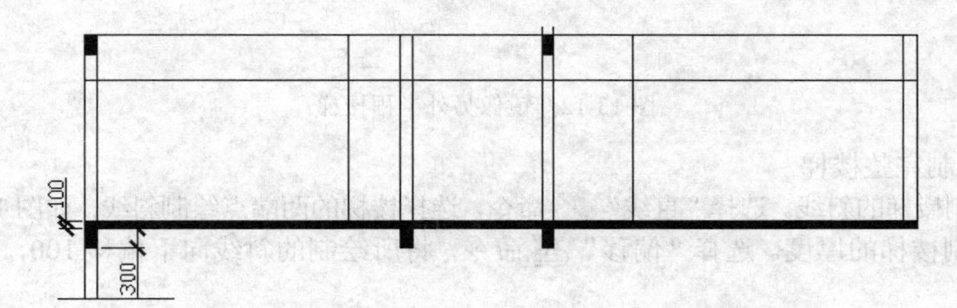

图 13-8　绘制梁

13.2.4　绘制楼梯

（1）绘制一阶楼梯的断面图。

选择“直线”命令，绘制如图 13-9 所示的一阶楼梯的图形。

（2）复制楼梯。

选择“复制”命令，复制半程楼梯，数量为 8 个，如图 13-10 所示。

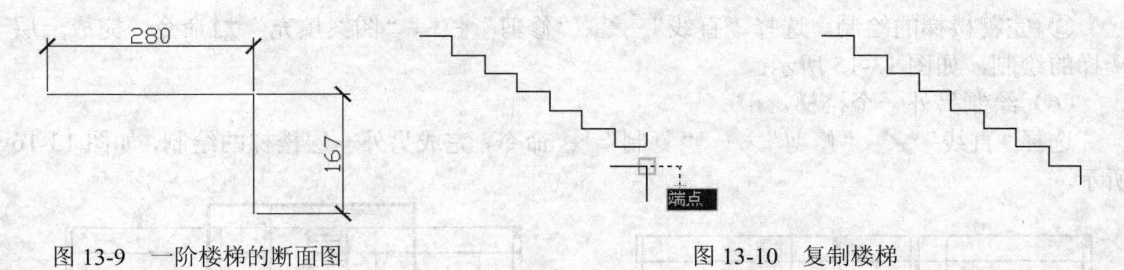

图 13-9　一阶楼梯的断面图　　图 13-10　复制楼梯

（3）确定楼梯的位置。

选择“平移”命令，将楼梯移动到楼板下方，如图 13-11 所示。

（4）镜像另外半程楼梯。

选择“镜像”命令，将确定好位置的楼梯沿最下阶端点的水平线镜像另半程，如图 13-12 所示。

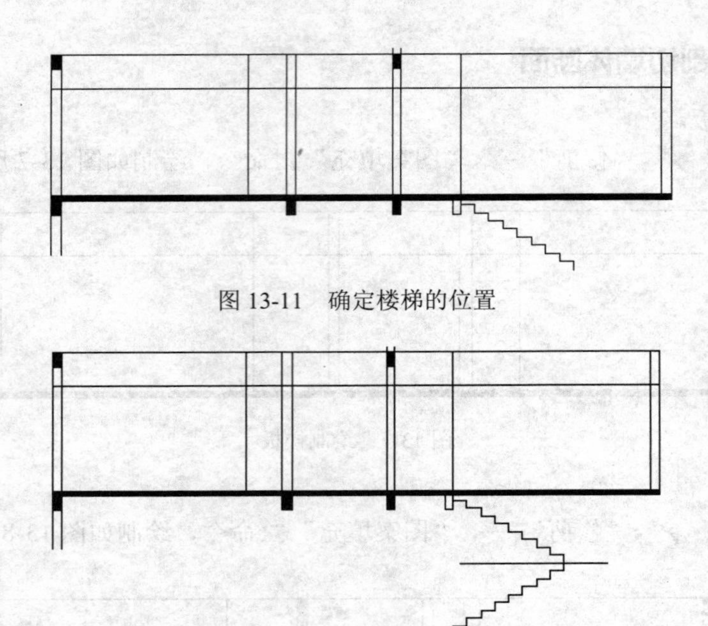

图 13-11　确定楼梯的位置

图 13-12　镜像另外半程楼梯

（5）绘制完整楼梯。

① 绘制楼梯的斜线。选择“直线” 命令，选择楼梯的两端点绘制斜线，如图 13-13 所示。

② 绘制楼梯的厚度。选择“偏移” 命令，将所绘制的斜线向下偏移 100，如图 13-14 所示。

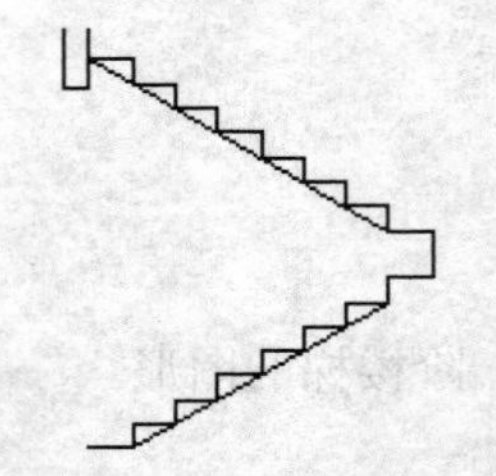

图 13-13　绘制楼梯的斜线

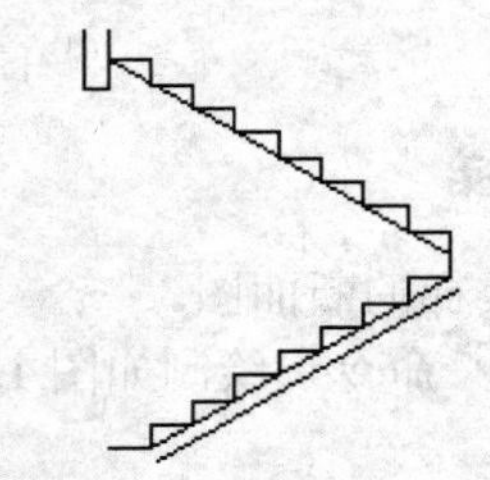

图 13-14　绘制楼梯的厚度

③ 完善楼梯的绘制。选择“直线” 、“修剪” 、“图案填充” 命令，完成一层楼梯的绘制，如图 13-15 所示。

（6）绘制另外一个楼梯。

选择“直线” 、“修剪” 、“复制” 命令，完成另外一层楼梯的绘制，如图 13-16 所示。

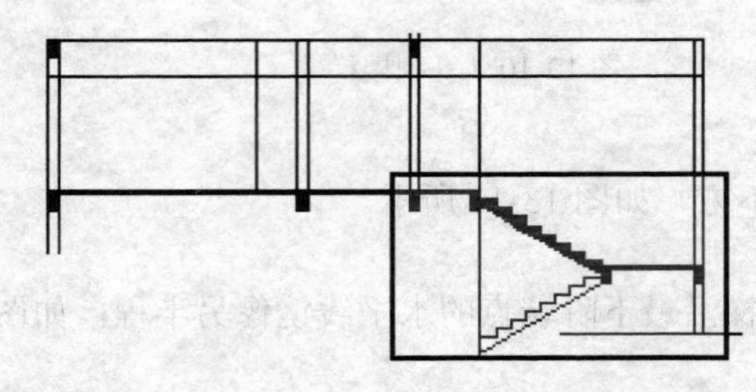

图 13-15　完成一层楼梯的绘制

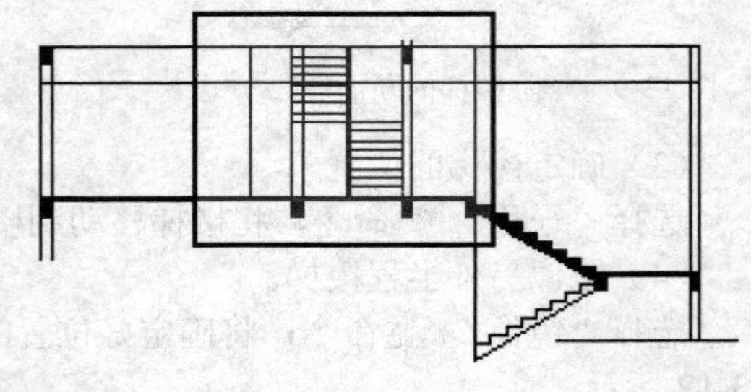

图 13-16　绘制另外一个楼梯

13.2.5 绘制门和窗户

（1）绘制门框。

选择“修剪”命令，对图 13-16 中的图进行修剪，如图 13-17 所示。

（2）绘制窗户定位线。

选择“直线”命令绘制窗户定位线，如图 13-18 所示。

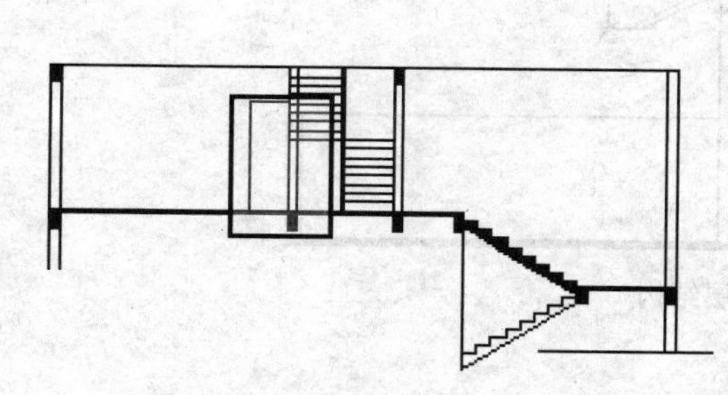

图 13-17　绘制门框

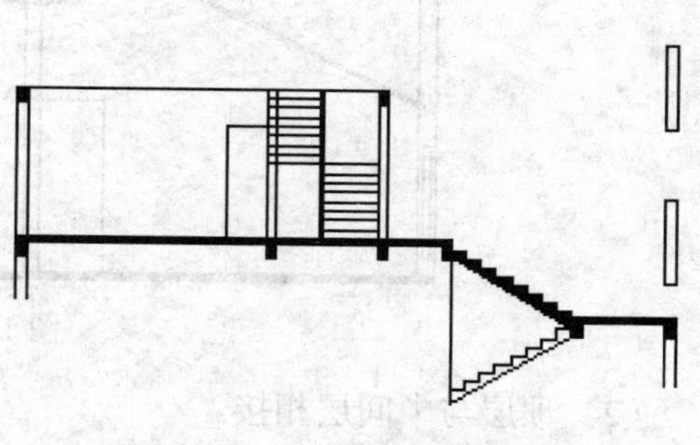

图 13-18　绘制窗户定位线

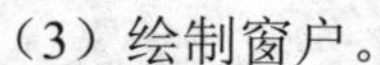

（3）绘制窗户。

选择【绘图】→【多线】启用“多线”命令，绘制窗户，如图 13-19 所示。

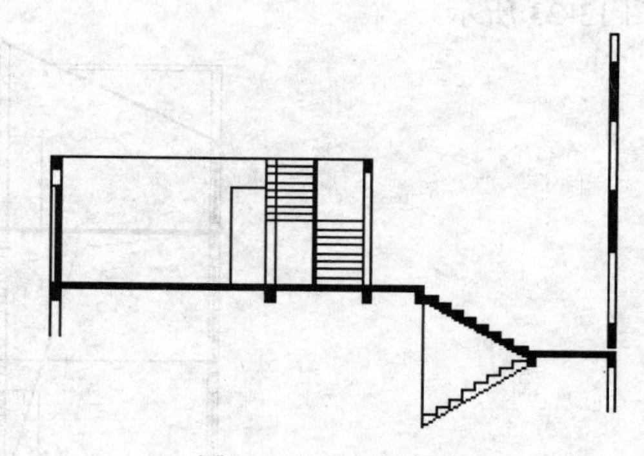

图 13-19　绘制窗户

13.2.6 绘制其余楼层

（1）对楼梯、墙体和窗户进行复制。

选择“复制”命令，对楼梯、墙体和窗户进行复制，如图 13-20 所示。

（2）绘制折线。

选择“直线”命令绘制如图 13-21 所示的折线。

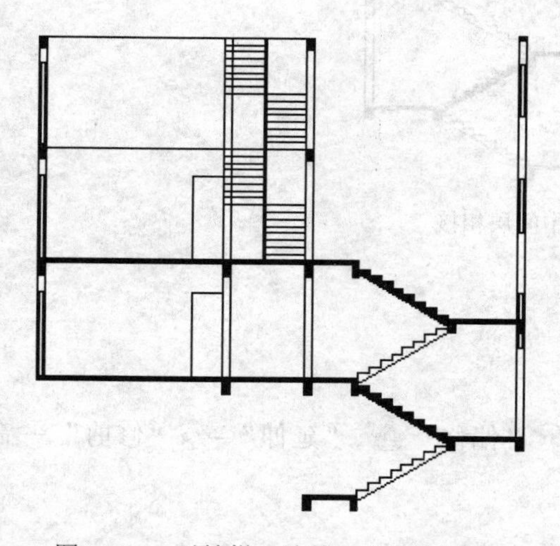

图 13-20　对楼梯、墙体和窗户进行复制

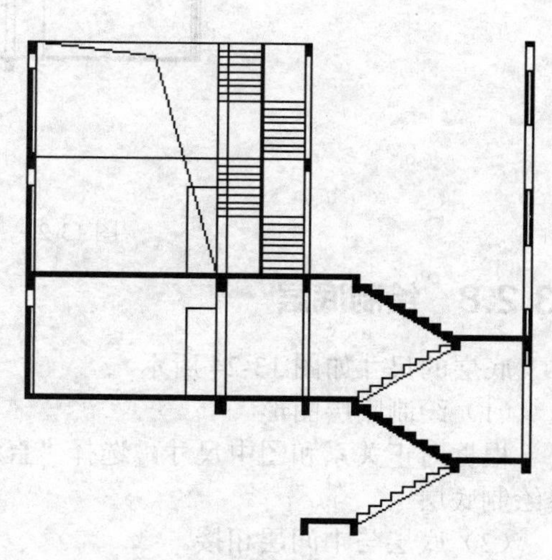

图 13-21　绘制折线

13.2.7 绘制顶层

顶层的尺寸如图 13-22 所示。

（1）绘制顶层图形。

根据对正关系和图中尺寸，选择“直线”、“偏移”、“延伸”、“修剪”命令绘制顶层。

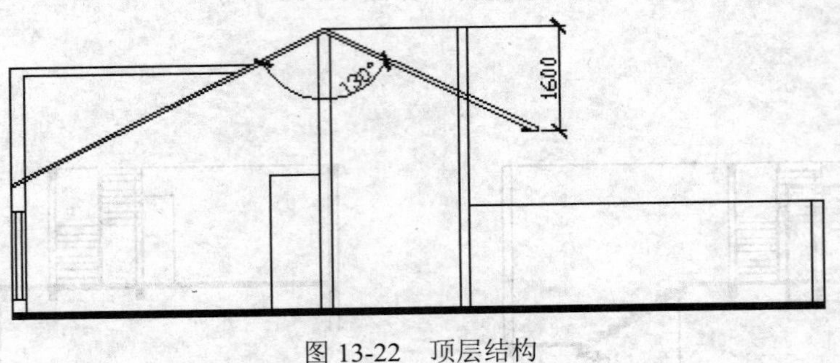

图 13-22　顶层结构

（2）顶层与中间层相接。

选择“移动”命令，以顶层的左下角点为基点，将其移动到中间层的左上角点，如图 13-23 所示。

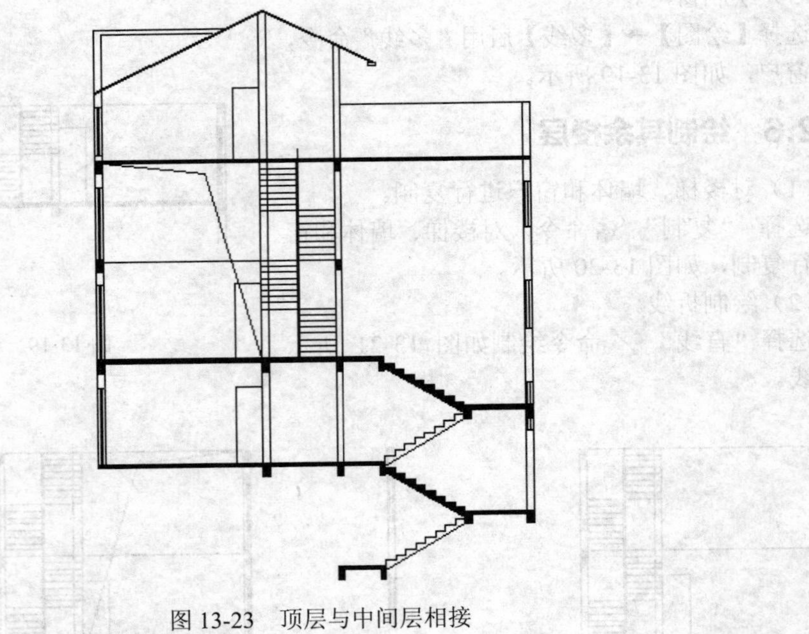

图 13-23　顶层与中间层相接

13.2.8 绘制底层

底层的尺寸如图 13-24 所示。

（1）绘制底层图形。

根据对正关系和图中尺寸，选择“直线”、“偏移”、“延伸”、“修剪”命令绘制底层。

（2）底层与中间层相接。

选择“移动”命令，以底层的左上角点为基点，将其移动到上层的左下角点，如图

13-25 所示。

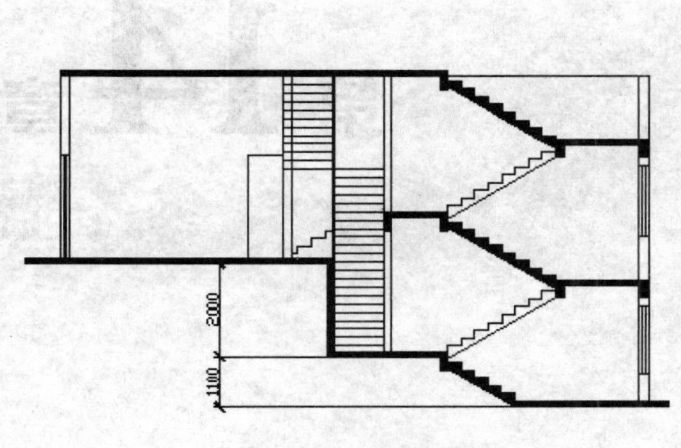

图 13-24　绘制底层图形

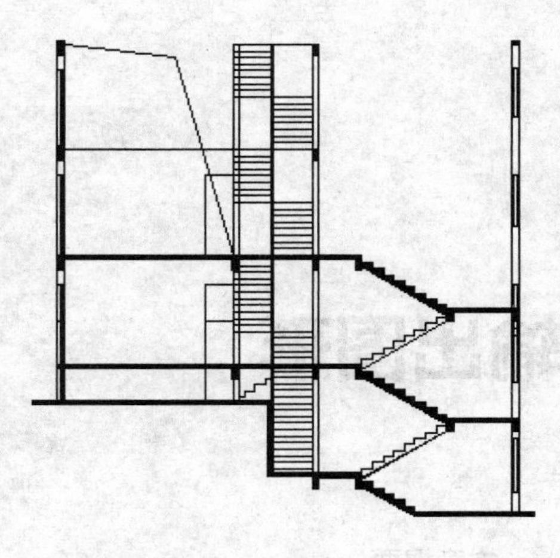

图 13-25　底层与中间层相接

练习题

根据图 13-26 所示尺寸，绘制断面图形。

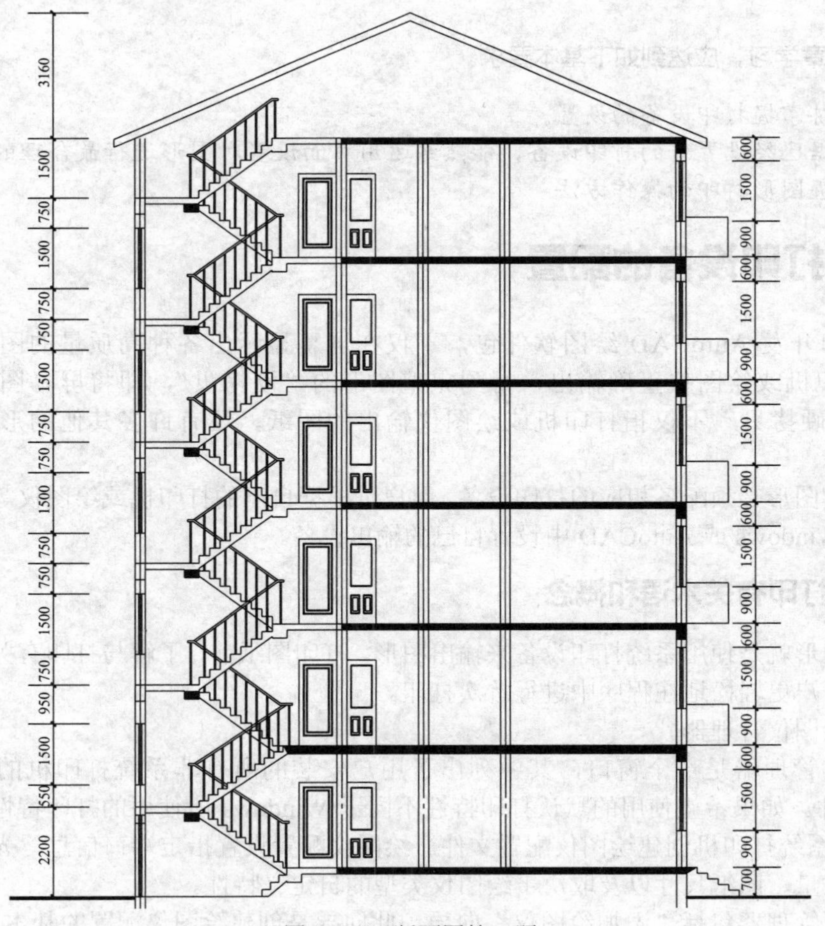

图 13-26　断面图练习题

第14章 输出图形

本章提要

在 AutoCAD 完成绘图后，最后一步工作就是将图形打印出来。在 AutoCAD 2014 中，打印输出功能更加的直观快捷。本章重点讲解打印设备的配置、图形的页面设置、图形的打印输出等内容。

通过本章学习，应达到如下基本要求。

① 熟练掌握打印设备的设置。
② 根据已经设置好的打印设备，能熟练运用页面设置对图形进行最合理的设置。
③ 掌握图形打印的操作方法。

14.1 打印设备的配置

使用和开发 AutoCAD 绘图软件包，不仅在屏幕显示出各种高质量的图形，而且还要通过打印机或绘图仪正确输出，得到完整图形的“硬拷贝”，即将屏幕图像进行有形的复制。“硬拷贝”不仅指打印机或绘图仪输出的图纸，还有许多其他的形式，如幻灯片等。

要输出图形必须配备相应的打印设备。用户可根据自己的打印机或绘图仪等输出设备的型号，在 Windows 或 AutoCAD 中设置自己的输出设备。

14.1.1 打印有关术语和概念

打印图形就是使用系统打印设备来输出图形。打印图纸前，了解与打印有关的术语和概念有助于用户更轻松地在程序中进行首次打印。

（1）绘图仪管理器。

绘图仪管理器是一个窗口，其中列出了用户安装的所有非系统打印机的绘图仪配置（PC3）文件。如果希望使用的默认打印特性不同于 Windows 所使用的打印特性，也可以为 Windows®系统打印机创建绘图仪配置文件。绘图仪配置设置指定端口信息、光栅图形和矢量图形的质量、图纸尺寸以及取决于绘图仪类型的自定义特性。

绘图仪管理器包括“添加绘图仪”向导，此向导是创建绘图仪配置的基本工具。“添加绘图仪”向导提示用户输入关于要安装的绘图仪的信息。

（2）布局。

布局代表打印的页面。用户可以根据需要创建任意多个布局。每个布局都保存在自己的布局选项卡中，可以与不同的页面设置相关联。只在打印页面上出现的元素（例如标题栏和注释）是在布局的图纸空间中绘制的。图形中的对象是在“模型”选项卡上的模型空间创建的。要在布局中查看这些对象，请创建布局视口。

（3）页面设置。

创建布局时，需要指定绘图仪和设置（例如图纸尺寸和打印方向）。这些设置保存在页面设置中。使用页面设置管理器，可以控制布局和“模型”选项卡中的设置。可以命名并保存页面设置，以便在其他布局中使用。如果在创建布局时没有指定“页面设置”对话框中的所有设置，您可以在打印之前设置页面或者在打印时替换页面设置。可以对当前打印任务临时使用新的页面设置，也可以保存新的页面设置。

（4）打印样式。

打印样式通过确定打印特性（例如线宽、颜色和填充样式）来控制对象或布局的打印方式。打印样式表中收集了多组打印样式。打印样式管理器是一个窗口，其中显示了所有可用的打印样式表。打印样式有两种类型：颜色相关和命名。一个图形只能使用一种类型的打印样式表。用户可以在两种打印样式表之间转换。也可以在设置了图形的打印样式表类型之后，修改所设置的类型。对于颜色相关打印样式表，对象的颜色确定如何对其进行打印。这些打印样式表文件的扩展名为“.ctb”，不能直接为对象指定颜色相关打印样式。相反，要控制对象的打印颜色，必须修改对象的颜色。例如，图形中所有被指定为红色的对象均以相同的方式打印。命名打印样式表使用直接指定给对象和图层的打印样式。这些打印样式表文件的扩展名为“.stb”。使用这些打印样式表可以使图形中的每个对象以不同颜色打印，与对象本身的颜色无关。

（5）打印戳记。

打印戳记是添加到打印的一行文字。可以在“打印戳记”对话框中指定打印中该行文字的位置。打开此选项可以将指定的打印戳记信息（包括图形名称、布局名称、日期和时间等）添加到打印设备的图形中。可以选择将打印戳记信息记录到日志文件中而不打印它，或既记录又打印。

14.1.2 设置打印机或绘图仪

（1）在 Windows 系统设置打印机。

用户可以在 Windows 桌面的左下角单击【开始】→【打印机和传真】，如图 14-1 所示。系统弹出“打印机任务”对话框，如图 14-2 所示。在对话中单击“添加打印机”图标，弹出“添加打印机向导”对话框，按提示即可开始设置打印机。

（2）在 AutoCAD 2014 设置绘图仪。

在 AutoCAD 2014 中启用“设置绘图仪”命令有两种方法。

- 选择【文件】→【绘图仪管理器】菜单命令。
- 输入命令：PLOTTERMANAGER。

选择上述方式输入命令，系统弹出如图 14-3 所示“绘图仪管理器”对话框。双击该图标，按对话框的提示进行绘图仪设置。

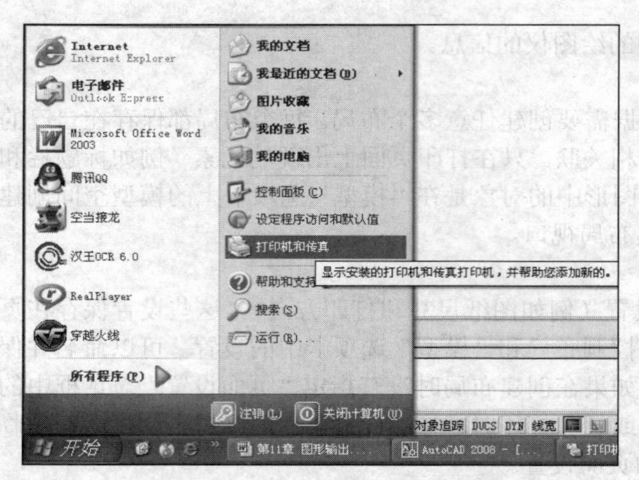

图 14-1 Windows 系统设置打印机

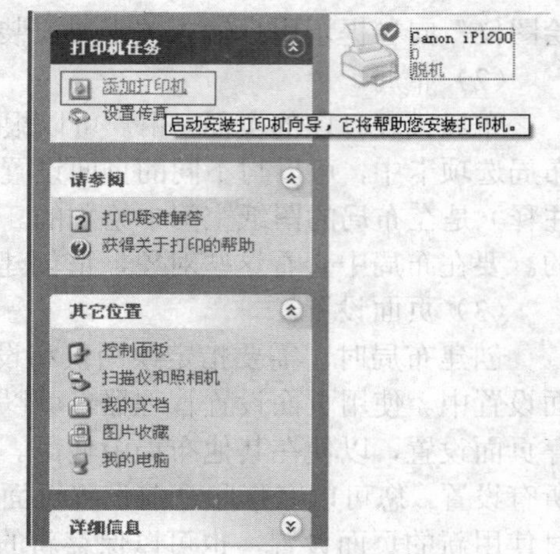

图 14-2 “打印机任务”对话框

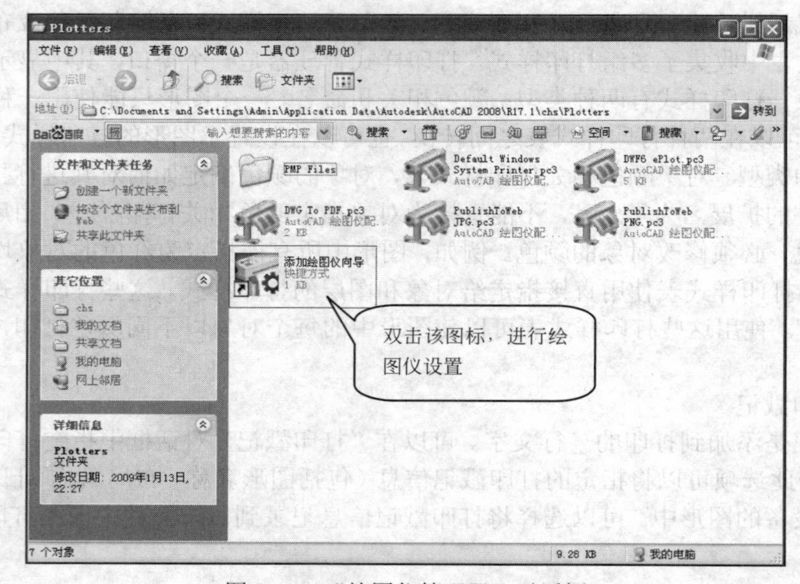

图 14-3 “绘图仪管理器”对话框

14.1.3 设置打印样式

AutoCAD 提供的打印样式可对线条颜色、线型、线宽、线条终点类型和交点类型、图形填充模式、灰度比例、打印颜色深浅等进行控制。对打印样式的编辑和管理提供了方便，同时也可创建新的打印样式。

启用设置“打印样式”命令有两种方法。

- 选择【文件】→【打印样式管理器】菜单命令。
- 输入命令：STYLEMANAGER。

选择上述方式输入命令，系统弹出如图 14-4 所示“打印样式管理器”对话框，在此对话框内列出了当前正在使用的所有打印样式文件。

在“打印样式管理器”对话框内双击任一种打印样式文件，弹出“打印样式表编辑器”对话框。对话框中包含【基本】、【表视图】、【格式视图】三个选项卡，如图 14-5～图 14-7 所示。在各选项卡中，可对打印样式进行重新设置。

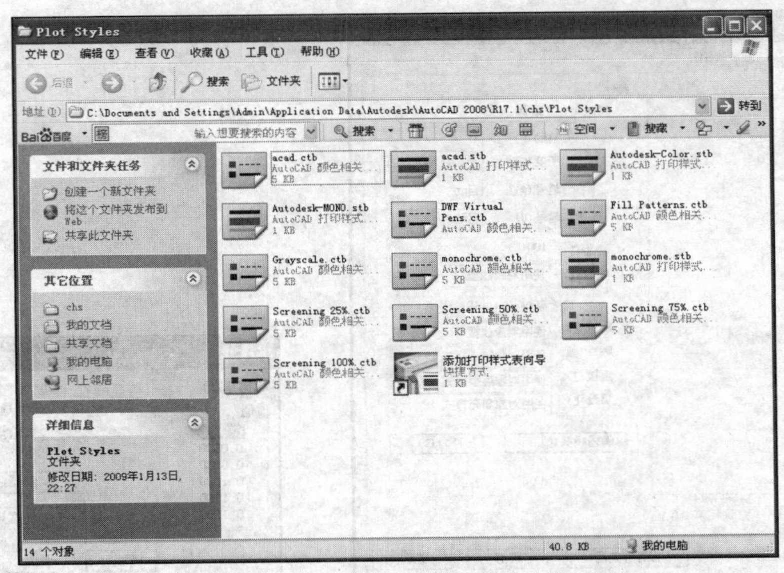

图 14-4 “打印样式管理器”对话框

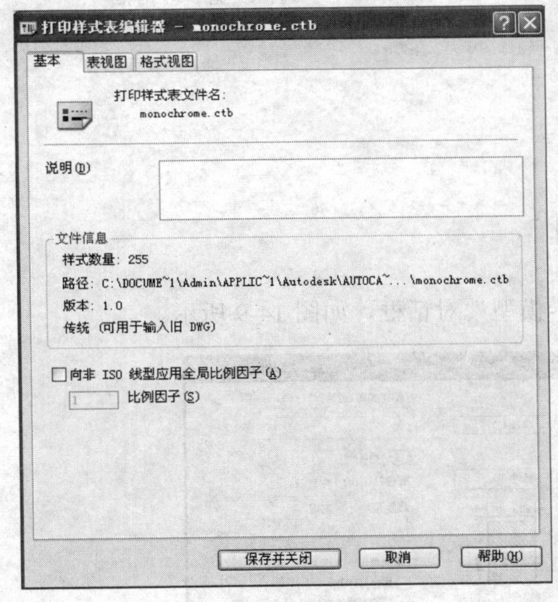

图 14-5 【基本】选项

图 14-6 【表视图】选项

三个选项卡的说明如下。

- 【基本】选项卡：在该选项卡中，列出了打印样式表文件名、说明、版体号、位置和表类型，也可在此确定比例因子。
- 【表视图】选项卡：在该项选项卡中，可对打印样式中的说明、颜色、线宽等进行设置。单击编辑线宽按钮，系统弹出如图 14-8 所示“编辑线宽”对话框。在此列表中列出了 28 种线宽，如果表中不包含所需线宽，可以单击编辑线宽按钮，对现有线宽进行编辑，但不能在表中添加或删除线宽。
- 【格式视图】选项卡：该选项卡与【表视图】选项卡内容相同，只是表现的形式不一样。在此可以对所选样式的特性进行修改。

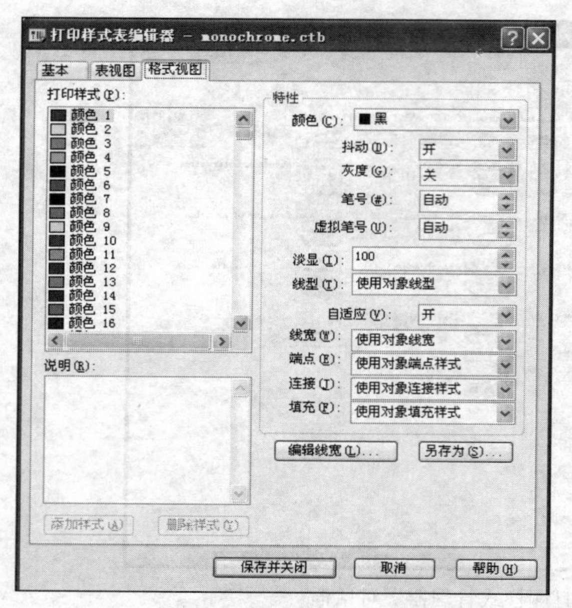

图 14-7 【格式视图】选项

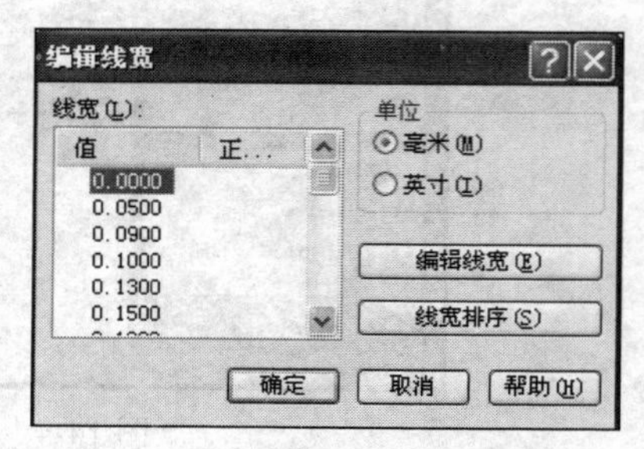

图 14-8 “编辑线宽”对话框

14.2 图形输出

启用“打印图形”命令有三种方法。

- 选择【文件】→【打印】菜单命令。
- 在标准工具栏中单击“打印”按钮。
- 输入命令：PLOT。

选择以上方式输入命令，系统弹出“打印-模型”对话框，如图 14-9 所示。

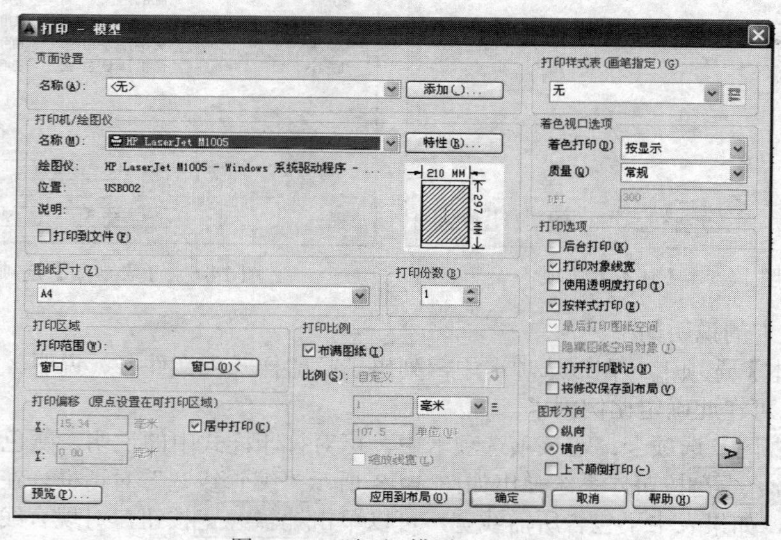

图 14-9 “打印-模型”对话框

在“打印-模型”对话框中包含有【页面设置】、【打印机/绘图仪】、【图纸尺寸】、【打印区域】、【打印比例】、【打印偏移】选项。

14.2.1 页面设置

页面设置是打印设备和其他影响最终输出的外观和格式的设置的集合。可以修改这些设置并将其应用到其他布局中。

在“模型”选项卡中完成图形之后，可以通过单击布局选项卡开始创建要打印的布局。首次单击布局选项卡时，页面上将显示单一视口。虚线表示图纸中当前配置的图纸尺寸和绘图仪的打印区域。

设置布局后，可以为布局的页面设置指定各种设置，其中包含打印设备设置和其他影响输出的外观和格式的设置。页面设置中指定的各种设置和布局一起存储在图形文件中。可以随时修改页面设置中的设置。

默认情况下，每个初始化的布局都有一个与其关联的页面设置。通过在页面设置中将图纸尺寸定义为非 0×0 的任何尺寸，可以对布局进行初始化。可以将某个布局中保存的命名页面设置应用到另一个布局中。 此操作将创建与第一个页面设置具有相同设置的新的页面设置。

如果希望每次创建新的图形布局时都显示页面设置管理器，可以在“选项”对话框的“显示”选项卡中选择“新建布局时显示页面设置管理器”选项。如果不需要为每个新布局都自动创建视口，可以在“选项”对话框的“显示”选项卡中清除“在新布局中创建视口”选项。

启用“页面设置”命令的方法是选择【文件】→【页面设置管理器】菜单命令，系统将弹出如图 14-10 所示“页面设置管理器”对话框。以此对话框中，单击新建按钮，系统将弹出如图 14-11 所示“新建页面设置”对话框。以此对话框的“新页面设置名”选项中，输入要设置的名称，单击确定按钮，系统将弹出如图 14-12 所示的“页面设置-模型”对话框。

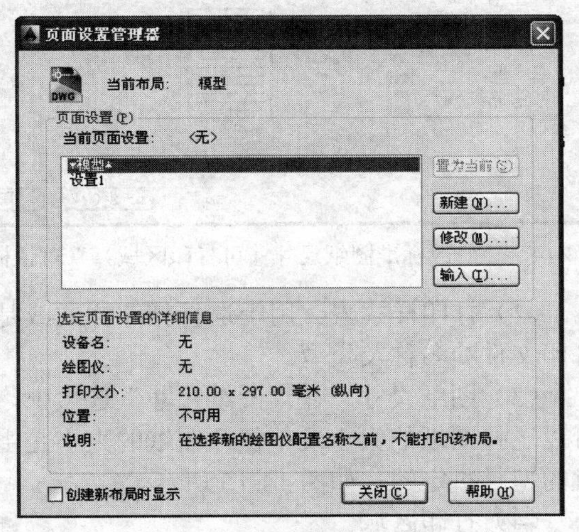

图 14-10 “页面设置管理器”对话框

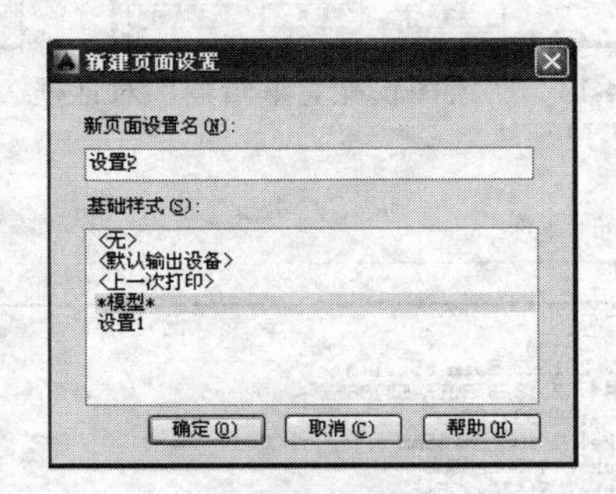

图 14-11 “新建页面设置”对话框

在“页面设置-模型”对话框中，各选项的说明如下。

（1）打印机/绘图仪。在“打印机/绘图仪”选项中可以选择输出设备、显示输出设备名称及一些相关信息。单击特性按钮，系统弹出如图 14-13 所示“绘图仪配置编辑器”对话框。当用户需要修改图纸边缘空白区域的尺寸时，选择“修改标准图纸尺寸（可打印区域）”项，在图纸列表中指定某种图纸规格，单击修改按钮，系统弹出如图 14-14 所示“修改标准图纸尺寸（可打印区域）”对话框，在此输入“上、下、左、右”空白区域值，并在预览中看到空白区域的位置，单击下一步按钮，直至完成返回“页面设置-模型”对话框。

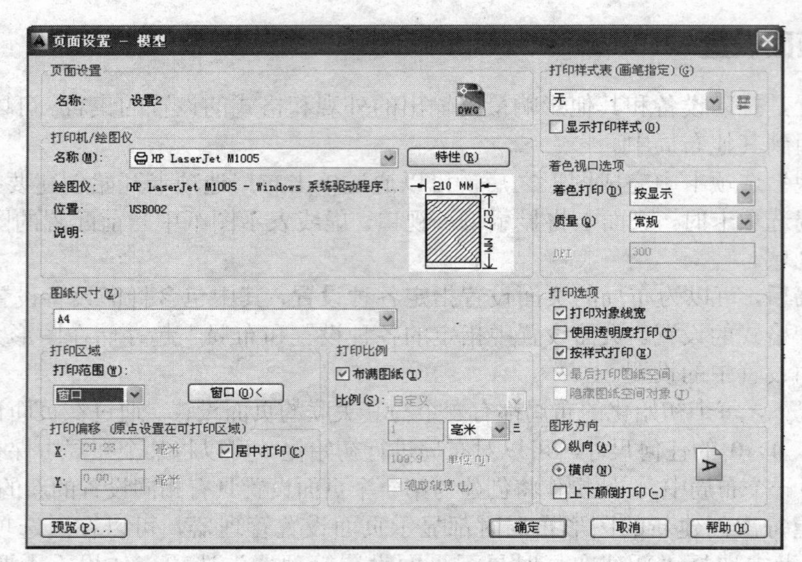

图 14-12 “页面设置-模型”对话框

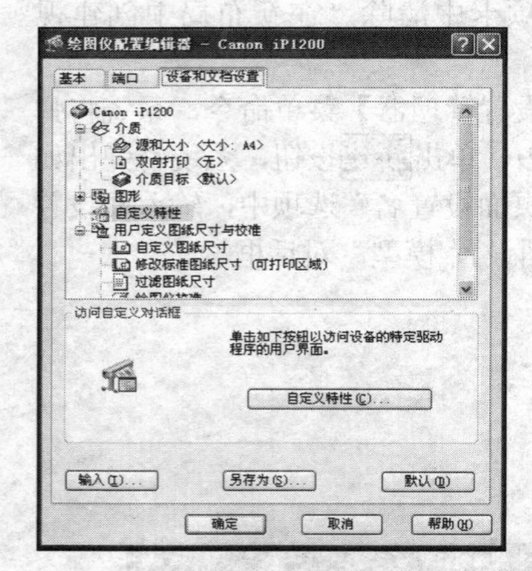

图 14-13 “绘图仪配置编辑器”对话框

图 14-14 “修改标准图纸尺寸（可打印区域）”对话框

（2）打印样式表。用于选择打印样式或是新建打印文件的名称及类型。

（3）图纸尺寸。在“图纸尺寸”选项中，用户可以选择图纸的大小及单位，图纸的大小是由打印机的型号决定的，如图 14-15 所示。

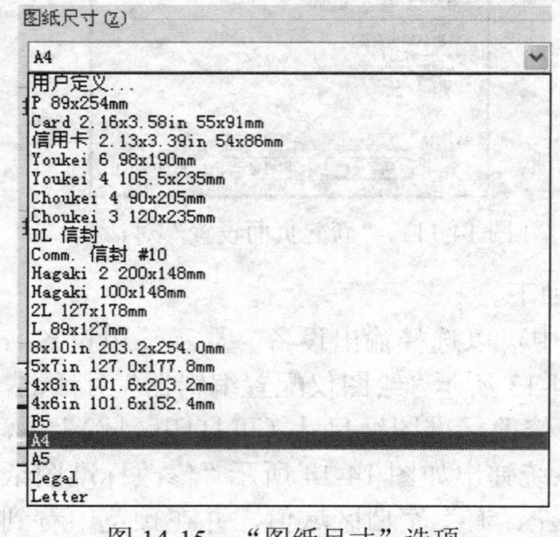

图 14-15 “图纸尺寸”选项

（4）打印区域。

- 【图形界限】：选取该项，表示输出图形界限内的图形，不打印超出图形界线的图形。
- 【范围】：选取该项，表示输出绘图区域的全部图形（包括不在当前屏幕的画面）。
- 【显示】：选取该项，表示输出当前屏幕显示的图形。

（5）打印偏移。指定打印区域相对于图纸左下角的偏移量。

• 【居中打印】：选择该项，系统会自动计算 X 和 Y 偏移值，将打印图形置于图纸正中间。

• 【X】：指定打印原点在 X 方向的偏移量。

• 【Y】：指定打印原点在 Y 方向的偏移量。

（6）打印比例。用于设置输出图形与实际绘制图形的比例。

（7）着色视口选项。指定着色和渲染视口的打印方式，并确定它们的分辨率大小和 DPI 值。

（8）打印选项。用于指定线宽、打印样式、着色打印和对象打印次序等选项。

（9）图纸方向。在该项中列出了放置图形的三种位置。

• 【纵向】：表示图形相对于图纸水平放置。

• 【横向】：表示图形相对于图纸垂直放置。

• 【上下颠倒打印】：表示在确定图形，相对于图纸位置（纵向或横向）的基础上，将图形转过 180° 打印。

（10）预览。单击预览按钮，将显示输出图形在图纸上的布局情况，如图 14-16 所示。

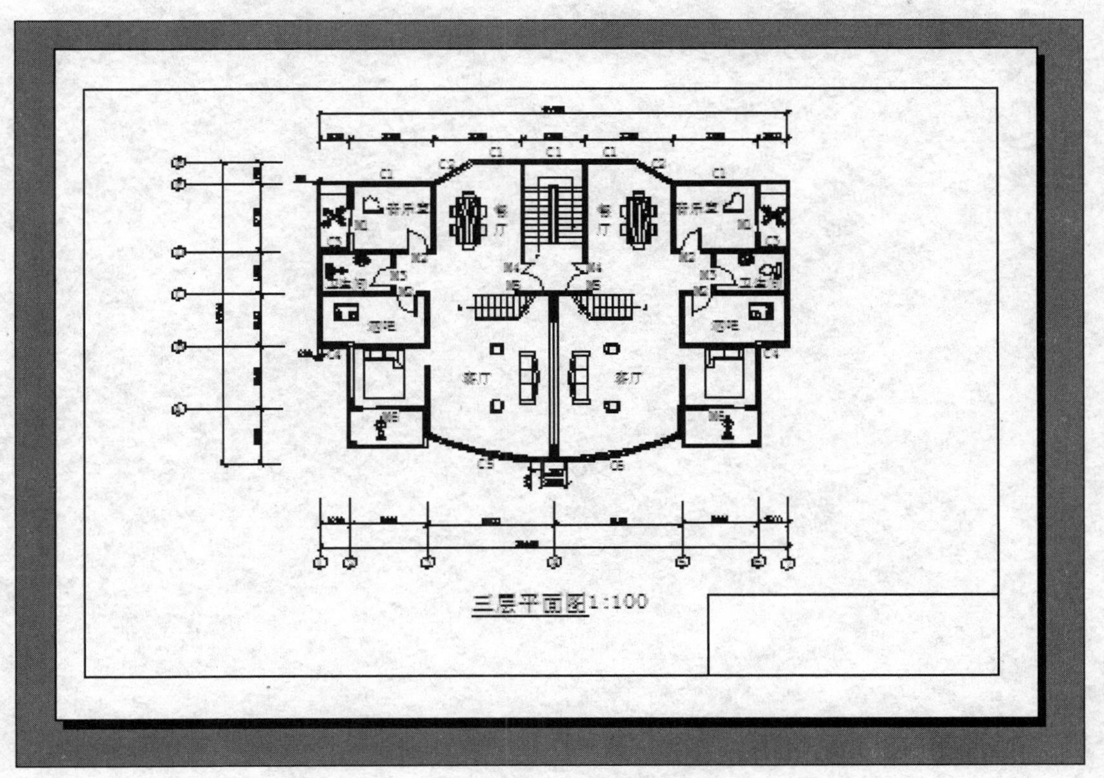

图 14-16　打印预览

14.2.2　图形输出

当图形的“页面设置”完成之后，在“打印”对话框中的其他选项【打印机/绘图仪】、【图纸尺寸】、【打印区域】、【打印比例】、【打印偏移】也已经同时设置完成，这样就可以进行图纸输出。

图纸输出的操作步骤如下。

（1）配置系统打印机。

（2）选择【文件】→【页面设置管理器】菜单命令，进行页面设置。

（3）输入打印命令，并在弹出的“打印-模型”对话框进行检查。

（4）单击“打印-模型”对话框中的预览按钮进行预览。

（5）在预览过程中，查看图形在图纸中的相对位置，并作进一步调整。

（6）调整后，再次预览，直至图形位置合适，单击确定按钮，输出图形。

思考题

1．如何对绘制完成的图形进行页面设置？

2．在“页面设置”对话框中的“打印区域”选项组中，怎样理解图形界线、窗口、显示选项的意义？

3．为什么要设置障碍打印样式？如何进行设置？

4．怎样安装打印机和绘图仪？

5．怎样在模型空间和图纸空间进行打印输出图形？

附录

AutoCAD 2014 命令一览表

3 字头命令

命令	缩写	下拉菜单	图标	快捷键	功能
3darray	3A	【修改】→【三维操作】→【三维阵列】			
3drotate		【修改】→【三维操作】→【三维旋转】			三维旋转
3dmove		【修改】→【三维操作】→【三维移动】			三维移动
3dalign		【修改】→【三维操作】→【三维对齐】			三维对齐
3dclip					启动交互式三维视图并打开“调整剪裁平面”窗口
3dorbit					受约束的三维动态观察
3DFOrbit					自由地绕模型进行三维观察
3dconfig					给 3D 图形系统配置设定提供一个命令行界面
3dcorbit					启用三维观察器
3ddistance					启用交互式三维视图
3dface	3F				创建三维面
3dmesh					创建自由格式的多边形网格
3dorbit	3DO 或 ORBIT	【视图】→【三维动态观察器】			控制在三维空间中交互式查看对象
3dorbitctr					设置三维动态观察器的旋转中心
3dpan	3P				启用交互式三维视图并允许用户水平和垂直拖动视图
3dpoly		【绘图】→【三维多段线】			在三维空间创建多段线
3dsin		【插入】→【3D Studio】			读取几何图形和渲染数据，包括网格、材质、贴图、光源和相机等
3dsout					通过用 3DSOUT 把图形转换成 3DS 文件格式，可以在 AutoCAD 几何图形和渲染数据中使用 3D Studio
3dswivel					启用交互式三维视图并模拟旋转相机的效果
3dzoom					启用交互式三维视图，使用户可以缩放视图

A 字头命令

命令	缩写	下拉菜单	图标	快捷键	功　　能
about		【帮助】→【关于】			显示关于 AutoCAD 的信息
acisin		【插入】→【ACIS 文件】			输入 ACIS(AutoCAD 的实体建模文件)文件，该文件后缀“．SAT”
acisout					将 AutoCAD 实体对象输出到 ACIS 文件中
adcclose					关闭设计中心
adcenter 或 dcenter	ADC 或 DC	【工具】→【设计中心】		Ctrl+2	打开设计中心，进行插入块、外部参照和填充图案等内容的管理。
adcnavigate					输入路径或指定的图形文件名加载到 DesignCenter™“文件夹”选项卡树状图中
align	AL	【修改】→【三维操作】→【对齐】			在二维和三维空间中将源对象与目标对象对齐
ai_selall		【编辑】→【全部选择】		Ctrl+A	选择全部实体为编辑对象
ameconvert					将 AME 实体模型（高级建模扩展的面域或实体）转换为 AutoCAD 实体对象
aperture					控制对象捕捉靶框大小
appload	AP	【工具】→【加载应用程序】			加载或卸载应用程序并定义启动时要加载的应用程序
arc	A	【绘图】→【圆弧】			创建圆弧
area	AA	【工具】→【查询面积】			计算对象或指定区域的面积和周长
array	AR	【修改】→【阵列】			创建按指定方式排列的多个对象副本
arx					加载、卸载 ObjectARX 应用程序并提供相关信息
assist		【帮助】→【实时助手】			打开“实时助手”窗口，它可以自动或根据需要提供上下文相关信息
attachurl					附着超文本链接至图形中的对象或区域
attdef	ATT	【绘图】→【块】→【定义属性】			创建属性定义
attdisp		【视图】→【显示】→【属性显示】			全局控制属性的可见性
attedit	ATE	【修改】→【对象】→【属性】→【单个】或【全局】			改变属性信息
attext					提取属性数据
attredef					重定义块并更新关联属性
attsync					通过使用定义给块的当前属性，更新指定块的所有实例
audit		【文件】→【绘图实用程序】→【核查】			检查图形的完整性

B 字头命令

命令	缩写	下拉菜单	图标	快捷键	功能
backgrouno		【视图】→【渲染】→【背景】			设置场景的背景
base		【绘图】→【块】→【基点】			设置当前图形的插入基点
battman		【修改】→【对象】→【属性】→【块属性管理器】			编辑块定义的属性特性
bhatch	BH 或 H	【绘图】→【图案填充】			用填充图案或渐变填充来填充一个封闭区域或选定的对象
blipmode					控制点标记的显示
block	BL	【绘图】→【块】→【创建】			根据选定对象创建块定义
blockicon		【文件】→【绘图实用程序】→【更新块图标】			为显示在设计中心的块，生成预览图像
bmpout					按与设备无关的位图格式，将选定对象保存到文件中
boundary	BO	【绘图】→【边界】			从封闭区域创建面域或多段线
box		【绘图】→【实体长方体】			创建三维实体长方体
break	BR	【修改】→【打断】			在两点之间打断选定对象
break	BR				打断选定对象

C 字头命令

命令	缩写	下拉菜单	图标	快捷键	功能
cal					计算算术和几何表达式
catnera					设置不同的相机和目标位置
chamfer	CHA	【修改】→【倒角】			给对象加倒角
change					修改现有对象的特性
checkstandards	CHK	【工具】→【CAD 标准】→【检查】			检查当前图形的标准冲突情况
chprop					修改对象的颜色、图层、线型、线型比例因子、线宽、厚度和打印样式
circle	C	【绘图】→【圆】			创建圆
cleanscreeno		【视图】→【清除屏幕】		Ctrl+O	清除屏幕所有工具条，实现全屏幕显示
cleanscreenoff		【视图】→【清除屏幕】		Ctrl+O	在全屏幕显示状态下，恢复工具条显示
close		【文件】→【关闭】			关闭当前图形
closeall		【窗口】→【全部关闭】			关闭当前所有打开的图形
color	COL	【格式】→【颜色】			设置新对象的颜色
compile					编译形文件和 PostScript 字体文件
cone		【绘图】→【实体圆锥体】			创建三维实体圆锥
convert					优化在 AutoCADR13 或早期版本中创建的二维多段线和关联填充
convertctb					将颜色相关的打印样式表（CTB），转换为命名打印样式表（STB）

续表

命令	缩写	下拉菜单	图标	快捷键	功　能
convertpstyles					将当前图形转换为命名或颜色相关打印样式
copy	CO 或 CP	【修改】→【复制】			复制对象
copybase		【编辑】→【带基点复制】		Ctrl+Shift +C	使用指定基点复制对象
copyclip		【编辑】→【复制】		Ctrl+C	将对象复制到剪贴板
copyhist					将命令行历史记录文字，复制到剪贴板
copylink		【编辑】→【复制链接】			将当前视图复制到剪贴板中，以便链接到其他 OLE 应用程序
customize		【工具】→【自定义】			自定义工具栏、按钮和快捷键
cutclip		【编辑】→【剪切】		Ctrl+X	将对象复制到剪贴板并从图形中删除对象
cylinder		【绘图】→【实体】→【圆柱体】			创建三维实体圆柱

D 字头命令

命令	缩写	下拉菜单	图标	快捷键	功　能
dbcclose		【工具】→【数据库连接】		Ctrl+6	当数据库打开时，关闭数据库连接管理器
dbconnect	DBC	【工具】→【数据库连接】		Ctrl+6	提供到外部数据库表的 AutoCAD 接口
dblclkedit					控制双击操作
dblist					在图形数据库列表中列出每个对象的数据库信息
ddedit	ED	【修改】→【对象】→【文字】→【编辑】			编辑文字、标注文字、属性定义和特征控制框
ddgrips	GR	【工具】→【选项】			设置夹点和拾取框
ddptype		【格式】→【点样式】			指定点对象的显示样式及大小
ddvpoint	VP	【视图】→【三维视图】→【视点预置】			设置三维观察方向
delay					在脚本文件中提供指定时间的暂停
detachurl					删除图形中的超文本链接
diml	DIM				访问标注模式
dimaligned	DAL	【标注】→【对齐】			创建对齐线性标注
dimangular	DAN	【标注】→【角度】			创建角度标注
dimbaseline	DBA	【标注】→【基线】			从上一个标注或选定标注的基线处 创建线性、角度或坐标标注
dimcenter	DCE	【标注】→【中心标记】			创建圆和圆弧的圆心标记或中心线
dimcontinue	DCO	【标注】→【连续】			从上一个标注或选定标注的第二条尺寸界线处创建线性、角度或坐标标注

续表

命令	缩写	下拉菜单	图标	快捷键	功能
dimdiameter	DDI	【标注】→【直径】			创建圆和圆弧的直径标注
dimdisassociate	DDA				删除选定标注的关联性
dimedit	DED				编辑标注
dimlinear	DLI	【标注】→【线性】			创建线性标注
dimordinate	DOR	【标注】→【坐标】			创建坐标点标注
dimoverride	DOV	【标注】→【替代】			替代尺寸标注系统变量
dimradius	DRA	【标注】→【半径】			创建圆和圆弧的半径标注
dimreassociate	DRE	【标注】→【重新关联标注】			将选定标注与几何对象相关联
dimregen					更新所有关联标注的位置
dimarc		【标注】→【弧长】			创建弧长的标注
dimjogged		【标注】→【折弯】			创建折弯标注
dimstyle	D	【格式】→【标注样式】			创建和修改标注样式
dimtedit		【标注】→【对齐文字】			移动和旋转标注文字
dist	DI	【工具】→【查询】→【距离】			测量两点之间的距离和角度
divide	DIV	【绘图】→【点】→【定数等分】			将点对象或块沿对象的长度或周长等间隔排列
donut	DO	【绘图】→【圆环】			绘制填充的圆和环
dragmode					控制 AutoCAD 显示拖动对象的方式
dsettings	DS 或 SE	【工具】→【草图设置】			指定捕捉模式、栅格、极轴追踪和对象捕捉追踪的设置
				F10 或 Ctrl+U	控制“极轴”按钮的开关切换
				Fll 或 Ctrl+W	控制“极轴追踪”按钮的开关切换
dsviewer		【视图】→【鸟瞰视图】			打开“鸟瞰视图”窗口
dview	DV				定义平行投影或透视视图
dwgprops		【文件】→【图形属性】			设置和显示当前图形的属性
dxbin		【插入】→【二进制图形交换】			输入特殊编码的二进制文件

E 字头命令

命令	缩写	下拉菜单	图标	快捷键	功能
eattedit		【修改】→【对象】→【属性】→【单个】			在块参照中编辑属性
eattext		【工具】→【属性提取】			将块属性信息输出至外部文件
edge					修改三维面的边的可见性
edgesurf					创建三维多边形网格
elev					设置新对象的标高和拉伸厚度
ellipse	EL	【绘图】→【椭圆】			创建椭圆或椭圆弧
erase	E	【修改】→【删除】		Del	从图形中删除对象

续表

命令	缩写	下拉菜单	图标	快捷键	功　能
etransmit		【文件】→【电子传递】			创建一个图形及其相关文件的传递集
explode	X	【修改】→【分解】			将合成对象分解为其部件对象
export	EXP	【文件】→【输出】			以其他文件格式保存对象
extend		【修改】→【延伸】			将对象延伸到另一对象
extrude	EXT	【绘图】→【实体】→【拉伸】			通过拉伸现有二维对象来创建唯一实体原型

F 字头命令

命令	缩写	下拉菜单	图标	快捷键	功　能
fill					控制诸如图案填充、二维实体和宽多段线等对象的填充
fillet	F	【修改】→【圆角】			给对象加圆角
filter	FI				为对象选择创建可重复使用的过滤器
find		【编辑】→【查找】			查找、替换、选择或缩放到指定的文字
fog		【视图】→【渲染】→【雾化】			提供对象外观距离的视觉提示

G 字头命令

命令	缩写	下拉菜单	图标	快捷键	功　能
gotourl					打开与附着在对象上的超级链接相关联的文件或 Web 页
graphscr				F2	从文本窗口切换到绘图区域
grid				F7 或 Ctrt+G	在当前视口中显示点栅格
group	G			Ctrl+Z	创建和处理已保存的对象集（称为编组）

H 字头命令

命令	缩写	下拉菜单	图标	快捷键	功　能
hatch	H				用无关联填充图案填充区域
hatchedit	HE	【修改】→【对象】→【图案填充】			修改一个图案或渐变填充
help 或?		【帮助】→【帮助】		Fl	显示帮助
Helix					绘制螺旋线
hide	HI	【视图】→【消隐】			重生成三维模型时不显示隐藏线
hlsettings					改变隐藏线的显示特性
hyperlink		【插入】→【超链接】		Ctrl+K	为对象加超链接或修改现有超链接
hyperlinkoptions					控制超链接光标和工具栏提示的显示

I 字头命令

命令	缩写	下拉菜单	图标	快捷键	功　能
id		【工具】→【查询】→【点坐标】			显示位置的坐标
image	IM	【插入】→【图像管理器】			管理图像
imageadjust	IAD	【修改】→【对象】→【图像】→【调整】			控制图像的亮度、对比度和褪色度
imageattach	IAT	【插入】→【光栅图像】			将新的图像附着到当前图形
imageclip	ICL	【修改】→【剪裁】→【图像】			为图像对象创建新的剪裁边界
imageframe		【修改】→【对象】→【图像】→【边框】			控制在视图中显示还是隐藏图像边框
imagequality		【修改】→【对象】→【图像】→【质量】			控制图像的显示质量
insert	I	【插入】→【块】			将图形或命名块放到当前图形中
insertobj	IO	【插入】→【OLE 对象】			插入链接对象或内嵌对象
interfere	INF	【绘图】→【实体】→【干涉】			用两个或多个实体的公共部分，创建三维组合实体
intersect	IN	【修改】→【实体编辑】→【交集】			从两个或多个实体或面域的交集，创建复合实体或面域，并删除交集以外的部分
isoplane				F5 或 Ctrl+E	指定当前等轴测平面

J 字头命令

命令	缩写	下拉菜单	图标	快捷键	功　能
jpgout					保存选定的对象到一个 JPEG 格式的文件
justifytext		【修改】→【对象】→【文字】→【对正】			修改选定文字对象的对正点，而不改变其位置
join		【修改】→【合并】			用于合并对象

L 字头命令

命令	缩写	下拉菜单	图标	快捷键	功　能
layer	LA	【格式】→【图层】			管理图层和图层特性
layerp					放弃对图层设置所做的上一个或一组更改
layerpmode					打开或关闭对图层设置所做的修改追踪
layout	LO	【插入】→【布局】			创建并修改图形布局选项卡
layoutwizard		【插入】→【布局】→【布局向导】或【工具】→【向导】→【创建布局】			创建新的布局选项卡，并指定页面和打印设置
laytnans		【工具】→【CAD 标准】→【图层转换器】			按照指定的图层标准，更改图形的图层
leader					创建连结注释与几何特征的引线
lengthen	LEN	【修改】→【拉长】			修改对象的长度和圆弧的包含角
light		【视图】→【渲染光源】			管理光源和光照效果

续表

命令	缩写	下拉菜单	图标	快捷键	功　能
limits		【格式】→【图形界限】			在当前的“模型”或布局选项卡上设置并控制图形边界和栅格显示的界限
line	L	【绘图】→【直线】			创建直线段
linetype	LT	【格式】→【线型】			加载、设置和修改线型
list	LI 或 LS	【工具】→【查询】→【列表显示】			显示选定对象的数据库信息
load					为 SHAPE 命令加载可调用的形
loft		【绘图】→【建模】→【放样】			
logfileoff					关闭 LOGFILEON 命令打开的日志文件
logfileon					将文本窗口中的内容写入文件
lsedit		【视图】→【渲染】→【编辑配景】			编辑配景对象
lslib		【视图】→【渲染】→【配景库】			维护配景对象库
lsnew		【视图】→【渲染】→【新建配景】			在图形中添加具有真实感的配景项目
ltscale					设置全局线型比例因子
lweight		【格式】→【线宽】			设置当前线宽、线宽显示选项和线宽单位

M 字头命令

命令	缩写	下拉菜单	图标	快捷键	功　能
massprop		【工具】→【查询】→【面域 / 质量特性】			计算面域或实体的质量特性
matchprop	MA	【修改】→【特性匹配】			将选定对象的特性应用到其他对象
matlib		【视图】→【渲染】→【材质库】			从材质库输入输出材质
measuree	ME	【绘图】→【点】→【定距等分】			将点对象或块在对象上指定间隔处放置
menu					加载菜单文件
menuload		【工具】→【自定义】→【菜单】			加载局部菜单文件
menuunload					卸载局部菜单文件
minsert					在矩形阵列中插入一个块的多个实例
mirror	MI	【修改】→【镜像】			创建对象的镜像图像副本
mirror3d		【修改】→【三维操作】→【三维镜像】			创建相对于某一平面的镜像对象
mledit		【修改】→【对象】→【多线】			编辑多条平行线
mline	ML	【绘图】→【多线】			创建多条平行线
mltyle		【格式】→【多线样式】			定义多条平行线的样式
model					从布局选项卡切换到“模型”选项卡

续表

命令	缩写	下拉菜单	图标	快捷键	功　能
move	M	【修改】→【移动】			在指定方向上按指定距离移动对象
mredo					恢复前面几个用 UNDO 或 U 命令放弃的效果
mslide					创建当前模型视口或当前布局的幻灯文件
mspace	MS				间切换到从图纸空模型空间视口
mtext	MT 或 T	【绘图】→【文字】→【多行文字】			创建多行文字
				Enter 或 Ctrl+J	重复执行上一条命令
				Esc	临时终止正在执行的命令，返回待命状态
multiple					重复下一条命令直到被取消
mview	MV	【视图】→【视口】→【一个视口】、【两个视口】、【三个视口】、【四个视口】			创建并控制布局视口
mvsetup					设置图形规格

N 字头命令

命令	缩写	下拉菜单	图标	快捷键	功　能
new		【文件】→【新建】		Ctrl+N	创建新图形

O 字头命令

命令	缩写	下拉菜单	图标	快捷键	功　能
offset	O	【修改】→【偏移】			创建同心圆、平行线和平行曲线
olelinks		【编辑】→【OLE 链接】			更新、改变和取消现有的 OLE 链接
olescale					控制选定的 OLE 对象的大小、比例和其他特性
oops					恢复删除的对象
open		【文件】→【打开】		Ctrl+O	打开现有的图形文件
options	OP	【工具】→【选项】、			自定义 AutoCAD 设置
ortho				F8 或 Ctrl+L	限制光标的移动，即“正交”模式的切换
osnap	OS	【工具】→【草图设置】		F3 或 Ctrl+F	设置执行“对象捕捉”模式的切换

P 字头命令

命令	缩写	下拉菜单	图标	快捷键	功　能
pagesetup		【文件】→【页面设置】			为每个新布局指定打印设备、图纸尺寸和设置
pan	P	【视图】→【平移】【实时】			在当前视口中移动视图

续表

命令	缩写	下拉菜单	图标	快捷键	功能
partiaload		【文件】→【局部加载】			在局部打开的图形中加载附加几何图形
partialopen					将选定视图或图层的几何图形加载到图形中
pasteblock		【编辑】→【粘贴为块】		Ctrl+Shift+V	将复制对象粘贴为块
pasteclip		【编辑】→【粘贴】		Ctrl+V	插入剪贴板数据
pasteorig		【编辑】→【粘贴到原坐标】			使用原图形的坐标将复制的对象粘贴到新图形中
pastespec	PA	【编辑】→【选择性粘贴】			插入剪贴板数据并控制数据格式
pcinwizard		【工具】→【向导】→【输入打印设置】			显示向导，将 PCP 和 PC2 配置文件中的打印设置输入到“模型”选项卡或当前布局中
pedit	PE	【修改】→【对象】→【多段线】			编辑多段线和三维多边形网格
pface					逐点创建三维多面网格
plan		【视图】→【三维视图】→【平面视图】			显示指定用户坐标系的平面视图
pline	PL	【绘图】→【多段线】			创建二维多段线
plot	PRINT	【文件】→【打印】		Ctrl+P	将图形打印到绘图仪、打印机或文件
plotstamp					在每一个图形的指定角放置打印戳记，并将其记录到文件中
plotstyle					设置新对象的当前打印样式，或指定选定对象的打印样式
plottermanager		【文件】→【打印机管理器】			显示“打印机管理器”，从中可以添加或编辑打印机配置
pngout					保存选定的对象到 PNG（便携式网络图形）格式的文件
point	PO	【绘图】→【点】			创建点对象
Polysolid		【绘图】→【建模】→【三维多段体】			创建三维多段体
pyramid		【绘图】→【建模】→【棱锥面】			创建棱锥面
polygon	POL	【绘图】→【正多边形】			创建正多边形
preview	PRE	【文件】→【打印预览】			显示图形的打印效果
properties	PROPS	【工具】→【特性】		Ctrl+1	控制现有对象的特性
presspull					按住并拖动
propertielose	PRCLOSE				关闭“特性”选项板
psetupin					将用户定义的页面设置输入到新的图形布局中
pspace	PS				从模型空间视口切换到图纸空间
publish		【文件】→【发布】			创建多页图形集，以发布到一个单独的多页 DWF 文件、一个打印设备或是一个打印文件
publishtoweb	PTW	【文件】→【网上发布】			创建包括选定图形的图像的网页
purge	PU	【文件】→【绘图实用程序】→【清理】			删除图形中未使用的命名项目，例如块定义和图层

Q 字头命令

命令	缩写	下拉菜单	图标	快捷键	功　能
qdim		【标注】→【快速标注】			快速创建标注
qleader	LE	【标注】→【引线】			创建引线和引线注释
qnew					使用默认图形样板文件的选项开始一张新图
qsave		【文件】→【保存】		Ctrl+S	用“选项”对话框中指定的文件格式保存当前图形
qselect		【工具】→【快速选择】			基于过滤条件创建选择集
qtext					控制文字和属性对象的显示和打印
quit		【文件】→【退出】		Ctrl+Q	退出 AutoCAD

R 字头命令

命令	缩写	下拉菜单	图标	快捷键	功　能
ray		【绘图】→【射线】			创建单向无限长的线，即射线
recover		【文件】→【绘图实用程序】→【修复】			修复损坏的图形
rectang 或 rectangle	REC	【绘图】→【矩形】			绘制矩形多段线
redefine					恢复被 UNDEFINE 忽略的 AutoCAD 内部命令
redo		【编辑】→【重做】		Ctrl+Y	恢复上一个用 UNDO 或 U 命令放弃的效果
redraw	R				刷新当前视口中的显示
redrawall	RA	【视图】→【重画】			刷新所有视口中的显示
refclose		【修改】→【在位编辑外部参照和块】→【保存参照编辑，或在位编辑外部参照和块】【放弃参照编辑】			存回或放弃在位编辑参照（外部参照或块）时所做的修改
rofset		【修改】→【在位编辑外部参照和块】→【添加到工作集或在位编辑外部参照和块】→【从工作集删除】			在位编辑参照（外部参照或块）时在工作集中添加或删除对
rogen	RE	【视图】→【重生成】			从当前视口重生成整个图形
regonall	REA	【视图】→【全部重生成】			重生成图形并刷新所有视口
regenauto					控制图形的自动重生成
region	REG	【绘图】→【面域】			将包含封闭区域的对象，转换为面域对象
reinit					从初始化数字化仪、数字化仪的输入/输出端口和程序参数文件
rename	REN	【格式】→【重命名】			修改对象名
render	RR	【视图】→【渲染】→【渲染】			创建三维线框或实体模型的照片级真实感着色图像
rendscr					重新显示使用 RENDER 命令创建的最近一个渲染

续表

命令	缩写	下拉菜单	图标	快捷键	功能
replay		【工具】→【显示图像】→【查看】			显示 BMP、TGA 或 TIFF 图像
resume					继续执行被中断的脚本文件
revcloud		【绘图】→【修订云线】			创建由连续圆弧组成的多段线，以构成云线形
revolve	REV	【绘图】→【实体】→【旋转】			通过绕轴旋转二维对象来创建实体
revsurf					绕选定轴创建旋转曲面
rmat		【视图】→【渲染】→【材质】			管理渲染材质
rmlin		【插入】→【标记】			将来自 RML 文件的标记插入图形
rotate	RO	【修改】→【旋转】			绕基点旋转对象
rotate3d		【修改】→【三维操作】→【三维旋转】			绕三维轴旋转对象
rpref	RPR	【视图】→【渲染】→【系统配置】			设置渲染系统配置
rscript					重复执行脚本文件
rulesurf					在两条曲线之间创建直纹曲面

S 字头命令

命令	缩写	下拉菜单	图标	快捷键	功能
save		【文件】→【保存】		Ctrl+S	用当前或指定的文件名保存图形
saveas		【文件】→【另存为】		Ctrl+ Shift+S	以新文件名保存当前图形的副本
saveing		【工具】→【显示图像】→【保存】			将渲染图像保存到文件
scale	SC	【修改】→【缩放】			在 X、Y 和 Z 方向按比例放大或缩小对象
scaletext		【修改】→【对象】→【文字】→【缩放比例】			放大或缩小文字对象，而不改变它们的位置
scene		【视图】→【渲染】→【场景】			管理模型空间中的场景
script	SCR	【工具】→【运行脚本】			从脚本文件执行一系列命令
section	SEC	【绘图】→【实体】→【截面】			用平面和实体的交集创建面域
securi-ptions					使用“安全选项”对话框来控制安全设置
select					将选定对象置于“上一个”选择集中
setidrophandler					为当前 Autodesk 应用的 i-drop 内容指定默认的类型
setuv		【视图】→【渲染】→【贴图】			将材质贴到对象上
setvar	SET	【工具】→【查询】→【设置变量】			列出系统变量或修改变量值
shademode	SHA	【视图】→【着色】			控制在当前视口中实体对象着色的显示
shape					插入形文件
sweep		【绘图】→【建模】→【扫掠】			

续表

命令	缩写	下拉菜单	图标	快捷键	功　能
shell					访问操作系统命令
showmat					列出选定对象的材质类型和附着方法
sigvalidate					显示附加在一个文件上的数字签名的有关信息
sketch					创建一系列徒手画线段
slice	SL	【绘图】→【实体】→【剖切】			用平面剖切一组实体
snap	SN				规定光标按指定的间距移动
soldraw		【绘图】→【实体】→【设置】→【图形】			在用 SOLVIEW 命令创建的视口中生成轮廓图和剖视图
solid					创建实体填充的三角形和四边形
solidedit		【修改】→【实体编辑】			编辑三维实体对象的面和边
solprof		【绘图】→【实体】→【设置】→【轮廓】			创建三维实体的轮廓图
solview		【绘图】→【建模】→【设置】→【视图】			在布局中使用正投影法，创建浮动视口来生成三维实体及体对象的多面视图与剖视图
spacetrans					在模型空间和图纸空间之间转换长度值
spell	SP	【工具】→【拼写检查】			检查图形中的拼写
sphere		【绘图】→【建模】→【球体】			创建三维实体球体
spline	SPL	【绘图】→【样条曲线】			在指定的允差范围内，把一系列的点拟合成光滑的曲线
splinedit	SPE	【修改】→【对象】→【样条曲线】			编辑样条曲线或样条曲线拟合多段线
standards	STA	【工具】→【CAD 标准】→【配置】			管理标准文件与 AutoCAD 图形之间的关联性
stats		【视图】→【渲染】→【统计信息】			显示渲染统计信息
status		【工具】→【查询】→【状态】			显示图形统计信息、模式及范围
stlout					将实体保存到 ASCII 或二进制文件中
stretch	S	【修改】→【拉伸】			移动或拉伸对象
style	ST	【格式】→【文字样式】			创建、修改或设置命名文字样式
stylesmanager		【文件】→【打印样式管理器】			显示打印样式管理器
subtract	SU	【修改】→【实体编辑】→【差集】			通过减操作合并选定的面域或实体
syswindows					排列窗口和图标

T 字头命令

命令	缩写	下拉菜单	图标	快捷键	功　能
tablet	TA	【工具】→【数字化仪】			校准、配置、打开和关闭已连接的数字化仪
tabsurf					沿路径曲线和方向矢量创建平移曲面
text		【绘图】→【文字】→【单行文字】			创建单行文字对象

续表

命令	缩写	下拉菜单	图标	快捷键	功能
textscr		【视图】→【显示】→【文本窗口】		F2	打开文本窗口
tifout					保存选定的对象到一个 TIFF 格式的文件
time		【工具】→【查询】→【时间】			显示图形的日期和时间统计信息
tolerance	TOL	【标注】→【公差】			创建形位公差
toolbar	TO	【视图】→【工具栏】			显示、隐藏和自定义工具栏
toolpalettes	TP	【工具】→【工具选项板窗口】		Ctrl+3	打开“工具选项板”窗口
toolpalettesclose		【工具】→【工具选项板窗口】		Ctrl+3	关闭“工具选项板”窗口
torus	TOR	【绘图】→【建模】→【圆环体】			创建圆环形实体
trace					创建实线
transparency		【修改】→【对象】→【图像】→【透明】			控制图像的背景像素是否透明
traysettings					控制在状态栏系统托盘内显示图标和通告
treestat					显示关于图形当前空间索引的信息
trim	TR	【修改】→【修剪】			按其他对象定义的剪切边修剪对象

U 字头命令

命令	缩写	下拉菜单	图标	快捷键	功能
U		【编辑】→【放弃】			撤销上一次操作
UCS		【工具】→【新建 UCS】			管理用户坐标系
ucsicon		【视图】→【显示】→【UCS 图标】		F6 或 Ctrl+D	控制 UCS 图标的可见性和位置
ucsman	UC	【工具】→【命名 UCS】			管理已定义的用户坐标系
undefined					允许应用程序定义的命令替代 AutoCAD 内部命令
undo					放弃命令的效果
union	UNI	【修改】→【实体编辑】→【并集】			通过添加操作合并选定面域或实体
units		【格式】→【单位】			控制坐标和角度的显示格式并确定精度

V 字头命令

命令	缩写	下拉菜单	图标	快捷键	功能
vbaide		【工具】→【宏】→【Visual Basic 编辑器】		Alt+F11	显示 Visual Basic 编辑器
vbaload		【工具】→【宏】→【加载工程】			将全局 VBA 工程加载到当前 AutoCAD 任务中
vbaman		【工具】→【宏】→【VBA 管理器】			加载、卸载、保存、创建、嵌入和提取 VBA 工程
vbarun		【工具】→【宏】→【宏】		Alt+F8	运行 VBA 宏

续表

命令	缩写	下拉菜单	图标	快捷键	功能
vbastmt					在 AutoCAD 命令行中执行 VBA 语句
vbaunload					卸载全局 VBA 工程
view	V	【视图】→【命名视图】			保存和恢复命名视图
viewres					设置当前视口中对象的分辨率
vlisp		【工具】→【AutoLISP】→【Visual LISP 编辑器】			显示 Visual LISP 交互式开发环境（IDE）
vpclip					剪裁视口对象
vscurrent					创建概念视觉样式
vscurrent					真实视觉样式
vscurrent					三维隐藏视觉样式
vscurrent					三维线框视觉样式
vplayer					设置视口中图层的可见性
vpoint	VP	【视图】→【三维视图】→【视点】			设置图形的三维直观观察方向
vports		【视图】→【视口】			创建多个视口
vslide					在当前视口中显示图像幻灯文件

W 字头命令

命令	缩写	下拉菜单	图标	快捷键	功能
wblock	W				将对象或块写入新图形文件
wedge	WE	【绘图】→【建模】→【楔体】			创建三维楔形体
whohas					显示打开的图形文件的所有权信息
wipeout		【绘图】→【擦除】			用空白区域覆盖存在的对象
wmfin		【插入】→【Windows 图元文件】			输入 Windows 图元文件
wmfopts					设置 WMFIN 选项
Wmfout					将对象保存到 Windows 图元文件

X 字头命令

命令	缩写	下拉菜单	图标	快捷键	功能
xattach	XA	【插入】→【外部参照】			将外部参照附着到当前图形
xbind	XB	【修改】→【对象】→【外部参照】→【绑定】			绑定一个或多个在外部参照里的命名对象，定义到当前的图形
xclip	XC				定义外部参照或块剪裁边界，并设置剪裁平面或后剪裁平面
xline	XL	【绘图】→【构造线】			创建无限长的线
xopen					在新窗口中打开选定的外部参照
xplode					将合成对象分解为其部件对象
xref	XR	【插入】→【外部参照管理器】			控制图形文件的外部参照

参 考 文 献

[1] 杨雨松等. AutoCAD2006 中文版实用教程. 北京：化学工业出版社，2009.

[2] 周建国. AutoCAD2006 基础与典型应用一册通（中文版）. 北京：人民邮电出版社，2006.

[3] 中华人民共和国劳动和社会保障部. 国家职业标准-制图员. 北京：中国劳动社会保障出版社，2002.

[4] 全国计算机信息高新技术考试教材编写委员会. AutoCAD2002 职业培训教程（中高级绘图员）. 北京：北京希望电子出版社，2004.

[5] 全国计算机信息高新技术考试教材编写委员会. AutoCAD2002 试题汇编（中高级绘图员）.北京：北京希望电子出版社，2004.

[6] 杨雨松. AutoCAD 绘图 2008 中文版建筑制图教程. 北京：化学工业出版社，2009.

[7] 2008 快乐电脑一点通编委会. 中文版 AutoCAD2008 辅助绘图与设计. 北京：清华大学出版社，2008.

[8] 陈鑫等. AutoCAD2009 中文版建筑图纸绘制基础与典型实例. 北京：中国铁道出版社，2009.

[9] 陈国瑞. 建筑制图与 AutoCAD. 北京：化学工业出版社，2007.

[10] 麓山. AutoCAD2014 入门与实战. 北京：人民邮电出版社，2014.